SUZHOU

# 苏州奥林匹克体育中心
## 全过程建设管理实践

THE WHOLE PROCESS PROJECT MANAGEMENT PRACTICE OF
SUZHOU OLYMPIC SPORTS CENTER

总策划　陆国良
主　编　徐素君

中国建筑工业出版社

图书在版编目（CIP）数据

苏州奥林匹克体育中心全过程建设管理实践/陆国良总策划；
徐素君主编．—北京：中国建筑工业出版社，2019.10
ISBN 978-7-112-24300-6

Ⅰ.①苏… Ⅱ.①陆… ②徐… Ⅲ.①体育中心－建筑设计－苏州
②体育中心－运营管理－苏州 Ⅳ.①TU245

中国版本图书馆CIP数据核字（2019）第215466号

本书从不同方位、不同维度、不同细节上展现了苏州奥林匹克体育中心的建设过程和初期运营，以项目的全过程管理为主线，分为建设管理篇、工程技术篇、运营管理篇。

建设管理篇共有5章，系统展示了建设管理过程中具体的策划决策、实施内容以及实践效果。工程技术篇共有10章，系统展示了项目规划设计中的亮点和特色，以及建设过程中具有前沿性和创新性的施工技术。运营管理篇共有3章，系统展示了苏州奥体中心的运营管理模式、策略、管理制度和场馆运营管理的发展方向。

三篇内容均从项目的发生、发展为脉络，紧紧围绕全过程管理这一中心思想进行阐述，突出项目建设管理过程中的重点、难点、特点、亮点及创新点，希望对我国体育场馆和大型公建的建设有所助益，为行业从业人员提供一些借鉴。

责任编辑：毕凤鸣　封　毅
责任校对：张惠雯

**图片版权声明**

第1章图 1.1-1～图 1.1-4，图 1.1-6～图 1.1-9，共8张；
第4章图 4.2-9，共1张；
第6章图 6.3-1～图 6.3-8，图 6.3-10～图 6.3-13，图 6.3-15，共13张；
第7章图 7.2-1，图 7.2-4，图 7.2-6，共3张；
第8章图 8.6-12，共1张；
第18章图 18.2-1，图 18.2-2，共2张；
以上总计 28 张图片版权由德国摄影师 Christian Gahl 享有。
未经授权，不得使用。

**苏州奥林匹克体育中心全过程建设管理实践**

总策划　陆国良
主　编　徐素君

\*

中国建筑工业出版社出版、发行（北京海淀三里河路9号）
各地新华书店、建筑书店经销
北京建筑工业印刷厂制版
北京富诚彩色印刷有限公司印刷

\*

开本：880×1230毫米　1/16　印张：22　字数：575千字
2019年12月第一版　2019年12月第一次印刷
定价：**218.00**元
ISBN 978-7-112-24300-6
(34798)

# 本书编委会

总 策 划：陆国良

主　　编：徐素君

编　　委：（按姓氏笔画排序）

马怀章　王　琦　王万平　王卫国　王海兵　王鑫倪　石梦迪　平永胜

兰春光　司　波　吕佩蕾　任淑颖　刘明革　刘晓龙　刘海峰　刘智勇

许海洋　严律己　苏　超　李建强　杨艳霞　汪金敏　沈　波　张　志

张　清　张　超　张士昌　张晓冰　陈　伟　陈永俊　陈言宁　陈佳俊

陈逸芝　陈道杨　岳丽艳　金峰军　顾　军　钱新生　徐　旭　徐　科

徐晓明　栾吉辉　唐　壬　唐冰松　黄立群　曹　军　曹云巧　龚　南

梁申发　彭　云　彭　浩　董文礼　蒋桂旺　程大勇　傅晨丽　潘海迅

Magdalene Weiss

主编单位：苏州新时代文体会展集团有限公司

参编单位：（以下排名不分先后）

AECOM 艾奕康咨询（深圳）有限公司

上海瀛东律师事务所

德国 gmp 国际建筑设计有限公司 – gmp International GmbH

德国施莱希工程设计咨询有限公司 – sbp GmbH

上海建筑设计研究院有限公司

上海建科工程咨询有限公司

浙江江南工程管理股份有限公司

中建三局集团有限公司

中国建筑第八工程局有限公司

中建钢构有限公司

北京华体体育场馆施工有限责任公司

南京延明体育实业有限公司

中智华体（北京）科技股份有限公司

北京市建筑工程研究院有限责任公司

# 序言一

我们第一次见到苏州奥林匹克体育中心业主，也就是后来的建设管理团队，陆国良先生和徐素君女士，在各方面均展现出强大的专业背景知识，向我们提出了全面而细节的问题，例如：体育建筑的类型、建设和规划过程、非常细节的建筑质量等问题，对于场馆维护使用、大型活动的组织和专业的活动管理等细节问题也表现出了极大的兴趣。

在我们看来，这些不同寻常的业主，已经对自己接下来的数年里要面对的完整而复杂的任务了然于心。这次漫长的参访中我们交流了很多细节问题，这提醒我们，这些业主将以极大的热情来实现他们时常强调的目标——最好的体育功能设施和最高的施工质量。那天之后，我们也明白这将是个非同一般的建设项目。后来得知我们可以实现这个杰出的项目时，也更加开心。我们在第一次研究设计任务书时就已经了解到，苏州奥林匹克体育中心将成为一个新型的体育中心，与对过往体育项目的预期和目标不同，它并不是为了特定的体育赛事而建，从而对建设周期有严苛要求。它不同寻常的目标是建设一座对市民开放的体育公园，一座连接周边且融入环境的市民公园。

通常大型体育建筑会规划在城市空白区域，并成为新区发展的启动项目和地标建筑。但苏州奥体中心所在的区域，是已经成熟的苏州工业园区，大部分周边区域已经开发建设。南边环境优越的临水绿地已经建有住宅区，除了对体育馆、体育场、室内多功能馆和游泳馆的专业设计要求之外，项目还旨在提高居民的生活质量和场馆的吸引力。它将成为一个集音乐演出、文化活动、商业休闲、运动健身于一体的新中心，成为居住区的标志，为市民提供公共空间。在这样的特殊设计任务之下，我们在一开始就将公园置于整个场地的中心，并将建筑物布置于场地边缘，这是我们的核心设计理念。而通常体育建筑会在场地中央，在它周围设置绿化、广场，安排交通，并用围栏将建筑隔开。我们将这种通用原则反转，即公园居中而建筑在外侧，由此带来了两方面的变化：一方面可以从四周的街道轻松地到达每一栋建筑，而另一方面无论园区内是否有重要活动需要进行交通管制和安全检查，公园都是随时开放的。基于中央开放公园的基本设计概念，四栋建筑，特别是基座部分，刻画了公园的轮廓，被放置于基座上的重要场馆犹如"皇冠"，最终形成了一个和谐统一的建筑群，建筑各自独立的特征和形象通过三方面的深化设计获得：对苏州园林的借鉴、体育场馆的设计要求、大跨度屋面结构的挑战。

业主方非常具体的想法以及他们在开发整个苏州工业园区中积累的丰富经验，为我们的规划和建筑设计工作创造了理想条件。将各种设计专业结合在一个大的概念下，各方以跨专业的方式进行合作。在设计竞赛中，我们的景观合作方 WES 及结构合作方 sbp 共同把景观规划和结构设计结合到整体设计概念中。

WES 的景观规划是整体概念中最重要的部分之一。以园林著称的苏州和苏州工业园区令人印象深刻的绿化环境，使得景观绿化成为设计的中心主题。中央公园犹如星形的五个分支在各个方向，连接了不同主题的多个运动广场。建筑群基座与中央公园由细长的水系隔开，以桥连接，呼应典型的苏州氛围。建筑基座上设置了层次丰富多样的小型运动场地和绿化景观，将周边街道连成网络。地面铺装的天然石材以及绿化种植，都达到了高标准的设计和施工质量。

苏州园林建筑被转译为具有横向结构和白色立面的轻巧建筑，石材立面的建筑基座宛如园林中的假山，优雅曲线的体育场馆如同江南园林中的高点：亭台楼阁。sbp 设计的单层钢索网屋面实现了轻盈的薄膜屋面结构，出于力学考虑巨大的屋面弧形结构呈现出独特的流线形式。不同大小和方向的三个体育场馆遵循相同的力学原则，但有不同的解决方案，有的封闭，有的开放，它们在中央公园周围遥相呼应，形成了富有张力的对话。屋面结构的形式对安装提出了最高要求，必须以最高精度进行。这是一个非常有趣的建筑工地，因为每栋建筑都有自己的屋顶施工解决方案。例如，在游泳馆的屋顶结构中，结构点状配重，随着屋顶重量的增加逐步卸载。

与 Lichtvision 合作的照明设计突出了整体造型的横向线条，体现了建筑的轻盈感。在我们看来，我们与业主团队，尤其是徐素君女士和徐科先生，开展了卓有成效的合作。

在规划阶段，对投资预算、技术解决方案和样板的实施方案等进行非常谨慎的检查。例如，清水混凝土、外墙材料、泛光照明等。我们在其他大型项目的工地上，几乎没有类似经历。尤其是徐女士对于施工单位的严格管理，提出了许多常常建筑师都想不到的问题或要求，徐女士深受我们和其他设计公司的欢迎。由于她的奉献精神，技术知识，设计和管理能力，她获得了所有人的高度尊重。

现在，当我们随时站在建成的建筑前和热闹的公园里时，我们可以看到这个项目的高标准已经在各个层面得到了充分的实现。公园、游乐场、休闲运动设施以及专业的体育设施和活动区都热闹非凡，倍受欢迎。从这个意义上可以说，这个项目是非常成功的，并且作为一个突破性的成功范例，可以被那些为了某项重大赛事而修建的体育中心借鉴。在精心规划和细致管理的基础上，整个地区正在焕发活力，室外和室内运动场地都被充分使用。我们很自豪，能创造出一座开放的体育公园，一座崭新而颇具吸引力的体育中心——它是苏州园林另一种崭新的诠释。

玛德琳·唯斯

## 作者简介

玛德琳·唯斯：建筑师，工程硕士。1964 年生于德国波普芬根，先后于斯图加特和卡塞尔学习建筑，1997 年加入 gmp，2010 年成为 gmp 事务所项目合伙人，2004 年起任上海 gmp 办公室负责人。 在中国国内完成了许多建筑项目，负责设计了苏州奥林匹克体育中心、上海东方体育中心、苏州第二图书馆、soho 北京公馆、上海保利大厦、中国商飞总部基地等项目。

# Preface

Bei der ersten persönlichen Begegnung mit unseren späteren Managementteams für den Bau des Suzhou Olympic Sport Center, bewiesen unsere späteren Bauherrn Herr Lu Guoliang und Frau Xu Sujun äußerste Fachkenntnis zu allen Themen und haben uns mit ihren umfassenden und detaillierten Fragen sehr gefordert. Typologie von Sportbauten, Bau- und Planungsprozesse, Fragen der Bauqualität bis ins sehr genaue Detail, aber auch detaillierteste Fragen zu Maintenance, Organisation von Großveranstaltungen und professionellem Event Management waren von großem Interesse.

Es schien uns, dass diese ungewöhnlichen Bauherren ihre komplette und komplexe Aufgabe für die nächsten Jahre schon klar vor Augen hatten. Ein Besichtigungsmarathon mit äußerst detaillierten Fragen war ein erster Hinweis für uns, mit welch großer Energie diese Auftraggeber ihr vielfach ausgesprochenes Ziel, höchste Funktionalität und Bauqualität zu erreichen, verfolgen würden.

Nach diesem Tag war uns also klar, dass dies ein sehr besonderes Bauvorhaben ist und wir waren umso glücklicher, als wir später die Mitteilung bekamen, dass wir dieses herausragende Projekt tatsächlich realisieren durften.

Beim ersten Studium der Auslobungsunterlagen zum Wettbewerb wurde uns schon vermittelt, dass das Suzhou Olympic Sport Center ein neuer Typus von Sport Center sein sollte und andere Erwartung und Zielsetzung im Vergleich zu früheren Sport Projekten gesetzt wurden. Es wurde nicht auf ein bestimmtes Sportereignis abgezielt und damit der Zeitdruck als eines der wichtigsten Kriterien angesetzt, wie häufig bei Verfahren dieser Art in China. Das besondere Ziel sollte es sein, einen offenen, für die Bürger zugänglichen Sportpark zu schaffen, einen Bürgerpark mit Verbindung und Einbindung in die Umgebung.

Häufig findet die Planung eines großen Sportzentrums in einem freien Gelände statt und soll als initiales Projekt Startpunkt und Identifikationspunkt für die weitere Entwicklung eines neuen Stadtteils sein. Hier in dem Gebiet des überaus erfolgreichen Suzhou Industrial Park, SIP, war die Umgebung in großen Teilen schon entwickelt und gebaut worden. Das wunderbar grüne Gelände mit Anschluss an den Fluss im Süden war bereits umgeben von belebten Wohngebieten. Neben den professionellen Anforderungen an die Sportstätten, Outdoor-Stadion, Indoor-Multifunktionshalle und Schwimmstadion, zielte die Aufgabenstellung auf die Steigerung der Lebensqualität und Attraktion für die Bewohner. Es sollte ein neues Zentrum für Musik-Events, Kultur-Aktivitäten, Kommerzielle Versorgung und Breitensport angeboten werden - Identität für das Wohngebiet und Raum für das Leben der

Bürger geschaffen werden.

Angesichts dieser besonderen Aufgabenstellung trafen wir zu Beginn des Entwurfes die Grundsatzentscheidung, den Park in das Zentrum der gesamten Sportanlage zu stellen und die Gebäude an den Rand des Grundstücks zu legen. Diese Überlegung wurde zur zentralen Gestaltungsidee. Üblicherweise stehen Stadien im Zentrum und die Freianlagen addieren sich als Umgebung mit Grün, Plätzen und Verkehr und werden meist mit einem Zaun abgetrennt. Durch die Umkehrung dieses üblichen Prinzips, also die Positionierung des Parks in der Mitte und der Gebäude außen, werden zwei wesentliche Effekte erzielt: einerseits ist jedes der Gebäude individuell und einfach von den umgebenden Straßen aus zu erschließen, andererseits kann der Park zu jeder Zeit benutzbar und für die Bürger offen zugänglich bleiben, unabhängig von Verkehr und Sicherheitskontrollen bei großen Veranstaltungen in den Stadien.

Basierend auf der Grundidee des Freiraums in der Mitte entwickeln sich die Gebäude, insbesondere die Podiengebäude, als Rahmungen für den Park im Zentrum auf deren inneren erhobenen Positionen die wichtigen Stadiengebäude wie „Kronen" platziert werden. Es entsteht ein einheitliches Bild, eine geschlossene Gebäudegruppe, die durch die vertiefte Gestaltung einen eigenständigen Charakter und Identität erhalten sollte im Hinblick auf Suzhou als Gartenstadt, als Sportveranstaltungsort und durch die statische Herausforderung der weit gespannten Dächer.

Die sehr konkreten Vorstellungen der Bauherren und ihre große Erfahrung bei der Entwicklung des gesamten SIP Projektes schufen ideale Voraussetzungen für uns als Planer und Architekten. Es boten sich beste Bedingungen, verschiedene gestalterische Disziplinen in einer großen Idee zusammenzufügen und interdisziplinär daran zu arbeiten. Schon im Wettbewerb wurden Landschaftsplanung und Tragwerk mit unseren Planungspartnern WES und SBP konzeptionell im Gesamtentwurf verankert.

Einer der wichtigsten Anteile am Gesamtkonzept kommt dabei der Landschaftsplanung durch WES zu: Suzhou, die berühmte Stadt der Gärten und die beeindruckenden Grünanlagen im SIP Gebiet in nächster Umgebung erforderten es, Landschaftsgestaltung und Grün als zentrales Thema zu behandeln. Der zentrale Park mit den fünf Armen als sternförmige Verbindung in alle Richtungen wird durch eine Vielzahl von Plätzen mit verschiedenen Motiven differenziert gestaltet. Langestreckte Wasserflächen begleiten die Podien, begrenzen den zentralen Park und schaffen mit Brücken eine für Suzhou typische Atmosphäre im Übergang zu den Gebäuden. Vielfältige Stufenanlangen mit Sportplätzen und Bepflanzungen werden als Erschließungsthema für die Podien von den Straßen aus entwickelt. Die Natursteinarbeiten und Pflanzungen wurden mit hohem Anspruch an die Qualität von Design und Ausführung umgesetzt.

Suzhou-Architektur wird als leichte, weiße Architektur mit horizontaler Struktur interpretiert.

Steinerne Sockelgebäude stehen wie Felsen im Park, auf denen die elegant geschwungenen Stadien wie Pavillons in einem chinesischen Garten den Hochpunkt markieren. SBP entwickelte dafür einlagige Kabelnetzdächer, die mit einem Minimum an Konstruktion für die geschwungenen Membrandächer entwickelt wurden und aus statischer Notwendigkeit die große Ondulation der Dächer mit ihrer besonderen Dynamik erzeugen. Die drei Stadiendächer von unterschiedlicher Größe und Ausrichtung folgen dem selben statischen Prinzip, aber mit unterschiedlichen Lösungen - mal geschlossen, mal offen - und stehen somit in einem spannungsvollen Dialog über die Entfernung des Parks hinweg.

Diese Dachkonstruktionen stellen höchste Anforderungen bei der Errichtung und müssen mit höchster Genauigkeit ausgeführt werden. Es war eine hochinteressante Baustelle, da bei jedem Gebäude eigene Lösungen bei der Errichtung der Dächer erforderlich waren. Bei der Dachkonstruktion des Natatoriums wurden z.B. für die Vorspannung bzw. Belastung der Konstruktion punktuell Gewichte befestigt, die Stück für Stück be- und entlastet wurden mit zunehmendem Gewicht der Dacheindeckung.

Die in Kooperation mit Lichtvision entwickelte Lichtplanung unterstreicht die horizontalen Schwünge und Leichtigkeit der Gesamtfigur.

Es hat sich aus unserer Sicht eine außerordentlich fruchtbare Zusammenarbeit mit dem Team des Bauherrn, insbesondere mit Frau Xu Sujun und Herrn Xu Ke, entwickelt. In der Planungsphase wurden wichtige Entscheidungen mit großer Sorgfalt geprüft und in Abstimmung mit Budget, technischer Lösung und Umsetzungsmöglichkeiten an Mockups z.B. für Sichtbeton, Fassadenmaterialien, Beleuchtung, usw. getroffen. Später auf der überwältigend großen Baustelle herrschte eine Ordnung, wie wir sie kaum je zuvor erlebt haben. Die Baufirmen wurden insbesondere von Frau Xu derart dicht kontrolliert, dass uns Architekten häufig kein weiterer Kritikpunk oder Anforderung mehr einfallen konnte. Frau Xu war dadurch bei den Baufirmen ebenso gefürchtet wie sie bei uns und den anderen Planern beliebt war. Von allen war sie jedoch wegen ihres Engagements, technischen Wissens, gestalterischen und Management Fähigkeiten in jedem Fall hoch respektiert.

Der erste Eindruck, den wir bei der ersten Begegnung gewonnen hatten, hat sich also über die Jahre der gemeinsamen Planungsarbeit und der Begleitung der Baustelle in allen Phasen immer wieder bestätigt. Und wenn wir heute vor den fertiggestellten Gebäuden und in dem zu jeder Zeit belebten Bürgerpark stehen, können wir erkennen, dass sich der hohe Anspruch an dieses Projekt auf verschiedensten Ebenen voll erfüllt hat. Park, Spielplätze, Freizeitsportanlagen und professionelle Sportstätten und Eventflächen sind belebt und sehr gut angenommen. In diesem Sinne wird dieses Projekt allgemein als sehr erfolgreich beurteilt und gilt für die Nachnutzung vieler Sportanlagen, die in erster Linie für ein sportliches Großereignis geplant wurden, als wegweisendes und gelungenes Beispiel.

Auf Basis der sorgfältigen Planung und durch kluges Management gelingt die Belebung des gesamten Areals, die Bespielung der umfangreichen Sportfiächen Outdoor und Indoor. Wir sind stolz, dass mit diesem Projekt ein neuer, anziehender Ort für Sport, Events und Attraktionen geschaffen wurde, in Verbindung mit einer großzügigen Parkanlage - ein neuer Typus von Garten in Suzhou.

Magdalene Weiss

**Magdalene Weiss**
**Dipl.-Ing.Architect/Associate Partner**
Associate partner at gmp since 2010; born in 1964 in Bopfingen/Germany;joined von Gerkan,Marg and Partners in 1997; management of gmp's Shanghai office since 2004; project management of Suzhou Olympic Sports Center, Shanghai Oriental Sports Center, Suzhou No.2 Library, SOHO Beijing Residence, Poly Plaza Shanghai, COMAC,etc.

# 序言二

正如拙政园、寒山寺之于苏州，近期落成于苏州金鸡湖东畔的苏州奥林匹克体育中心成为苏州在新时代文本上精彩的篇章。其气势磅礴却又尽显优雅，业内亲切地称之为"苏体"，谈起体育建筑必及苏体，更称之为第五代体育建筑的代表作。全国跨度最大的单层索网膜结构，高精技术，更为其作为超级工程添上浓墨重彩的一笔。

苏州奥林匹克体育中心定位于体育中心与体育公园的融合，其体量之巨大、建筑之优美、结构之精巧、功能之完备、性价比之合理、赛事承载之专业、赛后运营之高效，无不满足了现代体育场馆的多元多样和可持续发展的前瞻性。

工程建设本身也是一个探索和验证的过程，是主观意愿与客观现实碰撞、结合的产物。对于社会的思考、对于建筑功能的理解、对于建筑场所的深入分析等，使得这个建筑是属于一个特定的地域和社会背景的。在其背后有多层次的核心内容值得思考。

任何建筑项目都不是一个归属单一的成就。苏州奥林匹克体育中心——它的策划、构思、设计、施工、工程管理以及日常运营——代表着由众多专业精英人士所组成的庞大团队的共同成就。他们的努力值得用这个宏伟的建筑群体作为体现并将得以验证。由是观之，本书所集均为众多建设参与者的肺腑之言，字里行间均体现全过程管理实践的本真之意。希望众多读者阅读之后能够理解此书，超越此书。正如奥林匹克所蕴含的拼搏、创新、进取的精神！

中国工程院院士　魏敦山

# 序言三

　　苏州奥体中心是一座有温度的建筑！她的温度，源于初心，源于建筑与人的互动。它为百姓而建，是苏州市政府重点实事项目和献礼园区建设25周年的民生工程，造福百姓、服务人民，是她的初心与使命。

　　苏州奥体中心是一座有梦想的建筑！建设苏州奥体中心，是苏州市和苏州工业园区推动国际体育名城建设和促进社会和谐进步的重要举措，也是苏州工业园区加快建设世界一流高科技产业园区的前瞻布局。2018年，苏州奥体中心经过四年建设全面启用，与先期建成的苏州国际博览中心和苏州文化艺术中心交相辉映，构建起苏州工业园区文体会展旅游融合发展大格局，同时开启了苏州新时代文体会展集团"打造全国一流文体会展旅游综合运营商"的新蓝图。

　　建设、管理、运营这样一座规模宏大、设计先进、功能齐全、定位高端的现代化体育综合体，是一项具有挑战性的事业，新时代集团深感使命光荣、责任重大。同时我们又充满信心，因为新时代集团的综合整体优势将赋予苏州奥体中心更加蓬勃的活力。新时代集团旗下拥有苏州国际博览中心管理有限公司、苏州文化艺术中心管理有限公司、苏州交响乐团有限公司、苏州芭蕾舞团有限公司、苏州奥体中心管理有限公司、苏州文博商务旅游发展有限公司、苏州文博诺富特酒店、苏州工业园区智选假日酒店八大子公司，各类载体面积超百万平方米，业态涵盖文化、体育、会展、商业、旅游、工程物业等多个领域，是园区乃至苏州高端服务业的领跑者。

　　顺应苏州体育产业发展大趋势，依托丰富的场馆运营管理经验和专业多元的人才队伍，新时代集团将积极探索大型体育场馆运营与管理的新路子，坚持公益化与市场化并举，让苏州奥体中心发挥出显著的社会效益与经济效益，为繁荣苏州体育文化事业产业注入强劲动力。

　　相信在各级政府、社会各界人士和广大市民朋友的关心支持下，苏州奥体中心必将成为拉动区域体育进步、经济发展、文化创新、商业繁荣的有力引擎，助力苏州人民拥抱更加美好的生活。

苏州新时代文体会展集团有限公司党委书记、董事长　陈龙

# 自　序

　　苏州奥体中心不只是一座建筑群，它更是一个精美的人文景观，是一件艺术品，是一个城市的标志与象征。若把城市比作一幅画卷，那么"奥体中心"无疑是魅力苏州和非凡园区的"点睛之笔"。

　　从 2012 年开始筹备，到 2014 年开工建设，再到 2018 年全面启用，在充满挑战的建设征程中，苏州奥体中心的建设者们超前精准谋划、实施精细管理、追求精品工程，考察学习 70 ～ 80 个场馆，攻克了不胜枚举的设计和建筑难点，创下了不少世界和中国之最，成功打造出这座体育符号鲜明、地域特色浓郁、文化内涵深厚的体育建筑精品。

　　如今，已经全面投入使用的苏州奥体中心，正在用优雅的姿态迎接着四方来客，无声地诉说着现代与传统、艺术与实用、科技与人文有机融合的建筑美。冰壶世界杯、2019 ～ 2020 年亚洲青年羽毛球锦标赛、2019 中国足协超级杯、2019 国际超级杯、2021 年苏迪曼杯羽毛球混合团体赛以及莫文蔚、张学友、李宗盛、李健等知名歌手演唱会等一系列高规格的体育赛事和演艺活动接踵而至，一批时尚运动、全民健身项目蓬勃兴起，苏州奥体中心日益成为苏州体育文化产业发展新潮流的引领者，得到政府的肯定、市民的喜爱和媒体的关注。

　　作为苏州市和苏州工业园区发展体育事业的龙头项目，随着运营体系的不断完善，苏州奥体中心将加快体育产业发展，进一步推进体育产业与文化、旅游、健康、养老等产业的深度融合，不断完善区域公共体育服务能力，实现体育健身设施的资源共享，让人民群众共享经济社会发展的丰硕成果。

苏州新时代文体会展集团有限公司总裁　陆国良

# 前　言

随着苏州奥体中心各单体在 2018 年下半年陆续开业启用以来，越来越多的业内同行前来参观学习和交流，在施工建设期间我们接待了 150 余次 10020 多人，在此书出版前的一年运营期间内，我们又接待了约 150 批次 3000 余人。在接待的过程中，我们发现前来参观学习的体育中心和大型公建的开发建设运营管理同仁们，他们提出的问题与我们在规划建设之初和建设过程中遇到的困惑极具共性。为此，在苏州奥体中心运营一年之际，我们认为很有必要将此项目全过程的实际管理经验和教训进行反思、回顾、总结，与同行们分享。

2012 年在苏州奥体中心调研之初，我们考察了国内外 70 多个场馆，在规划理念上，提出了"体育商业综合体"的理念，将多种业态、复合功能围绕"体育"主线布置，开创了国内新型体育场馆综合业态布局的先河，同时，也梳理、筹划了苏州奥体中心的全过程建设和运营管理思路，并付诸实施。

我们注意到在 2017 年和 2019 年我国先后提出并鼓励实施工程建设全过程咨询服务发展的指导意见，但早在 2013 年我们在苏州奥体中心建设过程中就开始采用全过程的建设和运营管理模式，对编制可行性研究报告、进行可行性分析、设计管理、采购管理、施工管理和试运行（竣工验收）、初运营等一系列环节进行全过程的策划，从搭建建设期至运营期的全过程架构、编制建设期业主与管理公司一体化的工程管理计划，到健全各类管理体系，再精益求精管理到每个细节，自上而下，脉络清晰，覆盖全面，整个项目也因此在安全、质量和投资控制上都取得了初步成效。

在运营初期阶段，建设团队和运营团队并肩作战，使得建设到运营的过渡非常顺畅，不管是营销、策划、宣传还是后勤工程保障，都做到了无缝对接。从这一年的运营效果来看，苏州奥体中心不仅赛事和演出活动不断，整个奥体中心平时的使用率也非常高，尤其在周末和节假日更是人流如织，激发了民众全民健身的热情，获得了市民良好口碑和美誉度。

苏州奥体中心的建设得到了社会各界的支持与关注。在此，衷心感谢苏州市委市政府和苏州工业园区党工委管委会各届领导的大力支持！感谢各参建单位全力以赴的奋力攻坚！感谢为项目提供咨询的各位专家、院士的悉心指导！尤其要感谢苏州奥体中心的建设和运营团队，前期讨论方案时的没日没夜，建设期间的加班加点，启用之初的通宵达旦，重压之下，仍能不忘初心，砥砺奋进！

《苏州奥林匹克体育中心全过程建设管理实践》的出版也是对苏州奥体中心建成一周年的纪念，在这本书中，我们从不同方位、不同维度、不同细节上展现了苏州奥体中心的建设过程和初期运营，希望对我国体育场馆和大型公建的建设有所助益。

苏州新时代文体会展集团有限公司副总裁　徐素君

# 目　录

## 01 建设管理篇

第1章　综述　002

1.1　项目介绍　002

1.2　建设目标与工程内容　006

1.3　建设管理模式　013

第2章　项目管理决策　015

2.1　管理架构　015

2.2　管理目标与激励　021

2.3　规划决策　023

2.4　合同管理策划与实施　030

2.5　投资管理　038

2.6　文档管理　045

2.7　风险管理　049

第3章　设计管理　054

3.1　方案设计管理　054

3.2　施工图设计管理　059

第4章　施工管理　064

4.1　安全管理　064

4.2　质量管理　069

4.3　进度管理　077

第5章　竣工验收及后评价　081

5.1　竣工验收　081

5.2　项目建设后评价　082

## 02 工程技术篇

第6章　规划设计　088

6.1　总体规划　088

6.2　建筑方案　093

6.3　室内设计　095

6.4　景观设计　098

6.5　照明设计　102

6.6　色彩规划及材料应用　104

6.7　业态规划　107

6.8　交通规划　108

6.9　建筑声学设计　110

第7章　建筑设计　119

7.1　体育场建筑设计　119

7.2　体育馆建筑设计　123

7.3　游泳馆建筑设计　128

7.4　服务楼建筑设计　131

第8章　体育场屋盖钢结构设计与施工　134

8.1　屋盖钢结构设计　134

8.2　屋盖钢结构稳定变形适应分析　144

8.3　法兰连接式环梁加工安装施工　150

8.4　关节轴承柱脚安装施工　154

8.5　轮辐式单层整体张拉索网安装与施工　157

8.6　索膜屋面的安装与施工　164

第9章　游泳馆屋盖钢结构设计与施工　169

9.1　屋盖钢结构设计　169

9.2　屋盖钢结构稳定变形适应分析　176

9.3　后激活柱的安装施工　179

9.4 高空溜索组网及张拉安装与施工 181

9.5 支撑于柔性索网上刚性金属屋面的安装与施工 187

9.6 密闭索耐腐蚀试验与研究 192

## 第 10 章 混凝土结构设计施工重点 195

10.1 场馆混凝土结构设计重点 195

10.2 清水混凝土施工 203

10.3 体育场馆看台施工 208

## 第 11 章 体育工艺 214

11.1 体育设施概述及建设标准分析 215

11.2 体育照明系统工艺 224

11.3 游泳池水处理系统工艺 235

11.4 游泳池建筑做法施工工艺 240

11.5 田径场地施工工艺 245

11.6 天然草坪足球场地设计与施工 250

11.7 全民健身设施施工工艺及改进 254

## 第 12 章 建筑智能化 264

12.1 智能化信息架构 264

12.2 智能化系统的设计与施工 267

## 第 13 章 绿色建筑技术应用 271

13.1 绿色环境技术应用 271

13.2 资源节约技术应用 273

## 第 14 章 BIM 技术应用 279

14.1 设计阶段的 BIM 应用 279

14.2 施工阶段的 BIM 应用 282

## 第 15 章 健康监测技术应用 288

15.1 屋盖结构监测系统概述 288

15.2 屋盖钢结构监测 290

15.3 超长混凝土施工监测 300

# 03 运营管理篇

## 第 16 章 场馆运营管理 306

16.1 体育产业发展背景 306

16.2 运营管理模式 308

16.3 运营管理策略 311

16.4 运营管理制度 313

## 第 17 章 综合业务开发 315

17.1 文体活动运营 315

17.2 全民健身运营 317

17.3 场馆商业运营 318

17.4 无形资产开发 319

17.5 后勤保障运营 321

17.6 智慧场馆发展 323

17.7 余裕空间、时段的利用 324

17.8 社会公共服务 324

## 第 18 章 苏州奥体中心开业启用 326

18.1 苏州奥体中心开业启用 326

18.2 社会效益 328

附录一 项目大事记（简表） 330

附录二 项目获奖一览表 331

附录三 项目参建单位 332

参考文献 333

后记 334

# 建设管理篇

# 第1章 综 述

## 1.1 项目介绍

苏州奥林匹克体育中心（以下简称苏州奥体中心）位于苏州工业园区金鸡湖东核心地带，毗邻国家 5A 级金鸡湖风景区，西起星塘街，东至星体街，北接中新大道东，南临斜塘河，总占地面积 60hm²，总建筑面积 38.6 万 m²，其中：地上 26.7 万 m²，地下 11.9 万 m²。工程建设内容有体育场、体育馆、游泳馆（简称一场两馆）、服务楼、中央车库、室外训练场看台及 2 号车库、室外体育公园等，总投资 50.8 亿元人民币（其中："一场两馆"由地方政府投资，服务楼由苏州工业园区体育产业发展有限公司自筹）。

### 1.1.1 规划定位

苏州奥体中心是目前苏州规模最大的集体育竞技、休闲健身、商业娱乐、文艺演出于一体的多功能、

图 1.1-1 苏州奥体中心项目布局图

综合性的甲级体育中心，可以举办国际国内单项比赛和国家级综合性运动会等高端体育赛事。苏州奥体中心不仅是一个绿色环保的生态型体育中心，而且是一座环境优美的全天候开放的敞开式体育公园。项目以"园林、叠石"为规划理念，用现代建筑设计语言诠释园林意韵，将建筑物巧妙融入自然景观，轻盈优雅、舒缓工巧，打造了一个现代与传统、艺术与实用、科技与人文有机融合的体育建筑综合体。

## 1.1.2 新型体育与商业服务综合体

苏州奥体中心秉承城市体育产业与商业服务融为一体的体育综合体的理念，实现了商业业态和体育业态的完美结合，也是目前国内规划设计理念先进的全开放式生态体育公园，既满足了大型国际赛事的要求，又兼顾了大众健身需要，同时又为各类演出和商业活动提供一流的舞台演艺空间、商业运营空间，并配套打造

了一座集休闲、餐饮、娱乐、购物、体验、酒店服务为一体的奥体商业广场，形成了一个集体育竞技、观演互动、商业休闲与观光旅游的新型体育场馆综合体。

苏州奥体中心规划建设有体育场、体育馆、游泳馆、服务楼（其主要商业服务业态为奥体商业广场、智选假日酒店）、中央车库、室外训练场看台及 2 号车库、奥体室外公园和室外运动场等场馆设施。

体育场建筑面积 9.1 万 $m^2$，设计容纳 45000 座，能够满足足球、田径、大型演艺等活动需求。体育场内还设有全民健身活动项目（足篮中心和羽毛球中心）：3 片室内篮球场地、2 片五人制足球场地、1 片笼式足球场地、53 片羽毛球场地，如图 1.1-2 及图 1.1-3。

体育馆建筑面积 6.3 万 $m^2$，设计容纳 13000 座（固定座位 10000 座、活动座位 3000 座），设有室内综合比赛场地 1 片，可以举办乒羽篮排、体操、冰上项目等赛事活动；多功能训练厅 1 片，满足赛事热身需

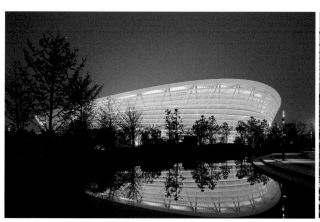

图 1.1-2 体育场

图 1.1-3 体育场内场

图 1.1-4 体育馆

图 1.1-5 体育馆内场

求，可举办多样化小型活动。体育馆四楼设有 29 间包厢，在一层还设有可容纳 1200 人同时观影的星级影院，如图 1.1-4、图 1.1-5。

游泳馆建筑面积 5.0 万 m²，设计容纳 3000 座，设有一个标准比赛池、一个训练池、室内儿童游乐嬉水设施和夏季户外戏水池以及室内健身中心，兼具游泳竞技比赛和健身娱乐功能，如图 1.1-6、图 1.1-7。

服务楼建筑面积 10.3 万 m²，其中奥体商业广场建筑面积 6.5 万 m²，是以体育休闲、健康文化为主题，运动时尚为特色的休闲娱乐购物体验中心，三楼室内设有高标准的娱乐真冰场；智选假日酒店建筑面积 1.8 万 m²，共有客房数 267 间，如图 1.1-8、图 1.1-9。

中央车库及 2 号车库建筑面积共 7.7 万 m²，为地下一层汽车库，是地上四个单体的共享地下车库空间，便于错峰使用。

奥体室外公园是开放式的市民休闲健身场所，充

图 1.1-6　游泳馆

图 1.1-7　游泳馆内场

图 1.1-8　服务楼 1

图 1.1-9　服务楼 2

图 1.1-10　奥体公园 1

图 1.1-11　奥体公园 2

满园林意趣与运动元素，设有景观步道、健身慢跑步道、自行车道、室外足球场、篮球场、网球场、棒球场、门球场、大型儿童游乐场和健身广场等活动设施，如图 1.1-10、图 1.1-11。

### 1.1.3 便捷的停车系统

项目位置范围内还建设有城市公交车停泊的首末站点，极大地方便百姓的出行与到达。与此同时，项目地上、地下共设置 3000 多个机动车停车位，3 处非机动停车区域，设有快速电动汽车充电桩，智能泊车、寻车和自助缴费系统，方便快捷。

### 1.1.4 快速高效、便利的交通圈

项目地理位置优越，交通便利，为举办大型赛事活动创造了有利条件。对外交通方面，2 小时车程内可快速通达上海浦东国际机场、上海虹桥国际机场、杭州萧山国际机场，30 分钟车程可顺利通达苏州火车站、苏州高铁北站、沪宁城铁园区站，15 分钟车程连接沪宁高速。市内交通方面，正在建设的轨道交通 5 号线与 6 号线在此交汇换乘，10 分钟车程连接中环快速路，正在施工中的金鸡湖隧道可快速到达湖西 CBD、姑苏区。

### 1.1.5 投入运营，效果良好

苏州奥体中心不仅是苏州市规模最大的综合性体育设施，更是提升城市功能、保障群众体育需求的民生工程。苏州奥体中心于 2014 年 4 月正式开工建设，经过精心策划，精心施工，于 2018 年下半年起陆续开放（图 1.1-12），6 月 30 日游泳馆和奥体商业广场启用，9 月 1 日室外公园启用开放，9 月 12 日体育馆启用，10 月 13 日体育场启用，至此，苏州奥体中心进入全面运营阶段。项目投入运营以来，承办了诸如"中国男足与印度男足国际热身赛""中国足协超级杯""首届冰壶世界杯比赛"等国内外重大赛事及张学友、李健、莫文蔚、李宗盛、林宥嘉等各类文艺演出，凭借

卓越的设计、精益的施工以及科学的运营，得到了社会各界的一致好评。苏州奥体中心在 2018 年全球体育场专家组评比中荣获第 2 名，并在 2019 年 9 月份进行了鲁班奖申报验收。项目获奖情况详见附录二。

### 1.1.6 创新管理，探索发展

苏州新时代文体会展集团有限公司（以下简称"新时代集团"）是苏州工业园区管委会直属国有企业，旗下拥有 8 大全资子公司：苏州奥体中心管理有限公司、苏州国际博览中心管理有限公司、苏州文化艺术中心管理有限公司、苏州文博商务旅游发展有限公司、苏州交响乐团有限公司、苏州芭蕾舞团有限公司、苏州文博诺富特酒店、苏州工业园区智选假日酒店。集团拥有各类载体面积超百万平方米，业态涵盖文化、体育、会展、商业、旅游、工程物业等多个领域，其体量承载力、业态丰富度、模式独特性，在全省乃至全国都具有示范和先导效应。

新时代集团以"打造全国一流文体会展旅游综合运营商"为企业愿景，坚持"综合是最大优势、创新是主要动力、招商是重中之重、管理是增效法宝、员工是强企之本"的发展战略，大力弘扬"讲政治、懂经营、会服务、有情怀"的企业文化，助力苏州人民拥抱美好生活，不断发展繁荣文体产业，力争成为江苏省和苏州市高端服务业的领跑者。

苏州奥体中心管理有限公司作为新时代集团下属子公司，受政府委托全权负责管理经营建成后的苏州奥体中心，公司秉承"臻于至善，卓尔不凡"的核心理念，并积极探索场馆运营管理的独特模式，创新创优，通过市场化经营、专业化管理、产业化运作方式，引入有影响力的优质赛事、演艺活动，组织积聚人气的群团活动，提供有专业特色的文体培训以及各类全民健身项目的经营，努力满足市民对体育健身方面的需求，致力将苏州奥体中心打造成苏州体育赛事、演艺活动和市民日常健身休闲娱乐的主要场所，成为国内同行业中的佼佼者，打造全国具有标杆性的体育场馆。

图 1.1-12　苏州奥体中心项目

# 1.2　建设目标与工程内容

## 1.2.1　建设目标

　　苏州奥体中心是集体育竞技、健身休闲、商业娱乐、文艺演出于一体的多功能、综合性、生态型的甲级体育中心，以"建筑标志化、标准国际化、设施现代化、功能人性化"为建设目标，打造一个体育符号鲜明、地域特色浓郁、文化内涵深厚、科技、绿色、智能的国内顶级体育场馆以及开放式、亲民型、园林化的体育公园，满足市民日常健身休闲运动以及各类体育赛事和文艺活动的需要。工程建设全部执行国家颁布的工程建设标准及规范，部分重点部位采用相关的国际标准。

## 1.2.2　建设条件

### 1. 自然条件

　　苏州工业园区位于苏州市金鸡湖东，地处北亚热带，属于典型的亚热带季风气候，季风特征明显，温和湿润，四季分明，日照充分，雨量充沛，无霜期长。区内年平均气温为15.7℃，年平均相对湿度80.8%，年平均气压101.6kPa，年平均无霜期为300天以上，年平均日照时数2100小时。年平均降水量1100mm，年平均降水天数134天，年平均蒸发量1576mm，年平均风速3.4m/s，常年主导风向夏季为东南风，冬季为西北风。

　　苏州工业园区属长江三角洲冲积平原，以平原为主，由水网平原、低洼圩田平原、湖荡水网平原、滨湖水网平原构成，属舒缓基岩山丘工程地质亚区及冲积湖平原工程地质区。苏州园区湖泊众多，水网密布，金鸡湖、阳澄湖、独墅湖等水体造就了园区独一无二的亲水环境。据地震部门提供的历史地震记录，自公元600年以来，发生在苏州境内的震级大于5级的地震总共有5次，最大等级为5.25级。此外，园区及周边环境无重大污染源，园区多年空气质量优秀率达95%以上。

### 2. 基础设施条件

苏州工业园区启动之初，注重借鉴国内外先进城市经验，融合新加坡国际化理念和苏州文化底蕴于一体，极力营造与国际相适应的一流投资环境，苏州工业园区基础设施建设实现道路、供电、供水、燃气、供热、雨水、污水、通信、有线电视和土地平整"九通一平"，标准之高在国内罕见。

### 1.2.3　工程规模

苏州奥体中心项目占地 60hm²，总建筑面积 38.6 万 m²，绿地率 26.8%，体育场、体育馆、游泳馆、服务楼、中央车库、室外训练场看台及 2 号车库、室外体育公园工程规模具体如下：

#### 1. 体育场

体育场地上四层（主体单层、局部四层），局部地下一层，与中央车库连通，首层占地面积 5.5 万 m²，建筑面积为 9.1 万 m²，地上建筑面积 9.0 万 m²，地下建筑面积 933m²，建筑高度 54m，长轴跨度 260m，短轴跨度 230m。

基础结构形式为灌注桩基础，主体结构为钢筋混凝土框架结构（劲性钢柱、BRB 屈曲约束支撑），屋盖结构为钢支撑＋轮辐式单层索膜结构。

屋盖钢结构用钢量约 5600t，屋面全封闭 Z 形定长索约 9000m，屋面 PTFE 膜材约 31900m²。

幕墙面积约 9.8 万 m²，体育场 12m 以上为悬挑式铝板百叶及铝板组合式幕墙系统（开缝式铝板幕墙、开缝式穿孔铝板幕墙），12m 以下幕墙为明框构件式玻璃幕墙、开缝式石材幕墙、铝合金格栅、蜂窝石材吊顶等幕墙系统。

#### 2. 体育馆

体育馆地上五层（主体单层、局部五层），局部地下一层，与中央车库连通，首层占地面积 2.8 万 m²，建筑面积 6.3 万 m²，地上建筑面积约 5.9 万 m²，地下建筑面积约 4260m²，建筑高度 43.48m、最大跨度 143m。

基础结构形式为灌注桩基础，主体结构钢筋混凝土框架剪力墙结构（劲性钢柱、预应力），屋盖结构为钢支撑＋顶部环桁架、双向平面桁架＋直立锁边金属屋面。

屋盖钢结构总重约 3900t，主桁架最大跨度为 120m，主桁架最大净高达 8m，金属屋面约 15000m²。

幕墙面积约 10.5 万 m²；12m 大平台以上为环向悬挑铝板百叶及玻璃组合式幕墙；12m 大平台以下幕墙为明框构件式玻璃幕墙、开缝式石材幕墙、铝合金格栅、蜂窝石材吊顶等幕墙系统。

#### 3. 游泳馆

游泳馆地上四层（主体两层、局部四层），局部地下一层与中央车库连通，首层占地面积 2.6 万 m²，建筑面积为 5.0 万 m²，地上建筑面积 4.9 万 m²，地下建筑面积 1615m²，建筑高度 33.95m，最大跨度 107m。

基础结构形式为灌注桩基础，主体结构为钢筋混凝土框架剪力墙结构（劲性钢柱、预应力），屋盖结构为钢支撑＋单层双向正交索网结构＋直立锁边金属屋面。

屋盖钢结构用钢量约 1500t，直径 40 的高钒密闭索约 11000m，金属屋面约 9100m²。

幕墙面积约 4.8 万 m²，12m 大平台以上为环向悬挑铝板百叶及玻璃组合式幕墙；12m 以下幕墙为明框构件式玻璃幕墙、开缝式石材幕墙、铝合金格栅、蜂窝石材吊顶等幕墙系统。

#### 4. 服务楼

服务楼为主楼十七层、裙房四层，地下两层的商业、酒店、办公综合服务楼，总建筑面积 10.27 万 m²，建筑总高度 86.9m，占地面积 17445m²，主要功能包括：地下二层为平时车库，可容纳 301 个车位，战时六级二等人员掩蔽所；地下一层～三层、局部四层为奥体商业广场，其中三层设有 1200m² 的真冰溜冰场；五～十三层为酒店，客房数 267 间；十四～十七层为办公区，主楼每层建筑面积约 1400m²。

服务楼主楼和裙房在地上通过抗震缝断开，地下连成一体。主楼采用框架－抗震墙结构体系，为高层建筑结构；裙房采用框架结构体系，为多层建筑结构。

服务楼幕墙系统，裙房部分采用明框架式玻璃幕墙及石材幕墙；塔楼部分采用横明竖隐单元式玻璃幕墙及横向铝板遮阳系统，幕墙面积约 2 万 $m^2$。

### 5. 中央车库

中央车库为地下一层汽车库，为地上四个单体的共享地下车库空间，可容纳 1317 个车位，建筑面积约为 6.1 万 $m^2$，建筑高度 4.5m，其中商业面积 3800$m^2$。

基础结构形式为方桩基础，主体结构为混凝土框架结构＋无梁楼盖结构。

### 6. 室外训练场看台及 2 号车库

训练场看台为训练场配套建筑，看台座位 800 个（无座椅），一层建筑，高度 8.5m，建筑面积约 1450$m^2$，看台为钢筋混凝土结构＋钢结构膜屋盖，看

台下为 2 号车库，地下一层，建筑面积 1.56 万 $m^2$，建筑高度 3.9m，停车位 517 个，地下车库结构基础为方桩基础，主体结构为钢筋混凝土，车库内包含 1840$m^2$ 战时六级二等人员掩蔽所。

### 7. 奥体公园室外工程

3500m 的健身慢跑道，2700m 的自行车道，两处 3000$m^2$ 室外儿童娱乐场地，4 条人工景观河道分别围绕体育场、体育馆、游泳馆和服务楼，在体育公园中央区域有 2 处雕塑，体育公园南侧有 1 片室外训练场地，1 片约 4700$m^2$ 的棒球场地，约 13300$m^2$ 的五人制及七人制足球场地。

## 1.2.4 工程重点

（1）复杂的轴网系统，空间测量定位难度大、精度要求高（图 1.2-1）。采用三维激光扫描获取精

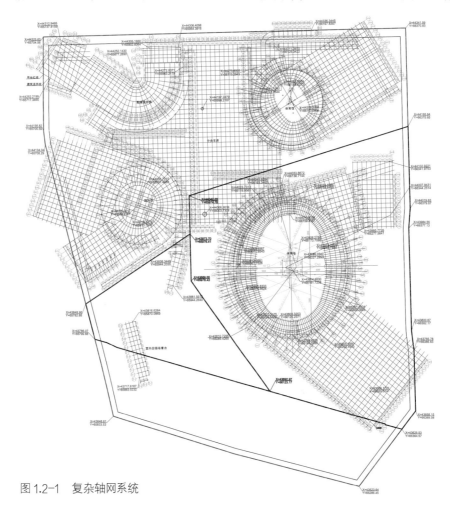

图 1.2-1　复杂轴网系统

确的三维点云数据，对数据进行分析拟合，提高测量定位精度。

工程轴网定位复杂，分别有环向轴网、径向轴网、正交轴网、斜交轴网等以及大量空间三维坐标定位，体育场馆弧形看台测量定位难度大，泳池尺寸、跑道尺寸、各种场馆地面平整度精度要求高，屋盖结构、幕墙体系需三维定位。测量定位、放线和测量精度控制是工程的重点（图 1.2-2～图 1.2-4）。

（2）大面积清水混凝土异形构件多，质量要求高。

一场两馆大量使用清水混凝土，包括清水柱、弧形墙、梁板、看台、弧形楼梯等，展开面积达 5.4 万 m²，混凝土总方量约 1.0 万 m³（图 1.2-5、图 1.2-6）。清水混凝土质量要求高、面积大、异形构件多，一次

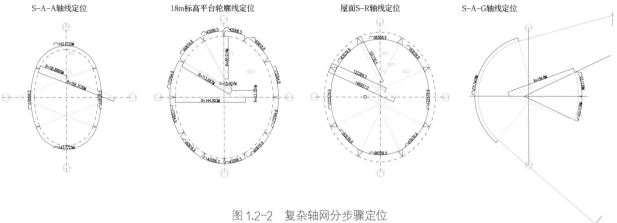

S-A-A 轴线定位　　18m 标高平台轮廓线定位　　屋面 S-R 轴线定位　　S-A-G 轴线定位

图 1.2-2　复杂轴网分步骤定位

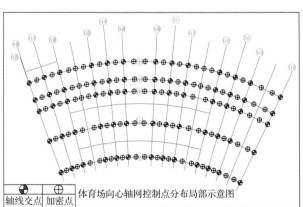

图 1.2-3　圆弧加密测点，细分弦长，降低偏差

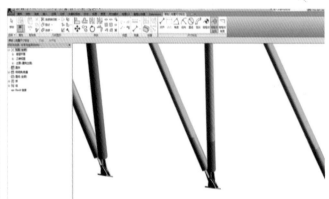

图 1.2-4　通过 CAD 电子版图纸及 BIM 技术确定坐标放线

图 1.2-5　清水混凝土梁板、弧形大楼梯

图 1.2-6　清水混凝土弧形墙

成型、不做任何外装饰，具有朴实无华、自然沉稳的外观韵味，彰显混凝土原始自然之美，是土建结构最大亮点和难点。

（3）800m超长混凝土结构裂缝控制难度大。

为满足建筑连续立面造型，一场两馆地上混凝土结构未设置永久伸缩缝，为超长无缝结构，结构环向贯通、首尾相接。体育场看台内环尺寸为521m，看台外环尺寸为695m，结构最大外边线尺寸达800m（图1.2-7）；远远超过框架结构不设置伸缩缝的长度要求。温度变化和混凝土收缩将在结构中引起较大的内力和变形，超长结构抗裂是工程的重点。

（4）劲性钢柱梁柱节点复杂、施工难度大。

工程有大量劲性钢柱，梁柱节点有劲性钢柱、梁柱钢筋、预应力筋、BRB屈曲约束支撑埋件穿过，施工节点复杂、钢筋密集，混凝土浇筑密实性要求高，混凝土浇筑难度大。对每一个劲性柱节点利用BIM技术进行三维建模，细化每一根钢筋、弯折段、节点板，出具三维深化节点详图，指导现场施工。体育场40个V形钢柱柱脚与劲性结构节点复杂，施工难度大（图1.2-8）。

（5）现浇混凝土看台结构内弧外直、精度控制、模板支设难度大，看台弧度自然顺畅、阴阳角分明、分缝一致，聚脲面层不易空鼓开裂，质量标准高（图1.2-9、图1.2-10）。

（6）体育场、游泳馆屋盖钢结构技术含量高、施工难度大。体育场、游泳馆主体钢结构压环梁采用法兰连接，减少现场焊接，提高安装精度，体育场轮辐式单层索网屋盖跨度达到260m，填补了国内超大

图1.2-7　800m超长混凝土结构

图1.2-8　劲性钢柱梁柱节点BIM深化设计

图1.2-9　看台结构

图1.2-10　看台模板

跨度的轮辐式单层索网结构的空白。游泳馆屋面采用柔性单层正交索网+刚性直立锁边金属屋面，为国内首次采用。超大跨度单层索网结构施工精度要求高，并且膜屋面、金属屋面以及屋面附属结构如何适应索结构的大变形，在国内尚无类似工程施工经验（图1.2-11、图1.2-12）。

（7）机电安装系统复杂，集成度高，管线综合排布、深化设计、施工难度大。

看台座椅下方静压箱空间狭小、工序复杂；场馆屋檐及桁架顶部设备和管线安装施工难度大；弧形管道预制加工、安装技术难度大（图1.2-13）。

（8）体育场馆幕墙倒锥形倾斜角度大，双向曲面、异形复杂幕墙系统加工制作、现场安装难度大（图1.2-14、图1.2-15）。

体育场馆倒锥形、双向曲面、异形复杂钢铝结合幕墙、冷弯玻璃幕墙加工制作、安装难度大。遮阳系统、自动排烟窗、蜘蛛车等成套设备专业性强，材料设备采购周期长，安装施工难度大。幕墙施工专业配合多，

图 1.2-11　体育场单层索网膜结构

图 1.2-12　游泳馆屋盖结构

图 1.2-13　弧形管道布置

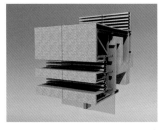

图 1.2-14　裙房幕墙系统

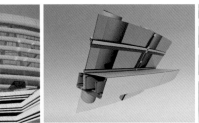

图 1.2-15　场馆组合式幕墙

包括土建、钢结构、机电、内装、园林景观、泛光照明、弱电、体育工艺等均有深化设计接口和施工作业面交叉，协调管理难度大。场馆流线形铝板装饰带、马鞍形檐口屋面铝板、体育场穿孔铝板、蜂窝石材等工序复杂，安装步骤烦琐，施工难度大，施工脚手架搭设安全风险高，危险性大。

（9）苏州奥体中心室内外体育工艺场地点多面广，场地数量达 100 余片，施工质量要求高。包括塑胶跑道、天然草坪、泳池、运动木地板、室内外篮球场、网球场、羽毛球中心、壁球房、攀岩、丙烯酸地面、硅 PU 地面、PVC 地胶、场馆座椅、体育工艺智能化系统、扩声、照明系统、建筑声学等。

### 1.2.5 技术创新及应用

苏州奥体中心项目工程结构体系复杂，技术难度大、科技含量高，设计与施工创新技术应用有 22 项之多，其中体育场 260m 轮辐式单层索网的设计及施工技术获得了 2019 年江苏省土木建筑学会土木建筑科技奖一等奖。一场两馆技术创新的主要内容如下：

（1）提出"外倾 V 形柱＋马鞍形外压环梁＋单层索网"的结构体系，该体系整体简洁、预应力自平衡、传力明确。

（2）提出适用于大变形索网的屋面附属结构设计方法，创新设计适用于大变形索网的直立锁边刚性屋面。

（3）V 形钢柱柱脚创新采用单向和面内滑动的特种关节轴承铰支座，释放钢柱特定方向的内力，解决了 V 形钢柱基础沉降影响问题。

（4）创新设计适用于大变形索网的马道结构，采用气弹性风洞试验和数值分析对柔性单层索网结构在风荷载下的流固耦合性能进行研究，对柔性索网结构考虑流固耦合作用的变形进行分析，创新附属结构设计。

（5）提出适于高效建造的新型索夹节点形式，发明了索夹抗滑移试验方法。

① 采用"钢板和铸钢件组合式环索索夹节点"，钢板与铸钢件组合索夹。耳板及加强板采用低合金钢，索槽采用铸钢，两者整体焊接，发挥了钢材强度高、性能可靠、造价低的优势，降低了铸造难度，大幅提高了节点可靠性。索槽铸钢件采用统一尺寸，浇铸后按照径向索角度局部切除，开模数量由 11 个减少到 3 个。

② "施工中依次夹紧双向正交拉索的索夹节点"等创新节点，保证拉索施工安全高效。

（6）发明了基于非线性动力有限元的索杆系静力平衡态找形分析方法。提出基于正算法的索网结构零状态找形迭代分析方法。

（7）提出基于"三索共面"原则和改进遗传算法的轮辐式单层索网结构形态优化分析方法。

（8）游泳馆 V 字后激活柱设置十字插板节点临时缝，优化结构柱受力。

（9）拉索抗腐蚀试验研究，考察高腐蚀环境高应力状态下密封索的防腐性能，在试验数据基础上进行数值分析，预测拉索寿命。

（10）单层索网结构高精度成型控制技术，提出索力、索长和外联节点坐标随机误差组合影响分析方法。

（11）发明了张力条件下考虑时间效应，并同步监控高强螺栓紧固力的拉索－索夹组装件抗滑移承载力试验方法。

（12）提出基于各向同性材料理论和广义胡克定律推导的索张拉致螺栓紧固力损失计算解析公式。

（13）提出轮辐式单层索网结构的整体提升、分批逐步锚固施工技术。

（14）通过钢环梁制作安装控制技术、柱脚关节轴承节点安装控制技术，实现压环梁与索头连接销轴孔中心关键节点 20mm 以内高精度成型的安装精度。

（15）发明双向单层正交索网结构无支架高空溜索施工技术。采用空中溜索的方式依序安装承重索和稳定索，并在高强螺栓上设置中间螺母和端头螺母，实现过程中两次紧固索夹分别夹紧承重索和稳定索。直接在空中编网和张拉，不占用内场地，有利于拉索保护。

（16）提出柔性索网结构刚性屋面的配重施工技术。柔性单层索网结构上覆刚性金属屋面加载配重技术：金属屋面施工时，使索网中心产生1108mm下挠，会导致屋面安装不紧密，造成屋面漏水，采取配载施工措施，逐步安装，逐步卸载，确保屋面安装质量。

（17）异形构件清水混凝土施工技术。

（18）大角度倾斜混凝土柱施工技术。

（19）看台静压箱施工技术。

（20）型钢柱脚预应力锚栓应用及安装装置施工技术。

（21）大型体育场馆超长混凝土结构抗裂施工技术。

（22）带牛腿式成品滑动支座楼梯施工技术。

## 1.3 建设管理模式

苏州奥体中心采用了建设项目生命周期全过程的业主方项目管理模式，其高效的项目管理模式是苏州奥体中心有序建设并取得成功的可靠保证。在项目业主方的领导下，项目团队群策群力，各参与单位在项目建设过程中，众志成城，攻坚克难，不断探索和创新，逐渐形成了符合项目自身情况的项目管理模式，取得了大量宝贵的实践经验，这些经验总结可以为大型工程，尤其是为同类项目提供一些有价值的参考。

### 1.3.1 业主推动型建设管理模式

苏州奥体中心的业主团队由苏州工业园区体育产业发展有限公司（简称体育发展公司）和招标确定的管理公司AECOM组成，招标确定了上海建科和江南监理承担施工监理任务，设计方案竞赛确定gmp为项目方案设计单位，并由sbp、WES、SKM、中智华体、华纳幕墙、北京建研院等为咨询

设计或配套单位参与项目，以上海建筑设计研究院为施工图设计总包单位，以中建八局、中建三局、中建钢构等为主要施工单位，整个项目团队组成人员庞大，涉及专业种类多，各单位在不同阶段参与项目的建设。苏州奥体中心的建设管理属于典型的业主推动模式，项目建设全程由业主充当指挥员，对项目所需的各种资源进行计划、组织、协调和控制，目标是将项目在合同约定的基础上，由蓝图变为现实。苏州奥体中心项目是在项目管理团队的努力下，通过各种项目管理手段，完成了项目建设。

苏州奥体中心项目的建设无论是在技术还是管理上能够有所创新，都是建立在科学有效的项目管理的基础上，以已有项目管理经验为基础并结合项目特有情况，探索出符合项目自身建设的项目管理模式。

### 1.3.2 建设管理模式内容

苏州奥体中心是苏州市地标性建筑，设目标定位高，工程影响力大，社会关注度高，参建单位众多，专业交叉施工繁杂，同时体育场馆设施具有新颖性、探索性、功能复杂性，建设管理和工程技术都面临重大挑战。为实现高标准建设目标，项目建设领导者将"精心策划，精心施工，建造精品工程"作为总体指导思想，并以严格认真、狠抓落实的管理作风做到了本质管理。为了落实"精心、精品"的指导思想，业主方管理团队进行大量的考察调研，通过借鉴确定了工作思路和方法，在决策管理上规避了传统管理做法中的不利因素及风险，形成了一套完整的业主方建设管理模式。

（1）管理组织架构：业主方运营和建设两大管理板块协同进行项目规划、设计与建造管理，优化了项目业态规划和场馆功能，有利于后期的日常经营效益；项目现场管理采用了以业主为主、管理公司为辅的混合编制管理团队的形式。随着项目的推进，管理人员的专业类别和数量均会动态调整，做到管理的针对性和专业性。

（2）目标管理：制定了清晰的管理目标，并提

出了"安全第一、质量上乘、进度、投资可控"的管理目标定位，整个建设过程中目标顺位始终如一，这样避免了管理目标不清晰造成的管理混乱，同时为实现管理目标实施了目标激励机制。

（3）规划决策：通过对苏州市体育设施及体育消费市场的调研分析以及对国内外大型场馆的调研，形成了项目规划的总体设计原则和指导思想，在全球范围内的进行方案征集竞赛，设计方案成果经专家和领导多轮评审，完成项目规划决策。

（4）合同管理策划：考虑项目的特点和内容、业主自身的条件及建筑市场上的资源供应等客观情况，进行了科学的发包方式策划，并对合同的文本模式、合同内容、合同主要条款、招标文件进行了细化，有力地保证项目目标的实现。

（5）投资管理：编制可行性投资估算和成本控制计划，按照批准的投资估算实行限额设计，项目全过程造价管理单位跟踪服务，进行动态的估算、概算、预算对比管理，严格控制设计变更和现场签证，对变更金额达到一定数额的，进行严格的授权审批管理。

（6）文档管理：构建了业主、管理公司与参建各单位之间的文件协同工作平台，有利于信息交流和协同工作。

（7）风险管理：由于风险是相对的，又是客观的，通过建章立制、管理措施对风险进行有效的控制，对仍有可能产生的风险比如重大施工作业风险，施工管理及资源投入薄弱环节等进行重点跟踪，采取主动行动，创造条件扩大风险的有利结果，妥善处理风险造成的不利后果，以最小的成本保证安全，实现目标。

（8）设计管理：实行设计总包管理模式，充分发挥设计总包雄厚的技术实力以及专业设计分包之间的技术边界管理优势。同时，业主方配备了实力强大的设计管理团队，强化设计整合，设计管理做到事前控制、过程控制，践行"一次做对效率最高"的简单原理，提出明确的设计任务书和设计深度标准，为实现打造绿色、科技、智能、国内一流的体育场馆建设目标，创新应用了屋盖索膜结构、索网等一系列前沿技术。

（9）施工管理：实行施工总承包管理模式，充分发挥总承包在施工组织与协调、施工技术、复杂工序、安全、质量、进度、文档、创优等各方面统筹管理的优势；特别在安全管理上组建了强大的安全管理机构，实行安全一票否决制；质量管理实行样板先行制。

（10）领导力和团队建设：项目建设管理过程中，领导高度重视，建设管理团队勤勉工作、互相协作，大胆创新，勇于挑战。

通过项目管理组织的努力，运用系统理论和方法对项目及其所有资源进行计划、组织、协调、控制，为实现精品工程奠定了坚实的基础。在管理过程中强大的管理领导力、高效的团队协作，使苏州奥体中心成为国内同类工程中的样板工程。

# 第2章 项目管理决策

## 2.1 管理架构

### 2.1.1 业主方项目管理

苏州奥体中心业主方项目管理是全生命周期的管理，即以苏州奥体中心项目立项、决策为起点，历经设计、施工到项目竣工验收并投入运营、维护的过程。

在项目建设阶段，业主项目管理的目标主要包括项目的安全目标、投资目标、进度目标和质量目标。其中投资目标是指项目的总投资目标，进度目标是指项目交付使用的时间目标，项目的质量目标不仅涉及施工质量，还包括设计质量、材料质量、设备质量和影响项目运行或运营的环境质量等。质量目标包括满足相应技术规范和技术标准的规定，以及满足业主合同约定的更高质量要求。同时，项目的投资目标、进度目标和质量目标之间既有矛盾的一面，也有统一的一面，它们之间是对立统一的关系。要加快进度往往需要增加投资，要提高质量往往需要增加投资，过度缩短进度会影响质量目标的实现，这都表现了目标之间矛盾的一面；但通过有效的管理，在不增加投资的前提下，能最大程度地缩短工期并提高工程质量，这反映了项目管理目标统一的一面。

业主方的项目管理工作涉及项目实施阶段的全过程，即在设计前的准备阶段（立项、决策）、设计阶段、施工阶段、交付使用前准备阶段和保修期分别进行如下工作：

（1）安全管理；

（2）投资控制；

（3）进度控制；

（4）质量控制；

（5）合同管理；

（6）信息管理；

（7）组织和协调。

由于业主方是建设工程项目实施过程（生产过程）的总集成者——人力资源、物质资源和知识的集成，业主方是整个工程项目建设的总指挥，领导项目的建设。在项目的实施过程中，业主常常称为"甲方"，而设计方、施工方、监理方、各类咨询机构，均与业主方签订合约，完成各自工作任务，这些机构常常称为"乙方"。业主方（甲方）的项目管理区别于其他各方（乙方）的项目管理，有以下特征：

（1）项目管理的任务分工不同。乙方的项目管理工作集中在整个项目管理工作的一部分，并只对自己的工作向甲方负责；甲方需要统筹整个项目的管理，需要更宽广的视野和更高层次管理能力才能胜任项目管理工作。

（2）管理对象不同。项目管理的实质是通过对人的管理，进而实现对项目的管理。业主方的管理对象有设计方、施工方、监理方等各方主体，属于"一对多"；而后者与业主方的关系则较为单一，属于"一对一"。在各单位组成的项目管理团队层面，业主方需要管理的主体无论是数量还是类型上都较后者更为复杂，管理难度相对更大。

（3）介入和退出项目的时间不同。业主方从项目孕育到立项，从设计到施工，再到移交，各个环节都最早介入项目，乙方在项目全寿命周期内的特定时间介入项目，完成各自工作任务后，退出项目，乙方介入退出的时间表并不统一。

（4）项目管理内容深度不同。业主方项目管理工作内容偏向于宏观管理，侧重于协调管理，乙方的项目管理内容更加专门化，侧重于专业管理。

### 2.1.2 业主方组织架构

苏州奥体中心项目业主方实施主体是苏州工业园区体育产业发展有限公司，该公司是一家为了苏州奥体中心的建设运营而成立的苏州工业园区直属国有企业，全面负责项目的开发建设以及建设完成之后的运营管理工作。与传统体育场馆建设赛事任务驱动不同，苏州奥体中心的建设需要面向全民健身，满足苏州地区人民体育健身的需求，因此，体育发展公司的组织架构与一般项目的指挥部模式有显著不同，重要表现之一是运营部门全程介入项目建设。项目业主团队先后考察了国内外类似的项目，学习总结了这些项目的管理经验，决定苏州奥体中心的运营管理部门在建设阶段就参与指导项目建设。运营部门的提早介入，体现了业主管理的前瞻性，充分考虑了苏州奥体中心竞技比赛运营、商业招商运营、健身业务运营、物业管理等一系列的业务开发，为满足日后项目运营需要奠定了基础。需要特别指出的是体育发展公司的组织机构不是一成不变的，而是可以根据项目建设需要灵活调整。项目的建设初期、建设中期、建设运营过渡期等各个不同的建设阶段，体育发展公司的组织架构均会出现一定的变化，尤其是随着项目不断进展，运营板块人员逐渐增多，建设管理板块人员随着建设过渡

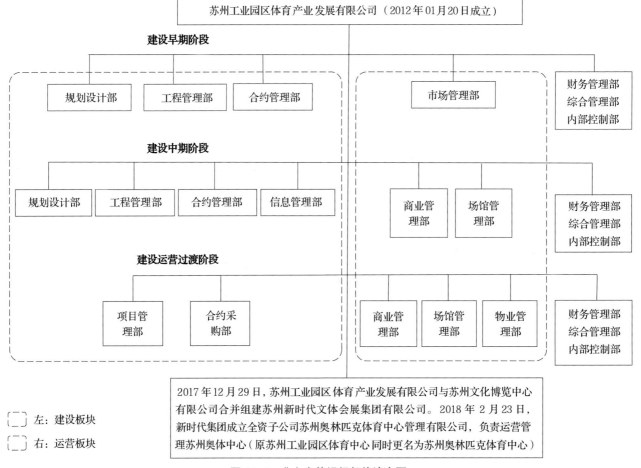

图 2.1-1 业主方的组织架构演变图

到运营阶段会相对减少，建设部门和运营部门两大板块的人员力量此消彼长，根据项目建设的需要进行动态调整。体育发展公司不同阶段的组织架构如图2.1-1所示。

为保证建设一个有形象、有口碑、有效益、廉洁放心的民生工程，苏州工业园区工委、管委会成立了苏州奥体中心项目建设领导小组，履行决策职能，指挥、领导体育发展公司推进工程进展并加强对项目建设的统筹、协调和监管。

工程建设领导小组人员组成，由园区管委会主任为项目建设领导小组组长，管委会分管领导为副组长，体育发展公司总裁为建设领导小组办公室主任，各局办局长为建设领导小组组员。工程建设领导小组由各级行政领导担任，很好地解决了苏州奥体中心统筹协调问题，为项目顺利实施奠定了组织基础。

### 2.1.3　项目管理组织架构的策划思路

项目管理组织架构的策划过程实际就是组织架构的设计过程。这里的组织架构是指业主方项目管理的组织架构。那么，如何在已有条件下，设计一个既能实现项目管理目标，又能实现各方项目管理绩效的组织结构，需要业主方在项目开始实施之前，予以充分考虑。项目管理组织架构的科学策划，不仅关系到项目能否顺利实施，还影响着各方实际收益，重要性不言而喻。

从项目治理角度看，项目组织架构就是项目的治理结构，治理结构是项目治理的基石，治理机制需要建立在治理结构的基础上才能顺利运转。工程项目的治理结构包含多个治理主体，业主方、设计方、施工方、监理方、各类咨询公司等都是治理结构中的重要主体，同样也是项目组织架构的主体。从实际项目的实施看，影响项目组织架构策划的因素有：

（1）项目概况。项目的性质、规模、投资额、地理位置，甚至是气候因素都是影响项目组织架构的基础性因素。这些基础性因素决定了组织架构的大小，影响着组织架构的横向和纵向深度。

（2）现有的建设条件。包括资金准备情况，人员配备情况以及项目的外部环境等。资金准备情况包括自有资金、其他单位投资、融资、借贷等方式。不同资金来源对组织架构的策划会产生的一定的影响，比如采用PPP模式建设项目的，就不得不考虑投资主体进入组织架构。人员配备包括业主方现有人力资源以及其他参与主体的人力资源。需要指出的是其他参与主体的人力资源包括确定性人力资源和不确定性人力资源。项目的外部环境包括当地的政治环境、项目周边社会环境以及自然环境等。项目管理架构策划时，需要考虑这些因素。

（3）项目管理目标。项目管理目标包括项目的质量、进度、成本和安全等基本指标。如何实现这些项目管理目标，需要策划人员设计科学合理的组织架构才能实现。组织架构策划不仅要便于项目管理，实现项目管理目标，而且要调动各方的积极性，使各方都能自发围绕着实现项目管理目标而努力工作。考虑到项目后期运营节约成本及使用的方便，需要在组织架构设计时对这一事项重点关注。

（4）各方主体管理与考核。业绩考核是各方努力工作的重要驱动，项目管理架构的策划要便于各方管理与考核，业绩考核指标要随时能够从组织架构中提取，做到能够实时监控绩效考核指标。组织架构策划不能回避对各方主体的管理和考核问题。

（5）同类型、同体量项目的组织架构。同类项目的组织架构具有重要参考价值。虽然每个项目都有自身的特点，不可复制，但同类项目的成功经验是可以借鉴参考的。同类项目的成功与其组织架构密不可分，分析其组织架构的成功之处有助于降低项目失败的概率。此外，还可以吸取同类项目组织架构的不足之处，以便更好地服务本项目的策划与设计。

苏州奥体中心业主方项目管理组织架构在策划阶段同样考虑了以上因素。在项目管理组织架构策划设计阶段，策划人员综合了项目概况、已有建设条件和项目总体目标等多个因素，对业主方项目管理组织架构进行了初步策划。主要策划内容有：

（1）对项目进行标段划分。苏州奥体中心规模较大，项目由"一园一场两馆一中心"组成的项目群，即：一座体育公园、体育场、体育馆、游泳馆和一个服务配套中心。项目总建筑面积为 38.6 万 m²，总投资 50.8 亿元人民币。由于工程体量大，管理难度大，项目采用了划分标段的形式进行管理。一标段包括体育馆和服务楼和中央车库；二标包括体育场和游泳馆及室外训练场。一标和二标的承包单位不仅承担了本标段内的施工任务，还负责本标段内的总承包管理工作。此外，对需要外包的专业工程，业主方采用了独立分包的形式由专业分包单位参与施工。

（2）混合编制业主团队。体育发展公司是一家国有企业。然而国企受制于用人体制的限制，通过招聘大量专业人员扩充管理队伍并不现实。鉴于此，体育发展公司最终确定了专业管理公司参与项目管理的管理模式，从管理公司遴选专业骨干力量与体育发展公司共同组成业主团队，在人员配备方式上，采用以业主为主、管理公司为辅，混合编制的方式组建管理团队，双方合同以国际通用的人工时为主要结算方式。

（3）为了便于项目后期的运营，项目建设阶段需要考虑后期项目运营的需要，尤其是业态功能的规划设计，要做到合理和优化，业主团队要求运营团队在项目建设阶段就参与指导和决策，随着项目不断推进，运营人员的数量和类型也不断发生变化，业主团队的组成是开放的、流动的，根据项目建设的需要不断调整。

（4）加强项目安全管理。苏州奥体中心项目体量大，风险因素多，为了实现项目建设零死亡的目标，在业主团队中专门设立安全管理机构，专职设立安全管理经理岗位。监督施工单位进行日常安全检查和专项安全检查，确保风险因素识别与管理无死角。安全经理直属于项目经理，并对项目经理负责。

（5）设立合约管理部门。由于项目涉及的专业种类多，合同数量众多，对合同的科学合理管理不仅关系到项目能否顺利实施，还关系到各方绩效能否顺利实现。苏州奥体中心的合同可以分为项目管理合同、监理合同、设计类合同、施工类合同、运营类合同和其他类合同等多个类别。每种类型的合同又包含多个合同，合同管理繁杂，需要设立专职的合约经理对合同进行日常管理。

苏州奥体中心项目组织架构策划的总体思路可以描述为以项目概况、现有建设条件、同类工程建设经验为基础，以策划目标为指引，以破解策划难题为突破口，以项目组织架构为最终目标。如图 2.1-2 所示。

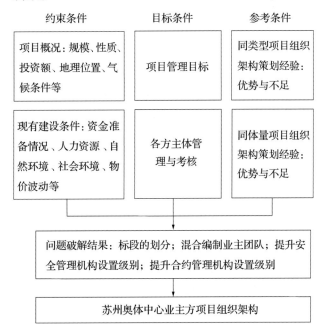

图 2.1-2　业主方项目管理组织架构策划流程

### 2.1.4　项目管理架构特点

经过策划初期多方讨论与论证，后在实际项目管理过程中对组织架构经过不断修改和完善，形成了苏州奥体中心项目管理组织架构体系的最终版本，如图 2.1-3 所示。该 IPMT（Integrated Project Management Team）管理模式是业主与项目管理承包商为完成项目管理而按工作职责分工组成的一体化项目管理团

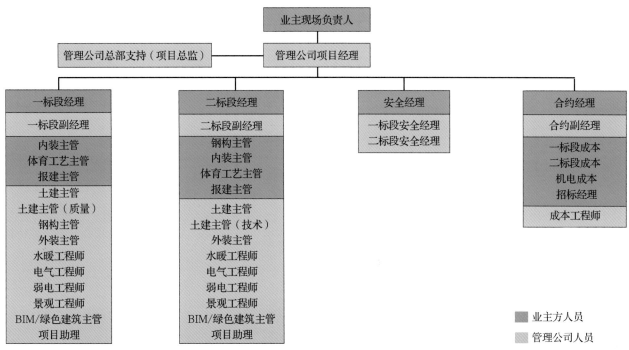

图 2.1-3　苏州奥体中心业主方项目管理组织架构图

队，一体化是业主与管理公司组织机构的一体化，项目程序体系的一体化，设计、采购、施工的一体化，以及目标与价值观的一体化。一体化项目管理是目前国际上较为流行的比较先进的一种管理模式，而在国内基础设施建设领域还是一个新生事物，苏州奥体中心项目的联合管理是又一次非常有益的尝试。

图 2.1-3 所示的组织架构基本满足项目策划要求的需要。从图中可以看出，整个项目管理团队由体育发展公司和管理公司组成，每个部门均由体育发展公司和管理公司两个单位的人员组成，采用混合编制的模式。但总体上各个分部工程专业人员由管理公司的员工担任，突出其专业性特点。每个分部工程专业负责人直接负责相应施工任务的监督和管理。图 2.1-3 所示的业主方项目管理模式符合苏州奥体中心的建设，实践证明，该管理模式不仅很好地完成了项目建设，而且还取得了较好的社会效益。苏州奥体中心业主方项目管理模式的创新之处主要在三个方面，一是混合编制业主管理团队；二是提升了项目安全的管理层级；三是提升了项目合同的管理层级。

**1. 先进的混合编制理念促使业主方项目组织架构发挥了最大效能**

业主方采用混合编制扩充项目管理团队的理念主要源于两个方面。第一，苏州奥体中心项目需要大量的专业管理人员参与管理庞大的项目，而为了该项目招聘大量专业管理人员存在项目解散后人员冗余问题；第二，管理公司人员可以根据现场进度和专业需要灵活增加或减少人员，做到双方人员专业互补，为选择更合适人选提供了体制、机制和空间。苏州奥体中心属于特殊功能项目，通过合作的方式，邀请一些有经验的、管理过类似项目的单位或部门成了自然的选择。正是基于这样的出发点，AECOM 成了业主单位的合作伙伴。AECOM 是全球顶尖的技术和管理服务机构，在项目管理方面，尤其是基础设施管理方面拥有强大的实力。体育发展公司选择与 AECOM 合作，可以在短期内解决业主面临的难题。此外，双方混合编制团队共同工作，还能缩短信息沟通路径，减少不必要的沟通成本，提高工作效率。而 AECOM 公司作为全球顶尖的咨询公司，与中国项目合作，不仅能积累中国经验，还能迅速打开中国市场，赢得更多的业务合作。表2.1-1深刻地反映了业主选择临时招聘，还是与管理公司合作不同选择时的利弊。

苏州奥体中心两种人员补充方式的利弊比较　表 2.1-1

| 补充方式 | 优势 | 不足 |
| --- | --- | --- |
| 社会招聘 | 员工能长期使用 | 遴选合适员工的风险大，难度大 |
| | | 用人机制不灵活 |
| | | 难以形成团队优势 |
| 专业项目管理公司 | 专业管理实力雄厚 | 不能长期固定使用，短期使用成本较高 |
| | 根据现场的实际施工管理需要，灵活动态调配各阶段各专业管理人员 | 阶段性参与项目建设，深度学习的时间短 |
| | 便于人员调整与分流 | |

从表 2-1 分析可得，相较于社会招聘，采用与管理公司合作无论是对项目而言，还是对业主方而言，总体上是利大于弊。

**2. 提升项目安全管理层级能大幅度降低人员伤亡概率**

传统的安全管理机构一般设在各个标段项目内，由各个项目标段的项目经理统一领导，但苏州奥体中心采取不同的做法，将原本置于标段项目内的安全管理机构（人员），单独设置为与项目平级的安全管理机构，并直属于业主和项目总负责。显然，这种做法提升了安全管理的层级，突出了项目安全管理的重要性。本项目的特点是体型庞大、跨度大、高度落差大、施工人员面临的风险高，极易出现伤亡事故。为了保障职工的生命安全，做到项目施工零死亡，将安全管理摆在了更加重要的位置，由项目业主全权领导安全管理工作。事实证明，提升安全管理层级后，无论是业主方还是施工方，对安全管理工作更加重视了，文明安全措施费落到了实处，切实保障了一线作业员工的生命安全，也为项目赢得了良好声誉。苏州奥体中心项目安全管理工作与传统做法相比，有以下特点，见表2.1-2。

两种安全管理设置方式比较　表 2.1-2

| 安全管理方式 | 适用项目规模 | 层级 | 成本 | 效果 | 效率 |
| --- | --- | --- | --- | --- | --- |
| 传统做法 | 较小 | 较低 | 较小 | 风险较高 | 低 |
| 苏州奥体中心 | 较大 | 较高 | 较大 | 好 | 高 |

**3. 提升项目合约管理层级能大幅提高合同管理效率**

苏州奥体中心的项目种类繁多，合同管理繁杂。对大型项目而言，如果合同管理混乱，不仅影响各方积极性，对项目本身尤为不利。传统的做法是将每个项目的合同纳入到该项目去管理，每项合同只负责本项目的管理。这种各自为政的合同管理模式显然不适合由系列合同组成的大型项目。大型项目通常按照一定的标准将项目划分为若干个部分，每个部分都分别与合约方签订合同，合约方承担部分项目建设任务。鉴于此，对大型项目而言，必须对系列合同统筹管理，避免合同条状分割状态才有利于项目建设。苏州奥体中心项目将项目分为两个标段和若干个专业工程，在项目架构中，单独设立合约管理部门，不仅有利于各个单位的管理，在处理合同界面矛盾方面优势明显，而且对于业主深入了解项目进度和各个合约方的工作情况，迅速取得第一手资料有着无可比拟的优势。苏州奥体中心的合同管理是成功的，高效的合同管理为项目顺利实施奠定了合同基础，是项目成功的重要因素。苏州奥体中心合约管理和传统合约管理相比，有以下特点，见表2.1-3。

两种合同管理设置方式比较　表 2.1-3

| 合同管理方式 | 适用项目规模 | 层级 | 成本 | 效果 | 信息获取 | 效率 |
| --- | --- | --- | --- | --- | --- | --- |
| 传统做法 | 较小 | 较低 | 较大 | 较差 | 不便 | 低 |
| 苏州奥体中心 | 较大 | 较高 | 较小 | 好 | 便利 | 高 |

## 2.2 管理目标与激励

### 2.2.1 目标决策背景

**1. 项目管理目标定位**

安全、质量、投资、进度是工程项目管理的主要管理内容,因此,安全目标、质量目标、投资目标、进度目标是项目建设的主要目标,每个工程项目依据自身的情况,对这些目标的要求都有所侧重。随着工程建设规模越来越大、建设难度越来越高,各种安全事故时有发生。另一方面,随着社会的发展,人民健康、安全、环保意识的日益增强,国家对安全问题高度重视,安全目标逐渐列为重要的项目管理内容。

为了保持和延续苏州工业园区建设项目良好的安全记录,基于"安全第一"的理念,苏州奥体中心建设领导者们提出了"安全目标第一",将安全目标放在首要位置。同时,鉴于各体育场馆和配套建筑、设施的新颖性、探索性和特殊性,设计和施工质量显得尤为重要,关系到整个项目的成败,建设领导者提出质量上乘的要求,质量目标与安全目标并列,同等重要。在此基础上,进度目标和投资目标可控,需在保证进度的同时也不能额外增加项目成本。

确定项目目标的顺序后,接下来就是要统一认识、坚决贯彻执行。项目管理团队尽职尽责、尽心尽力,各参建单位克服重重困难、积极配合,最终较好地实现了项目预定的各项目标,项目建设的成果有目共睹。

**2. 苏州地标建筑和标杆项目**

苏州奥体中心为苏州市的地标建筑,苏州市政府及工业园区管委会都寄予了殷切的期望,项目的决策者们在深受鼓舞的同时也备感使命和责任,为此,他们决心把这个地标建筑项目建设成为标杆项目。

经过充分的讨论和研究,制定了标杆项目的具体建设目标,包括:鲁班奖、绿色三星设计与运营标识、全国建筑业绿色施工示范工程、LEED 认证金银奖、省市观摩工地、全国建设工程项目施工安全生产标准化工地等。

地标建筑与标杆项目的成功实现,体现了建设者对完美和卓越的追求,展示了苏州这个园林城市、江南水乡的崭新风貌。

**3. 项目建设规范化**

项目建设规范化是苏州工业园区项目的普遍要求,作为近年来园区规模最大、影响最大的项目,苏州奥体中心的建设者们更是制定和执行了较高的规范化目标,将其分解如下:

(1)按照国家和江苏省、苏州市的法律、法规及条例的规定,严格履行建设基本程序,确保每一阶段证照齐全;

(2)通过分级授权管理、透明运行,避免管理混乱和真空地带的出现;

(3)加强廉政管理,杜绝暗箱操作和其他不良行为。

通过对规范化目标的有效管理,苏州奥体中心这个投资巨大、建设周期长、建筑新颖复杂、施工颇具挑战、参建单位众多、社会关注度高的项目,得以井然有序、有条不紊地顺利进行,整个建设过程没有违法、违规、违纪行为。

**4. 和谐工地建设**

考虑到项目建设周期长、参建单位和人员多,为了保证项目各项设计、采购和施工顺利进行,避免项目建设过程中出现影响和谐、团结和安宁的个别过激现象,项目管理团队提出了和谐工地建设。

为了实现和谐工地建设,项目管理团队采取了合同、经济、制度等方面的措施,每逢重要节假日和夏季最炎热的时候,从建设单位领导到施工单位项目主管,都要到工地视察并慰问工人,同创和谐工地。

通过富有成果的和谐工地建设,保障了项目各项目标段的实现,保障了项目的顺利建成和投入运行,同时取得了良好的社会影响和效益,为建立和谐社会、维护社会安定和团结做出了表率。

## 2.2.2 管理目标制定

结合其他大型体育场的建设经验，考虑到苏州奥体中心建设的实际情况，以打造同类工程项目样板工程为目标，对奥体中心的建设提出了较高的要求。经多方咨询和论证，业主方对项目的各项目标指标提出了具体的目标。具体目标如下：

（1）安全文明目标：零死亡、无重伤、轻伤事故控制在 0.3% 以下，杜绝影响周边环境的各种行为，创建全国建筑业绿色施工示范工程及全国建设工程项目施工安全生产标准化工地（"国家 AAA"）。

（2）质量目标：① 一场两馆工程获得鲁班奖；② 服务楼工程获得国家优质工程奖；③ 一场两馆屋盖钢结构工程获得中国钢结构金奖；④ 外装工程、内装饰工程获得中国建筑工程装饰奖。

（3）进度目标：各承包商按照合同工期竣工交付整个工程。

（4）投资目标：不超出投资估算额 50.8 亿元（含建安成本、土地成本、财务成本），其中建安成本控制目标为 38.5 亿元。

## 2.2.3 目标激励

为了实现项目管理目标，业主方对各参与方制定了多项激励措施。激励措施的制定有力地激励了参建各方努力工作。以项目管理目标为出发点，以激励制度为外部压力，各参与方各司其职，力争打赢苏州奥体中心建设攻坚战。对各方的激励措施如下：

### 1. 项目管理公司

项目管理公司参与项目现场管理，业主对项目管理公司的管理绩效提出了要求。而项目管理公司的绩效指标部分来源于项目管理绩效。因此，对项目管理公司制定的激励措施举例主要有：

（1）奖励措施

项目管理公司提出合理化建议并使得工程成本节约的，项目委托人将在整个工程竣工结算完毕后 28 天内将该节约部分的 2%（但不超过项目管理酬金的 5%）作为奖金支付给管理人。

（2）惩罚措施

项目管理公司未达到项目管理目标的，业主可以按照约定在支付报酬时扣留相应报酬作为违约金，扣除的违约金不再返还。举例说明主要有：

项目管理公司未完成安全目标，发生人员死亡的，扣除 100 万元 / 人的违约金；发生致残人数累积超过 5 人（含 5 人）的，扣除 30 万元 / 人的违约金；发生致残的累计小于 5 人的，扣除 15 万元 / 人的违约金；发生轻伤在 0.3% 以上的，扣除 2000 元 / 人的违约金。

### 2. 设计总包方

上海建筑设计研究院作为施工图总包单位参与项目设计，业主对设计总包方也制定了奖惩措施激励设计团队，并设有 120～150 万元的金额作为对本项目设计总包单位设计团队中表现优异人员的奖励。

### 3. 监理公司

监理人承诺将委托人每次应付监理费用的 1% 作为对委托人认为表现优异的监理人员的奖励，并确保在奖励情况发生后及时支付给被奖励人员。

监理人未能正确履行职责和义务，如对施工单位不按图施工未予以制止及未向委托人书面汇报反映的，对于变更签证工作量核定有误的，违法、违反职业道德的，安全生产控制中由于监理工作失责造成安全事故的，监理人及其所聘人员在本工程监理工作过程中收受贿赂等行为进行惩罚并严肃处理。

### 4. 总承包与独立分包方

为了实现项目管理目标，业主方在总承包人及独立分包人各自合同中对未达到相应目标进行违约责任的约定，一方面对承包商进行优质优价激励，另一方面对各承包商的违约责任进行约束，此处仅举例进行说明，见表 2.2 总承包方未实现项目管理目标的违约责任。

总承包方未实现项目管理目标的违约责任　表 2.2

| 序号 | 目标 | 奖励（取费）或违约金标准 | | | 备注 |
|---|---|---|---|---|---|
| | | 获奖情况 | 获得奖项，合同约定的计取费用（万元） | 未获得奖项，合同约定的违约金（万元） | |
| 1 | 鲁班奖 | 标段内工程获得鲁班奖 | 500 | 0 | 奖励费 |
| | | 未获鲁班奖，仅获得扬子杯 | 0 | 500 | |
| | | 鲁班奖、扬子杯均没有获得 | 0 | 1000 | |
| | | 如两个标段联合创建鲁班奖，则上述奖罚标准同步适用总承包每个标段 | | | |
| 2 | 绿色建筑国家三星运营标识 | | 按已标价工程量清单相应金额 | 100 | 若每个标段内有一个单体未获得，均按100万扣除 |
| 3 | LEED 认证（一标段服务楼 - 金级，体育馆 - 银级；二标段体育场 - 银级，游泳馆 - 银级） | | 按已标价工程量清单相应金额 | 100 | 若每个标段内有一个单体未获得，均按100万扣除 |
| 4 | 现场安全文明奖励，目标"国家 AAA" | 获得"国家 AAA"、"省文明工地" | 已标价工程量清单中奖励费"省级文明工地"对应的费率计取 | 0 | 当地造价主管部门核定后计取 |
| | | 未获得"省文明工地"，获得"市文明工地" | 按江苏省建设工程费用定额（2009）中"市级文明工地"奖励费费率标准计取 | 300 | 当地造价主管部门核定后计取，同时扣除300万 |
| | | 均未获得 | 0 | 300 | 除扣除已标价工程量清单中相应费用外，同时扣除300万 |

注：因 BIM 未能达到约定标准导致返工时，所有返工损失由总承包人承担并另外支付该损失费用 20% 的违约金。

## 2.3　规划决策

《苏州市城市总体规划（2007-2020）》和《苏州市体育设施布局专项规划（2008-2020）》提出，苏州市要形成苏州市体育中心、苏州市五卅路体育健身中心和苏州奥体中心为三核心的城市大型体育场馆布局结构，除现有的苏州市体育中心、苏州市五卅路体育健身中心为市级体育中心外，新增的东部（工业园区）苏州奥体中心将是唯一一个市级和区级合设的体育中心。2009 年初，苏州奥体中心项目进入苏州市总体规划实施计划，经过三年多反复论证和深入研讨，2012 年初苏州奥体中心项目总体规划定位基本确定，并获得苏州工业园区管委会的批准，具体如下：

项目位置：苏州奥体中心西邻星塘街、北至中新大道东、东至星体街、南至斜塘运河，规划红线面积为 46.47hm²，加上周边绿化景观，实际实施面积约为 60hm²。

总体规划定位：苏州奥体中心是集健身休闲、体育竞技、商业娱乐和文艺演出为一体的，多功能、综合性、生态型的甲级体育中心。包含一场（体育场）、两馆（体育馆、游泳馆）、一中心（配套服务中心）和一园（体育公园）。

在上述项目总体规划定位下，苏州奥体中心项目场馆具体需要做多大规模、布局哪些业态、体育商业综合体如何落位及如何实现建设目标等需要体育发展公司进一步进行规划决策，为了能更好地服务苏州奥体中心建设工作，体育发展公司对社会发展背景、苏州市体育设施情况、体育消费市场情况进行调研分析，并分赴多地考察国内外体育场馆70多个，包括北京、上海、深圳、广州以及新加坡、德国、英国、日本等地的多个大型体育场馆，吸收了各个场馆宝贵的建设经验，同时也看到了这些场馆的不足，为项目初步设计提供宝贵素材，形成了规划设计指导思想。为了建设精品工程，2012年初，项目在全球范围进行方案征集竞赛活动，邀请四家建筑设计事务所参加方案竞赛。设计方案提交后，经各级领导和专家多轮评审，一致认为，四个设计方案中，德国gmp国际建筑设计有限公司的方案更为优秀，更具可实施性。

苏州奥体中心的总体规划决策思路如图2.3-1所示。

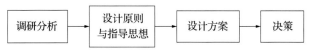

图2.3-1  苏州奥体中心规划决策流程

### 2.3.1  项目规划建设的社会发展背景

苏州奥体中心的目标是要建成一座环境优美的亲民型敞开式体育公园，运用先进的理念和科技手段，打造绿色环保的生态型体育中心，将加快苏州新型城镇化建设，丰富人民群众健康生活方式提供基础，也对园区，乃至苏州的经济、文化、生态建设起到重要作用。

（1）项目规划建设有利于丰富百姓生活，满足人民对美好生活的向往。

随着社会的发展，我国社会主要矛盾已经转化为人民日益增长的美好生活需要和不平衡不充分的发展之间的矛盾。中国特色社会主义进入新时代，人民日益增长的美好生活需要，不再满足于物质层面，体育活动作为文化活动的一种形式，无论是观赏还是体育休闲，其作为提高生活质量，提升人的综合素质，成为生活方式组成部分的价值理念逐渐为更多人所接受，发挥着独特的影响力。本项目的规划建设将为苏州当地居民提供先进、舒适的活动场所，促进居民通过体育活动提升个人身体素质，改善生活质量，培养科学、文明、健康的生活方式，促进社会和谐，满足人民对美好生活的向往。

（2）项目规划建设有利于提升城市基本公共服务水平，为群众谋福祉。

苏州在城镇化发展过程中，工业园区是最典型也是最成功的案例。经过20多年的发展，园区从湖泊连片、鱼塘纵横的低洼之地，成为具有国际竞争力的高科技工业园区和现代化、国际化、信息化的创新型、生态型新城区。

虽然苏州在城镇化发展中取得了一定成绩，但在城镇空间分布和规模结构方面还有提升的空间。目前，苏州公共服务还不能满足"一体化、均等化"的发展要求。

随着苏州及其工业园区城镇常住人口的增长和空间分布，需要进一步统筹布局体育场所等公共服务设施，加强公共体育设施建设。因此，体育场所等公共服务设施的建设是城市基本服务设施中不可或缺的组成部分。

苏州现有的体育设施，无论是数量还是质量，已远远不能适应苏州市体育发展的需要，因此，增加苏州体育场地已变得十分必要。苏州市民历来有体育健身的传统，足球、羽毛球、乒乓球，健身操等体育活动早已融入百姓日常生活，但是，苏州市尚无辐射全市的体育中心。大多数区域性和社区性的体育场馆老化，场馆设施水平较低，经营状况不理想，使得市民的活动场所严重不足，不能满足群众热切的体育建设需求和愿望。本项目的规划建设通过创新公共服务供给方式，引入市场机制，扩大政府购买规模，有利于提高城市基本公共服务水平，为群众谋福祉。

（3）项目规划建设有利于满足群众日益增长的文化需求。

苏州奥体中心除了承担各类体育比赛，满足群众需求以外，还可承担各类大型演出活动，是集综合演艺、艺术展示的重要场所。目前，苏州市能承办大型演出的场所不多，严重制约了苏州文化事业的发展。苏州奥体中心是一个搭建不同类型演出的理想场所，既可选择大型露天广场演出，也可以选择室内表演场地。

### 2.3.2  项目规划建设的有利条件

**1. 良好的经济基础**

苏州地处我国经济发达地区，经济多年持续稳定增长。2013 年，全市实现地区生产总值 1.3 万亿元，地方公共财政预算支出 1207.1 亿元，雄厚的经济实力必将为本项目的实施提供坚强的后盾。

**2. 区位优势**

苏州奥体中心周边规划了 5 号线和 6 号线两条轨交线，并在中新大道东和星塘街交叉口设置轨交换乘站；项目地块东南角规划建设公交首末站，交通便利，周边基础配套设施齐全，区位优势突出。

**3. 社会各界普遍支持**

本项目建设将极大提高苏州体育设施及全民健身设施水平，改善体育中心周边城区风貌，使城镇居民能够共享优美的人居环境和体育资源，促进社会和谐发展。因此，本项目得到社会多方的广泛支持，有利于项目开展。

**4. 市委市政府高度重视**

近年来，苏州市坚持科学发展，加快新型城镇化建设，在调整结构，促进经济发展的同时，推进文化体育产业发展，提高城乡基本公共服务水平和均等化程度。苏州市政府、苏州工业园区管委会都十分重视体育事业的发展和体育设施建设。

### 2.3.3  体育设施及消费市场的需求分析

苏州市大型公益性体育场馆发展较快，截至 2013 年，苏州市投资在 3000 万元以上的大型体育场馆已经覆盖了苏州市区和四个县市，并且仍然有新的场馆在筹建当中，如吴江新的体育中心、昆山游泳馆、

常熟体育馆，同时已有的体育场馆也在不断完善功能，补充修建，对丰富市民的健身活动发挥了重要作用。

就地理位置来看，苏州市的 7 座大型体育中心场馆中，5 座处于市中心，2 座处于郊区，市（县）中心是商业和住宅区较为密集的地带，是市民活动的中心，为多数大型体育场馆的经营管理提供了客观的区位优势，不仅为满足市民的体育需求提供了交通上的便利，也为体育场馆的市场开发提供了条件。

苏州市大型场馆是各市（县）标志性建筑，能够承办各种国际国内大型比赛，满足全民健身的综合性体育场馆，从场地资源配置情况来看，苏州市大型体育场馆设置了各个常见的与体育休闲相关的场（馆）。

通过调查了解到，苏州市大型体育场馆大都向社会开放，并且每日开放时间已经达到 9 小时以上，但由于大型体育场馆所处地理位置、场地设施情况以及客流量等因素的影响，开放时间也存在较大差异。一般来说，地处市（县）中心的，交通较为方便，健身消费者较多，场馆开放时间较长，开放时间每日可达 12 小时以上；地处郊区的，周围居民较少，健身消费者较少，场馆开放时间则相对较短。从场馆日接待顾客流量的统计数据来看，苏州市大型体育场馆每日的接待量多数已达 200 人以上，有的场馆可达 1000 人以上，尤其是夏季，配备游泳池的游泳馆每日最大接待量可成倍增长。

在举办各类赛事方面，苏州先后承办了第十四届世界女篮锦标赛、世界杯跳水赛、世界杯轮滑马拉松赛、第三届全国体育大会、第十届全运会、中国乒乓球公开赛、第十二届世界杯花样游泳比赛。同时，还积极承办国内各项联赛。随着经济和社会的进一步发展，苏州承办各类比赛无论是数量还是级别都有提高的趋势。

在市民健身需求方面，《苏州市大型体育场馆经营管理现状与对策研究》显示：所调查消费者中，青年人最多，占调查总数的 55.5%，中年人占 32.3%，

两者相加占据总人数的 87.8%，可见，随着社会的不断进步，人们生活水平的不断提高，健康越来越受到人们的重视，体育健身逐渐变成一种消费时尚。中年人和青年人是社会发展的主力军，工作压力大，精神负担重，体育健身是他们缓解压力、增进健康的最好方法。从健身消费频次来看，42.6% 的消费者每周消费 1~2 次，说明大量消费者已经成为场馆的固定客源，但有 36.3% 的消费者周消费 1 次以下，表明苏州健身市场仍然存在很多潜在客户。从健身时间来看，66.85% 的人选择工作日的闲暇时间健身，从一定程度上说明体育健身逐渐成为人们生活的一个重要休闲行为，用于看电视、上网等活动的时间逐渐减少，人们在追求一种更为健康的生活方式；67.93% 的人选择在双休日进行体育锻炼，不仅可以缓解一周以来的工作压力，而且还可以为下一周能够以更好的状态继续工作做好准备。调查结果见表 2.3-1。

苏州不同年龄段市民每周健身频次     表 2.3-1

| 年龄段 | 项目 | 1 次以下 | 1 ~ 2 次 | 3 ~ 4 次 | 5 ~ 6 次 | 6 次以上 | 合计 |
|---|---|---|---|---|---|---|---|
| 18 岁以下 | 频数 | 27 | 22 | 3 | 0 | 0 | 52 |
| | 百分比 | 4.9 | 4.0 | 0.5 | 0 | 0 | 9.4 |
| 18 ~ 44 岁 | 频数 | 122 | 123 | 53 | 5 | 3 | 306 |
| | 百分比 | 22.1 | 22.3 | 9.6 | 0.9 | 0.5 | 55.5 |
| 44 ~ 59 岁 | 频数 | 50 | 83 | 39 | 6 | 0 | 178 |
| | 百分比 | 9.1 | 15 | 7.1 | 1.1 | 0 | 32.3 |
| 60 岁以上 | 频数 | 1 | 7 | 5 | 3 | 0 | 16 |
| | 百分比 | 0.2 | 1.3 | 0.9 | 0.5 | 0 | 2.8 |

此外，消费者选择健身项目主要有游泳、篮球、足球、乒乓球、羽毛球、健美操等，并且性别不同，所选择的项目也存在一定差异。羽毛球、游泳、篮球是男性消费者选择最多的项目，其中羽毛球占男性消费者的比例为 57.19%，而女性消费者选择最多的是健美操、羽毛球、游泳。其中选择健美操占据女性消费者的比例为 56.44%，其他的健身项目如桌球、攀岩、保龄球、跆拳道等，虽然有一定比例，但比例很小。综合来看，健身消费者在项目选择上趋向于一些较为熟悉的大众化的体育项目。

在健身消费情况方面，据王根伟等所撰写的《城市居民体育休闲消费情况如何—来自苏州的报告》调查结果显示：愿意花更多钱在体育休闲上的占总样本的比例为 81.87%，说明"花钱买健康"的观念已被苏州市民接受。因此，苏州大型体育场馆作为公益性的单位，应竭力满足广大市民的体育健身需求，若将苏州市民的体育需求作为一个整体来看，必然存在不同层次的差别需求，市场细分是满足不同层次的体育需求较为有效的方法。

### 2.3.4 项目场馆建设规模

根据苏州市人口规模和体育场馆整体定位，本项目的体育场馆为 100 万人口以上城市公共体育运动设施，以国家颁布的《城市公共体育运动设施用地定额指标暂行规定》为基础，结合苏州工业园区本项目土地利用规划 60hm² 的要求，最终确定其中场馆部分用地规模为 43.23hm²，包含体育场、体育馆、游泳馆用地。

根据甲级体育中心规范中体育设施座位数的基本要求，并结合苏州的人口规模以及社会经济发展情况，考虑苏州作为国内二线城市的体育竞技比赛市场情况，最终确定体育场馆的建设规模见表 2.3-2。

苏州奥体中心场馆规模初步设计 表 2.3-2

| 主要设施 | 甲级规范要求 | 本项目建设规模 | 主要功能 |
|---|---|---|---|
| 体育场 | 40000 ~ 60000 座 | 45000 座 | 足球田径<br>大型演艺 |
| 体育馆 | 6000 ~ 10000 座 | 10000 座（固定）＋3000 座（活动） | 所有室内体育项目、演艺 |
| 游泳馆 | 3000 ~ 6000 座 | 1800 座（固定）＋1200 座（活动） | 竞技比赛<br>健身娱乐 |
| 健身场地 | 全民健身、体育培训 | | |
| 体育公园 | 市民休闲健身场所，敞开式体育主题公园 | | |

## 2.3.5 设计原则与指导思想

苏州工业园区整体环境优美，建筑物的设计和建设标准都比较高，鉴于此，本项目需要进行精心的、高规格的总体规划和建筑设计，使之与周边的环境相协调。

### 1. 主题化设计

（1）运动主题。体育中心以体育运动为主，其他一切设施环境均以此为中心展开。

（2）文化主题。苏州是一个有 2500 年历史的文化名城，体育中心设计应注重于苏州园区的地方文化和苏州园林文化和丝绸文化以及中西合璧"双面绣"的特色相结合，以现代建筑手法演绎具有区域特色的"吴文化"的体育建筑内涵，打造地标性建筑。

### 2. 园林化设计

体育设施与园林环境相结合，将体育设施融入公园中，使活动场所具有清新的空气，优美的环境，使参加体育活动的人们得到全身心的放松。充分考虑周边环境，可以超越红线对现有斜塘河公园进行整合设计，要求既能保持斜塘河公园本身的完整性格，又能凸显体育中心的特征，符合市民的休闲娱乐要求。在体育中心内应该修筑林荫道网、配备休息场地，通过起伏地形和丰富植物以及精心配备的小品，美化公园。

### 3. 科学性设计

符合体育活动的客观需要，不同的体育活动对体育设施有相对特殊的要求，应当结合国际体育运动的标准，考虑全民健身的具体需要，科学设计各体育运动设施。符合建筑与结构科学，大型体育建筑应科学合理创造符合其特征的建筑结构和构造方法，不仅能够创造独特的标志性建筑形象，也有利于节约投资。

### 4. 通用性设计

满足多种活动需要，体育中心要能承载体育竞赛、休闲健身、商业娱乐、会展中心和文艺演出等多种需要，在空间设计上应满足多种功能的需要。满足不同气候的需要，要求体育中心一年四季都能利用，要室内、露天设施相结合；并且，选择合适的室内空调或自然通风隔热设施，提高室内体育运动的舒适性。满足特殊群体的需要，体育活动的全民参与性要求体育中心应当满足各年龄层使用的要求，应当考虑儿童、老人和残疾人使用。

### 5. 可操作性设计

体育中心建筑体量大，将产生比较高的管理和运营费用，应当在体育中心设计中融入市场经营理念，"以商养体，商体结合"，促进体育中心经营管理的良性循环，部分配套商业设施可单独布置，便于对外服务，同时又不影响体育建筑形象的展现。

### 6. 统一性设计

坚持整体风格统一。建筑形式与城市景观相适应统一、总体规划与体量组合相适应统一、功能策划与参数配置相适应统一、屋盖形式与结构选型相适应统一、建设投资与运营管理相适应统一。

#### 7. 复合多功能化设计

体育中心的设计应注意不论在总平面布局、空间功能利用、场馆功能还是附属用房的利用上，都应考虑把众多功能进行合理布局，使之功能系列化，服务多样化，流程简单化。各场馆在空间组合上尽可能考虑采用交叉组合的方式，节约成本，提高利用率，同时注意其相对独立性，各功能之间互不干扰。体育中心地下空间与城市轨道相通，实现人车分流，提高土地的利用率和绿化率。

### 2.3.6 设计方案的确定

2012 年项目在全球范围进行方案征集竞赛活动。按照"国际一流，理念先进，擅长体育建筑设计，设计特色鲜明，国外有经典作品，中国有成功案例"的标准，最终确定 4 家设计机构参与方案竞赛，分别是：美国 NBBJ 建筑设计事务所（主要作品杭州奥体中心、大连体育中心等）、美国 POPULOUS（HOK）体育建筑设计公司（主要作品伦敦奥运会主体育场、南京奥体中心等）、德国 gmp 国际建筑设计有限公司（主要作品深圳大运中心、上海东方体育中心等）、日本佐藤综合计画（主要作品深圳湾体育中心、天津奥体中心等）。经过方案竞赛的激烈竞争，德国 gmp 国际建筑设计有限公司的设计方案脱颖而出，赢得了竞标。

#### 1. 建筑方案

项目以"园林、叠石"为规划理念、用现代建筑设计语言诠释园林意韵，将建筑物巧妙融入自然景观、总平面设计中采用自由流线的布局勾勒出了多样化的流线，建筑立面以水平线条形成优雅的起伏，马鞍形的造型与结构体系相适应统一，整体建筑设计风格简约，契合苏州城市形象。此外，三个场馆屋顶形成了各自的特性：体育场屋顶采用轻型大跨度钢索结构，屋面覆盖采用半透明预应力纤维膜，具有节约资源、良好的生态性和经济性等优点。体育馆屋顶采用鱼腹梁钢架结构，适应未来演艺设备

的荷载需求，游泳馆的屋顶采用马鞍形平面索网结构。

#### 2. 建筑功能

项目的后续自主经营是业主设计之初需要考虑的重要问题，设计方案体现了体育商业综合体的规划理念，即在项目的部分区域适当考虑预留一些空间用于日常经营，尤其在一场两馆设计上，优先考虑了经济收益为前提的商业空间的布置。

除了这些商业空间用于经营以外，项目各个单体通过设计额外的体育设施用于对外经营，提高场馆的经营收益。例如，体育场除了以田径运动为基本功能外，还配备了国内首个场地数量达 53 片之多的羽毛球中心，可以用于对外经营；游泳馆除了满足水上运动基本功能外，还设置有小球类训练比赛场地用于对外经营；体育馆还设置有影院，供市民休闲娱乐。所有这些设计均以体育商业综合体为出发点。

苏州下辖的常熟市游泳馆配置有高台跳水，常年有省队集训，为避免重复建设，苏州奥体中心游泳馆不再设计高台跳水。游泳馆内设有比赛池、训练池、儿童嬉水池。馆内还做了高低设计，比赛池为 17m 层高的高大空间，训练池为 5m 层高，这样可以兼顾到冬季高大空间能耗较大情况下，只开放训练池为全民健身游泳使用。除此之外，由于水上赛事活动频次较少，游泳馆设计了 1800 固定座位以及预留了 1200 活动座位的退台，可根据运营需要增加活动座椅。

《体育建筑设计规范》中体育馆配置 6000～10000 座为大型体育馆，而苏州市体育中心体育馆仅为 6000 座，只能举办小型活动。目前一线城市体育馆通常为 18000 座，苏州奥体中心体育馆设计 10000 座固定座位＋3000 个活动座位的规模较为适宜，并按照 NBA 赛事场馆要求的标准设计了 29 间包厢。

#### 3. 交通组织

针对未来大规模赛事的需求，在外围交通的规划上，交通组织考虑了轨道交通交汇处的衔接问题，内部交通方面，地块内形成地上、地下两层环路。在日常运营期间，苏州奥体中心车流被限制在外围环线和

地下环线，体育公园内部以步行为主。对于赛事和大型演出期间的人、车流线设计，注重人车分流和快速疏散的高效性。

### 4. 绿化景观布置

景观设计重现了苏州的细腻风格，地面以绿地小径交织成步行体系，环绕各建筑裙房勾勒水景，以桥与建筑相连，给游人以小桥流水的体验。舒展的建筑裙房形成连续的叠落，台地的绿化和小桥流水烘托了三个场馆优美的屋顶。

gmp 的设计方案如图 2.3-2～图 2.3-5 所示。

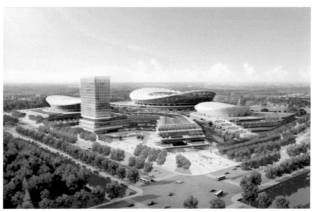

图 2.3-2  苏州奥体中心平面图

图 2.3-3  体育场建筑方案

图 2.3-4  体育馆建筑方案

图 2.3-5 游泳馆建筑方案

### 2.3.7 项目决策流程

苏州奥体中心的建设得到了苏州市委、市政府和

工业园区管委会的大力支持。为了早日建成项目，满足人民日益迫切的健身需要，项目快速进入决策流程，于 2012～2013 年度基本完成项目决策，见图 2.3-6。

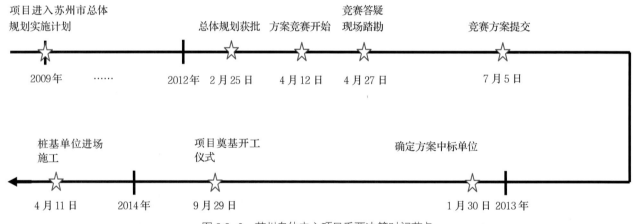

图 2.3-6 苏州奥体中心项目重要决策时间节点

# 2.4 合同管理策划与实施

## 2.4.1 概述

本章所称的合同是项目合同，项目合同是建设工程项目业主配置建设项目所需各种资源的主要手段[1]，业主通过合同管理策划形成整个项目合同结构的总体构想和基本框架。合同管理策划的目的是通过合同保证项目目标的实现，包括质量目标、成本目标

以及进度目标。本项目合同管理策划思路如图2.4-1。

本项目合同管理策划具备基本条件。项目目标、项目总体实施计划、项目工作范围及项目分解结构已经基本确定。

本项目合同管理策划主要考虑了：项目的特点和内容，如项目性质、建设规模、功能要求和特点，技术复杂程度、项目质量目标、投资目标和工期目标的要求，项目面临的各种可能的风险等；业主自身的条件，资金供应能力、管理力量和管理能力，期望对工

---

[1] 高显义，柯华编. 建设工程合同管理 [M]. 上海：同济大学出版社，2015.

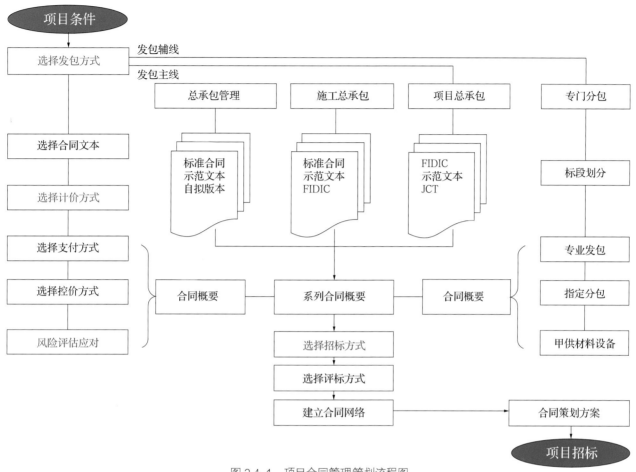

图 2.4-1　项目合同管理策划流程图

程管理的介入深度等；建筑市场上项目资源的供应条件，包括勘察、设计、施工、监理等承包单位的状况和竞争情况，它们的能力、资信、管理水平、过去同类工程经验等，材料、设备等的供应及限制条件，地质、气候、自然、现场条件，项目所处的法律政策环境、物价的稳定性等。

本项目合同管理策划主要内容包括：

### 1. 建设工程发包模式

项目发包模式主要包括如下四种：

（1）施工总承包模式，指业主把一个项目的全部施工任务发包给一家资质符合要求的施工单位，作为总承包商，经发包人同意，可将部分施工任务委托分包给其他有资质的施工单位。分包单位就分包的工程内容对总包单位负责，与业主没有合同关系及经济关系。

（2）总承包管理＋平行发包模式，即业主把施工任务分别发包给多个施工单位，各施工单位是独立的、平行的。各个施工单位分别与发包人签订施工合同，但是选定主要承包商负责总承包管理。

（3）工程总承包方式，业主把工程项目或某一标段的建设任务委托给一家既承担（深化）设计又承担施工的总承包单位。

（4）总承包＋指定分包模式，指业主把一个项目的主要部分（如主体结构工程）发包给一家施工单位作为总承包，其余各专业分包单位由业主自行招标，中标后，由中标单位与总承包签订合同，纳入总包管理范畴，形成如第一种发包模式的合同结构，整个项目的质量、进度由总包向业主负责。

上述四种发包模式在费用控制、进度控制、质量控制以及合同管理方面的特点如表 2.4-1 所示：

项目发包模式对比表 表 2.4-1

| | 施工总承包 | 总承包管理＋平行发包 | 工程总承包 | 总承包＋指定分包 |
|---|---|---|---|---|
| 费用控制 | 施工图设计完成后进行招标，有利于费用控制 | 每一部分施工，发包人可以选择最好的单位承包，有利于降低工程造价。<br>发包人需要等到最后一份合同签订后才知道总造价，对投资的早期控制不利。<br>发包人管理成本高 | 设计、施工均由承包人负责，项目的最终价格具有更大程度的确定性 | 每一部分施工，发包人可以选择最好的单位承包，有利于降低工程造价。<br>需要支付总包管理费 |
| 进度控制 | 施工图设计全部完成后才可以进行施工招标，影响开工日期，不利于进度控制。<br>设计的可施工性差，设计变更较多，影响工期 | 可以边设计边施工，缩短建设周期。<br>需要多次招标，招标时间较多，招标拖延或影响工程进度。<br>设计的可施工性差，设计变更较多，影响工期 | 设计由承包人负责，招标时间提早，设计变更少，工期较短 | 将专业分包由总包统一进行管理和配合，有利于进度控制 |
| 质量控制 | 质量主要依赖于施工总承包单位的管理和技术水平，对总包单位依赖较大 | 业主对各部分进行质量管控。合同交互界面较多，业主须重视合同界面定义，否则对质量控制不利 | 质量主要依赖于设计施工总承包单位的管理和技术水平，对总包单位依赖较大 | 专业分包由总包进行管理和配合，有利于质量控制 |
| 合同管理 | 业主仅需一次招标，与总包单位签约，业主的招标及合同管理工作量小 | 招标工作量大；发包人签订多份合同，责任义务较多；合同管理工作量大 | 业主仅需一次招标确定设计及施工总承包单位，业主的招标及合同管理工作量最小 | 招标工作量大；但专业分包由总包进行管理和配合，合同管理工作量相对较小 |

　　鉴于本项目建设内容复杂、投资规模较大、工期紧，且本项目为体育场馆项目，与公共利益和公共安全密切相关。因此，本项目采用上述第二种发包模式。

**2. 合同文本选择**

　　本项目合同通用条款选用 2013 版建设工程施工合同示范文本。在此基础上，结合本项目复杂特点，制定了包括百份文件的招标文件。

**3. 计价方式选择**

　　本项目按照当地规定，采用了清单计价及单价合同，但对部分清单准确性及完善性风险进行了锁定。

**4. 招标方式选择**

　　本项目除了常规项目采用公开招标外，就特别项目特别处理，比如设计方案竞赛。

　　经过合同管理策划，本项目合同体系图如图 2.4-2 所示。

　　为强化本项目合同管理策划、签订与履行工作，本项目设立合同顾问制度。全过程对本项目合同管理策划、签订及履行进行建议、修改和把关，充分发挥了合同顾问作用，取得较好的效果。

## 2.4.2　重构三方协议理顺总包管理

　　本项目设计和施工方面分别采用总承包管理＋平行发包模式，即设计和施工阶段，分别确定总包单位及分包单位。因此，本项目分别在设计和施工方面重构三方协议，理顺总包管理。

**1. 施工三方协议**

　　本项目存在独立分包人，即由发包人直接发包但由总承包人管理和配合的专业工程承包单位。从《建设工程施工合同（示范文本）》（GF—1999—0201）到《建设工程施工合同（示范文本）》（GF—2013—0201），并没有关于发包人独立分包时总包单位对独立分包单位的管理和配合的相关约定，这就使得存在发包人独立分包的情形时，总包对独立分包人的配合服务、管理内容、管理权限不明确，独立分包

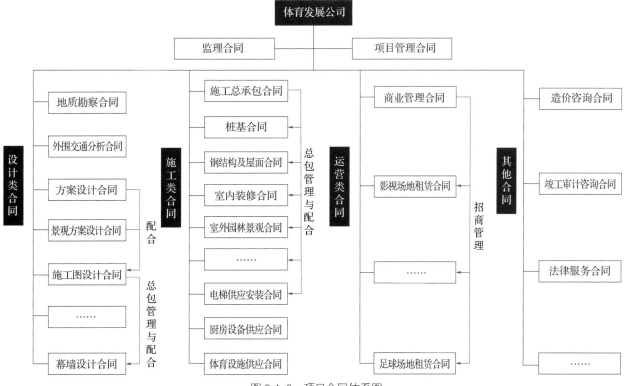

图 2.4-2 项目合同体系图

人配合的权利义务不明晰，不利于施工现场管理、工程进度管理等。实践中，部分工程项目由发包人分别在与总包单位签订的《施工总承包工程合同》以及与独立分包单位签订的《独立分包合同》中分别约定总包管理责任，以及独立分包人的权利义务。

本项目由发包人、总承包人、独立分包人共同签署三方协议。为加强工程项目的质量、进度、安全文明的整体管理，保障项目施工的顺利实施，依照施工承包合同及有关法律和行政法规的规定，发包人、总承包人和独立分包人三方就本建设工程施工总承包管理及配合事项订立《总承包管理及配合三方协议书》。主要包括以下几方面内容：

（1）明确三方各自权利义务

该协议书与《总承包工程合同》以及《独立专业工程承包合同》互为补充，以明确总承包人和独立分包人各自的权利及义务。

1）发包人的责任和义务为：

① 发包人依据"总承包工程合同"以及"独立

专业工程承包合同"的规定，经过相关审批程序按时向总承包人及独立分包人支付工程款项。

② 发包人依据本协议的相关规定，向总承包人支付总承包服务费。

③ 根据相关规定及流程，在项目设计协调、政府报批、工程主体及竣工验收等方面提供必要的支持和帮助。

2）总承包人的责任和义务为：

① 总承包人须根据"总承包管理责任和要求"的详细要求，对独立分包人进行设计协调、工程进度、工程质量、工程造价成本控制、施工现场、安全生产、文明施工的管理和协调，确保各项管理目标的实现。

② 总承包人须根据 "总承包配合责任和要求"的详细要求，为独立分包人提供安全围护、安全保卫、临时通道、临时设施、仓储保管、临时水电、临时采暖、临时排水、垃圾清运、卫生设施、测量放线、脚手架、垂直运输、预埋件以及预留孔洞的配合及照管服务。

③ 总承包人须根据"总、分包安全文明施工要求"

的详细要求,承担安全文明施工及管理的责任和义务。

④ 总承包人应提前不少于 6 个月时间,以书面文件的形式提示发包人按进度计划要求落实独立分包人事项,否则,因独立分包人进场时间的原因造成的工期延误,由总承包人负责。

3)独立分包人的责任和义务为:

① 独立分包人进场后,需根据发包人、监理批准的施工组织设计和总进度计划,编制专项施工组织设计和进度计划,供总承包人、监理人及发包人审批,并按照批准的计划实施。

② 当总承包人根据项目实施情况实时调整总进度计划时,各独立分包人亦需根据总承包人的总进度计划要求及时调整各自的进度计划,以确保项目按约定的目标工期竣工。

③ 独立分包人须确保其施工的工程质量达到国家"鲁班奖"的评定要求。在整个项目施工过程中接受总承包人的检查和监督。

④ 独立分包人进场后,须向总承包人提交各自的施工方案和施工措施。总承包人审核并提交发包人批准以后,独立分包人须接受总承包人的管理及审批意见,按总承包人批准后的施工方案实施。

⑤ 独立分包人须确保所有工程资料规范收集和整理,确保达到地方城建档案馆验收标准以及达到申报国家鲁班奖的要求,各独立分包人须按总承包人的要求实施相关资料管理工作。

⑥ 独立分包人做好自身工程范围内成品及半成品的保护工作。

⑦独立分包人须根据 "总、分包安全文明施工要求"的详细要求,承担安全文明施工的责任和义务。

（2）明确与分包相关的总包服务费及总包其他收费

除了明确三方权利义务外,合同还对总包服务费以及总承包人向分包人收取的其他费用进行了约定。总承包人可以向独立分包人收取合理的临时房屋租赁或使用费。除以上收费之外,总承包人不得以任何理

由向独立分包人（含材料设备供应商）收取管理费和配合费,不得以与其他承包人交叉施工、相互干扰给工程施工带来费用增加等为理由收取任何费用。如果独立分包人认为总承包人未尽到本合同约定的总承包配合义务,可以向发包人提出投诉,发包人可以暂扣或扣罚相应的总包服务费,直到投诉得到妥善处理。

（3）明确总承包人管理权限

合同约定,总承包人有对独立分包人提交的所有资料、计划、技术方案等进行审核、审批的权限。总承包人有权对独立分包人的现场工程质量及安全文明进行检查、如发现缺陷或问题要求独立分包人限时整改。对独立分包人申报的任何工程签证总承包人有首先进行审核的权利。对独立分包人的进度款支付首先需要得到总承包人的审核和同意。为了保证对独立分包人管理的有效性,总承包人在总承包合同签订后一个月内编制一份适合于对独立分包人进行管理的工程奖惩办法,获得发包人的批准。在工程建设过程中,根据独立分包人的工作表现,总承包人可依据该办法建议对独立分包人进行奖罚,获得发包人 / 管理公司同意后实施,但发包人有权协调和阻止总承包人不合理的奖罚行为。

由此通过明确总承包人的管理权限、设定对独立分包人的工程奖惩办法,加强了总承包人对独立分包人的管理,有利于施工过程中的管理和协调。

### 2. 设计三方协议及总包管理

本项目将施工图设计总包与方案设计和设计分包进行了较好的连接。方案设计单位需要配合施工图设计总包单位,施工图设计总包单位需要对设计分包单位进行总包管理与配合。

首先,要求方案设计机构在中选前明确最终提交的设计咨询成果的深度、方案设计机构与体育发展公司聘请的其他专业设计单位之间的设计工作界面,并提交《设计咨询成果说明书》。

其次,在施工图设计总包招标文件中,要求投标单位在报价时充分考虑境内外方案（或扩初）设计

深度理解的不同，无论方案（或扩初）设计深度如何，投标人均将接续其后续工作，对由于方案（或扩初）设计深度差异产生的工作量变化，体育发展公司不作任何费用追加。该条同时写入施工图设计总包合同中。

再次，明确施工图设计总包的总包管理义务，分包合同由体育发展公司、施工图设计总包单位与分包单位签订三方合同。施工图设计总包单位需配合体育发展公司组织方案比选、设计招标及合同谈判，施工图设计总包单位按照因此确定的合同条款与体育发展公司、分包人签订合同，并进行总包管理以及设计过程中的所有沟通协调。分包管理费及设计费由施工图设计总包单位向体育发展公司提出申请后，由体育发展公司分别支付给施工图设计总包单位及分包人。图纸经施工图设计总包单位审核审定后，需同时出具施工图设计总包单位及分包人的出图章（分包人有资质）或具有施工图设计总包单位出图章（分包人无资质），施工图设计总包单位就设计质量及进度向体育发展公司负责。施工图设计总包单位未全面配合分包人选定及分包合同签订，因此对体育发展公司造成的损失由施工图设计总包单位承担。在分包设计单位参与进来之前，若方案设计公司对该分包设计内容有技术疑问的，施工图设计总包单位负责解答。

### 2.4.3　重塑招标文件避免合同歧义

合同调整、变更签证、计量支付等独立制定实施办法，更具执行性。《施工总承包合同》由协议书、通用条款以及专用条款组成。通用条款采用了建设部、国家工商行政管理局 1999 年 12 月 24 日印发的《建设工程施工合同（示范文本）》（GF—1999—0201）的通用条款。专用条款中包含 10 个附件，包括专用条款后附表、工程保险要求、合同价格调整管理办法、工程变更及签证管理办法、工程计量结算及支付管理办法、材料设备及分包审批管理办法、工程管理奖惩办法、项目组织及授权办法、项目收发文及信息管理办法、招标工程量清单编制说明（表 2.4-2）。以上各附件将价格调整、变更签证、计量支付、材料采购分包审批、项目收发文、项目授权等单独拎出来，分别进行详细约定，进一步明确发包人、承包人各方的权利义务、工作事项流程，避免合同履行过程中因约定不明产生的扯皮及纠纷，更具执行性。

合同调整、变更签证、计量支付等实施办法约定可修改，更具灵活性。鉴于项目实际施工过程中客观情况多变，为更便利、高效、优质的进行工程造价管理、进度管理及质量管理，专用条款中进一步补充约定：其中合同价格调整管理办法、工程变更及签证管理办法、工程计量结算及支付管理办法、材料设备及分包审批管理办法、工程管理奖惩办法、项目组织及授权办法、项目收发文及信息管理办法以及根据合同约定的其他管理办法，发包人可以不时修改，在不违反合同的约定且不加重总承包人义务和责任的前提下，该修改在书面通知承包人后即生效，对发包人和承包人具有约束力。承包人认为修改内容违背了上述前提的，应该在收到通知后 7 日内提出异议，否则视为认同修改内容。

《合同价格调整管理办法》详细约定了合同价款调整的事项、合同价格调整方法、调整流程。《工程变更及签证管理办法》详细约定了工程变更流程、工程变更实施步骤说明、工程签证流程、工程签证实施步骤说明。《工程计量结算及支付管理办法》主要约定了计量流程、工程结算要求、工程款支付条件及支付流程。《材料设备及分包审批管理办法》对承包人采购材料设备的一般要求、材料设备样品/样本批准、材料设备进场检验批准、总承包人使用代用材料设备的流程、对专业分包人的审批管理等进行了详细约定。《工程管理奖惩办法》主要约定了工程管理的奖励制度、奖惩管理流程、承包人违规处罚。《项目收发文集信息管理办法》主要约定了文件递交程序、文件的发放、文件的接收、施工图纸的分发、文件的使用与保管等。

本项目施工总承包招标文件文件组成表　　　　　　　　表 2.4-2

| 第一章 | 投标须知 | 附件 1 | 总承包管理责任及要求 |
|---|---|---|---|
| 一 | 日程安排表 | 附件 2 | 总承包配合责任及要求 |
| 二 | 投标须知前附表 | 附件 3 | 总、分包安全文明施工要求 |
| 三 | 投标须知 | 附件 4 | 独立分包人奖惩管理办法 |
| 第二章 | 评标办法 | 五 | 工程质量保修书格式 |
| 一 | 概述 | 六 | 工程建设项目廉政合同格式 |
| 二 | 评标准备、评标委员会 | 七 | 银行履约保函格式 |
| 三 | 评标程序 | 八 | 保密协议格式 |
| 四 | 详细评审及评分标准 | 第四章 | 承包范围 |
| 第三章 | 合同条款与格式 | 一 | 承包范围内工程 |
| 一 | 协议书格式 | 二 | 承包范围内其他工作 |
| 二 | 通用条款 | 三 | 承包范围外独立分包工程 |
| 三 | 专用条款 | 四 | 界面划分表及附图 |
| 附件 1 | 专用条款后附表 | 第五章 | 图纸 |
| 附件 2 | 工程保险要求 | 第六章 | 工程标准与要求 |
| 附件 3 | 合同价格调整管理办法 | 一 | 特别工程要求 |
| 附件 4 | 工程变更及签证管理办法 | 二 | 进度节点要求 |
| 附件 5 | 工程计量、结算及支付管理办法 | 三 | 推荐材料设备表 |
| 附件 6 | 材料设备及分包审批管理办法 | 四 | 特殊技术要求 |
| 附件 7 | 工程管理奖惩办法 | 五 | 施工现场管理规范 |
| 附件 8 | 项目组织及授权办法 | 六 | 工程现场相关附图 |
| 附件 9 | 项目收发文及信息管理办法 | 第七章 | 工程量清单 |
| 附件 10 | 招标工程量清单编制说明 | 第八章 | 商务标及其他文件格式 |
| 四 | 总承包管理及配合三方协议 | 第九章 | 技术标文件格式 |

## 2.4.4　确定主要条款促进项目推进

为促进本项目顺利推进、完成项目总体目标、在发包人与承包人之间合理分担风险，施工合同主要采用固定单价合同。在固定单价合同的合同价格形式下，再结合各施工合同施工周期、施工范围等进一步分配工程量风险及综合单价风险。

按照交易习惯，工程计价方式分为总价合同、单价合同及成本＋酬金合同。

（1）总价合同是指投标者以设计图纸、技术规范（及固定工程量清单）为依据，自行计算工程数量及填报单价计算价款，发包人支付给承包人为完成合同约定的工作或服务的款项是"包干"的。总价合同又可分为不可调值总价合同以及可调价总价合同。不可调值总价合同是指双方约定的合同总价为固定价，承包人承担实物工程量（计算正确性）、价格、地质条件、气候及一切客观因素造成的风险，除设计变更引致总价调整外，合同总价即为结算总价。可调价总价合同即是一种对总价相对固定的合同形式。合同履行过程中，由于通货膨胀而使所用的工料成本增加或减少，因而对合同总价按照约定的计算方式进行相应的调值。

（2）单价合同是由发包人承担标的物数量变化的风险,承包人仅承担单价变化风险的一种合同形式。

（3）成本＋酬金合同则是以项目相关直接成本加上酬金来计算合同价格,通常由管理费和利润组成的酬金按成本的百分比进行计算,如果管理费和利润的酬金合理,几乎可以保证承包人不会有任何经济损失[1]。

三种合同形式的比较如表2.4-3所示[2]:

合同形式比较表　　　　　表 2.4-3

| 比较项 | 总价合同 | 单价合同 | 成本＋酬金合同 |
| --- | --- | --- | --- |
| 标的物明确程度 | 明确 | 一般 | 不明确 |
| 发包人风险 | 小 | 一般（数量风险） | 大（数量风险和单价风险） |
| 招标准备时间 | 长 | 较长 | 短 |
| 外部环境 | 稳定 | 一般 | 不稳定 |
| 工期 | 短（不可调值）长（可调值） | 长 | 特别紧迫 |
| 项目规模 | 小（一般情况）大（专业分包） | 大 | — |

鉴于本项目体量大,投资规模大,建设期长,前期施工图不完整,不宜由承包人承担过大的风险,因此主要采用了固定单价合同,其中分部分项工程量清单与计价表中以"项"为单位的则采取总价合同。固定单价合同的特点为,合同约定风险范围内,已标价工程量清单中的单价不予调整。

本项目合同中约定风险范围包括但不限于以下内容:

（1）法律、法规及国家有关政策变化影响合同价款变化的风险;

（2）除合同另有约定外,人工、材料及其他各类单价升降影响合同价款变化的风险;

（3）在合同约定工程范围、约定的工期、约定的质量标准及约定的其他条件下进行施工所需的所有费用;

（4）合同条款中规定的购买、翻译标准、规范或制定施工工艺的费用,协调处理施工场地周围地下管线和邻近建筑物、构筑物、古树名木的保护工作的费用,以及合同条款约定的其他由总承包人承担的工作及费用;

（5）有关部门公布的定额、计价规范、造价文件规定的价格调整;

（6）进口材料设备的人民币汇率、运输方式及费用、海关税费等的费率费用调整;

（7）停电、停水、二次或多次搬运(现场加工场地、现场临时库房等)、施工场地不足、发包人现场约束、成品保护等所需措施和维护产生一切费用,以及其他非因发包人原因的施工组织设计、施工方案的调整;

（8）合同图纸的深化设计与合同图纸的差异;

（9）已标价工程量清单未列明,但显然包括在合同图纸中的项目,或者作为一个有经验的承包人知道显然应由承包人承担的费用,或者承包人履行合同义务所发生的费用等,视为包括在工程量清单已经列明的其他项目之中。

（10）因承包人的成员、雇员、分包人及进入施工现场的其他各方发生的各种事故、异常事件、人身伤害等给承包人造成的任何支出和损失均为承包人风险,承包人不应以此 向发包人要求变更合同价格或增加任何费用。

（11）所有因为承包人审图的疏漏、承包人深化设计不及时或不到位而引起的施工错误和返工所造成的一切修改等额外费用和工期,一概由承包人承担。

（12）由于承包人负责完成的图纸深化设计、施工组织设计等存在缺陷造成的合同价款以外的任何支出,由承包人承担,即使此类内容已经获得发包人的

❶ （美）JIMMIE HINZE（吉米·欣策）. 美国建设工程合同与管理 [M]. 北京：中国水利水电出版社, 2015.
❷ 上海市建设职工大学·上海市建设工程招标投标管理办公室. 建设工程发包代理（施工）[M]. 上海：上海社会科学院出版社, 1999.

审批。

本项目固定单价合同由承包人承担主要的综合单价风险，由发包人承担工程量风险。对合同价款的调整包括工程量调整以及综合单价调整两方面因素进行了约定。并将变更签证增加的调价与其他原因增加的调价进行区分。通常变更签证增加的金额随进度款一同支付，支付金额不超过工程师预估费用的50%，竣工验收后支付至预估费用的55%，资料验收后则支付至预估费用的60%，其余在竣工结算时进行最终确定和支付。变更签证以外引发的价格调整在进度款支付时不支付，统一在竣工结算中进行确认和支付。

## 2.5 投资管理

项目投资管理是业主方项目生命周期全过程管理的核心，也是管理的重要组成部分，从项目的立项、可行性分析、方案设计、扩初设计到施工图设计、施工过程，竣工验收（结算）、投入使用、运营管理，贯穿整个项目建设的全过程。在项目建设周期内，投资管理是通过总体投资目标的制定，逐渐将投资总目标分解到各个阶段，并实施动态管理的过程，即在项目的各个阶段，定期对投资目标与工程实际投入值进行比较分析，并且根据风险管理相关制度对偏差风险进行评估，再根据评估结论采取必要的措施的过程。

### 2.5.1 项目投资管理思路

#### 1. 投资管理团队

苏州奥体中心的投资控制团队由业主、管理公司、造价顾问和监理单位组成，在本项目中，业主负责投资总目标的确立、各阶段投资管理方案和措施的批准、设计方案的选择、招标采购策划实施、合同策划、材料设备档次确定、变更签证的批准、资金筹措和付款等；管理公司负责落实业主的投资管理思路，及时进行风险提示并提出合理化建议；造价顾问负责编制项目估算、概算、预算，负责全过程造价咨询工作；

监理公司主要负责施工阶段变更签证事实的确认、形象进度的审核等。需要指出的是投资管理中"人"的作用，投资管理特别是在可行性研究阶段投资估算、设计阶段、施工阶段都需要投资管理团队有较高的专业素养和大型类似工程的造价管理经验，能够对投资管理中的造价变化做到专业、准确的识别、预判和预估。

#### 2. 编制投资总控制计划和成本总控制计划

苏州奥体中心项目的建设费用具体包括："九通一平"费、建安费、市政配套工程费、勘察与规划、设计费、专项咨询费、项目管理费、监理费、造价咨询费、白蚁防治费、审图费、工程保险费、建设单位管理费、土地费、开业费、建设期利息、不可预见费等，各项费用中建安费占总投资的比例最大。

苏州奥体中心项目与其他项目相比，其规模和投资都较大，所以项目投资控制计划作为投资管理的基础工作就变得尤为重要。由于苏州奥体中心的特点是项目功能全、技术标准高，测定上述各项费用指标占总投资的比例是编制投资控制计划的重点，并使各项费用指标体现出技术标准及系统配置情况。为确保项目投资控制计划编制合理，要进行大量有针对性的市场调研及询价考察工作，并从网络或其他渠道搜集国内外相近工程的造价信息数据，对于需要国外采购的材料设备，提前与国外专业厂家的国内办事机构取得联系，了解第一手的价格行情。在可行性研究投资估算的基础上，编制投资总控制计划，并在建筑安装各项施工图出齐后编制成本总控制计划。

#### 3. 投资管理动态控制

在项目实施过程中，对投资管理目标实行动态管理，由项目设专人负责定期对投资状况进行分析并提出报告，一旦发生偏差，分析原因、提出对策、及时控制，确保投资目标的实现，尽量规避建设期间费用增加的风险。

苏州奥体中心项目投资动态控制的过程是：将投资估算作为项目投资控制的目标值，再与项目实施过

结算容易出现的问题如实际发生并投标时承诺已包含的工作内容是否重复计算；各分项工程交界部位的工程量是否重复计算等。针对这些问题，应加强造价人员在竣工结算时的宏观意识，结合合同文件及相关条款进行结算工作。

结算审核报告完成后报送业主，根据需要与施工单位谈判，就最终结算费用达成协议，竣工结算审核报告出具后，业主可以支付除了质保金、评奖违约备用金、合同约定的承包人应承担的罚款、违约金及其他费用和支出以外的所有竣工结算款。

### 2. 配合审计工作

积极配合审计人员的审计工作，在工程竣工后，编制项目总体投资、费用分析报告，对项目的投资整体情况进行总结分析，工程竣工结算工作完成后，根据档案管理要求，对造价资料进行归档、保管和移交工作。

## 2.6 文档管理

苏州奥体中心项目建设规模大，参建单位众多、建设周期长、参建单位介入和退出项目的时间不同，建设过程中存在大量文件资料往来，建设工程文档信息管理面临巨大挑战，需要在项目建设之初策划制定文档管理制度及流程。文档管理可以帮助参建人员实现高效现场管理、记录项目全过程、便于后期运营管理部门的查询使用。由于种种原因，苏州奥体中心的文档管理没有采用电子化的管理方式，而是采用了传统的纸质文档管理方法。文件编码系统和文档管理制度这两部分内容是文档管理的重要组成部分，下面对本项目的文件编码系统和文档管理制度详细进行介绍。

### 2.6.1 文件编码系统

作为文档管理的基础，首先需要根据项目信息管理的广泛性、多样性、系统性及复杂程度制定适用于本项目的文件编码系统，由于苏州奥体中心项目设计、

施工、监理各单位内部都有较为成熟的适用于工程项目的文件编码体系，所以该文件编码系统是针对建设单位及管理公司在本项目中管理产生的相关文件资料。

### 1. 下发的相关函件的编码格式组成

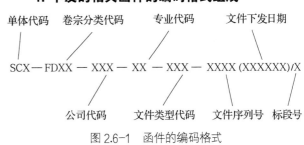

图 2.6-1　函件的编码格式

如图 2.6-1 所示，文件编码共由 6 部分代码组成，最后加以日期及标段号作为后缀。下面对于各部分代码做简单说明：

（1）单体代码：SC（Sports Center）表示为本项目缩写，SCX：SC 后跟一位数字，数字从 0 到 9，表示单体代码。单体代码详见表 2.6-1。

项目各单体代码　　　　　　　表 2.6-1

| 代码 | 中文描述 | 代码 | 中文描述 |
|---|---|---|---|
| SC0 | 适用所有建筑单体，指整个工程 | SC4 | 游泳馆 |
| SC1 | 服务楼 | SC5 | 体育场 |
| SC2 | 体育馆 | SC6 | 训练场看台 |
| SC3 | 中央车库 | | |

（2）卷宗分类代码：用 FDXX 表示，例如 FD01 为与政府部门的往来文件、FD02 为设计文件、FD03 为招投标文件等等，共计十二个卷宗，详见表 2.6-2。

卷宗分类代码　　　　　　　表 2.6-2

| 代码 | 中文描述 | 代码 | 中文描述 |
|---|---|---|---|
| FD01 | 项目报批文件 | FD07 | 往来信函 |
| FD02 | 设计文件 | FD08 | 会议纪要 |
| FD03 | 招投标文件 | FD09 | 报告 |
| FD04 | 成本及财务文件 | FD10 | 安全文件 |
| FD05 | 项目指令 | FD11 | 质量管理文件 |
| FD06 | 项目变更 | FD12 | 其他 |

（3）公司代码：代表文件的发出方或编制方，详见表2.6-3。

公司代码　　　　　　　表2.6.-3

| 代码 | 中文描述 |
| --- | --- |
| AEC | 艾奕康咨询（深圳）有限公司（项目管理公司） |
| SIP | 苏州工业园区体育产业发展有限公司 |

（4）专业代码：详见表2.6-4。

专业代码　　　　　　　表2.6-4

| 代码 | 中文描述 | 代码 | 中文描述 |
| --- | --- | --- | --- |
| GN | 适用于各专业 | LC | 景观 |
| MP | 总体规划 | FL | 泛光 |
| AR | 建筑 | SE | 设备设施（电扶梯等） |
| ST | 结构 | SF | 体育工艺 |
| WS | 给水排水 | PL | 桩基 |
| AC | 暖通 | FP | 基坑支护 |
| EL | 强电 | TE | 试验 |
| LV | 弱电 | GB | 绿建 |
| CD | 人防 | LD | LEED |
| FC | 幕墙 | BM | BIM |
| ID | 内装 | OT | 其他 |

（5）文件类型代码：详见表2.6-5。

文件类型代码　　　　　　　表2.6-5

| 代码 | 中文描述 | 代码 | 中文描述 |
| --- | --- | --- | --- |
| PEP | 项目执行计划 | MM3 | 设计会议纪要 |
| PMP | 项目管理程序 | MM4 | 采购及成本会议纪要 |
| PMR | 项目月报 | MM5 | 施工管理会议纪要 |
| PRI | 项目指令 | MM6 | 监理纪要 |
| PWR | 项目周报 | MM7 | 专题会议纪要 |
| SCH | 进度计划 | MM8 | 其他会议纪要 |
| PAC | 付款批准书 | OTR | 其他文件 |
| HSE | 安全文件 | CAP | 变更审批表 |
| FIR | 现场检查报告 | SMR | 安全月报 |
| NCR | 不合格项报告 | RSK | 风险评估 |
| MEM | 备忘录 | MES | 材料设备调研报告 |
| MM1 | 业主会议纪要 | FIA | 文件处理内部流转审批表 |
| MM2 | 项目管理会议纪要 | | |

（6）文件序列号：序列号将从0001自然产生，同一类型文件的序列号随着工程的进展会不断增加。

（7）文件发出日期：XXXXXX 分别用两位数字表示年、月、日，例如2014年3月12号表示为140312。

（8）标段号：本项目共有两个标段，1表示一标段，2表示二标段，0表示同时适用于所有标段（表2.6-6）。

标段号　　　　　　　表2.6-6

| 代码 | 单体 | 标段 |
| --- | --- | --- |
| 0 | 适用所有建筑单体 | 一、二 |
| 1 | 服务楼、体育馆、中央车库 | 一 |
| 2 | 游泳馆、体育场 | 二 |

**2. 文件编码举例**

根据上述文件编码组成，在文件生成时对应进行编号，例如：

艾奕康咨询（深圳）有限公司（管理公司）2014年5月12号下发总承包单位第一份关于服务楼单体的工程指令（PRI）即可编码为：

SC1-FD05-AEC-GN-PRI-0001（140512）/1

苏州工业园区体育产业发展有限公司（建设单位）2016年6月10号发起的中央车库给水排水专业的第10份变更审批文件（CAP）即可编码为：

SC3-FD06-SIP-WS-CAP-0010（160610）/1

### 2.6.2　文档管理制度

为了对项目建设过程中的文件资料进行管理控制，确保各相关单位及时得到和使用有效版本文件，及时整理和归档，项目文档管理策划实施了文件、图纸收发流程，文件审批流程，存档及移交流程制度。

由于项目施工管理采取总承包管理模式，所以文档管理制度策划时考虑了总承包文档管理责任前提下进行，除需要建设单位及管理公司审批的文件（包括商务文件变更、签证、付款，材料品牌审批等）由监理审核后各承包商直接递交至管理公司外，其他各承包商与建设单位及管理公司在施工过程中的资料往来均由总承包人负责统一收发，本项目要求所有施工单位需配置专职资料人员负责所有资料收发管理。

**1. 文件接收处理流程**

管理公司文控负责接收现场施工过程中监理单位和承包商往来文件资料并做好签收记录，进行下步处理。具体纸质文件接收流程见图 2.6-2。

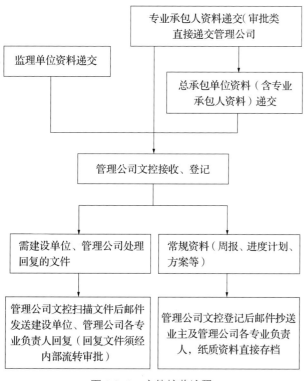

图 2.6-2　文件接收流程

**2. 文件发放流程**

管理公司文控依据业主及各专业工程师要求，下发监理单位及施工单位与项目有关的工地备忘录、工程师指令单及其他相关文件并做好签收记录，具体流程见图 2.6-3。

**3. 图纸发放管理流程**

本项目图纸分为施工图、设计变更两类。承包单位进场时依据合同约定的施工蓝图数量由管理公司负责下发给施工单位、监理单位，施工过程中出现的设计变更依据建设单位具体要求下发相关施工单位及监理，具体图纸发放流程见图 2.6-4。

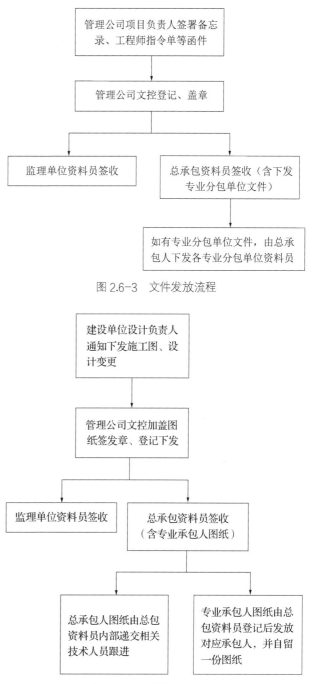

图 2.6-3　文件发放流程

图 2.6-4　图纸发放流程

**4. 文件审批管理流程**

需要建设单位及管理公司审批的文件（包括商务文件变更、签证、付款，材料品牌审批等），经监理审核后，审批流程流转到管理公司后，在一般文件收发流程的基础上制定了合理有效的审批流程，具体操作流程见图 2.6-5。

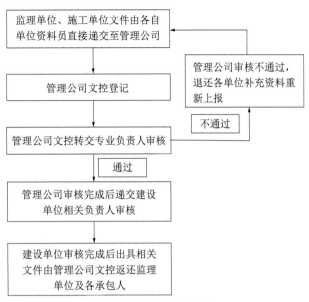

图 2.6-5　文件审批流程

### 5. 文件存档

本项目施工过程中形成的纸质资料文件量大，需按照文件类别进行归档整理，依据本项目特点，项目文档共分为 12 个卷宗，管理公司文控负责对接收的文件及下发监理、施工单位的文件分类整理并登记存档，其中项目与政府往来相关手续文件及证照批文、招投标资料（合约文件），图纸及相关设计成果文件在管理过程中由建设单位直接负责整理归档，存档文件分类见表 2.6-7。

建设单位及管理公司文控按照上述卷宗分类建立一套存档资料台账，按顺序整理文件，存档文件原则上应为原件，如原始资料为复印件需注明，并定期检查是否存在疏漏错误并及时更正，数量超过一册以上的资料，每册资料内需附上对应文件的资料清单，方便查阅。为便于文件查阅，所有存档资料在装订前需扫描备份，便于现场施工管理过程中各专业负责人查阅。

### 6. 文档移交

（1）本项目竣工完成后，各参建单位按照地方档案馆要求，由总承包牵头负责完成档案竣工归档工作。

（2）各参建单位还需依据合同约定的相应数量的档案资料另行移交至建设单位档案中心备存。

（3）管理公司在项目施工管理过程中负责整理的文档资料由管理公司文控移交至建设单位，与建设单位负责管理存档的相关资料，统一由业主聘请的专

归档文件分类表　　　　　　　　　　　　　　　　　　　　表 2.6-7

| 卷宗号 | 文件类型 | 具体描述 | 备注 |
|---|---|---|---|
| FD01 | 前期资料 | 本项目前期手续办理形成的相关文件、相关批复手续及证照，及后期竣工验收形成的相关文件 | 形成文件由业主内部人员存档，在施工过程中如需复印件，由管理公司文控向业主借阅复印。 |
| FD02 | 设计文件 | 包括项目图纸、设计相关成果文件等 | 由业主设计部门负责存档 |
| FD03 | 招投标文件 | 包括招投标文件、资格预审文件和投标书、合同等 | 由业主合约部门负责存档 |
| FD04 | 成本及财务文件 | 各承包商付款申请 | |
| FD05 | 项目指令 | 业主及管理公司发给各承包单位的工作指令 | |
| FD06 | 项目变更 | 设计变更图纸及审批文件 | 由业主设计部门负责存档 |
| FD07 | 往来信函 | 项目建设各参建单位的往来函件（如备忘录、施工方案、工程联系单、进度计划、施工周报等） | |
| FD08 | 会议纪要 | 各类签到表、会议纪要等 | |
| FD09 | 报告 | 项目策划文件、计划、各类项目管理报告等 | |
| FD10 | 安全资料 | 施工过程中安全相关资料（监理单位安全通知单、安全会议纪要、整改回复等） | |
| FD11 | 质量文件 | 施工过程中质量相关文件（如监理质量通知单、材料审批文件、现场巡视整改回复等） | |
| FD12 | 其他 | 以上十一卷以外的其他项目文件 | |

业档案整理公司进行装订整理成册并扫描电子档存档，归档后的档案管理中心由建设单位安排专职人员负责管理。

### 2.6.3　结语

苏州奥体中心项目策划实施的业主方与各参建单位之间的项目文档管理协同工作平台，有利于项目参与方之间的信息交流和协同工作，项目管理过程中文件沟通传递存档非常及时迅速，有力地推动了项目的高效管理，也有利于项目建成后的运营管理，达到了为项目增值的目的，达到了文档管理策划的预期。

## 2.7　风险管理

### 2.7.1　概述

工程项目的立项、各种分析、研究、设计和计划都基于对未来情况（政治、经济、社会、自然等各方面）预测基础上，是基于正常的理想的技术、管理和组织之上做出的。而在项目实施以及项目运行过程中，这些因素可能产生变化，在许多方面都存在不确定性。这些变化会使原定计划方案受到干扰，原定目标的实现产生偏差。这些事先不能确定的内部和外部的干扰因素，人们称之为风险。

项目风险管理就是项目管理机构通过风险识别、风险估计和风险评价，并以此为基础合理地使用多种管理方法、技术和手段，对项目活动涉及的风险实行有效的控制，采取主动行动，创造条件，尽量扩大风险事件的有利结果，妥善处理风险事故造成的不利后果，以最少的成本保证安全、可靠地实现项目的总目标。所谓控制，就是随时监视项目的进展，注视风险动态，一旦有新情况，马上对新出现的风险进行识别、估计和评价，并采取必要的行动。苏州奥体中心的风险管理程序与其他工程项目类似，见图 2.7。

### 2.7.2　项目风险分析

苏州奥体中心项目规模大，建设周期长，项目设施新颖，结构复杂，系统功能多。其特点主要有：项目大跨空间结构多；幕墙外倾斜角度大；新技术、新材料、新工艺的大量使用；施工过程中露天施工，受环境条件影响大；参建单位众多；多个工种同时交叉施工；高空作业多、狭小空间施工多、深基坑作业工作量大等。风险因素比较多，需要强化项目各方面的风险控制，项目风险分析如下。

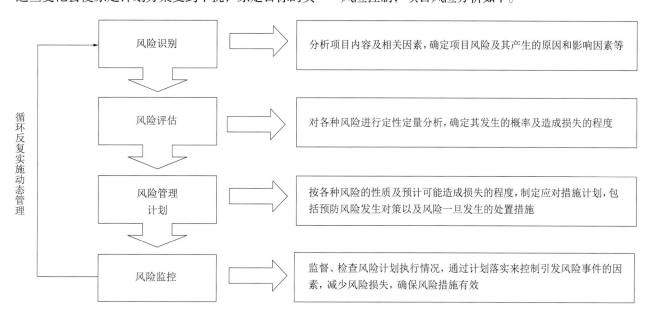

图 2.7　苏州奥体中心风险管理程序

**1. 外部事件**

① 不良市场环境，主要建材出现垄断情况或者恶意炒作等，将对项目建设产生严重影响；

② 本地恐怖主义袭击，极端势力横行，黑社会组织聚众闹事；

③ 社会活动，上级检查，国内国际重要社会活动的举办，社会其他特殊时期；

④ 政府换届，主要是指苏州市和工业园区两级政府机构换届，换届后，对项目的影响主要表现为宏观政策调整风险。

苏州奥体中心地处经济发达、社会政治稳定的苏州地区，发生恐怖主义的概率较小，治安良好，为项目建设提供了良好的社会环境。本项目是苏州市的重点项目，受到各方关注，即使政府换届，大幅度变更项目政策的可能性也较小。

**2. 决策方面**

重要人员的流失或变更，项目管理团队一定时期内需要保持稳定，特别是项目处在关键建设节点时，关键人员的流失将严重影响项目建设。

**3. 设计方面**

设计阶段存在的风险主要有：

（1）设计方案不完善

设计功能和使用要求不明确、不完整或设计方案没有经过充分论证；新技术、新材料缺乏可以借鉴的成功案例，都可能导致设计方案不完善，出现施工过程中或完工后调整方案的情况。

（2）设计质量问题

据统计，建筑行业工程事故（非安全事故）40%是由于设计原因造成的，设计如果出现质量问题，轻则不断发生设计修改导致工期延误，重则导致已建工程使用上出问题，都将带来巨大经济损失。工程设计的缺陷常常产生大量的工程变更，而设计变更是造成施工索赔的重要因素，设计变更往往造成投资额的增加，使工程项目的造价难以掌握和控制。

（3）设计不当

设计人员由于缺乏经济观念，一味追求新奇，或者设计过于保守，都会增加不必要的投资。

（4）设计进度问题

设计图纸能否按时提供关系到招投标和施工能否顺利进行，如果设计进度延迟，将会给项目带来经济损失。

**4. 招投标方面**

招投标阶段是工程合同的形成阶段，招投标活动的行为后果直接影响工程项目的实施，在招投标阶段进行风险管理，有利于业主选择合适的承包商，有利于项目目标的实现，有利于承包商进行准确报价。在招标过程中，业主的风险主要来源于以下几个方面：

（1）招标范围不明确

招标范围不明确、错漏重叠，一方面造成承包商投标报价不准确，另一方面容易造成合同争议，影响工程项目的实施。

（2）工程量清单编制错误

工程量清单是投标人投标报价的依据，如果出现错项、漏项、工程量不准确的问题，可能引起承包商的索赔或通过不平衡报价等方式提高工程造价。

（3）优质承包商的选择

由于我国处于建筑市场迅速发展阶段，存在建筑施工市场混乱现象，建筑施工企业鱼龙混杂。具备施工资质的企业不是实际施工者，实际施工者非建筑施工企业的现象普遍存在，通过招投标选择胜任项目工作的承包商也是管理的重点。

（4）合同风险

合同风险是在合同拟定过程中，由于合同条款责任不清、权利不明所造成的风险。业主在拟定合同条件时需要界定风险承担范围，合理的风险分担对工程管理绩效具有积极影响，避免索赔，但往往过多地将风险偏重承包商一侧，造成承包商合同履行不力，常常潜藏更大的风险。

**5. 施工方面**

苏州奥体中心项目在施工阶段的风险存在于安

全、质量、进度三个方面。

（1）安全风险

按照企业职工伤亡事故分类标准，我国将职业伤害事故分成20类，主要有：物体打击、车辆伤害、机械伤害、起重伤害、触电、淹溺灼烫、火灾、高处坠落、坍塌、冒顶片帮、透水、放炮、火药爆炸、瓦斯爆炸、锅炉爆炸、容器爆炸、其他爆炸、中毒和窒息以及其他伤害。其中高处坠落、物体打击、触电、机械伤害、坍塌、起重伤害是建筑工程施工项目安全生产事故的主要风险来源。除环境因素外，影响项目安全的风险因素主要有：

① 建设期内，存在复杂和大规模动态人员、物资运输，由于项目规模大、物资运输复杂而庞大，存在一定的运输风险；并且每天有大量的工作人员进入相对狭窄的施工空间，给人员管理和安全带了很大压力。

② 无安全施工措施或安全施工措施不到位，如："四口五边"防护措施不到位，一些脚手架缺乏安全网，高空作业防护措施不到位，这些风险因素都将影响一线作业人员的生命财产安全。

③ 危险性较大的分部分项工程和超过一定规模的危险性较大的分部分项工程作业多，主要包括服务楼、2号车库的深基坑工程，体育场馆12m大平台以及场馆内碗结构的大跨度超高模板工程，外幕墙脚手架，体育场钢结构、游泳馆钢结构吊装，索结构的安装，塔吊、施工电梯及起重设备的安装和拆卸工程等。

④ 施工技术方案不成熟比如幕墙的安装施工技术方案、钢结构索膜屋盖的安装施工方案都将带来施工安全风险。

⑤ 施工现场特别是装修阶段的火灾防范风险。

（2）质量风险

施工中的质量问题有很多种，有的大，有的小，各专业都有，工程质量产生风险的因素主要在于：

① 对工程使用材料、物资质量及设备质量控制不严，或者达不到使用要求，施工过程中未按施工图纸和批准的施工组织设计（方案）施工，出现偷工减料的情况；质量检查验收未严格按照标准进行，验收草草了事，对验收时出现的质量问题，整改返工后，验收流于形式。

② 新材料、新技术、新工艺的使用可能会带来的质量风险，如体育场馆弧形墙体、支撑于柔性索网结构上的金属屋面体系。

（3）进度风险

影响项目进度的风险因素主要有：

① 地理位置、地形地貌、水文、气候等自然环境因素，天气因素对项目进度影响较大，苏州地区地处长江中下游，长年面临梅雨季节和高温天气的困扰，不可避免地对工期产生影响；

② 资金、设备、材料等施工资源因素，主要涉及这些物质资源能否在各个施工关键节点及时供应，若出现延迟，将影响项目工期；

③ 工艺技术、施工方案等技术因素，很多施工工艺存在施工间歇期，间歇期的长短以及施工本身所占用时间受多种因素影响，从而影响总工期；

④ 管理能力、业务素质、工程经验、责任心等人为因素，人的因素影响项目进度不可忽略，据统计，大部分项目延期是由人为因素引起的；

⑤ 设计延迟或不完整，设计图纸对项目进度的影响一般仅限于边设计边施工项目，对苏州奥体中心项目而言，主要是专业工程施工图纸对项目的影响；

⑥ 项目群施工与交付没有整合，不同标段、不同专业的工程存在界面衔接问题，需要各方做好协调工作，否则将影响项目总工期；

⑦ 项目重大变更，一般是指建筑功能的重大调整或者设计考虑不周造成的重大材料变更、结构体系变更等类型。

### 2.7.3　风险管理策略

业主管理团队结合项目的特征，加强风险识别、评估，从多个角度尽可能全面地列出该项目可能出现的设计、施工、自然与环境、资金、合同、健康安全方面可能存在的风险因素，并找出项目可能存在的风险名称、类型、并对它进行正确的分析和评价，包括风险出现概率的大小、风险的影响程度、风险等级、风险可能出现的时间、地点和影响范围等，在此基础上提出科学、合理、经济的应对措施，包括充分利用工程技术手段、组织管理手段以及合同手段。苏州奥体中心项目由业主方提出风险管理思路，管理公司制定与项目相适应的风险管理方案。事实证明，苏州奥体中心的风险管理是较为成功的，各种措施能有效防范各种风险的发生，为项目顺利推进奠定了良好的基础，主要风险管理措施如下：

（1）建立项目风险管理的组织体系和机制，以业主、管理公司、监理公司为主以及总包单位及各分包单位的人员组成风险管理组织体系，并由管理公司每周、每月向业主方提交风险分析报告，强化风险管理。

（2）制定反索赔方案及风险转移方案，制定合理的工程保险投保方案，业主购买建筑工程一切险，并在各承包合同中规定承包商须为施工人员购买意外商业保险。

（3）设计方面的风险管理措施主要有：

① 采用熟悉的技术，对于探索性的新结构、新技术和新材料，在设计前考察类似的项目，设计过程中多征求有相关经验的施工单位、监理单位的意见，对设计成果进行专家评审论证，增加审图时间等措施来规避风险。比如对苏州奥体中心项目消防设计方案进行专家评审，深基坑设计进行专家评审，对体育场、游泳馆的钢结构设计及特种铸钢材料进行专家论证，对结构设计超限进行审查等，特别对体育场和游泳馆的索结构深化设计采用两家单位同时背对背进行结构验算。

② 各设计专业之间进行及时充分的沟通，强化方案评审和专业会签，避免专业之间的误解和不一致。

③ 设计单位及时与业主的沟通，阶段性或定期向业主汇报设计成果。

④ 项目的设计管理涉及合同管理，成本管理，进度管理和技术管理几项主要目标，其中进度管理和技术管理是一对比较大的矛盾，技术管理要求高，较大概率带来一定的设计反复，造成进度管理的滞后甚至失控。为减少进度管理的风险，需要做好事先控制以及过程控制。事先控制即设计任务的明确以及设计深度标准的明确，同时采用倒排工期，将设计工期管理纳入奖励制度中，防范设计进度风险。

⑤ 对施工单位进行设计交底，避免施工单位不理解、不领会设计的重点和意图，比如游泳馆屋面需要采用配重施工的技术方法，对危险性较大工程进行警示，比如中央车库采用无梁楼盖，提示该楼盖覆土、堆土的厚度，提示中央车库屋盖区域的荷载承受能力。

（4）招投标方面的风险管理措施主要有：

① 认真审核工程设计图纸，明确招标范围

招标前业主组织管理公司、监理单位、设计院、设计咨询单位有关人员对拟建工程项目进行详细研究、讨论招标工程范围，确保工程项目的招标范围清楚、具体，避免使用含混不清的工程内容表述方式。此外，图纸后附带的地质、水文、建筑、气象等技术资料做到细致全面。

② 编制严谨的工程量清单，选择合适的合同计价形式

委托实力强、有类似大型工程造价经验且具有相应资质的工程咨询单位编制工程量清单，对于工程量做到准确计算，项目特征和工程内容描述清楚，并且对复杂工程采用两家单位背对背同时编制工程量清单进行相互核对，根据工程项目的特点和实际情况，选择合适的合同计价形式，降低合同风险。

③ 规范招标程序，选择合适的承包商

选择实力和信誉较好的招标代理公司代理招标活动，资格预审、现场踏勘、投标答疑、开标、评标及定标的各项工作符合法律、法规的要求；进行充分的市场调研，并根据工程项目特点和实际情况制定评标原则，并给予评标专家足够的评标时间，以便能够对

投标文件中的技术方案和投标报价进行比选和分析，确保选出优质的承包商。

④ 拟定责权利合理的合同

聘用专业的建筑行业法律顾问对合同内容进行全面审查，使合同条款的词语表达准确到位，且符合法律习惯，可以防止和减少争议；合同风险分担合理、责权利平衡，最大限度发挥合同双方风险控制能力和履约的积极性，有些建设时间较长的项目，可以在合同中增加材料调价条款，避免在建设周期内，建设材料大幅度的降价或涨价。有些项目也可考虑将总价合同和单价合同形式结合起来。

（5）施工方面的风险管理措施主要有：

① 安全风险的控制对策主要有：

对于施工现场的交通、垂直运输、人员的安全，本项目的施工组织设计总体方案经多方专家论证，施工现场交通通行作为重点设计内容，采用软件模拟了交通流线情况，实施人车分流；人员管理方面，对每天进入项目工地人数动态适时统计，尤其是外来学习参观人员，禁止无关人员进入项目工地。

对于超过一定规模的危险性较大的分部分项工程的施工方案进行专家论证，如深基坑开挖、基坑围护、高大模板、重型钢结构吊装等分部分项工程。对钢结构吊装，起重设备安装、拆除，人员进入密闭空间等建立施工作业许可制，施工过程监督、检查，保证项目零安全事故。

开工前进行项目风险交底；做好危险源识别、建立项目施工安全风险清单；安全检查及隐患排查；制定风险应急方案，定期实施应急方案演练；定期检查消防设施，定期进行消防演练，应用先进安全技术、提高安全度；坚持"全员参与激励"原则；当工程设计变更时，施工方案变更、法规修订或者发生安全事故时，应及时更新危险源辨识及评价方案。

② 质量风险的控制对策主要有：

严格规范施工，严格规范监理行为；严格质量管理程序，实现全过程监控；完善质量管理制度，增强

预防措施。对返工后的验收内容，要严格监督验收程序，杜绝"返而不管"的问题。除此之外，事前做好质量检查验收标准和检查验收方案，由专人负责跟踪管理，经常安排专职技术人员对场外材料采购和加工进行无预知抽样检查，对特别重要材料的采购和加工，如钢结构工厂加工、幕墙板块工厂拼装等，管理公司均要求施工单位派专职人员驻场督促质量，监理单位、管理公司、业主方人员不定期对材料进行飞行检查，对于施工现场存在大量的钢结构焊缝采用焊缝数量全检，并且聘用第四方检测单位再检，对承包商自行采购的材料，从源头上做到把控和管理，对采购量比较大的、招标文件和业主有特别要求的重要材料，需要各施工单位提供采购发票，核对采购数量，这些措施一定程度上能防范项目质量风险的出现。

定期召开质量会议，对主要责任方时常警戒，定期风险源检索，发现一起，管理一起，项目质量风险做到零容忍。

对于新技术、新工艺、新材料的使用进行调研、论证、试验，如屋面抗风淋雨试验、体育场四种类型柱脚关节轴承试验、密闭索耐腐蚀试验等，除证明其安全、适用、耐久外，也为以后类似工程的设计积累了大量试验数据。

③ 进度风险的控制对策主要有：

施工前加强现场调查及图纸审查，及时发现问题并予以纠正，避免将问题带到施工过程中；认真做好各项施工准备，缩短施工准备时间，争取早进场、早开工；通过合理的施工组织与科学的施工方法，缩短各施工工序的时间及工序间的间歇时间；对于遇见到的难度大的施工作业，可建立备选方案，一旦方案失败，可采用备用方案，避免现场停工；施工中定期对照原计划的工期安排，找差距、找原因，根据实际情况动态调整工期计划及关键线路，完善进度管理技术和措施；对已发生的工期延误，要重新配置资源，如延长作业时间、增加人力或设备、改变施工方法、调整施工作业顺序等。

# 第3章 设计管理

## 3.1 方案设计管理

苏州奥体中心方案设计阶段的管理工作主要包括方案设计竞赛、方案设计任务书的编制、方案设计的选择过程，并将规划设计纳入方案设计。

### 3.1.1 方案设计竞赛流程

苏州奥体中心的建筑设计方案采用方案竞赛的形式确定方案设计单位，竞赛方案的实施细则经过多方论证，最终确定于2012年启动竞赛。

（1）竞赛流程如下：

① 发《方案征集竞赛参赛邀请函》；

② 意向参赛单位提交参赛确认函和竞赛资格预审；

③ 确定正式参赛单位；

④ 发出参赛通知书、方案征集竞赛文件及未获参赛资格通知书；

⑤ 现场踏勘及答疑；

⑥ 完成设计成果；

⑦ 设计成果及商务报价书提交；

⑧ 设计成果汇报；

⑨ 合同谈判；

⑩ 宣布竞赛结果；

⑪ 签订设计咨询合同。

（2）苏州奥体中心方案征集竞赛描述如下：

① 遴选"种子选手"，拟推荐参加方案征集活动。为建设一流水准的标志性精品工程，根据总体定位，本着高起点、高标准的原则，首先联系了全球十多家顶级体育建筑设计机构，通过接洽和比较，综合考虑这些机构在全球及中国的业绩及作品，从中遴选了"种子选手"，拟推荐参加苏州奥体中心项目的方案征集活动。

② 发出《方案征集竞赛参赛邀请函》，邀请设计机构报名参加。体育发展公司向上述"种子选手"单位发出《方案征集竞赛参赛邀请函》。受邀单位愿意参加方案征集竞赛的，在收到《方案征集竞赛参赛邀请函》后在规定日期内填写邀请函附件《参赛确认函》和《资格预审表》，包括方案未入选最高补偿费及最高设计咨询费。体育发展公司综合各意向参赛设计单位经验、拟派设计团队、方案未入选最高补偿费及最高设计咨询费等情况，从中优选3～5家单位作为正式参赛单位。

③ 确定正式参赛单位。体育发展公司在确定正式参赛单位后按竞赛时间表向正式参赛单位发出《参赛通知书》及《设计方案征集竞赛文件》，同时向其他意向参赛单位发出《未获参赛资格通知书》。

④ 参赛单位提交设计成果及商务报价书。参赛单位于规定时间前提交设计成果及商务报价书。参赛单位商务报价书所报的设计咨询费不得高于其参赛确认函确认的最高设计咨询费，所报的方案未获选补偿费不得高于其参赛确认函确认的方案未获选最高补偿费。

⑤ 设计成果汇报及合同谈判。参赛者派参赛确认函及参赛资格预审表确定的首席设计师到指定地点

进行方案汇报。同时体育发展公司在确定最终入选单位前与参赛单位进行合同谈判。

⑥ 确定入选单位。体育发展公司根据各参赛单位设计成果及设计咨询费情况，确定最终入选单位。

本次方案征集竞赛与传统设计比选方案在部分环节中有创新之处，如表 3.1 所示：

本项目方案征集与传统方案征集比较表　表 3.1

| 序号 | 环节 | 本方案 | 传统方案 |
|---|---|---|---|
| 1 | 设计单位报名 | 填写资格预审表，最高设计咨询费和最高方案未入选补偿费 | 填写资格预审表 |
| 2 | 确定正式参赛单位 | 通过资格审查、比较最高设计咨询费和方案未入选最高补偿费，确定正式参赛单位 | 通过资格审查确定正式参赛单位 |
| 3 | 成果汇报 | 成果汇报后，结合方案情况进行设计咨询费谈判 | 成果汇报后，进行技术标和商务标综合评分，分数高者中标 |

### 3.1.2　方案设计任务书

项目方案设计包括两个部分。第一部分为项目总体规划，即修建性详细规划设计，设计深度需满足国家、江苏省、苏州市、苏州工业园区相关法律规定要求；第二部分为体育公园、体育场、体育馆、游泳馆、综合健身馆、体育研发及商业中心等各单体建筑设计方案，及变电站、公交枢纽、地下空间等等建筑设计方案，设计深度需满足住房和城乡建设部《城市建筑方案设计文件编制深度规定》及地方相关要求。以上为功能需求，不要求每个功能独立设置建筑单体。

**1. 设计成果要求**

（1）项目总体规划，即修建性详细规划设计成果包括：

① 环境分析；

② 场地分析；

③ 交通分析；

④ 景观分析；

⑤ 视觉通廊分析；

⑥ 项目详细规划目标及具体技术指标，如每个功能分区的技术指标：建筑密度、容积率、绿化率、高度控制等详细规划的各项指标；

⑦ 设计构思和方案特点；

⑧ 总平面图、主要景观透视图、鸟瞰图、立面图；

⑨ 投资估算表、面积汇总表；

⑩ 动画演示、1∶750 的总体规划模型。

（2）项目各单体建筑方案设计成果包括：

① 设计构思和方案设计特点（防火设计和安全疏散、通风、采光、建筑空间的处理、立面造型、垂直及水平交通、节能等）；

② 总平面图、各层平面图、立面图、剖面图、鸟瞰图、立面效果图；

③ 投资估算表、面积汇总表；

④ 动画演示、参赛单位认为需要做的单体模型。

**2. 方案设计要求**

（1）道路交通设计

地下轨道交通方面，苏州奥体中心基地西侧有轨道交通 5 号线、北侧有 6 号线通过，需在基地西北角考虑轨道交通出入口，地面交通对外连接方面，考虑金鸡湖隧道、中环快速路，跨斜塘桥等交通因素。

道路交通设计是本项目的设计重点。考虑到本项目交通现状的局限性，鼓励各参赛单位聘请专业的交通规划设计单位作为顾问，提供必要的专业支持。在提交的成果中应单独成章重点表述对苏州奥体中心道路交通的设计构想，包括且不限于以下内容：

① 外围交通的优化。综合考虑外围轨道交通线路，周边道路线型与断面、公交首末站、公交停靠站、出租车停靠站等设施的优化，如何与金鸡湖湖底隧道、市中环线路的连接，力求满足苏州奥体中心大量人流的快速疏散要求。对轨道交通是否可以结合奥体中心改变线路走向，以及轨道站点设置与苏州奥体中心地下空间连通等提出建议。

② 周边道路的对接。综合分析中新大道东、星

塘街、松江路等道路的断面、走势与主要功能，研究松江路斜跨塘河所形成的竖向高差，提出其与苏州奥体中心内部道路的连接方式。东侧沿河内侧应新增一条支路，连接中新大道东与松江路。苏州奥体中心东侧可以考虑该支路东侧的钟南街以作人流疏散。

③ 内部道路的设计。考虑地下与轨道站点的一体化设计，地上与外围交通整体设计，满足对苏州奥体中心高峰人流半小时内疏散完毕的要求。苏州奥体中心内道路交通组织要使各场馆联系方便，车流、人流不互相干扰，还要注意组成环状道路以利于安全和消防。消防道路净宽度不小于 3.5m，上空净高度不小于 4m。

④ 停车场地。按照苏州市《停车位规划配建建议标准》及《苏州工业园区城市管理技术规定》（2011）中的高标准值配建停车泊位，并在此基础上适当提高。

⑤ 本项目的停车以地下停车和建筑内停车为主，约占总停车位的 90% 以上。地下的停车系统与轨道交通系统统筹考虑，各分区动线清晰、方便即达、即时疏散、场馆建筑局部一层（或半层）但商业价值较低的部位也可以考虑停车，这样可以降低建设成本，但需解决好人车动线的分离。

（2）体育场

体育场规模 45000 坐席，应满足足球、田径等比赛要求，并兼顾大型文艺活动的需要。体育场的造型与设计立意要体现苏州人文特点及现代体育精神，单体设计要注重于城市环境融合，功能布局要注重多样性、开放性，并考虑经济效益，在非赛事时期可以改做其他功能。

① 形象设计

造型设计在满足使用功能的前提下，应结合苏州市气候特点，创造符合苏州工业园区特色并体现现代体育精神的建筑形式，构造新颖，具有地标性。整个结构应贯彻建筑和观众、运动员产生的造型理念。

② 平面功能

体育场应配备运动员区、竞赛管理区、新闻记者区、贵宾区、来宾区、观众区等。体育场的平面功能布局除满足使用功能要求外，还应注重多样性、开放性，并考虑日常使用和运营维护的经济效益。

布局：建筑宜采用南北向布置。按照国际田联最新的竞赛规则布置标准式田径赛场。田赛、径赛、足球场应综合布局，紧凑合理，在满足各项比赛要求和保证安全的前提下，应优化各场地占地面积。

看台：45000 坐席，设置多层观众看台，综合设计，尽量保证视觉质量好的区域坐席数量最多。应设置贵宾及首长区，设包厢、设运动员、新闻记者等专用分区。

出入口：与体育场看台的形状相呼应，比赛场地出入口的数量和大小应根据运动员出入场、举行仪式、器材运输、消防车进入及检修车辆的通行等使用要求综合布局，可结合地下通道等方式实施。

辅助用房：设置灵活多用的辅助用房。包括贵宾休息用房、记者用房、裁判用房、比赛办公用房、兴奋剂检测中心、运动员休息更衣、淋浴室、设备用房、体育用房、体育用品商店、运营及配套的商业用房等。复合型的设计模式有利于体育场全方位经营活动的展开，使体育场的日常使用率和经济效益大大提高，真正实现"商体结合"的现代经营理念。

（3）体育馆

体育馆规模为 10000 座固定席，内场可另外设置一定数量的移动座椅，以便实现体艺结合的设计目标。在功能要求方面，既要满足篮球、排球、体操、室内冰上运动等单项比赛要求，又要符合日常训练、群众体育健身、集会、演出等多功能活动需要；要实现体育与商业经营场所的结合，吸取 NBA 比赛专用场馆商业布置优点，如设置可观看比赛的自助餐厅等，实现以馆养馆。建筑的外在形态就是内部功能的直接反映，要做到建筑与结构、功能与形态的和谐统一。应以合理的结构形态表达独特的建筑造型，兼顾技术的先进、成熟、工期要求和厉行节约的原则。

重视体育馆的声学设计。保证比赛和集会时的语

续表

| 序号 | 内容 | 责任设计单位 | 序号 | 内容 | 责任设计单位 |
|---|---|---|---|---|---|
| 19 | 人防设计 | 人防设计公司＋设计总包管理 | 30 | 家具设计 | 专业设计公司 |
| 20 | 基坑支护设计 | 基坑支护设计公司 | 31 | 游乐设施（含室内、室外）设计 | 专业公司 |
| 21 | 景观设计 | 方案设计公司＋景观设计公司 | 32 | 艺术品专项设计（含雕塑） | 专业设计公司 |
| 22 | 交通专项设计 | 交通咨询顾问公司 | 33 | 标识及广告设计 | 专业设计公司 |
| 23 | 电信设计 | 电信专业设计公司 | 34 | 专业厨房设计 | 专业设计公司 |
| 24 | 有线电视设计 | 有线电视专业设计公司 | 35 | 五金门锁设计 | 外装设计单位 |
| 25 | 供电设计 | 供电专业设计公司 | 36 | 装饰性或特殊功能灯具设计 | 专业设计公司 |
| 26 | 燃气设计 | 燃气专业设计公司 | 37 | 灯光照明（光环境）设计 | 专业设计公司 |
| 27 | 自来水设计 | 自来水专业设计公司 | 38 | 室内外水景专项设计 | 专业设计公司 |
| 28 | 室外市政道路、桥梁设计 | 专业设计公司 | 39 | 舞台设计 | 专业设计公司 |
| 29 | 电梯专项分析 | 专业公司 | | | |

由于苏州奥体中心项目专业设计单位众多，各个专业设计公司服务项目的时间并不相同，各专业设计之间又需要相互提资协作，所以在设计管理过程中，各专项设计按照计划进行了统一筹划，并随着项目推进按照需要提供专项设计服务。

### 3.2.3　设计管理的措施

业主方设计阶段的管理非常重要，该阶段的投资控制几乎占据整个项目投资控制的 70% ～ 80%，业主方在设计阶段的管理效率决定着未来项目管理的走向。为了提高项目的设计质量以及项目后续的使用效率，激发设计人员的设计热情，业主方制定了针对"人"和"物"两方面管理措施。

**1. 对"人"的管理**

（1）业主方直接管理设计团队

针对设计院项目管理体制的不足，业主方提出由业主方直接管理设计团队的做法。设计人员的日常绩效考核以业主方为主，原设计单位考核为辅。设计人员的绩效，奖惩都由业主方考核做出，并制定了独立于设计院薪资的奖励措施，奖金由业主方发放，该奖励政策只针对设计总包方上海建筑设计研究院，没有涉及独立分包设计单位。

奖励措施说明如下：

按照合同的结算价，有 120 万～ 150 万元的金额将作为对本项目设计方设计团队中表现优异的人员的奖励，该奖励完全独立于设计团队中个人在设计方处应得的薪资，该奖励经业主方与设计方的项目经理联合考评后，按照设计进度及付款进度及时全额发放给设计团队中的奖励人员。该奖励费用的所有税费由设计方承担，设计团队个人承担奖励的个人所得税（由设计方代扣代缴）。

对该部分奖励，设计方将确保在业主方及设计方的项目经理提供奖励人员名单和金额后的 21 日内足额（个人所得税除外）发放至设计团队表现优异的人员，表现优异的人员在收到奖励费后需提交收款确认函给设计方，收款确认函需获奖人员签字认可。从第二次付款开始，设计方需在每次付款前提交该次付款对应期间获奖人员签字后的收款确认函，业主方有权向获奖个人求证。若设计方未按照约定发放至个人或者业主向个人求证有发放弄虚作假或者该奖励充作该个人年度应得的薪资现象，业主方有权向设计团队表现优异的个人直接发放该笔奖励，并直接从最近一次业主方应该支付给设计方的设计费中扣除该笔奖励，同时业主方有权就设计方该行为处设计方罚金。

（2）分包设计管理

分包设计以招标、方案竞赛的形式为主，分包设计启动前，设计总包向业主方提供具备相关业绩、资质的潜在分包人，由业主方负责组织招标。设计总包在此过程中负责分包设计任务书以及分包设计合同的编写。分包设计的设计质量、设计进度以及所有设计协调均由设计总包方负责，任何分包设计提出的问题设计总包均需提供参考意见供业主方参考。

**2. 对"物"的管理**

业主对"物"的管理主要表现为对设计成果的管理。设计成果不仅影响项目的后续投入使用，也直接影响项目的建设成本。为了对这两方面进行有针对性管理，业主方提前让后期运营人员参与整个项目的设计管理，对建设成本的控制主要采用设计完成后优化和设计过程中优化并行的管理思路。

（1）投资控制

一般的成本优化分设计完成后优化和设计过程优化两种方式。设计完成后优化即设计完成后，由业主的专业工程师或者业主所聘请的专业顾问团队来提出优化意见，然后协调设计单位进行修改，好处是优化工作可以量化，弊端是由于需要设计单位进行设计修改，设计单位带来天然的心理上的抵制，难以协调，同时对设计进度也造成一定的影响。第二种方式即设

计过程优化，业主方以及顾问单位介入到设计的各个阶段，从方案开始就以成本为目的的提各种建议以及设计标准，进行过程控制，缺点是成本优化工作无法量化，对优化取得的成果缺少评价依据，但设计进度可控，且设计单位也在一定程度上获得顾问单位的外部技术支持，达到双赢的目的。整体来说，设计过程优化效果好于设计完成后优化。苏州奥体中心在设计管理过程中，两种方式并行，取得了良好的效果。

（2）运营人员介入设计管理

经过对国内部分体育场馆调研发现，部分体育场馆为了体育赛事而建，忽视了后续的开发利用需求，导致部分场馆赛后闲置，或者无法满足后续开发利用的需要，甚至出现了为了后期经营，重新设计改造的状况，造成了大量资源的浪费。苏州奥体中心的建设以满足当地人民群众日益高涨体育健身和演艺活动需要为主要目标，并不以举办国内外赛事活动为驱动，因此场馆的日常经营需要在设计之初予以考虑。运营人员介入设计管理一方面可以在场馆设计阶段提出设计意见，满足后续经营的需要；另一方面，可以为运营人员制定运营方案提供基础数据。事实表明，运营人员提前介入项目，优化了项目设计方案，为后续的项目日常经营奠定了良好的基础。

### 3.2.4　设计管理模式的特点

苏州奥体中心提出的以"人"和"物"为中心的管理思路很好地解决了传统设计管理中面临的难题。业主方采取的管理思路不仅达到预期的管理效果，还为同类工程项目提供了良好的借鉴。

（1）业主方直接管理设计团队，全面提高设计绩效。

与传统设计管理相比，苏州奥体中心将设计团队的管理重心移向了业主方，业主方获得了设计团队的管理权。设计人员的评价和考核由业主方负责，有利于设计人员直接贯彻业主方的设计意图；有利于缩短管理路径，节约管理成本。管理效率提高了，项目设

计质量也相应得到了提高，有利于提高设计绩效。此外，业主方额外的奖励制度有利于促进设计人员内部竞争，进一步助推了设计效率的提高。总之，本项目设计团队的管理方式的优势见表3.2-2。

两种业主方设计管理模式比较　　表3.2-2

| 业主方管理模式 | 管理路径 | 效率 | 成本 | 效果 |
|---|---|---|---|---|
| 传统做法 | 较长 | 较低 | 较高 | 一般或较差 |
| 苏州奥体中心 | 较短 | 较高 | 较低 | 好 |

（2）设计总包负责分包方的协调管理，有利于设计总包统筹管理，提升整个项目的设计管理绩效。

建筑设计有很强的专业性。一方面，业主方并不一定具备所有专业的设计知识，因此，对项目的设计管理一般是宏观的，对具体的设计业务只能依靠专业人士进行。设计总包承担了设计任务的主要部分，而在设计总包业务周边存在较多的设计界面，这些界面如果由业主方协调，则会出现协调效率低下的情况，不利于资源的有效配置。设计总包不仅有经验，而且还是协调对象的当事方，由设计总包统筹设计协调，效率更高。实践表明，苏州奥体中心的设计管理是成功的，不仅有效地控制了设计成本，还为后续施工提供了良好的服务。

（3）运营提前介入设计管理，有利于项目的后续自主经营。

由于部分体育场馆选址不当和设计不合理，造成后续经营情况不理想，严重影响了体育场馆全生命周期内的产出。苏州奥体中心吸取了这些场馆的经验教训，在设计阶段就加入了运营人员参与建筑设计，运营人员有针对性地提出设计要求，能从根本上杜绝场馆后续改造中出现的各种浪费现象。除此之外，也有利于客商提前入住体育场馆，缩短经营时间间隔。

# 第4章 施工管理

## 4.1 安全管理

安全管理是苏州奥体中心项目管理中的第一目标管理工作，项目设定了必须拿下全国建设工程项目施工安全生产标准化建设工地的荣誉目标，要求项目安全管理必须要做到统筹策划、对标国际、全员参与、综合治理，坚持安全生产一票否决制，这也是项目安全管理最终取得成功的关键。苏州奥体中心项目建筑体量庞大、从深基坑到大跨度高空混凝土结构作业、到重型钢结构吊装、索膜施工，再到体育场大平台上43m高幕墙脚手架搭设施工等，施工作业风险源多，施工风险极大，整个项目施工高峰期施工人员在四五千人左右，一般情况下现场也有2800人左右。钢结构吊装、索膜和幕墙安装等高风险作业占总施工作业时间的比例高达70%，高风险作业时间长，从事高风险作业的人员超过1000人。在施工高峰期，现场密布23台塔式起重机、3台履带起重机（荷载分别达到500t、450t和120t），安全风险远远超过普通房屋建筑工地，面临如此庞大的施工团队和如此高难度的施工过程，本项目却成功实现了2000万工时无较大安全事故的记录，这样的成绩源于项目团队始终以高标准为目标，对安全文明的高度重视，以及对标国际的项目安全管理理念及制度的实施，并且落实到每个细节。

### 4.1.1 安全管理的主要策略

苏州奥体中心项目的安全管理和其他方面管理一样也进行了统筹策划，为提高安全管理标准实现项目决策目标，在通常安全管理的基础上提出了更有针对性的安全管理策略。通过这些安全策略的实施，为高标准的安全管理打下了基础。

**1. 业主领导层高度重视**

业主建设管理领导者提出"安全工程是一把手工程"，领导层高度重视，身体力行，业主方领导经常突击检查项目安全，确认施工现场的安全管理状态；突击检查各参建单位主要安全负责人的在岗情况，抽查安全管理人员的在岗履职情况（图4.1-1）。业主方领导亲自转发外部的各类事故事件情况，利用事故事件，教育项目各参建单位的管理层，同时也是举一反三，深化落实项目安全管理的机会，安全不仅是安全管理人员的责任，更是主要负责人的责任，业主领导层担起了安全管理重任，起到表率作用。

图 4.1-1 业主领导亲临现场

**2. 统一安全管理思想原则，强化项目管理安全观**

项目实行安全一票否决制，突出安全生产管理地位，将"安全第一"的方针落实到"一票否决制"的制度中，由于项目施工点多面广、仅凭少数安全专职管理人员的管理是不够的，必须全员参与，实行网格化安全管理模式，横向到边、纵向到底、纵横交叉、全面覆盖。苏州奥体中心建设周期长、参建人员多，安全管理的范围需要从施工人员的后勤保障比如食品安全、住宿工棚生活区安全开始，到项目临建办公室、工地仓库的板房耐火等级要求，施工现场封闭管理、人车分流布置，再到施工现场每一阶段的施工安全，特别到装修阶段防火灾的安全管理，苏州奥体中心项目的安全系统管理涵盖了食品安全、交通安全、施工安全、消防安全以及廉政安全等方方面面，这"五个安全"概念的提出让所有管理人员对项目安全的认识达到更加深刻的认识阶段，为项目的安全管理起到了巨大作用。

### 3. 提升并加强安全管理组织力量

为突出安全管理的重要性，在安全管理组织方面，业主方设安全管理经理岗位，提升安全管理职能层级；管理公司设安全管理总监岗位，同时两个标段各设一名安全经理岗位，并与业主方组成安全管理组织、管理一体化；监理单位两个标段各配置 2 名专职安全工程师；总承包单位设安全管理总监岗位，并配置多名安全专职人员，强化总承包管理，也为项目安全管理增加管理组织力量；项目成立以业主、管理公司、监理、总包各单位的项目负责人的项目安全管理领导小组，成立以业主、管理公司、监理、总包单位、专业承包商各单位的项目经理、安全负责人组成的项目安全管理小组及现场安全管理执行小组，以及应急管理小组等，另外各承包商的专职安全员的配置必须按照建筑业国家施工安全管理规定的人数进行配置（图 4.1-2）。

本项目成立的安全文明管理领导小组，进行重大安全事故部署与处理，项目安全管理小组进行安全管理方案制定、安全方案评审、安全管理联合检查，安全管理执行小组进行专职的日常安全管理，并对安全生产具有一票否决权。

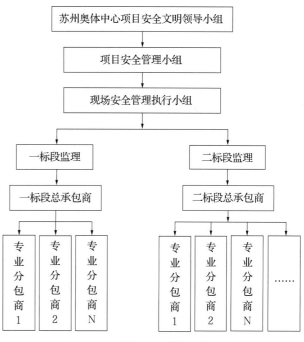

图 4.1-2　项目安全管理组织架构

### 4. 安全管理体系纳入招投标及合同约定

将安全管理的详细要求写入招标文件，确保各单位在进场前就了解本项目的安全要求和目标，安全管理的具体要求包括安全目标、总承包和各专业承包商在项目安全管理中应尽的责任和义务，安全管理奖罚措施，发生伤亡事故的处罚等在招标文件和合同中都有明确的规定，特别是环境、健康、安全的施工安全管理规范以专篇的形式写入合同中。

### 5. 借鉴国际安全管理经验和标准

以国际最高标准来管理本项目，对标国际巨头迪士尼，充分借鉴迪士尼的安全管理经验和标准，每月预评估下个月的安全管理，充分预估风险，提前采取对策；业主对各承包商安全人员进行严格面试，淘汰不合格安全管理人员；要求各单位总部对项目安全要高度重视，提供更多的管理支持，要求各参建单位派出最精干的安全管理力量；每次会议首先解决安全问题，营造安全第一，安全管理优先的氛围；现场用最简单的词语提醒一线作业人员重视安全，遵守安全管理规定。标准方面起点即为严格按照国家安全标准，大胆引用国际标准来实施安全管理，比如特种作业人员必须有三年以上工作经验，在施工的每一阶段施工现场必须布设临时消火栓系统等，要求施工塔吊全新或八成新以上、外脚手架和满堂脚手架全部采用盘口式镀锌钢管，并且整个项目脚手架上的作业通道全部使用金属镂空板，利用 BIM 技术模拟作业场景、提前识别危险作业比如楼层临边洞口检查，并采取措施，利用互联网二维码进行施工设备的管理、管控。

### 6. 发挥"人"的责任与使命

项目安全管理中，"人"永远是最关键的因素之一，安全管理团队对安全文明高度重视，按照国际施工安全标准进行现场安全文明管理，制定全过程项目安全管理体系及流程，安全管理团队以专业严谨的态度、恪守敬业的精神，在每天的大部分时间里有条不紊地进行着各类安全检查、教育培训、隐患整改、专题讨论会、方案审核及不间断排查，承担起安全管理的责任与使命。

### 4.1.2 安全管理的主要措施

项目现场的安全管理梳理了项目的特点和危险源，实施了更加有针对性的管理制度和措施，比如进行合理的平面布局，实行人车分流、设置安全施工示范体验区，封闭式物业管理、在工地各个醒目位置张

贴安全提示说明，加强员工对各种安全危害的认识，加强安全教育培训、消防演练、强化方案审批制度和施工前交底制度，现场所有人员必须严格按照预先编制的安全管理方案执行，对危险性较大作业实行施工作业许可制、强化安全检查，对阶段性安全施工的重点随时进行安全检查，确保安全管理没有死角。

### 1. 合理的平面布局

项目设置安全施工示范区，安全教育作业体验区、吸烟区、办公区、生活区、医疗救助室、停车场，并实行人车分流，项目组为施工人员提供了良好的居住和娱乐环境，篮球场、足球场、理发室、洗衣室、娱乐室、电子阅览室、餐厅、医疗室、商店等一应俱全，设置专人管理，宿舍区整个居住环境亦如花园一般（图 4.1-3）。

### 2. 施工现场环境管理

包括场地绿化、裸土覆盖、道路喷雾降尘、施工作业洒水降尘、洗车设施、路灯照明，环境卫生等（图 4.1-4）。

### 3. 文明标识标牌

进入工地后，迎面的"珍爱生命，远离危险"等图文并茂的安全文明标识牌以及危险源公示牌，时刻提醒现场人员注意安全操作规程，最大限度降低风险（图 4.1-5）。

图 4.1-3 平面布局

图 4.1-4 施工现场环境

图 4.1-5 文明标识标牌　　　　　　　　　　　图 4.1-6 PPE 管理

图 4.1-7 封闭式物业管理

图 4.1-8 安全培训教育

#### 4. PPE 管理

个人防护设备主要用于保护施工人员免受由于接触化学辐射、化学腐蚀，电辐射，电动设备、人力设备、机械设备或在一些危险工作场所而引起的严重的工伤或疾病，包括面罩、安全眼镜、护目镜、安全帽、安全带、安全手套、安全鞋、听觉保护器、呼吸器以及大量的呼吸防护设备、防护服等（图 4.1-6）。

#### 5. 封闭式物业管理

全封闭的围墙、关键部位 24 小时专人监控、门禁刷卡系统、车辆进出登记、访客登记培训、保安现场巡逻等物业管理措施和严格的人员控制，将无关人士阻隔在了施工现场之外，既避免了社会人员进入工地发生安全事故，也杜绝了材料设备被偷盗的可能，为了加强安保措施，项目部雇佣了安保人员参与项目部的安全保卫工作（图 4.1-7）。

#### 6. 设施标准化管理

项目现场的临时电箱全部使用外置式防水插座，工人接电过程接触物均为绝缘材料，避免在误操作时发生触电；脚手架的作业平台使用金属镂空板，即使有引火源也不会燃烧，从而从本质上杜绝脚手架火灾事故，所有的机械设备和辅助设施都经过了严格检查，具备充分的防护措施，确保了即使在操作失误或者故障的情况下，依然能够保证安全。

#### 7. 安全培训教育

对一线建设职工定期进行安全教育培训，包括日常安全教育培训和专项教育培训，对项目管理人员进行月度安全培训、并有管理公司总部安全工程师对项目进行特种作业培训，消防应急培训，施工作业加强安全技术交底、每天开工前进行晨会教育（图 4.1-8）。

#### 8. 消防管理

施工现场的消防管理是项目创建一流文明工地的重要组成部分，项目部按照消防布置的规定对工地现场的重要部位设置了消火栓，并定期进行了消防演练，

图 4.1-9    消防管理

图 4.1-10    安全检查                    图 4.1-11    六大主要伤害风险源管理

以满足施工现场消防需要，不断的消防演练，提升了全面的消防应急意识，使现场具备迅速扑灭初期火情的应急能力，现场严禁吸烟，对发现未在吸烟区域吸烟的从重处罚，每根烟头罚款 1 万元（图 4.1-9）。

### 9. 安全检查

由业主、管理公司、监理、总包、专业分包共同组成安全管理机构，定期、不定期对现场进行安全文明施工检查，各单位进行每天现场巡检、安全管理执行小组进行周检查、安全管理领导小组进行双周大检查（图 4.1-10）。

### 10. 六大主要伤害风险源管理

对建筑工程中六大主要伤害如高空坠落、物体打击、触电、坍塌、机械伤害、起重事故等风险源加强安全管理，保障职工人身安全（图 4.1-11）。

### 11. 施工作业许可制的管理

对于一些重要的施工操作涉及较多风险因素的，如危险性较大工程中的钢结构吊装，大跨度高空浇筑混凝土，大型机械设备包括塔吊、起重设备、垂直电梯的安装和拆除，动火作业，封闭狭小空间作业等采用作业许可制。施工作业许可制度的实施大大降低了安全风险，其管理流程见图 4.1-12，施工许可公示制度见图 4.1-13。

### 12. 安全奖励与处罚措施

为了顺利完成项目安全目标，针对项目的具体情况，制定了多项、多层次包括物质和精神两个方面安全奖惩措施，有针对项目团队和个人的奖惩，每季度进行一次安全评选，奖励先进个人和团队，通过各承包商间的安全管理对比，奖优罚劣，鼓励先进，处罚落后，提升安全文明施工的正能量，确保安全管理计划执行落到实处，提高整个项目的安全状态（图 4.1-14）。

### 13. 安全管理其他措施

施工现场还在细节方面采取了多项措施，积极确保员工能够胜任工作，不可将自己或他人置于健康或安全危害中。例如现场员工的入场身体检查，现场禁止饮酒、在作业前对工人进行酒精测试、高温下作业防暑降温，以及要求病假员工在完全恢复后才能回到

- 班组长 / 分包 商负责人
  - 填写作业许可证，提出申请，上交完成所有审核签字后方可施工
  - 执行相关安全措施
- 总承包施工负责人
  - 审核填写内容、安全措施是否到位
  - 必要时现场查看安全措施落实情况
- 总承包安全负责人
  - 审核填写内容、安全措施是否到位
  - 必要时现场查看安全措施落实情况
- 总承包技术负责人
  - 审核签字
- 专业监理工程师
  - 审核签字
- 班组长 / 分包负责人
  - 完成所有审核签字
  - 现场张贴悬挂作业许可证

图 4.1-12　施工作业许可制度管理流程

图 4.1-13　施工许可公示

图 4.1-14　安全奖励与处罚措施

工作岗位等。

除此以外，管理公司还着重强调对事故的预防机制，对现场安全检查中发现的问题及时出具书面报告，整改及解决潜在的安全隐患，确保所有问题得到闭环处理；针对较为严重的问题现场通报，并提高安全管理的等级。

## 4.2　质量管理

### 4.2.1　施工质量管理的内容

项目质量管理是指确立项目质量方针及实施质量方针的全部职能及工作内容，并对其工作效果进行评价和改进的一系列工作，苏州奥体中心业主方的施工质量管理就是通过施工全过程的全面质量监督管理、协调和决策，保证项目达到决策所确定的质量标准。苏州奥体中心的施工质量管理也是包括业主、设计、监理、施工单位、供应商等在内的监控主体和自控主体相互依存、各司其职，共同推动着施工质量控制过程发展和最终工程质量目标实现的管理过程。

苏州奥体中心项目施工质量管理的主要内容有：

（1）制定项目质量目标，包括鲁班奖（一场两馆、中央车库）、国家优质工程奖（服务楼）、钢结构金奖（一场两馆）、中国建筑工程装饰奖（一场两馆、服务楼内外装饰工程）等；

（2）编制项目质量管理程序、质量控制实施计划；

（3）审核监理单位的监理大纲，监理规划、监理实施细则，审查各施工单位编制的项目质量管理体系；

（4）组织协调设计单位、咨询单位、监理单位、施工单位、第三方检测单位等参与项目质量的管理活动，管理监理单位的质量管理行为，审批施工单位上报的分承包商情况；

（5）审核施工单位的施工组织设计、专项施工技术方案；

（6）审批施工单位上报的材料设备、对进场的材料设备进行检查验收；

（7）现场施工质量的巡视检查，重点施工工序、部位的跟踪检查、样板审核、分部分项工程的验收、各专项工程验收和工程竣工验收；

（8）资料的归档、保管与移交。

### 4.2.2 施工质量管理的主要策略

通过梳理影响项目质量形成的因素，主要为"人"的质量意识和质量能力、工程项目的施工技术方案、建筑材料、构配件及相关工程用品的质量因素等，结合苏州奥体中心项目的实际情况，在建立项目质量管理体系、编制质量管理计划、加强质量控制、强化管理措施的过程中也针对这些影响工程质量的突出因素进行了管理策划，形成了以下质量管理策略。

**1. 加强质量管理团队**

苏州奥体中心项目的质量管理团队由业主、管理公司、设计院、监理单位组成，监理单位依照委托监理合同、法律、行政法规及有关技术标准、设计文件和施工承包合同，代表业主对施工单位实施质量监督；业主和管理公司同样对施工质量进行监督、并严格审核管理监理单位，加强与监理单位的沟通，检查监理质量人员资质和配置情况，检查监理现场质量控制到位情况，监督监理对施工质量的全面掌控情况。同时为了加强质量控制，在施工过程中业主要求设计单位派设计师现场督察，每周提交质量缺陷报告，项目质量管理团队架构如图4.2-1所示。

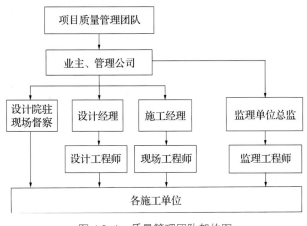

图 4.2-1 质量管理团队架构图

**2. 样板先行制**

样板先行制度推行的主要目的是在项目开展施工前，通过对样板的验收和评价及时整改设计构造、选材、施工工艺等方面的不合理之处，避免开展施工时因大面积返工造成工期、质量和成本等方面的损失，同时将样板质量作为整个项目验收的依据和标准。本项目重要施工工艺、分项工程、施工节点均采用样板先行制度，对保证项目施工质量起到了重要作用。

比如清水混凝土施工，从混凝土试配小样确定一次成型的清水混凝土面的色系、到试验大样确定混凝土振捣的施工方法，再到按图纸将清水圆柱、方柱、看台各种型式构造在现场1:1做样板确定模板、钢筋、混凝土分项、拼缝等一些具体工序工艺做法的样板引路的过程。体育场馆大量使用无机水泥板弧形墙体，为了确定能够满足工程质量要求的产品，业主要求施工单位按照合同中推荐的品牌在业主的样板区内各做30m长的弧形大样，经过两年的风吹雨淋后检验产品品质的方法来确定，工程中还有大量的工程样板比如幕墙、看台聚脲面层、仿清水涂料、透水混凝土、石材、人造草坪、体育器材、塑胶地面、固化剂地面、二次结构等，见图4.2-2。

**3. 重要建筑材料设备调研与报批**

工程招投标阶段展开材料品牌的调研，经过多方比选和各方讨论后，确定材料设备的档次。施工阶段对施工单位报送的材料设备进行审核并对部分重要材料进行实地调研确认，比如钢结构的铸钢件，业主组织监理单位、施工单位对铸钢件生产企业考察、调研铸钢件企业生产质量控制情况，最后取得了很好的效果。

苏州奥体中心的建筑材料种类繁多，对计划采购的材料采用分级审批制度，报审批材料需要监理，管理公司，设计，工程相关人员审批通过，如涉及室内或室外的建筑外观的材料需要经过主管副总裁审批通过，并且材料样板涉及建筑外观的需要设计顾问签批。

清水混凝土试配小样清水混凝土柱小样　　圆柱、椭圆柱、方柱梁板清水　　清水混凝土看台样板
　　　　　　　　　　　　　　　　　　　　　　混凝土样板

弧形墙面样板经两年风吹日晒　　幕墙样板　　　　体育场看台聚脲样板　　仿清水涂料样板
检验质量和颜色

透水混凝土大样　　　　　篮球架样、钢构焊缝大样　　　　固化剂地面大样、石材大样

石材地面及路沿石大样　　　　透水混凝土大样　　　　　石材品种大样

塑胶地面、人造草大样　　固化剂地面大样　　　二次结构样板　　　混凝土楼梯样板

图 4.2-2　工程样板

**4. 分承包商备案报批**

合同对一些重要的需要专业分包的工程作了规定,分包方进场施工前,需报送业主和管理公司审批,分承包商备案报批制度的实施目的是选择优质资质的分包方,从而能有效保证施工质量。比如泳池瓷砖的施工,自流坪地面施工要求需要有相关授权的分包单位施工,确保工程质量。

**5. 重要施工方案汇报、集中讨论和专家论证制度**

施工技术是直接产生产品质量的条件,项目复杂节点多,施工技术难度大,如索膜结构、直立锁边金属屋面、铸钢件、幕墙、清水混凝土等,对施工提出了巨大挑战,对这些施工技术均采用了集中讨论和专家论证制度,在反复讨论论证中,听取多方意见,确保这些施工重点部位的质量。

**6. 巡检制度**

管理公司、监理公司的现场管理人员每天到工地巡视、检查,并定期与业主进行联合检查,对场外加工生产的材料设备进行不定期飞行检查。除此之外,业主方要求设计方常驻现场,对施工质量进行巡检,对巡查中出现的问题由业主设计部门经工程部门转监理下发进行跟踪管理。

**7. 联合验收制度**

重要分部分项工程的验收必须由业主、管理公司、监理、设计、施工方参加的五方联合验收制,若施工质量未满足设计要求,设计方可以在现场直接提出整改方案,并对施工方实施整改方案交底,并再次组织联合验收。

**8. 技术规格书(SPEC 文件)的执行**

项目对各专业工程材料设备的技术要求做了详细的规定,形成技术文件写入招标文件和合同中,是施工材料设备报审批的技术依据,并严格执行。

### 4.2.3　重要分部分项工程质量管理

苏州奥体中心业主管理方的施工质量计划编制时列出了各基本施工过程对局部和总体质量水平有影响的项目,如关键技术、重要部位、控制难度大、影响大、经验欠缺的施工内容以及新材料、新工艺、新设备等均作为具体实施的质量控制点,实施重点控制,另外体育馆钢结构质量管理中采用了模块化管理的创新方法,取得了很好的效果。

**1. 清水混凝土分项工程质量管理**

(1)2015年初,对南京四方当代美术馆进行了观摩,现场进行学习讨论,取长补短,然后总结了清水混凝土施工工艺、混凝土材料要求、模板要求、养护要求等方面的注意事项,见图4.2-3。

(2)监理单位专门制定了清水混凝土监理实施细则,结合相关标准和经验制定了清水混凝土质量验收标准,分析了清水混凝土常见质量问题及对策,制

图 4.2-3　清水混凝土考察(南京四方当代美术馆)

定了详细的监理要点、过程控制要点。

（3）要求总包的技术部、工程部、质量部等管理人员与工人同时上下班，常驻现场随时解决问题，确保问题快速有效解决。监理单位对每个工序检验批进行跟踪检查验收。

（4）要求监理、总包对进场材料按相关规范、图纸、合同要求严格把控：如严控清水混凝土原材的沙子、石子、水泥材料须来自各自相同的产地和厂家，确保各批次的原材料颜色的一致性，特别是水泥的颜色，确保清水混凝土材料颜色的一致性。

（5）要求总包控制好模板支撑的加固措施、模板制作安装质量、模板的防水措施、钢筋的防锈措施、混凝土运输时间、混凝土的浇捣质量。

（6）要求总包做好清水混凝土养护工作和成品后的保护工作。

（7）相关单位监控，比如监理与管理公司全程检查监控，监理与管理公司对每道工序进行验收，gmp 等相关单位对其节点进行验收并解决过程中出现的相关问题。

（8）工序交接验收方面，要求总包工程部、技术部、质量部严格把控各道工序的施工质量，自检合格后报相关单位验收合格后，方可进行下一道工序。

（9）为避免清水混凝土墙面产生色差，要求机电／管件预埋件内填充物不使用吸水性填充物，要求底盒四周设置明缝条与模板之间用玻璃胶填充，避免浇筑过程中失水漏浆。

**2. 超长混凝土结构质量管理**

（1）事先组织相关单位学习讨论类似项目的经验。

（2）分析超长结构混凝土裂缝产生的原因，研究设计、材料、施工等方面的综合技术措施，控制和预防有害裂纹。

（3）监理单位专门制定了超长混凝土结构监理实施细则，进行了难点分析，制定了详细的监理要点、过程控制措施，包括结构施工、混凝土配比、膨胀纤维抗裂剂、混凝土浇筑、混凝土养护等方面。

（4）要求监理、总包对进场材料按相关规范、图纸、合同要求严格把控：如严控砂、石材、膨胀剂、抗裂纤维，必须满足设计及相应规范需求。

（5）要求总包严格按照施工图中的后浇带位置留置后浇带，不得任意修改，如施工中对后浇带位置需要修改，必须事先取得设计单位同意。

（6）要求总包做好混凝土养护工作和成品后的保护工作。

（7）相关单位监控，如监理与管理公司全程检查监控，监理与管理公司对每道工序进行验收，设计单位等相关单位对其节点进行验收并解决过程中出现的相关问题。

（8）工序交接验收方面，要求总包工程部、技术部、质量部严格把控各道工序的施工质量，自检合格后报相关单位验收合格后，方可进行下一道工序。

**3. 体育馆钢结构施工的模块化质量管理**

苏州奥体中心体育馆项目钢结构施工质量管理采用了模块化管理办法，即对体育馆钢结构进行了类型模块划分（图 4.2-4），并对各类型模块进行了工序识别（表 4.2）。该管理办法解决了控制什么、怎么控制、谁来负责、记录什么、怎么记录等一系列问题，更加系统、有序、高效地进行了现场控制。

模块化是一种将复杂系统分解为更好的可管理模块的方式，借助 BIM 技术，利用模块特性将建筑专业工程整体拆分成类型化的模块区域，施工工序作为模块的串绳，该管理办法将现场施工质量控制从传统的分项、检验批单元控制，转化为区域模块控制，将原来的按工艺、条线控制转化为标准化控制，同时与工程进度、工程量控制相结合，最终可达到工程质量全面深度控制目标，从而提升质量管理工作的标准化和技术水平。

模块化应用过程包括项目模块划分，各类型模块工序识别，各类型模块信息解读包括质量、进度及造价信息收集和分析，BIM 工具辅助管理包括质量标签

体育馆钢结构工序控制一览表 表 4.2

| 序号 | 工序名称 | 工序内容 | 控制内容 | 记录 | 责任人 |
|---|---|---|---|---|---|
| 1 | 预埋件（包括 V 形柱和摇摆柱底、斜墙埋件） | 预埋件定位 | ● 对总包移交的基准点、线进行复测<br>另：如为总包移交的预埋件，则还应办理预埋件测量数据移交复核手续。 | √ | 测量员 |
| | | | ● 建立自身控制网体系和测量基准点、线面 | √ | |
| | | | ● 进行埋设位置的定位测量 | √ | |
| | | 预埋件埋设 | ● 核对埋件型号、位置是否与图纸一致 | × | 质量员 |
| | | | ● 检查预埋件固定方式的可靠性，与图纸是否一致 | √ | |
| | | 预埋件复测 | ● 埋设后对标高、轴线位置进行复测 | √ | 测量员 |
| 2 | 盆式支座（包括 V 形柱和摇摆柱底） | 支座安装 | ● 对预埋件表面及周遭工况进行检查确认，然后进行安装 | × | 质量员 |
| | | 支座焊接 | ● 进行支座与预埋件的焊接连接，检查焊缝坡口及焊后焊缝外观质里、漆膜修复 | √ | 质量员 |
| | | 支座复测 | ● 对安装完成的支座坐标、水平度进行复测 | √ | 测量员 |
| 3 | V 形柱铸钢件 | 铸钢件安装 | ● 对盆式支座表面及周遭工况进行检查确认，然后进行安装 | × | 质量员 |
| | | 定位焊接 | ● 对铸钢件安装角度尺寸进行检查后定位焊接，焊后吊车松钩 | × | 测量员质量员 |
| | | ★ 铸钢件焊接 | ● 此处为铸钢件与盆式支座焊接，要求按照焊接工艺评定严格检查预热温度、道间温度，以及焊接过程和焊缝表面成型<br>● 漆膜修复 | √ | 质量员 |
| | | ★ 铸钢件复测 | ● 对安装完成的铸钢件进行标高、管口坐标等内容的复测 | √ | 测量员 |
| 4 | 加强管安装 | 支撑测量 | ● 在加强管安装前：对安放位置搁置点进行测量，确保就位后的坐标及角度精准 | × | 测量员 |
| | | 加强管安装 | ● 对周遭工况进行检查确认，然后进行安装与胎架用角钢点焊固定 | × | 质量员 |
| | | ★ 加强管复测 | ● 对就位后的加强管各管口定位坐标进行复测 | √ | 测量员 |

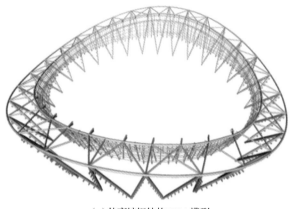

（a）体育馆钢结构 BIM 模型

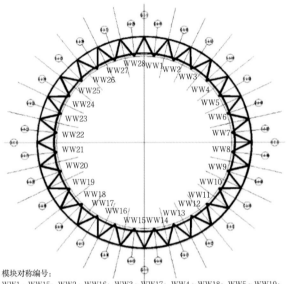

模块对称编号：
WW1～WW15；WW2～WW16；WW3～WW17；WW4～WW18；WW5～WW19；
WW6～WW20；WW7～WW21；WW8～WW22；WW9～WW23；WW10～WW24；
WW11～WW25；WW12～WW26；WW13～WW27；WW14～WW28；

（b）体育馆钢结构模块划分

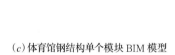

（c）体育馆钢结构单个模块 BIM 模型

图 4.2-4　体育馆钢结构类型模块划分

加载、进度标识、造价统计等。

**4. 地源热泵施工质量管理**

（1）要求总包选择好的专业施工队伍进行施工；

（2）要求施工单位编制地源热泵专项施工方案，并对施工人员进行详细交底；

（3）要求重点控制钻孔水平垂直度及深度，并随时对每个孔位进行测量；

（4）要求重点控制孔回填的质量；

（5）全程见证埋地换热管的 4 次水压试验。

**5. 光伏发电施工质量管理**

（1）光伏发电由总包进行专业分包，要求总包选择好的供应厂商进行安装；

（2）要求施工单位组织相关技术人员对同类项目进行观摩学习；

（3）要求施工单位编制光伏发电专项施工方案，并对施工人员进行详细交底；

（4）要求对太阳能电池组件、汇流箱、逆变器等设备严格进行入场检查验收，施工前进行再次检查，确认质量符合要求再开始安装；

（5）光伏组件通过螺丝固定时，严格检查少装或不装紧固螺钉。苏州奥体中心项目建设过程质量管理情况见图 4.2-5 ～图 4.2-12。

图 4.2-5　地下车库

图 4.2-6　机电工程

图 4.2-7　景观工程

图 4.2-8　景观工程

图 4.2-9　幕墙工程

图 4.2-10　全民健身场地工程

图 4.2-11　体育馆文化景观墙

图 4.2-12　装饰工程

## 4.3　进度管理

### 4.3.1　项目进度管理的内容

业主方项目进度管理包含的内容较多，不仅需要分析论证项目总进度目标和编制项目的总体进度纲要，还需要审核设计方、监理方、施工方和材料供应方的进度计划，为了使项目顺利推进，各方进度计划需要业主方统筹协调。苏州奥体中心业主方进度管理的内容主要如下：

（1）分析论证项目总进度目标；

（2）编制项目总控制进度纲要；

（3）制定招标采购进度计划与承包商进场工作计划；

（4）督促各参建单位建立进度计划的管理体系；

（5）审核设计方进度计划；

（6）审核总承包和专业承包商的进度计划；

（7）审核监理单位的进度工作计划；

（8）督促并审核各参建单位制定月、周工作计划；

（9）组织工程例会，检查和落实进度计划，并对各单位综合协调，力争进度计划能实现；

（10）阶段性工期目标的检查与奖罚；

（11）检查总工期目标的实现情况，纳入项目管理工作总结，作为重要项目管理绩效指标参与项目考核。

### 4.3.2　项目进度里程碑节点的设置

苏州奥体中心项目的进度里程碑节点在各承包合同中均有设置，在与各承包方签订合同时，都在合同中约定了里程碑计划控制节点，里程碑控制节点的设置不仅为控制整个项目工期提供了重要参照指标，还为各方组织施工提供了有效的计划节点，为制定和控制整个项目的施工计划起到了重要作用。

其中项目的主体混凝土结构工程和钢结构工程，

这两部分施工内容占据了项目工期的大部分，所以这两部分的工程设置了较为详细的进度里程碑节点，在苏州奥体中心总承包（二标段）施工合同中里设置的进度里程碑节点有：

（1）总包办理建筑工程（整体）施工许可证；

（2）游泳馆内碗结构完成；

（3）游泳馆主体结构施工完成；

（4）游泳馆全部完成；

（5）体育场内碗混凝土结构施工完成；

（6）体育场主体结构验收完成；

（7）体育场施工完成；

（8）训练场施工全部完成；

（9）室外工程完成；

（10）全部机电安装完成；

（11）消防验收完成；

（12）项目收尾、验收及移交完成等。

体育场和游泳馆的钢结构工程合同里设置的进度里程碑节点有：

（1）钢结构深化设计；

（2）索膜工程分包合同完成；

（3）索膜深化设计完成；

（4）钢结构制作加工；

（5）进口索及锁头等采购加工；

（6）游泳馆钢结构安装；

（7）游泳馆屋面索网安装；

（8）游泳馆屋面板安装完成；

（9）体育场钢结构安装；

（10）体育场索安装；

（11）体育场屋面膜及附属结构安装完成；

（12）整体工程验收、移交等。

### 4.3.3　项目进度分级管理

工程项目按照组成内容深度划分，可以分单位工程、单项工程、分部工程、分项工程、工序等多个层级。与之相对应，项目进度也类似参照上述分类，划分为多个深度不同的进度计划。

（1）项目进度总控制计划

项目进度总控制计划是由业主管理团队主持编写，此计划为项目指出最终进度目标，为项目各主要工作及主要分部工程、分项工程指出明确的开始、完成时间；反映各工作之间、各分部分项工程之间的逻辑制约关系。此计划是制定和落实二级、三级进度计划，项目部月、周计划以及必要专项工作计划的依据。

（2）二级进度计划

二级进度计划是施工总承包、各专业施工分包单位在合同承包范围内编制的工程施工网络进度计划，是总包、各分包单位对其合同内工作的详细分解和具体安排。施工网络进度计划也被项目管理者用来指导、检查和管理施工总承包、各专业分包单位按期完成各自合同规定的工作。二级进度计划应依据项目进度总控制计划编制，必须符合项目进度总控制计划确定的工期要求，如有重大变化，须报业主认可。

（3）三级进度计划

三级进度计划，即月／周施工计划，是由施工总承包单位组织各专业分包单位依据二级进度计划编制的短周期各专业施工综合计划，是用于指导、检查、督促施工进度安排的具体操作性工作计划，是实现一级、二级进度计划的必要保证。项目管理部应要求施工总承包单位在工程现场例会前提交监理和项目管理部施工作业计划，作为检查上周施工进度，安排下周施工作业计划的依据。

苏州奥体中心在项目推进过程中，也大致执行类似的分级进度管理，对于大型工程项目，进度分级管理不仅能使管理者更加深入把控项目进度，还能充分提高项目管理效率，大大提高项目管理预期目标。

### 4.3.4　项目进度管理经常性措施

由于种种原因，项目遭遇过不少难题，为了保证进度，项目团队制定了一系列经常性措施，为项目推进提供了充足的动力。

（1）按照措施实施的时间节点分类，这些经常性措施可以分为事前措施、事中措施和事后措施。

① 事前控制

审核施工单位的总进度计划；审核施工单位生产要素的配备；落实各项计划；核实计划条件的落实。

② 事中控制

督促检查施工单位是否达到计划的进度要求，如果没有达到计划要求要及时找出原因，进行调整，协调各生产要素，协调各方面关系；建立周检查、月汇报制度，及时向业主反馈生产信息；跟踪生产动态，协助施工单位排除阻碍生产的不利因素；组织好各施工协调会；定期组织项目工程师分析影响生产的各因素。

③ 事后控制

如果总工期有可能突破，及时协调施工单位研究补救措施。如果项目重大变更，计划工期内无法完成的，必要时，各方可以协商重新制定新的施工计划。

（2）按照经常性措施的属性不同，可以将措施分为组织措施、技术措施、经济措施、管理措施多个方面，主要内容如下：

① 组织措施

建立总进度计划、月进度计划及各分包专业进度计划的审批制度；各参建单位应配置施工进度控制协调人员；建立工程进度协调会议制度及信息沟通渠道，每周一次例会（必要时每天召开一次）；建立进度控制检查和调度制度；及时办理工地变更、设计修改手续。

② 技术措施

尽可能采用高效的施工技术和施工设备；制定缩短作业时间，减少技术间歇的技术措施；编制科学合理的施工组织，保证作业连续均衡。

③ 经济措施

对拖延工期应严格执行罚款措施；对缩短工期应给予奖励；对提供材料、设备、加工订货供应时间应有保证措施；加强索赔管理。

④ 管理措施

加强合同管理和施工组织协调，确保合同进度目标的实现；严格控制合同变更，对于工地变更及设计修改要严格审查；加强进度款支付管理，在合同的基础上，尽量缩短进度款支付周期，从而保证施工方具有充足的现金流，为项目顺利推进提供充足资金支持。

## 4.3.5　项目进度管理其他专项措施

根据苏州奥体中心的实际情况，业主方还制定了专项措施，主要涉及招标进度、专业承包商进出场、特殊材料及大宗材料进场、优化施工方案等。

（1）招标进度管理

苏州奥体中心除了两个总承包以外，还有多个专业承包商。所有专业承包商都需要进入招投标程序，而招投标流程繁琐，耗时长，在确定专业承包商进场前需要预留较多时间进行专业承包商招标工作。

（2）专业承包商进出场管理

专业承包商进场需要具备现场施工作业面，专业承包商在合适的时间进场施工不仅需要业主方统筹管理，还需要施工现场做好应对准备。在专业承包商出场时，需要总包做好施工界面衔接工作，业主、监理、

设计等各方要做好专业分包工程验收工作，并及时协调安排下一道施工准备工作。

（3）特殊材料及大宗材料进场管理

建立特殊材料进场管理制度，梳理详细的进度计划，并严格执行。如：进口索膜、铸钢节点、无机水泥板。这些材料对项目建设起到关键作用，发挥着重要功能，需要专门管理。对于大宗材料制定分批进场计划，需要跟进加工及到货情况，及时安排现场对接。为了提高这两类材料的管理效率，可以提高这些材料的管理层级，由项目经理统一指挥，重点跟踪。

（4）优化施工方案，节约施工工期

对于一些施工难度大，占用施工工期较长的施工内容，在实施前，可以专题研究施工技术优化方案，在成本和质量的约束条件下，尽量缩短施工工期，为下道施工工序腾出足够的时间和空间。对苏州奥体中心而言，游泳馆索网施工、体育场索膜施工、幕墙施工、清水混凝土施工等这些重要分部分项工程都邀请了相关专家作论证，形成优化方案，以节约施工工期。

苏州奥体中心项目进度情况见图 4.3。

2013 年 5 月

2013 年 8 月

2014 年 5 月

2015 年 3 月

图 4.3　项目进度一览（一）

2015 年 7 月

2015 年 12 月

2016 年 6 月

2016 年 11 月

2017 年 5 月

2017 年 11 月

2018 年 4 月

2018 年 10 月

图 4.3　项目进度一览（二）

# 第5章 竣工验收及后评价

## 5.1 竣工验收

### 5.1.1 项目竣工验收内容

竣工验收指建设工程项目竣工后,由建设单位会同设计、施工、设备供应单位及工程质量监督等部门,对该项目是否符合规划设计要求以及建筑施工和设备安装质量进行全面检验后,取得竣工合格资料、数据和凭证的过程。也是全面考核建设工作,检查是否符合设计要求和工程质量的重要环节,对促进建设项目及时投产,发挥投资效果,总结建设经验有重要作用。

苏州奥体中心项目规模较大,工序复杂,项目采用了多项先进的材料和技术,部分技术达到国际领先水平,取得了一系列重要成果。项目验收过程经历多层次、分阶段,部分关键技术和分部分项工程验收,应该指出的是,竣工验收是建立在检验批、分项、分部、单位工程验收合格的基础之上进行竣工验收,前面已经完成验收的工程项目一般在房屋竣工验收时就不再重新验收。但总体来说,项目验收圆满完成。

苏州奥体中心项目竣工验收内容主要包括以下方面:

(1)检查工程质量是否符合国家和地方颁布的相关设计标准、规范及工程施工质量验收标准,是否达到鲁班奖质量验收标准;

(2)检查工程建设基本程序的手续是否齐备;

(3)检查工程竣工结算完成情况,预算执行情况及财务竣工决算编制情况,评定项目投资绩效指标;

(4)检查核对工程进度情况,分析原因并做出总结;

(5)检查核对安全绩效指标完成情况并做出总结;

(6)检查环保、安全、卫生、消防、防灾、安全监控系统、安全防护、智能化系统、绿色建筑节能、应急疏散通道等设施是否按批准的设计文件建成、合格;

(7)检查工程竣工文件编制完成情况,竣工文件是否齐全、准确;

(8)对体育场、游泳馆的屋盖钢结构进行健康监测评价并持续跟踪;

(9)对各单位工程的沉降监测情况进行评价;

(10)对体育工艺包括体育照明、运动场地、LED大屏的第三方检测验收,田径场地的国际田联认证,对建筑声学进行检测验收;

(11)竣工验收移交后,及时办理固定资产的移交手续,加强固定资产的管理。

除此之外苏州奥体中心还需要进行优质工程包括姑苏杯、扬子杯、钢结构金奖、国家优质工程奖、鲁班奖的评审评定。

### 5.1.2 竣工验收节点步骤

苏州奥体中心项目成立了专门的项目竣工验收领导小组,组织验收了项目人防、规划、消防、档案、质检、专项供电、电梯、景观、泛光等多个分部工程,直至整个项目竣工验收备案,取得不动产权证。

苏州奥体中心各单位工程竣工验收时间节点　　　　表5.1

| 单位工程 | 人防验收 | 规划验收 | 消防验收 | 竣工验收 | 档案验收 | 竣工备案 |
|---|---|---|---|---|---|---|
| 服务楼 | 2017/12/29 | 2017/12/22 | 2017/12/28 | 2018/1/3 | 2018/4/11 | 2018/4/12 |
| 游泳馆 | — | 2018/1/31 | 2018/2/15 | 2018/3/8 | 2018/4/17 | 2018/4/20 |
| 中央车库 | — | 2018/3/15 | 2018/2/8 | 2018/3/26 | 2018/5/8 | 2018/5/10 |
| 体育场 | — | 2018/3/15 | 2018/2/8 | 2018/3/21 | 2018/6/1 | 2018/6/12 |
| 体育馆 | — | 2018/5/31 | 2018/5/30 | 2018/6/4 | 2018/6/26 | 2018/6/28 |
| 室外训练场看台及2号车库 | 2018/7/2 | 2018/8/20 | 2018/8/7 | 2018/8/23 | 2018/12/25 | 2018/12/29 |

由于苏州奥体中心项目由多个单位工程组成，项目采用逐个单位工程验收的方法进行验收，按照验收时间的先后，项目各单体的验收顺序为：服务楼→游泳馆→中央车库→体育场→体育馆→室外训练场看台及2号车库，至此验收完毕后，整个项目竣工结束。项目各个单位工程的验收时间节点见表5.1。

需要指出的是，由于项目建设规模大，资料繁杂，在整体验收之前，需要提前至少3个月整理竣工资料，在每个单体建筑验收之前，业主先行邀请地方城建档案部门的工作人员前来培训、做好资料搜集和准备工作，做到准备工作细致，无差错，准确无误的竣工资料为项目竣工验收奠定了坚实的基础。

### 5.1.3　验收与移交

项目竣工后，苏州奥体中心项目是通过举办赛事或者举办大型活动对项目的功能做压力测试，压力测试一方面是为了检验项目功能是否达到设计预期，另一方也能从中查找问题，及时整改，为项目全面投入使用做好充分的准备。

苏州奥体中心竣工后要正式移交给专门成立的物业管理公司，为此业主方还成立了移交监督小组。为了项目能够顺利移交物业，业主方要求物业方面在竣工验收过程中就提前介入，并对物业公司做详细的技术交底培训，这样有利于物业对项目有全面的了解，方便后期的管理和使用。

在项目验收移交过程中，土建部分按单体、专业工程、验收区域分别验收移交，项目机电工程按照系统验收移交，在移交过程中，备品备件移交做到移交内容和数量清晰明了，移交程序规范。

## 5.2　项目建设后评价

### 5.2.1　项目建设后评价的内容

项目后评价是指对已经完成的项目或规划的目的、执行过程、效益、作用和影响所进行的系统的、客观的分析。通过对投资活动实践的检查总结，确定投资预期的目标是否达到，项目或规划是否合理有效，项目的主要效益指标是否实现，通过分析评价找出成败的原因，总结经验教训，并通过及时有效的信息反馈，为未来项目的决策和提高完善投资决策管理水平提出建议，同时也为被评项目实施运营中出现的问题提出改进建议，从而达到提高投资效益的目的。项目后评价基本内容包括：项目目标评价、项目实施过程评价、项目效益评价、项目影响评价和项目持续性评价。

苏州奥体中心工程的管理是项目生命周期的全过程管理，建设阶段的项目管理总体是成功的，为项目快速平稳进入运营阶段提供了保障支持。由于苏州奥体中心刚竣工投入使用不久，目前项目运营数据还无法为业界体育场馆运营做参考，本节将着重对项目建设阶段的目标、管理模式进行后评价以及反思项目不足之处。

**1. 项目安全绩效**

项目在施工前制定了严格的安全目标，并将安全目标作为所有绩效指标的重中之重。项目建设以保障项目建设职工的生命安全为出发点，在施工过程中制定了多项保障安全的技术措施，在项目管理组织架构中专门设置了安全管理部门，提升安全管理的管理层级，大大提升了项目安全管理的地位，将大量危险源、风险因素扼杀在摇篮中，为建设职工提供了一个安全系数较高的作业环境。此外，为了提高广大建筑职工的安全意识，自觉遵守安全管理条例，项目管理团队专门制定了安全管理奖励措施，奖励措施的实行明显改善了现场作业状态，工人每天进入工地前首先检查劳保用品穿戴是否符合安全管理要求，然后接受安全操作培训，现场作业人员极少出现穿着不文明情况。安全管理人员严格监督一线作业人员的施工作业行为，坚决杜绝饮酒作业、冒险作业、随意作业等违反安全管理的行为。项目在安全文明标化工地创建方面，先后获得省市级建筑施工标准化文明示范工地称号和全国建设工程项目施工安全生产标准化建设工地称号，建设过程中取得了少有的 2000 万工时内无较大安全事故的成绩，未发生一起死亡事故，圆满实现了建设施工前制定的安全绩效目标。

**2. 项目质量绩效**

苏州奥体中心项目在建设之初就制定了一系列包括实现"鲁班奖"（一场两馆、中央车库）、国家优质工程奖（服务楼）、三星级绿色建筑设计运营标识、LEED 认证金银奖的质量目标。经过几年的奋战，这些目标均已实现，项目整体施工质量达到国家优良水平，实现了预先制定的项目质量目标。

**3. 项目进度绩效**

由于苏州奥体中心项目建设过程中无赛事计划驱动，工期压力相对较小，从 2014 年 4 月份开工以来

也受到了 2014 年 9 月份的地方政府"解包还原"政策变动、2016 年国家供给侧结构改革、生态环保政策下的市场供给变动影响、2017 年新增加 2 号车库工程，期间还有其他方面如项目变更、新技术的使用、暴雨强降雨、政府指令等多重因素的影响，项目历时 4 年时间在 2018 年投入运营，对外开放。

**4. 项目投资控制绩效**

项目投资控制是本项目管理的重要目标，业主方针对项目投资金额大，不可控的风险因素多，将管理主体和管理措施下沉，充分发挥管理公司、造价顾问、监理单位、设计单位投资控制管理的优势，由这些主体执行项目投资控制，并通过相应的奖励措施予以激励。在项目实施过程中，设计单位通过优化和比对设计方案，为项目节约大量建设资金；造价顾问单位一丝不苟的认真编制施工成本预算、严格审核项目变更，监理单位、管理公司协助业主做好项目造价管理和资金管理。经初步结算，项目实际的建设投资不仅没有超过项目预算，还略有结余，很好地实现了项目制定的投资控制绩效目标。

苏州奥体中心项目制定的各项绩效目标较高，经过建设者的努力，很好地实现了各项绩效目标，真正做到了以最少的投资，完成了最优质、最安全的工程，做到了物质文明和精神文明双丰收。

**5. 项目管理模式评价**

2017 年 2 月 24 日，国务院办公厅印发《关于促进建筑业持续健康发展的意见》中明确提出推行培育全过程工程咨询管理，苏州奥体中心项目在国家尚未颁布该政策之前，业主方率先进行了探索和尝试。为了适应项目建设需要，业主方专门针对项目实际采取了不同于其他项目的管理模式，项目管理模式上的创新不仅为项目顺利完成奠定良好的基础，还为出色实现项目绩效注入了源源不断的动力。为了更好地服务于苏州奥体中心的建设需要，业主团队专门分赴国内外考察了大量的同类项目，学习了这些项目好的做法，同时也直观地认识到了这些项目的不足。业主结合自

身条件，提出了适合苏州奥体中心项目实际的项目建设管理模式，这里主要对项目建设管理中的设计管理和施工管理模式进行后评价。

（1）业主方项目设计管理模式。优质设计是决定项目优质品质、优质功能使用举足轻重的前端环节，而目前仅依靠设计单位还不能达到满足后期经营需要的设计，同时项目专项设计众多，这就需要业主充当指挥员进行统筹整合，所以业主方对设计管理进行了策划，也有诸多创新，一是项目设计总包管理。上海建筑设计研究院不仅承担了设计总包任务，还承担了总包管理任务，负责管理其他专项设计分包单位。这样不仅大大减少了业主方的技术管理工作量，而且还能发挥设计总包的专业技术优势，做到设计单位之间的无缝对接。二是由业主方直接管理设计团队。结果表明，这样的做法可以充分调动设计人员的积极性，显著提高了设计团队的绩效。三是运营人员介入设计管理。运营人员介入设计管理，能在设计阶段就提出后期经营要求，设计人员有针对性地根据后期经营的需要进行设计能更好地满足经营主体的实际需要，提高经营质量。

（2）业主方项目现场施工管理模式。为了弥补传统项目管理模式的缺陷，同时兼顾业主单位和项目的实际情况，业主方采用招聘项目管理公司参与项目管理模式，并联合项目管理公司创造性地提出了混合编制项目管理团队的做法，并提升了安全管理机构的管理层级。之所以采取这样的管理模式与项目的实际情况以及项目目标密切相关。安全是首位目标，加之项目规模庞大、结构复杂、参与单位主体众多的特点使得项目施工管理模式设计必须要考虑这些现实因素。

在施工承包管理方面，施工总包单位不仅承担总包内的施工任务，还承担了总包管理职能，负责管理协调其他独立分包单位，增加项目管理力量。

两种分别针对设计和施工的管理方式，存在诸多可圈可点之处。这些创新性管理模式虽然只是出于解决苏州奥体中心而特别设计，但却为国内外类似项目的管理提供了范本，尤其是奥体中心的项目管理思路，在大量借鉴国内外项目经验的同时，积极探索出一条符合本项目建设的管理模式，取得了显著的经济效益和社会效益。

**6. 项目建设社会效益**

苏州奥体中心的建设吸引了苏州当地及江苏省的广泛关注，项目建设过程中，项目先后获得江苏省、苏州市各级政府的精神奖励多次，受到社会各界的肯定。

建设过程中科技成果有省级工法 10 项，发明专利 9 项，实用新型专利 20 项，SCI 论文 4 篇，国内核心期刊发表论文 17 篇，获得各种奖项荣誉 80 余项。

项目建设过程先后接待了来自全国各地的参观考察团 150 余次、10020 人，并向来访者介绍苏州奥体中心的管理模式，先进的技术应用及投入使用后，远期产生的经济效益和社会效益。参访团不仅包括同类项目的建设管理人员，还包括一些地方的党政代表团，多数来访者表示苏州奥体中心的建设代表着国内同类项目的一流水平。

各级媒体争先报道苏州奥体中心建设进展，江苏新闻网、苏州新闻网、洛阳新闻网等地方政府官方网站先后对奥体中心做了报道；新浪网、搜狐网、网易等主流网站也相继跟踪报道了奥体中心的建设和投入使用情况；江苏日报及晚报、苏州日报及晚报等纸质媒体在醒目位置报道了苏州奥体中心的相关内容。媒体的争相报道为广大市民了解奥体中心，关注奥体中心提供了重要渠道。

项目的建设也引起了国外同行的注意，在全球体育场的专业评比 Stadium of the Year 2018 中，苏州奥体中心体育场以 9 分的高分（满分 10 分）获得了全球体育场专家组评比第 2 名的傲人成绩。该奖项是由世界权威体育场馆网站 StadiumDB 评选的全球范围内的体育场评选权威奖项，评选过程公正、公平、公开，通过建筑价值、功能、创新三个维度的综合评比，表明项目的规划建设已达到了国际较高水平。

随着苏州奥体中心的竣工投入使用，先进的赛场硬件吸引了越来越多的赛事落户苏州奥体中心，项目投入使用不到半年，就吸引了首届冰壶世界杯等重大赛事，标志着苏州地区乃至江苏省又增加了一个体育服务业聚集发展中心。

总之，苏州奥体中心工程的建设符合我国基本建设程序，证照齐全，建设过程较好地贯彻了国家建设法规和强制性标准条文，建设管理方式科学，建设管理措施到位，建设管理效果明显，项目目标得到比较完美的实现，项目建成后社会效益显著，苏州奥体中心的建设总体是成功的。另外，在国家持续深化建筑业"放管服"改革、引领政府管理不断向纵深发展的战略思路要求下，苏州工业园区管委会对项目建设给予了大力支持、帮助和正确指导，也为苏州奥体中心的成功建设打下了重要基础。

## 5.2.2 项目建议与不足之处

作为一个建筑面积约 38.6 万 m² 的大型甲级体育中心，苏州奥体中心在规划建设之初就参考了许多国内外先进体育场馆的设计观念和经营理念，打造了一个坐落于公园中的体育商业综合体，项目高标准地完成了项目建设，取得了巨大的成功（图 5.2）。成绩的背后凝聚着建设者一千多个日日夜夜的艰苦奋斗，成绩是显著的。在总结项目成功的同时，也要对项目做进一步的反思，反思的目的不是为了寻找不足而去寻找不足，而是总结经验，为以后的建设提供更多思考问题的角度和空间，更好服务于项目建设。

（1）与其他场馆为赛事而建不同，苏州奥体中心考虑面向全民健身，该项目建设工期压力较小，相对也为项目的安全、质量等其他目标的实现起到了一定的时间保障作用，合理的工期对做好项目是必要的。

（2）苏州奥体中心一场两馆使用了超长混凝土结构，并对超长混凝土结构的设计和施工进行了多轮专家论证，并严格按照设计和施工方案进行施工。但总的来说，超长混凝土需要数年或更长时间沉降后才能显出超长混凝土的技术性能如何，所以对超长混凝

全国建设工程安全生产标准化工地 1　　全国建设工程安全生产标准化工地 2　　全国建筑业绿色施工示范工程

江苏省土木建筑科技奖获奖证书

中国钢结构金奖

上海市优秀设计工程

图 5.2　项目所获部分荣誉

土技术使用要多谨慎研究。

（3）仓储面积过低。苏州奥体中心的一大设计理念就是充分利用场馆内的余裕空间，在各场馆的平台下方，规划有停车场、羽毛球中心、足篮中心、商铺等功能空间，但这些空间得到充分利用的同时，也减少了场馆的仓储面积。一些大型体育器材如足球门、替补球员席等大型器械无法找到合理的存放位置，提高了转运难度和成本。

（4）部分健身场地缓冲区不足。在体育场平台空间下的羽毛球中心和足篮中心，分别规划设计有53片羽毛球场地和3片篮球场地，部分场地的场地划线与房屋结构柱距离过近，预留缓冲区域不足，尤其足篮中心的篮球场地是按照场地标准中最小的休闲健身篮球场地标准预留的空间，相比标准场地尺寸明显偏小，底角三分线与边线距离只有10cm，对场地的使用有一定的影响。

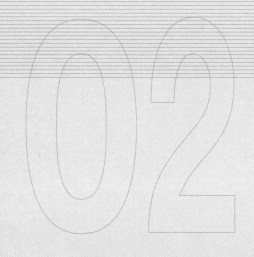

# 工程技术篇

ENGINEERING TECHNOLOGY

# 第6章 规划设计

## 6.1 总体规划

苏州奥体中心位于苏州工业园区内，项目占地46.47hm²，总建筑面积38.6万㎡。项目西距金鸡湖2.5km，北部靠近中央文化区和湖东核心区，南部与斜塘河景观相邻，基地周围已有居民社区陆续建成。苏州奥体中心是集健身休闲、体育竞技、商业娱乐和文艺演出为一体的，多功能、综合性、生态型的甲级体育中心，包含一场（体育场）、两馆（体育馆、游泳馆）、一中心（配套服务中心）和一园（体育公园），它将成为工业园区市民休闲、运动、赏景的重要设施。

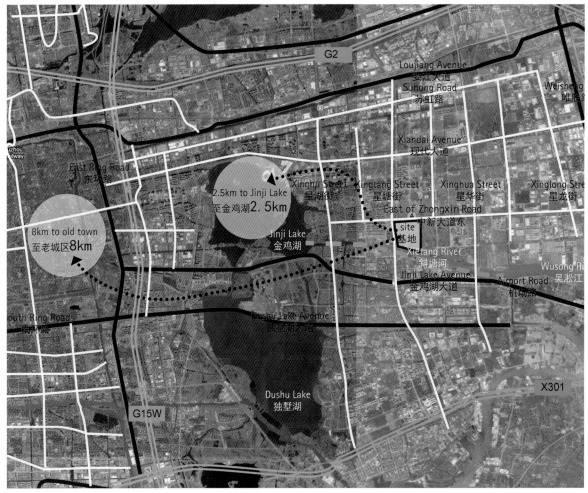

图 6.1-1 区位分析

图 6.1-2 总平面图

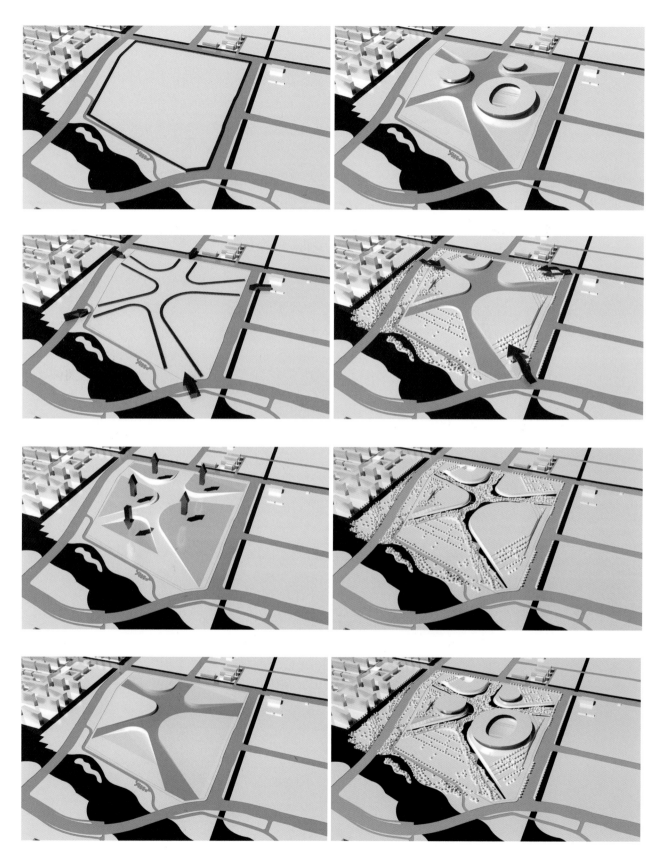

图 6.1-3 规划概念

基地位置位于苏州老城区以东约 8km，金鸡湖以东约 2.5km，交通便利，可通过各种交通网络形式与其周边地区相连接——公共交通主要有目前正在建设中的地铁线路及公交线路。在基地位置的西北角，地铁 5 号线及 6 号线相交于同一站点，站点与商业广场地下一层相连，将给体育公园带来巨大人流（图 6.1-1 ～图 6.1-2）。

苏州是江南文化名城，拥有 2500 多年历史，苏州工业园区已经成长为工业与高科技中心，但仍然保持着独特的文化格调和园林意趣。苏州的园林和建筑讲究细腻变换，移步易景。小桥流水、堆石亭榭是其特有的风格。如何在苏州奥体中心的规划和设计中体现苏州特有的文化，成为设计创作的基点。

项目总体设计采取自由曲线的布局，提供丰富多样的动线。体育场馆犹如坐落在池水山石上的亭榭，轻盈优雅。各项体育、休闲和商业设施如水边的叠石，舒缓工巧。建筑裙房如山丘升起，拾级而上，是宽阔的平台和体育场馆。体育公园内曲径通幽，将运动场地与景观有机地结合在一起，以现代的手法诠释园林的意韵（图 6.1-3）。

在整个设计过程中，各建筑功能在总体布局上自竞赛阶段至最后实施经历了多次调整。但总体结构及设计理念基本得以完整保留（图 6.1-4 ～图 6.1-6）。

在竞赛阶段，gmp 将服务楼布置在靠近地铁站的西北角，体育场布置在基地东侧靠南区域。游泳馆布置在东北角，体育馆布置在西侧。室外运动场则布置在南侧区域。

方案深化调整阶段，随着规划条件和建筑体量条件的变化，gmp 在原概念基础上，进行了多种布局的调整。包括平台的数量变化，主体建筑位置变化，以及功能的拆分与合并。但经过对比，发现依然还是最初的方案最为契合完美。因此，最终只是将体育馆与游泳馆的位置互换，其余规划结构均与最初设计相同。

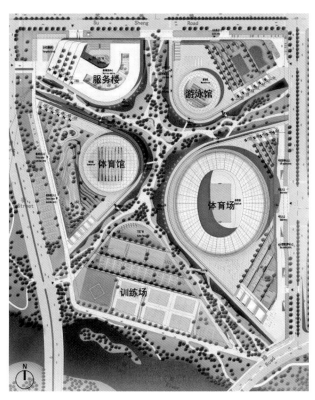

图 6.1-4　原总体布局

图 6.1-5　最终布局

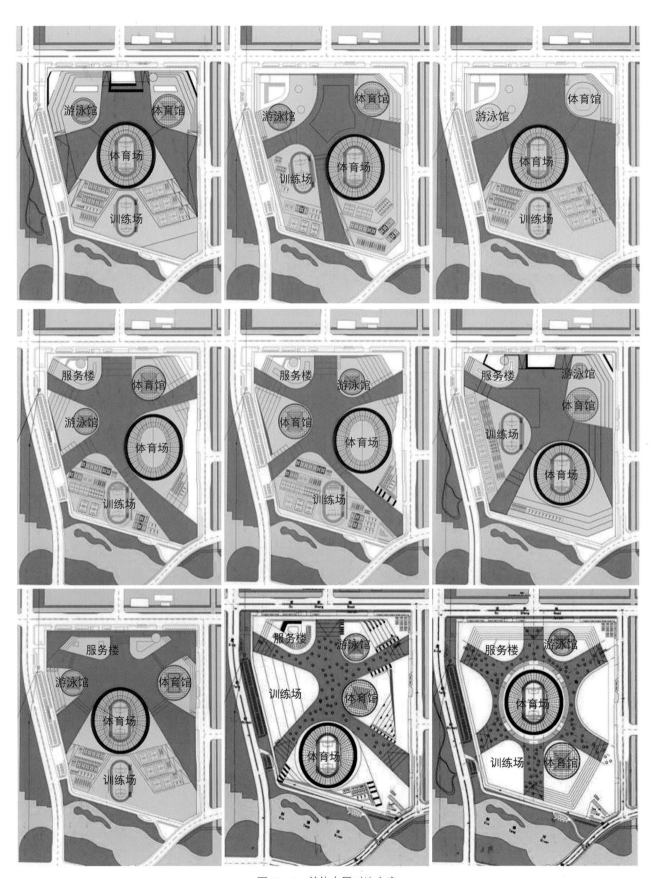

图 6.1-6 总体布局对比方案

图 6.3-11 游泳馆训练池

图 6.3-12 游泳馆健身大厅

图 6.3-13 游泳馆三层平台

图 6.3-14 游泳馆主赛场

### 6.3.3 游泳馆

游泳馆室内空间也延续了其他两个场馆的风格。主赛场空间与公共空间相联通，看台墙面及背面均采用仿清水涂料。在训练池的空间中营造了特别的采光天窗造型，结合木丝吸声板材料，达到自然采光和吸声防腐等各种使用要求。健身训练门厅设计结合跑道和泳道的设计概念，以线性元素为基础，巧妙解决了弧形不规则空间的室内效果，并具有很强的空间引导性（图 6.3-11～图 6.3-14）。

### 6.3.4 服务楼

服务楼商业广场室内设计延续了建筑设计的概念，将灵动的曲线引入到室内。层层退阶的吊顶造型也呼应了建筑大平台的退阶设计。室内设计均采用曲线造型，流畅大气。整体呈现了较为温暖的色调。中庭卷帘轨道结合结构柱和造型柱巧妙隐藏。

图 6.3-15 商业广场中庭

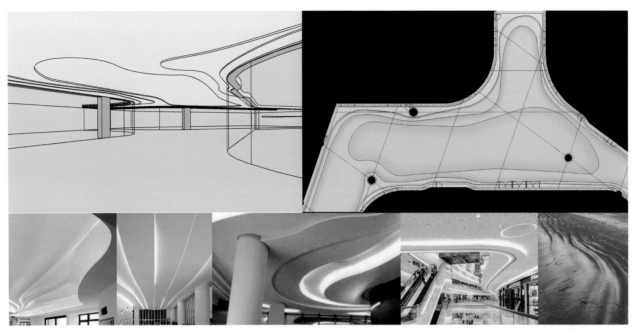

图 6.3-16　商业广场室内概念

图 6.3-17　酒店大堂

酒店室内结合苏州奥体中心的风格特色加入了运动的元素，一层入口大堂结合早餐厅也采用了流畅的曲线造型。整体风格明快活力（图 6.3-15 ～图 6.3-17）。

## 6.4　景观设计

景观设计旨在再现苏州园林的精致风格与环境，人行系统由相互交织的地面绿道构成，它们环绕裙房，勾勒水景，此外，人行系统通过连廊与各建筑相连，为游客带来如同身在典型苏州园林的愉快体验。流畅舒展的裙房如连绵小山层层跌落，又如池边的假山错落有致。露台绿化及潺潺流水之上精致的桥梁与三座

体育场馆优雅的屋顶交相辉映，动态景观设计手法实现了移步换景的效果，通过不同视角呈现各种对景、借景（图 6.4-1 ～图 6.4-19）。

### 6.4.1　运动谷

运动谷由两个设计元素组成：

（1）谷川水体带有自然岸线沿运动岛环道台阶和运动谷公园而过；

（2）运动谷公园带有流畅的道路和有机的植物结构。

**1. 谷川**

谷川设计有两个对应的岸线形式：硬质和软质岸线。

（1）硬质岸线

沿着单体建筑环道，设计有延伸入水的亲水台阶，提供了一个面向运动公园的休闲滨江平台。

（2）软质岸线

平缓下降的驳岸自然过渡到水面形成一条延绵的软质岸线，谷川里的景观河道设计黑色粘合卵石池底。

从蜿蜒连绵的公园路演变出跨越谷川河道的景观桥，选用石材桥板和通透的扶手栏杆设计。

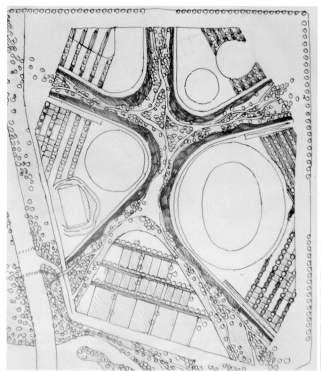

图 6.4-1　景观概念草图（一）

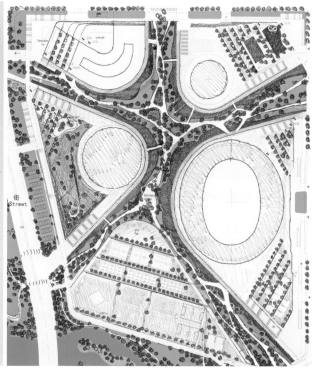

图 6.4-2　景观概念草图（二）

图 6.4-3　北主入口

图 6.4-4　运动谷

图 6.4-5　运动环道

图 6.4-6　谷川

图 6.4-7　公共健身广场（一）

图 6.4-8　公共健身广场（二）

图 6.4-9　运动公园

图 6.4-10　活动广场

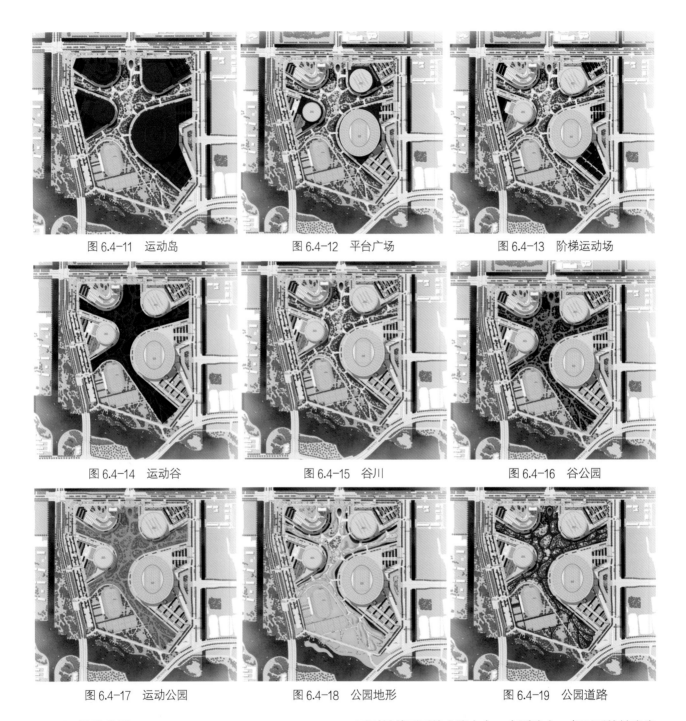

图 6.4-11 运动岛　　　　　图 6.4-12 平台广场　　　　　图 6.4-13 阶梯运动场

图 6.4-14 运动谷　　　　　图 6.4-15 谷川　　　　　图 6.4-16 谷公园

图 6.4-17 运动公园　　　　　图 6.4-18 公园地形　　　　　图 6.4-19 公园道路

### 2. 运动公园

（1）地形

清晰起伏的地势造型赋予和强调了公园内有趣的空间变化，这使得源于自然河川的设计概念和立体空间造型体现出来。

（2）园路

犹如河流般蜿蜒流淌的园路，用其宽窄变化的路面引导着不同的人流方向。在园路内一条环通的健身步道和景观融合为一体，设计为天然小径般的 3500m 健身慢跑道，沿着园路蜿蜒穿巡过遍布荫凉的运动谷。

（3）座阶

蜿蜒的园路和起伏的绿地升起在座阶，座阶跟随着公园的道路蜿蜒排布，既突出了空间的体积感，又展示了一副不可替换的画面。这幅让人驻足欣赏、停留小憩的休闲画面，喻义了"河川走廊"的设计构想。

（4）游乐岛

游乐岛分散于运动公园中，为不同的年龄阶层提供了多样有趣的各种体育活动。游乐岛里地面运用安全地垫和沙池，分散的布置了各种亲子的游乐器材。

（5）地面出入口

地面出入口将于运动公园融为一体。圆形的出入口设计成为地下庭院般的下沉景观，将地下空间自然通风和自然采光结合为一体。

（6）公共健身广场

公共健身广场是运动公园的中心广场，这里提供了从露天舞蹈到旱冰等适合不同年龄层次的活动场所。不同年龄阶层相聚于此，在遮阴纳凉的树下，圈形的木面座椅供人们休闲驻足。这里给年轻人和老年人提供了一个共同的活动舞台。

健身广场的中心区域，公共健身广场周围的树阵会被树下的射灯照亮，以动感为主题的雕塑伴随着照明射灯，使广场在夜晚时分呈现出缤纷的效果。

## 6.4.2　出入口设计

苏州奥体中心的每个入口区域都有各自独立的具有代表性的设计。

### 1. 北主入口

一个岛状、轻度抬升的水池设计在主入口广场处，用其趣味的水景和统一的艺术雕塑将主广场的特点升华和点缀出来。入口水池设计借用趣味叠水传达了运动不息的动力精神。

### 2. 主体育场东广场

东广场坐落一个"绿心"景观，其设计有座阶形式的围边。

"绿心"创意来自于一个包含水面的花园，其中高大的喷泉，地标式的从远距离将广场标识出来。

### 3. 下沉庭院

服务楼下沉庭院提供了一个开阔的入口直接进入地下一层。通过宽阔的台阶设计解决了场地西北角的

地形落差。台阶上通过景观的方法设计了单独的绿岛，绿岛将连续的台阶改善成一个绿色景观台阶。下沉庭院广场材料选用不同颜色、向心式集中铺装的小方石。

### 4. 东北广场

运动平台上的线性绿篱结构将会延伸到东北广场上，使得运动平台和广场融合为一个整体。零星的条形坐凳嵌入带状绿篱。运动平台上的条形坐凳给游人提供了绝佳的眺望周围风景的观景点，广场上的条形坐凳则提供了观赏广场上运动主题雕塑的空间。

## 6.4.3　运动岛

运动岛由环绕各个体育场馆的裙房平台广场组成。通往依次叠加的梯田台阶设计了大尺度的踏步台阶，同时梯田台阶上配备许多户外运动场地。

### 运动平台

各个运动平台上配备了不同的运动场地。叠加的阶梯状的布局同时为在其上运动的人提供了广阔的视野。各个不同高度的平台上都种植了提供遮阴的树木，并提供了给运动者休息的坐凳。

运动平台上各层的挡土墙和沿道路的平台立面都覆盖有悬垂植物，使"运动平台"变成"绿色平台"。通往升高至12m大平台的台阶，包涵了线状的树篱，其沿着坡道上升，创造了一幅绿色的画面。景观台阶上线状的树篱，和公园谷内流畅、蜿蜒的有机植物画面形成鲜明的对比。

## 6.4.4　运动环道

苏州奥体中心环绕一圈的道路系统，其入口和广场区域得到重点提升和设计。环绕的道路以线性的彩色透水混凝土和石材铺装，强调运动场地运动线形的流畅和动力。结合现有和新设计的线形行道树，在空间上再次强调了线形的动力概念。简洁大方的线形道路设计和体育公园内蜿蜒流畅的形式形成鲜明的对比，提供和定义了不同运动类型的活动空间。运动环道提供了慢跑和自行车运动新体验。2700m长的路径特别适合

有氧运动，南部靠近斜塘河公园景观带也被融入其中。

## 6.5 照明设计

### 6.5.1 泛光照明

苏州奥体中心外立面无论裙房与主体均采用横向线条的设计语言，因此泛光照明需突出这些独特的横向线条。考虑到这些横向线条均为较宽的表面，为达到较好的均匀度和优雅美观的效果，泛光照明均采用投射的策略，使这些表面成为自然的承光面，并方便调试。三个主体场馆的泛光照明分为赛时和平时两种模式。赛时从场馆内部散发的光晕和外立面横向线条的反差，使照明概念创造出另一个层次的深度。平时被均匀照射的横向线条完美勾勒出主体皇冠般的外形（图 6.5-1～图 6.5-2）。

为满足一般性使用和特殊活动使用，不论规模大小，照明均起到了很好的引导性。充分考虑了能源使用、日后的维护保养、眩光及光污染问题，更能让照明概念支持人性化及高效率的使用。而对均匀度和对比度的审慎考量也有助于划分不同功能的区域，并自然地将其彼此隔开（图 6.5-3～图 6.5-5）。

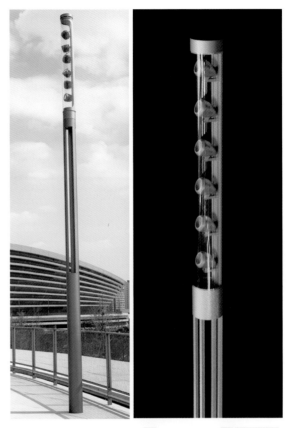

图 6.5-1　体育场赛时照明

图 6.5-2　体育场平日照明

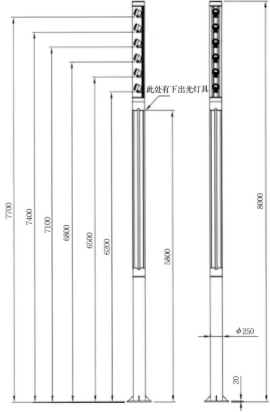

图 6.5-3　泛光照明灯具

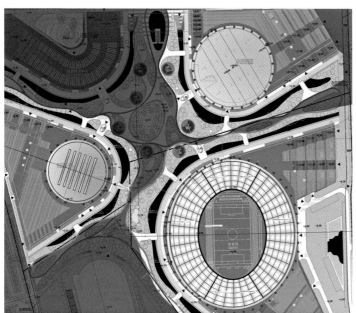

图 6.5-4　泛光灯布置

图 6.5-5　主体泛光照明方案

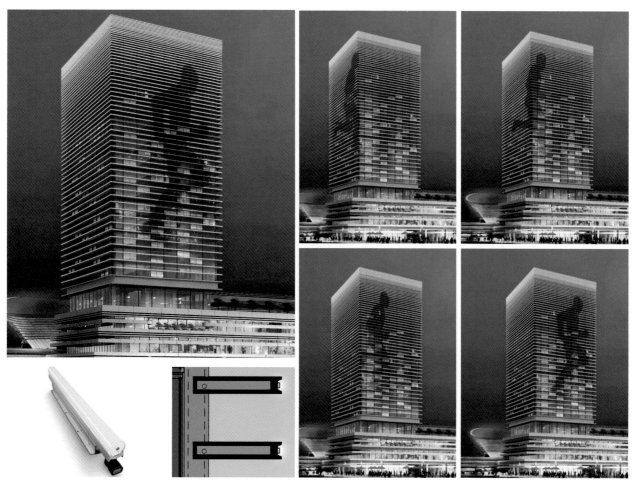

图 6.5-6　服务楼泛光照明方案

图 6.5-7　动态图像效果

### 6.5.2　室外泛光灯

投射灯具为一个组合式灯具单元设计。灯具上部为泛光灯组，用于投射建筑表面，根据高度和范围不同设置了不同数量的灯组且每个灯头均可调节角度；灯具下半部分为景观照明灯具，用于景观照明和道路照明；并兼顾了监控和弱电的设备安装。这样的设计不但将各种功能完美整合，而且将照明灯具遵循建筑的原则组织到了一起（图6.5-3）。

服务楼主楼外立面照明方法更让其脱颖而出，结合立面横向百叶的设计，在百叶的端头安装了通长LED灯具，通过灯光控制系统，使建筑立面形成一个大型LED屏幕，成为整个苏州奥体中心和区域的视觉焦点（图6.5-6～图6.5-7）。

## 6.6　色彩规划及材料应用

苏州奥体中心拥有丰富的功能和数量众多的场馆以及复杂的流线，对于初来乍到的市民和观众来说势必会一头雾水。除了必要的标识引导系统，通过色彩来区分不同的建筑空间不失一种最为简单易懂的方式。结合室内设计，为每个建筑设定了一种主题色。商业采用了明快的藤黄色。体育馆采用了活跃的橙色，游泳馆采用了水的蓝色，体育场采用了绿茵的绿色。这些主题色不仅作为地下车库进入各个建筑入口的指示色。同时延续到室内的各个设计中，包括标识系统主色、三个场馆座椅主题色、地面材料颜色等。使市民和观众一旦进入空间就能很清楚地知道所处的区域（图6.6-1～图6.6-5）。

苏州奥体中心在材料选择上做到了所有主要材料均现场做大样，对于实际效果和施工要求的研究均非常慎重。项目除采用常见材料外，也应用了一些新型材料以最好地实现设计效果。

现浇清水混凝土作为苏州奥体中心的主要材料，从小样到大样，尝试了不同的配方和表面处理方式，力图做到最为真实的效果，在不能使用现浇混凝土的表面上则采用了仿清水涂料以实现整体统一的效果（图6.6-6）。

为了实现无缝弧形倾斜外墙面的效果，无机水泥板的出现无疑成为最为完美的解决方案。无机水

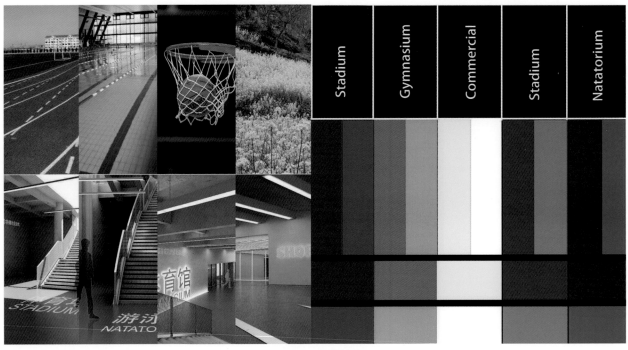

图 6.6-1　色彩概念

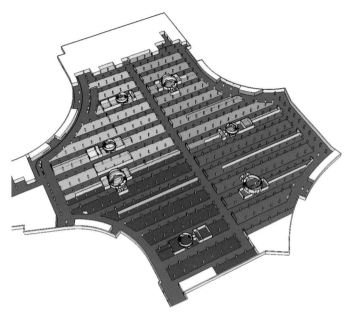

图 6.6-2　中央车库色彩方案

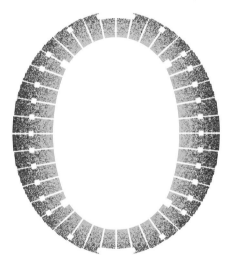

图 6.6-3　体育场座椅方案

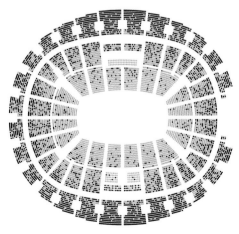

图 6.6-4　体育馆座椅方案

图 6.6-5　游泳馆座椅方案

图 6.6-6　清水混凝土样板

体育馆主体幕墙玻璃翘曲值分析
绿色区域翘曲百分比范围为小于1%，红色区域翘曲百分比范围为大于1%

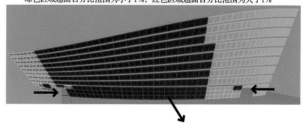

图 6.6-8　玻璃冷弯分析

图 6.6-7　幕墙和无机水泥板样板

泥板在国内应用案例较少，属于一种新型材料，其耐候性、可弯曲，以及防冲击等各方面的特点非常符合设计需求。作为一种主材，在现场做了实体样板，并与普通水泥板进行了对比，经过两年日晒雨淋的考验，最终确定了该材料的安全性，并将其应用到了室外吊顶、体育场室外环廊以及体育馆环廊室内墙面（图 6.6-7）。

体育场立面需要达到 60% 穿孔率的表面，膜材料与穿孔铝板均能实现，膜材可以实现较大的跨度，减少竖梃但不易清洗，而铝板作为常见材料较为容易维护但分割较小且边缘打孔效果不能保证。因此在现场对这两种材料也进行了实样对比。最终在解决了边缘处理和竖梃效果的情况下，选择了较为方便美观的穿孔铝板方案。

玻璃作为最为普通的材料，其本身并没有特别之处，但在苏州奥体中心项目中有着较多的弧面玻璃的效果，如果全部采用热弯玻璃费用极其昂贵，因此，此项目中巧妙采用了玻璃冷弯的设计构造（图6.6-8）。

所有主体弧面效果玻璃均采用普通平板玻璃，通过卡件将其在安装时进行压弯，使其形成弧面的效果。这样的做法不但大大减低了造价也提高了施工效率。

## 6.7　业态规划

苏州奥体中心的业态分布需要在满足市民日常使用的同时，有针对性地对体育的主题和赛事提供完整的服务。

服务楼作为整个苏州奥体中心的集中商业中心，提供了从餐饮、零售、娱乐到教育培训等各方面的业态布局（图 6.7-1 ～图 6.7-5）。结合丰富的室内外建筑空间，包括开敞的中庭、宽阔的室外下沉式庭院以及室外平台，为各种商业活动提供了多样的场所。餐饮服务既包含了咖啡茶座、中西快餐，也提供了中高端餐饮的空间，覆盖了各个消费层次。联通服务楼和体育馆的地下通道设置有一个餐饮广场，串联体育馆和服务楼以及中央车库，在满足平日需求之外，对于缓解赛事期间的高峰餐饮要求起到了重要作用。

零售业态均与体育主题紧密相关，均分布于较低楼层，进入苏州奥体中心的顾客可以方便轻松地找到所有场馆活动所需要的装备。服务楼还包含了 267 间酒店客房，为参赛者和观众提供了最便捷的住宿服务，也进一步完善了整个苏州奥体中心的业态。

体育馆、游泳馆、体育场的主场地均可举办大型赛事及演艺活动。体育馆、游泳馆、体育场的裙房部分以及体育公园也提供了丰富的配套服务业态（图 6.7-6、图 6.7-7）。包括健身、体育培训、体育活动等服务，均围绕体育运动主题展开，形成了完善的体育周边生态。

体育馆内设有一座影院，独立的训练厅可变换成为多重功能空间，承接展览，宴会等各种大型活动。

游泳馆布置了各种面向公众的健身服务场地，涵盖羽毛球、网球、乒乓球、桌球、壁球、攀岩等运动项目。同时提供高端 VIP 定制服务，适合多重消费人群。

体育场则提供了大片公众羽毛球、室内足球和

图 6.7-1　服务楼地下一层业态分布

图 6.7-2　服务楼一层业态分布

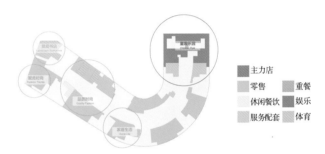

图 6.7-3　服务楼二层业态分布

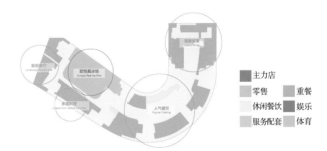

图 6.7-4　服务楼三层业态分布

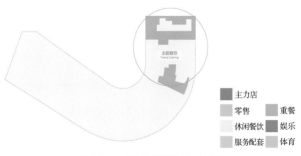

图 6.7-5　服务楼四层业态分布

图 6.7-6　场馆商业分布

● 绿色区域：免费开放体育设施

● 蓝色区域：公益开放体育设施

● 黄色区域：品牌合作体育设施，在保证公益开放的前提下，与国内知名运动品牌合作经营

● 红色区域：场馆商业部分

图 6.7-7　整体经营布局

篮球场这些对项目场地要求较大的空间，同时还设置了一些特殊活动场和运动培训机构。体育场的室外平台上还提供了室外网球和篮球场，最大程度地利用了空间。

室外训练场区域拥有完整的田径赛场，还配置了棒球、足球、篮球等各种室外场地，无论专业训练培训还是市民健身活动均可满足要求。

## 6.8　交通规划

苏州奥体中心的交通设计是总平面设计的关键（图 6.8-1～图 6.8-9）。基地位置交通便捷，易于到达，主干道中新大道东及星塘街分别经过项目用地北侧及西侧，且毗邻正在建设中的地铁 5 号线及 6 号线，基地以东是规划道路。因为跨越西南侧斜塘河的淞江路给项目用地东南角造成了 3～4m 的高差，东侧的规划路将适当抬高以便平接。东南角的城市公交车停泊首末站点也可以从东侧进出。

在基地位置内设置一个地面及地下双层环路系统。为使地面周围环路车道便于交通和管理，沿外缘环路设置车行坡道直接通向地下车库。只有低速穿梭车辆才允许穿行苏州奥体中心，以便尽可能地减少车流及人流的交叉。对于地下停车库则通过地下车行环路与各建筑相连，从而实现了地下人流、车流及货运系统。

公交系统与零售商业之间的连接。为了进一步提升商业价值以及实施"以商养体及融合二者"的理念，规划中的首要问题是考虑如何融合公交系统与商业。沿星塘路及中新大道东的基地西北侧分别设置有地面及地下地铁出入口，直通地上地下的零售商业设施。此外，地面公交枢纽及出租车站靠近零售商业空间，实现了与公共交通系统的便捷互换及与零售商业设施的融合。

在体育公园的日常运营中，限制车流出入外围环路，体育公园内主要是设计为人流出入。赛事期间，交通设计力争实现赛事及大型演出期间的人流及车流分离以及高效快速疏散，可以利用环路沿途穿梭巴士在地铁入口及基地位置主要的人行出入口设站用于短驳，辅助疏散。

设计对赛事期间的到达／离开观众人流这两种情形都分别作了近期及远期考虑。近期考虑指的是地铁尚未投入运营时，在此期间，大部分的观众将搭乘公交或自驾车抵达，他们会从公交枢纽、穿梭巴士站及

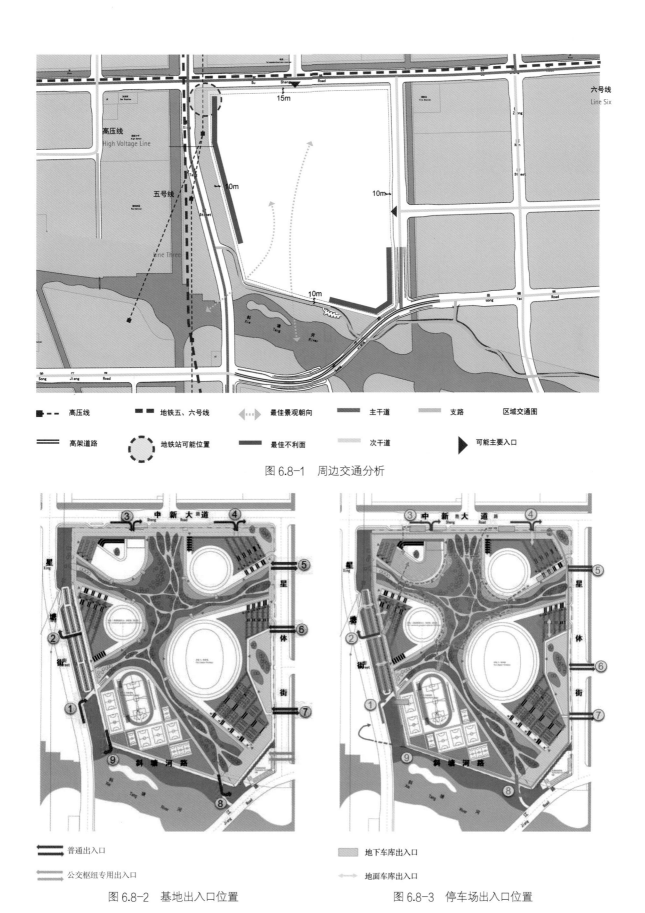

图 6.8-1　周边交通分析

图 6.8-2　基地出入口位置　　　　　　图 6.8-3　停车场出入口位置

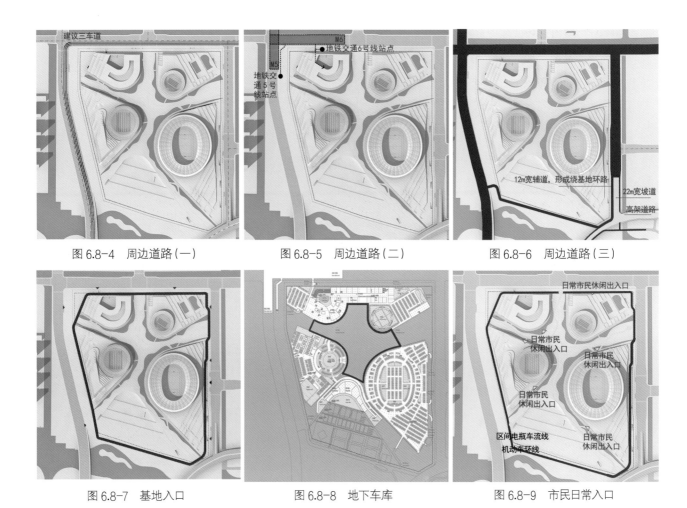

图 6.8-4 周边道路（一）        图 6.8-5 周边道路（二）        图 6.8-6 周边道路（三）

图 6.8-7 基地入口           图 6.8-8 地下车库          图 6.8-9 市民日常入口

车库出入口进入体育公园，然后通过宽阔的台阶或首层入口大厅到达入口平台。赛事过后，大部分观众将通过大平台离开并到达外围道路、公交站或地下车库。远期考虑指的是地铁投入使用后，届时部分人流将通过地铁到达，观众将搭乘地铁、公交及私家车到达各体育场馆。

基地出入口设计遵循以下设计原则：保证主要路段车辆进出分流，保证东西北三向可进出；地上出入口与地下车库出入口有序链接，减少内部道路车辆交叉、地下流线交汇，保证进出清晰明了；根据苏州奥体中心各建筑单体运营业态，做到车辆就近停放、进出。

基地共设置 9 个出入口，做到八进十出。可有效管控车辆有序进出停放；不同运营模式可灵活调整；具有应急措施功能，大型活动当停车位达到 95% 的

饱和度将关闭苏州奥体中心所有的出入口，做到只出不进，达到 85% 重新开放。

## 6.9 建筑声学设计

声学设计始终贯穿在苏州奥体中心的设计、施工和验收各阶段，业主和相关专业工程师对声学要求十分重视，声学设计工作介入较早，声学措施落实到位。比如对体育馆、游泳馆的屋盖的内衬板进行穿孔率的吸声设计；通过暖通系统的优化降低了体育场和游泳馆的背景噪声；通过大面积吸声吊顶和简单包饰座椅提高了体育馆和游泳馆的语言清晰度；为了改善比赛大厅与四周休息厅联通带来的噪声干扰，对环廊底部吊顶均作了吸声处理；详细论证了体育场对周围环境的噪声干扰可控可防，在对场馆主场进行较高的声学

设计的同时，也对场馆大平台下方的较大空间的网球场地、羽毛球场地、足篮中心都做了相应的声学设计考虑，另外还对游泳池循环水溢水排水运行时产生的水噪声进行了控制。

从 2013 年初到 2018 年 9 月声学验收，声学与相关各专业（建筑、结构、暖通、室内、给水排水等）勤力同心，成功打造了一座室外声环境优美、室内声场清晰明澈的苏州奥体中心，总结凝练设计中的得失，或可以为后来者提供一点参考。

### 6.9.1  体育馆声学设计

#### 1. 声学设计指标

按"体育场馆声学设计及测量规程"（JGJ/T 131—2012），体育馆容积 > 160000m³，体育馆比赛大厅满场 500 ～ 1000Hz 混响时间为 2.0±0.15s。

结合 NBA 比赛要求，确定本体育馆比赛厅各频率最佳混响时间以及各频率混响时间和中频混响时间比值控制在表 6.9-1 范围内：

各频率最佳混响时间及混响比控制表  表 6.9-1

| 频率（Hz） | 125 | 250 | 500 |
|---|---|---|---|
| 混响时间（s） | 2.00 ～ 2.6 | 2.00 ～ 2.4 | ≤ 2.00 |
| 频率（Hz） | 1000 | 2000 | 4000 |
| 混响时间（s） | ≤ 1.50 | ≤ 1.50 | ≤ 1.25 |

厅内本底噪声要求在空调系统、灯光等设备正常运转时，厅内本底噪声应达到 NR-35 曲线。馆内无回声、颤动回声及声聚焦等声学缺陷。

#### 2. 声学模拟

声学使用计算机声学模拟软件 Odeon 对体育馆模型进行音质预测。

模拟时，取馆内温度 20℃，湿度 60%。考虑 13075 座观众。4 个声源为半指向性，位于体育馆地面上方 31m 处，均匀分布在 4 个角上，均指向正下方，声功率设为 100 dB，如图 6.9-1 所示。

结合模拟过程中馆内各声学参量的网格分布图，

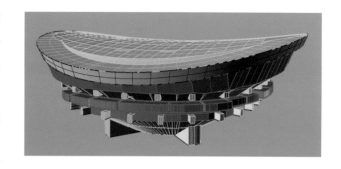

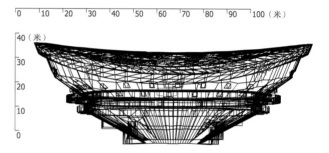

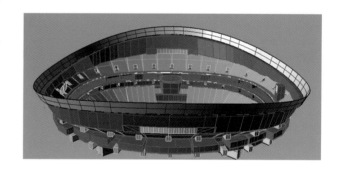

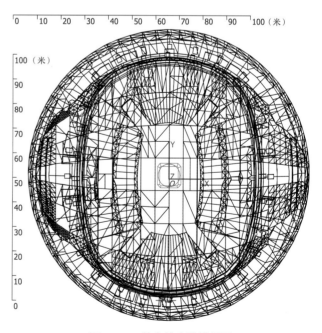

图 6.9-1  体育馆声学模拟图

关于本体育馆的室内音质效果可以得到以下结论：

（1）对于满场条件下混响时间 T30 及其频率特性这一重要的音质评价指标，从观众区的网格模拟计算结果来看，观众区满场中频混响时间平均值 T30 约 1.66s。

考察混响时间的频率特性：低频 T30 值相对中频 T30 值有一些抬升，高频 T30 值相对中频 T30 值略有下降。

观众区混响时间分布均匀，最大值与最小值相差小。

（2）观众区中频满场早期衰变时间 EDT 约 1.45s，能够帮助观众席处获得较好的语言清晰度。

（3）观众区的清晰度平均值 D50 基本大于 0.5，表明观众区域具有良好的语言清晰度。其分布图显示离电声设备较近的观众区域，语言清晰度较高；而离电声设备较远的下层观众区，清晰度有所下降。

观众区的语言传输指数 STI 平均值均 ≥ 0.6，说明该区域语言可懂度等级为良。

### 3. 声学措施

建声设计说明及用料如下：

比赛场地面：专用比赛木地板。

比赛馆墙面：侧墙尽可能进行吸声处理，以中高频吸声为主，使用高频穿孔板和软包吸声板为宜。高频穿孔铝板吸声构造为：1.5 厚穿孔板（穿孔率

20%）＋100mm 空腔（内填 50 厚 48K 离心玻璃棉）＋原有粉刷墙面。

内场走道吊顶：以中高频吸声为主，使用穿孔板吸声构造。

比赛馆屋盖：采用保温吸声屋盖，内衬板进行穿孔率吸声设计，节点构造见图 6.9-2。

吸声布置示意图如图 6.9-3 ～图 6.9-4 所示。

### 4. 声学重点

（1）破解严苛的指标要求

苏州奥体中心体育馆比赛大厅的室内容积达 24 万 $m^3$，远高于《体育馆声学设计及测量规程》JGJ/T 131—2012 对混响时间要求的截止体积（16 万 $m^3$）。同时 NBA 比赛的声学要求在中高频段（1000 ～ 4000Hz）的混响时间严于国标，须达到 1.5s 以下。更大的室内容积与更严格的声学标准交织，是苏州奥体中心体育馆的声学设计重点。

不仅如此，体育馆音质设计的重点在于不片面追求超低的混响时间，而是以实现低混响时间（T30 和 EDT）为手段，以提高场内语言清晰度为目的。

综合以往项目经验，STI ≥ 0.6（现场喇叭为测试声源）就能取得不错的清晰效果，为达到这一目标，扩声系统的设计（例如扬声器采用集中式布置还是分散式布置）也同等重要。由于体育馆是以扩声音箱为主要声源，因此，在做声学模拟的时候也尽量以扩声

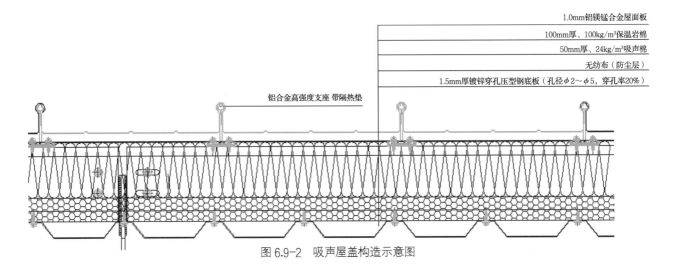

1.0mm铝镁锰合金屋面板
100mm厚、100kg/m³保温岩棉
50mm厚、24kg/m³吸声棉
无纺布（防尘层）
1.5mm厚镀锌穿孔压型钢底板（孔径 $\phi2$ ～ $\phi5$，穿孔率20%）

铝合金高强度支座 带隔热垫

图 6.9-2　吸声屋盖构造示意图

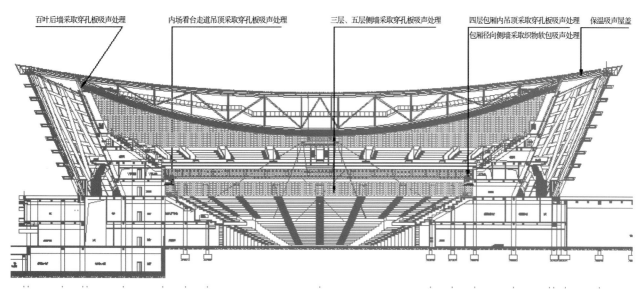

百叶后墙采取穿孔板吸声处理　　内场看台走道吊顶采取穿孔板吸声处理　　三层、五层侧墙采取穿孔板吸声处理　　四层包厢内吊顶采取穿孔板吸声处理　保温吸声屋盖
　　　　　　　　　　　　　　　　　　　　　　　　　　　　　　　　　　　　　　　　　　包厢径向侧墙采取织物软包吸声处理

图 6.9-3　体育馆吸声布置示意图（彩色填充部分为吸声墙面）

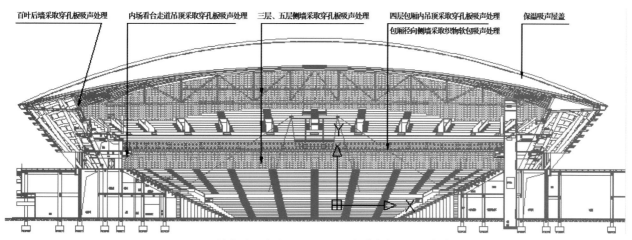

百叶后墙采取穿孔板吸声处理　　内场看台走道吊顶采取穿孔板吸声处理　　三层、五层侧墙采取穿孔板吸声处理　　四层包厢内吊顶采取穿孔板吸声处理　保温吸声屋盖
　　　　　　　　　　　　　　　　　　　　　　　　　　　　　　　　　　　　　　　　　　包厢径向侧墙采取织物软包吸声处理

图 6.9-4　体育馆吸声布置示意图（彩色填充部分为吸声墙面）

喇叭为模拟声源，模拟实际使用状态下的声学环境，使得结论更符合实际。

由于体育场馆声场极不扩散，较容易出现声能衰减的"双折线"现象，也即一般 EDT 会短于 T30。而控制 EDT 的方式在于对一次反射声的吸收。吊顶离扬声器较近，基本位于直达声场内，因此，吊顶的吸声处理非常重要。比赛馆屋盖采用了轻质保温吸声屋盖，我们对其中的吸声构造进行了设计。

（2）设备机房集中的解决之道

体育馆设备机房布置较集中，声学设计对临近声学敏感用房的机房墙体及门均采取加强措施，例如，

新闻官员办公室与一个设备机房相邻，声学要求将机房墙体加厚，采取 190mm 蒸汽加压混凝土砌块加 128mm 轻钢龙骨石膏板墙的混合墙体。机房门要求计权隔声量 ≥ 35dB。

暖通系统对体育馆背景噪声的控制影响甚大。空调机组风量越大，管道风速也就越大，而风速越大，引起的气流噪声也越大。而气流噪声无法通过增设消声器进行衰减，因此，控制机组的设计风量尤为重要。为满足主、支风管的风速，声学设计师要求建议部分大风量空调机组拆成两台风量 CMH 小于 15000m³/h 的机组。

座椅地送风设计一般用于剧院、音乐厅等背景噪

声要求极高的场所，得益于较低的出风口速度（一般小于 0.2m/s），这类送风形式的出风口噪声较低，而且热舒适性也较好。为实现体育馆一流的声环境，声学设计非常认同暖通设计师采用座椅地送风的形式。

风速问题一解决，接下来就是管道消声的问题，特别是回风管道一般暖通设计路径都较短，管道自然衰减量达不到要求，上海院核算了相应管道的消声量，并在相关管路上标记了应该增加消声器的点位。通过与暖通专业沟通，风量相对较大的空调机组选用自带减振设备以及消声段的低噪声机组，如此将回风口处的噪声也控制在设计范围内。

（3）空满场混响时间差异的解决之道

体育馆观众席面积仅次于吊顶面积，占据馆内吸声量的重头。但是每场活动的上座率是不确定的，在声学设计上，一般认为观众厅内 80% 以上的固定座席上有观众即可算作满场。单位面积满座的吸声系数一般认为 ≥ 0.75，比较恒定，但是如果选择一般的塑料座椅，吸声系数将不足 0.2，这么大的差异将会导致因为上座率的不同，每场活动的场内混响时间差异会很大，声学效果也就无法保证。

上海院从 2014 年设计之初，就专门针对 gmp 的室内方案进行反馈，要求体育馆将图例中的硬塑座椅改成带有简单包饰的座椅，而且参考座椅厂家的测试报告，要求防火性能必须满足阻燃一级，要求吸声系数 ≥ 0.65，如图 6.9-5 所示。

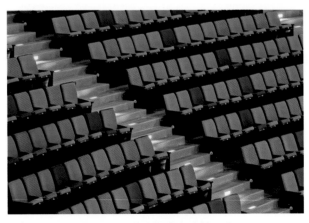

图 6.9-5　体育馆选定座椅图片

## 5. 声学验收及结论

经过 4 年多的建设，上海院于 2018 年 9 月 21 日对体育馆进行了验收测试。由于之前体育馆刚刚举行完冰壶比赛，活动座椅收起，且地板为冰面状态，测试结果如图 6.9-6～图 6.9-8 以及表 6.9-2 所示。

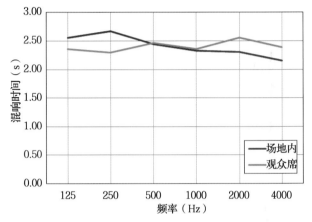

图 6.9-6　体育馆 T30 混响时间频率特性曲线图

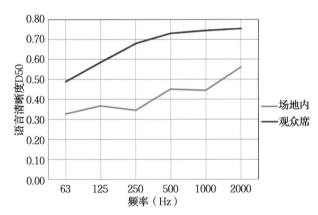

图 6.9-7　体育馆 D50 语言清晰度频率特性曲线图

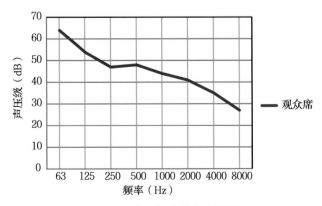

图 6.9-8　体育馆背景噪声曲线图

体育馆设计值与实测值对比表　表 6.9-2

| 频率（Hz） | 125 | 250 | 500 |
|---|---|---|---|
| $T_{30}$ 设计值（满场） | 2.00～2.6 | 2.00～2.4 | ≤2.00 |
| $T_{30}$ 实测值（空场） | 2.36 | 2.29 | 2.46 |
| EDT 实测值（空场） | 2.33 | 2.31 | 2.29 |
| 频率（Hz） | 1000 | 2000 | 4000 |
| $T_{30}$ 设计值（满场） | ≤1.50 | ≤1.50 | ≤1.25 |
| $T_{30}$ 实测值（空场） | 2.36 | 2.55 | 2.39 |
| EDT 实测值（空场） | 2.15 | 2.08 | 1.45 |

对比设计指标，空场时中高频混响时间略长，原因主要有以下几点：

（1）测试时临时座椅为收起状态，约 4000 座席的吸声量没有贡献在内。

（2）现场发现侧墙要求做的穿孔板，穿孔率远远低于声学要求的 20%，导致吸声特性发生变化，削弱了对中高频段的吸收。

虽然本次测试中，T30 指标略长，但是观众席语言清晰度 D50 达到 0.7 以上，电声清晰度 STIPA 评价值为 0.63，优于体育馆扩声系统一级指标（STIPA > 0.5）。现场听音主观感觉舒适，乐音清澈。说明在优秀的建筑声学和扩声系统设计的配合下，本馆的音质效果相当出众。

测试期间场内正在进行融冰作业，工人设备发出的噪声无法完全控制，且空调设备及排风设备均处于高速运转状态，导致背景噪声中频段略高于设计值。在正常运转的状态下，体育馆的背景噪声完全能够达到设计目标。

## 6.9.2　游泳馆声学设计

### 1. 声学设计指标

（1）混响时间及特性

根据"体育馆声学设计及测量规程"（JGJ/T 131—2012）要求，满场中频最佳混响时间为：T60 ＝ 2.5±0.2s。

中频基本平直，低频要求有一定提升，高频由于空气吸收允许适当下跌，具体设计混响特性如表 6.9-3 所示。

表 6.9-3

| 频率（Hz） | 125 | 250 | 500 |
|---|---|---|---|
| 混响时间（s） | 2.50～3.25 | 2.00～3.00 | 2.50 |
| 混响比 | 1.0～1.3 | 1.0～1.2 | 1.00 |
| 频率（Hz） | 1000 | 2000 | 4000 |
| 混响时间（s） | 2.50 | 2.25～2.502 | 2.00～2.50 |
| 混响比 | 1.00 | 0.9～1.0 | 0.8～1.0 |

（2）厅内本底噪声要求：

在空调系统、灯光等设备正常运转时，厅内本底噪声应达到：NR—40 曲线。

（3）馆内无回声、颤动回声及声聚焦等声学缺点。

（4）游泳馆所用的吸声材料需防潮、防霉等。

### 2. 声学模拟

声学使用计算机声学模拟软件 Odeon 对游泳馆模型进行音质预测。

模拟时，取馆内温度 20℃，湿度 60%。考虑常规 700～800 座观众（新模型中第三层看台、部分环廊、自然采光条已取消）。4 个声源为半指向性，位于游泳馆泳池地面上方 19m 处，均匀分布在 4 个角上，分别指向两侧看台，声功率设为 100 dB，如图 6.9-9 所示。

结合模拟过程中馆内各声学参量的网格分布图，关于本游泳馆内看台区域的音质效果可以得到以下结论：

（1）对于满场条件下混响时间 T30 及其频率特性这一重要的音质评价指标，从看台的网格模拟计算

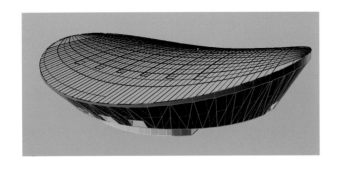

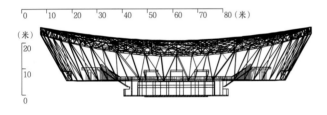

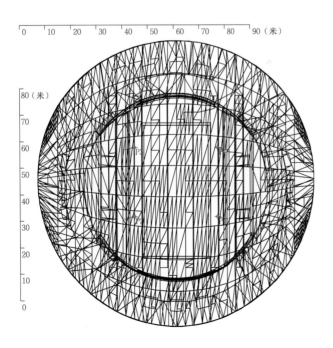

图 6.9-9 游泳馆声学模拟图

结果来看，满场中频混响时间平均值 T30 约 1.62s，满足设计目标值。

考察混响时间的频率特性：低频 T30 值相对中频 T30 值有一些提升，高频 T30 值相对中频 T30 值有一些提升，这是由于馆内吸声材料加防水透气膜后高频吸声性能大幅下降。

（2）中频满场早期衰变时间约 1.27s，其分布图显示看台两侧区域的早期衰变时间 EDT 比混响时间 T30 要短 0.4s 左右，能够帮助看台处获得较好的语言清晰度。

（3）清晰度平均值 D50 大于 0.5，表明看台区域具有良好的语言清晰度。

（4）语言传输指数 STI 平均值约为 0.62，说明看台区域的可懂度等级为良，具有较好的语言清晰度。

### 3. 声学措施

泳池周边地面为防滑地砖；看台地面为混凝土地面。侧墙尽可能进行吸声处理，吸声材料应考虑防水防霉性能。吸声构造为：防水成品吸声板＋375mm 空腔＋原有粉刷墙面。环廊底部吊顶以中高频吸声为主，使用穿孔板构造（穿孔板 20%）为宜，构造内的吸音棉做隔汽膜包裹。比赛馆屋顶的采用保温吸声屋顶，内衬板做穿孔率吸声设计（吸音棉做防水隔汽膜透声包裹），见图 6.9-10。

### 4. 声学重点

（1）比赛厅与休息厅联通带来的难题

游泳馆比赛大厅容积 13 万 $m^3$，单位座位容积达 56$m^3$，而且建筑设计师为了效果，将比赛大厅和四周休息厅做成了联通体，如此必将形成多余的耦合空间，大大提高了声学设计的难度。除了混响时间会提高以外，外部休息厅地面上的人群噪声也会对比赛大厅产生干扰，声学设计只能尽可能采取改善措施，要求必须对环廊底部吊顶做吸声处理，具体是设置高频穿孔吸声板。虽然如此，声学并不提倡这样功能性场馆与公共场馆相连通的建筑形式。

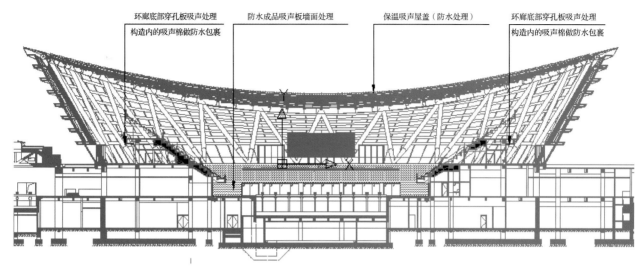

图 6.9-10　游泳馆吸声布置示意图（红色填充部分为吸声墙面）

（2）LED 屏散热噪声

近年来，随着游泳馆内 LED 显示屏幕尺寸越来越大，分辨率越来越高，散热量也越来越大，导致了排风噪声也越来越明显。这在以往的游泳馆声学设计中是不曾遇到的难题。声学设计建议首先风扇不要直接面向观众席，其次，在有条件的情况下，建议给排风设备增设消声隔声罩以降低 LED 大屏噪声对现场的干扰。

（3）循环水溢水排水的水噪声

在进行游泳馆验收的过程中，声学设计师发现循环水溢水排水的噪声比较明显，这在此前其他场馆中也是没有碰到过的。好在正式比赛时，循环处理系统停止运行，此类噪声不会影响正常的比赛观演。这原本是给水排水工艺的问题，却也提醒着声学设计师以后需注意，大型场馆总会有意想不到的噪声干扰。

**5. 声学验收及结论**

上海院于 2018 年 9 月 21 日对游泳馆进行了验收测试（图 6.9-11～图 6.9-13）。

测试结果显示空场的中低频混响时间都满足设计要求，高频略超。而观众入座满场后高频混响时间将明显降低，现场主观听音感受良好。观众席处 D50 达到 0.64，观众席处 STIPA 达到 0.62，优于体育馆扩声系统一级指标（STIPA > 0.5）（表 6.9-4）。

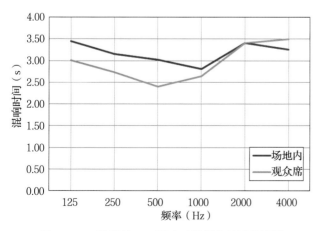

图 6.9-11　游泳馆 T30 混响时间频率特性曲线图

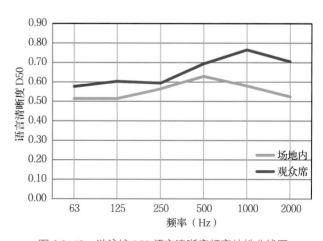

图 6.9-12　游泳馆 D50 语言清晰度频率特性曲线图

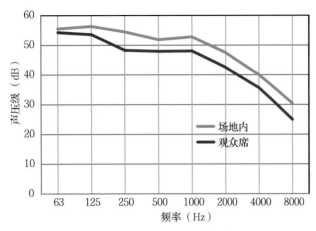

图 6.9-13　游泳馆背景噪声曲线图

游泳馆混响时间设计值与实测值对比表　　　表 6.9-4

| 频率（Hz） | 125 | 250 | 500 |
|---|---|---|---|
| 设计值 $T_{30}$（满场） | 2.50～3.25 | 2.00～3.00 | 2.50 |
| 实测值 $T_{30}$（空场） | 3.01 | 2.74 | 2.40 |
| 实测值 EDT（空场） | 2.43 | 2.41 | 1.98 |
| 频率（Hz） | 1000 | 2000 | 4000 |
| 设计值 $T_{30}$（满场） | 2.50 | 2.25～2.50 | 2.00～2.50 |
| 实测值 $T_{30}$（空场） | 2.65 | 3.41 | 3.50 |
| 实测值 EDT（空场） | 1.97 | 1.74 | 2.94 |

# 第7章　建筑设计

苏州奥体中心一场两馆在设计之初就充分考虑了后期的运营，场馆按照体育商业综合体的概念进行设计，三个单体建筑的功能定位各有侧重。体育场可以举办诸如田径、足球等大型赛事；体育馆作为苏州奥体中心内使用最为频繁的单体建筑，重点打造体育馆综合性功能为目标，除了能举办体育赛事以外，还能举办大型社会活动；游泳馆的设计主要面向苏州当地民众，旨在为全民健身提供水上运动中心，同时，还能承办一些水上项目赛事。场馆设计除了突出功能要求以外，还融入了大量商业元素。一场两馆沿街外廊设置了可供经营的商业空间，在大平台裙房中设置了健身中心；体育场的裙房中设置了篮球、足球等大球类的健身中心，室外大平台也设置了若干篮球、网球等运动场地；体育馆设置了可容纳1200人的影院；游泳馆在大平台裙房设置了小球类健身中心。

## 7.1　体育场建筑设计

体育场位于苏州奥体中心基地的东南侧，拥有标准400m田径跑道、标准足球场，总座位数45000座，建筑面积9.1万 $m^2$。在体育场功能布局上，建筑师充分贯彻了体育建筑复合型开发的设计宗旨，体育场一层设置大量商业开发用房，在大平台下设置了几个相对完整的空间，为业主提供了休闲、健身、娱乐等开发项目使用的可能性，无论赛时赛后均可长期对外开放（图7.1-1）。

复合型的设计模式有利于体育场的全方位经营活动的开展，现已招商设置了休闲、健身、娱乐、文化等商业内容，使体育场的日常使用率和经济效益大大提高，真正实现了"以场养场"的现代经营理念。

图 7.1-1　体育场东南向西鸟瞰

### 7.1.1　功能布局

体育场建筑呈南北向布置，其功能布局主要为主赛场、观众看台、功能用房、商业用房、大众健身中心及配套停车库。

主赛场采用国际标准田径赛场，设置九道塑胶跑道，每道宽度为1.22m，场芯为105m×68m的天然草坪足球场，整个主赛场地面积为2万 $m^2$。

体育场观众看台为双层看台，下层看台标高从2.35m到12m，上层看台标高从15.8m分别到31.79m（东西两侧高区）和21.32m（南北两侧低区），观众坐席在东西两侧的双层看台区域布置数量较多，这样可以保证更加良好的观赛视觉质量。西侧看台中部设有贵宾区和主席台，该看台区域设有媒体、普通贵宾席及运动员、新闻记者等专用分区，西区主席台下部另设一足球场出入口供足球比赛运动员、裁判员进场之用，同时亦可供主席台贵宾入场之用，南北两侧上层看台位置处设置大屏。看台的形状与屋面马鞍形顶篷的形状相呼应，在看台高区与低区相衔接处的一层位置设 4 个缺口，与一层环形车道相通，作为内场人员的主入口，供运动员及大型团体体操演员出入场地之用，也可作为机动车的入口，可以通过 4m 高的卡车，有利于举办群众性文艺活动时专用车辆的出入（图 7.1-2）。

图 7.1-2　内场效果一

体育场裙房共两层，外圈为面向体育公园设置的健身中心和商业空间，内圈设置为功能用房。首层（±0.000m 标高）设有车行环道实现车辆出入，商业区域位于车行环道北侧和西侧，南侧为苏州奥体中心办公用房，东南侧大平台下设置有 53 片场地的羽毛球中心，东北侧大平台下设有足篮中心，东北侧和东南侧大平台下还设有配套的可容纳 131 个车位的室内停车场供内部人员和观众使用。

裙房内圈一层西侧为比赛用房，以贵宾入口休息大厅为中心，南北两侧为记者用房、裁判用房、比赛办公用房、兴奋剂检测中心、设备用房、运动员休息更衣、淋浴室等，内圈一层东侧为管理办公用房和活动用房，南侧布置设备用房、器材库等，北侧为室内热身场地（图 7.1-3）。

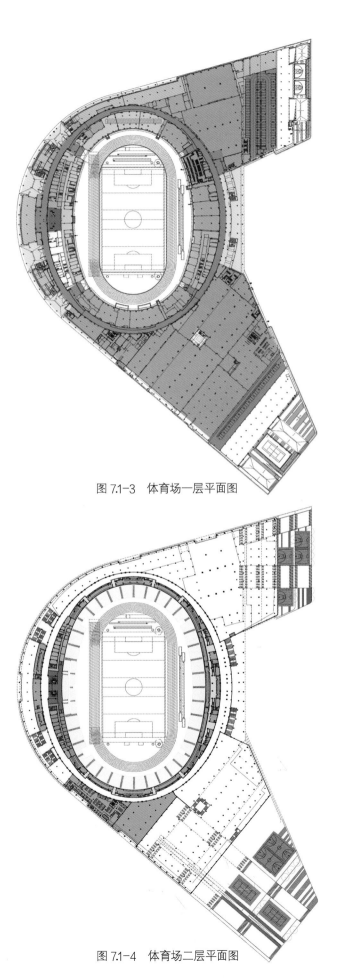

图 7.1-3　体育场一层平面图

图 7.1-4　体育场二层平面图

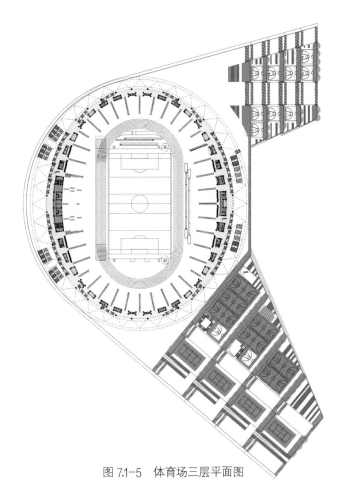

图 7.1-5 体育场三层平面图

裙房二层（＋6.000m 标高）西侧中间设有特殊贵宾前厅以及主席台。贵宾前厅北侧是竞赛管理区，设有独立入口。南侧是媒体区，设有独立入口，本层并设有大量的为观众服务的卫生间（图 7.1-4）。

三层（＋12.000m 标高）为大平台层，核心区西侧中部为贵宾休息用房，东侧中部为控制室，其余均为零售和通往下层观众看台的象眼通道（图 7.1-5）。

四层（＋18.000m 标高）通过 12m 大平台核心区的 24 条开放式楼梯可到达该楼层，该楼层为上层看台的象眼通道及辅助设备用房。

## 7.1.2 流线组织

体育场建筑周围设置了环状机动车道，交通组织便利，既可以满足赛时、赛后多种流线的使用需求，同时也为场地内和大平台下的商业设施开发带来机会，在紧急情况下的消防应急要求也得到了保证。通往比赛场地的两个宽敞车行通道设置在比赛场地的西北侧和西南侧两处，可为比赛场地的货运提供理想的物流条件。

通过东南侧和东北侧两翼大平台围合出的主入口停车区、物流区和大巴集散场地，满足贵宾、运动员、媒体、赛事组织等车辆从星体街入口处进入并集散，普通观众车辆从位于苏州奥体中心基地北侧、西侧的地下车库入口进入中央地库，拥有独立车行流线。

体育场东南侧和东北侧面向城市市政道路设有主要观众集散广场，满足观众集散。比赛期间大量观众抵达苏州奥体中心通过体育场东南侧和东北侧的室外大台阶楼梯及坡道进入 12m 平台，并经由此环通的平台直接进入下层看台座区，也可以从位于核心区周围的 24 条开放式楼梯到达上层看台，园内少量观众可以通过从东侧一层大厅南北大楼梯、西侧一层门庭南北大楼梯进入 12m 大平台。

贵宾、首长从西侧一层环廊进入贵宾大厅，可通过专用的电梯、楼梯直接到达贵宾区，媒体工作区位于贵宾区南侧，运动员更衣室、裁判区和竞赛管理位于贵宾区北侧，运动员、记者、工作人员、裁判均在一层环廊处设有专门的出入口及通道。

残疾人可通过设置的专用电梯到达大平台层的专用座席区。

## 7.1.3 设计特色

三座场馆的设计特点基本统一，仅以体育场为代表从建筑设计特色角度，进行简单概括。

**1. 平台多**

大平台在体育建筑设计中是常见元素，可以有效解决密集度大的人流集散和人行与车行竖向分流。体育场的大平台，除了满足以上两点功能需求外，还在设计上进一步将其放大，从而形成"大裙房"概念，其尺度远比常规体育场平台大得多（图 7.1-6 ～图 7.1-7）。

体育场大平台包含环绕体育场内碗的环形平台和分别向东南、东北方向延伸的两翼平台。环形平台宽

图 7.1-6　12m 大平台

图 7.1-7　18m 平台

15m，高 12m，是人流集散缓冲区。两翼平台层层跌落，从 12m 标高次第降至地面广场，占地面积总计达 5000 多平方米，为多种功能的植入创造了必要条件。

体育场大平台下，除了设置体育建筑必要的竞赛功能、工艺、设备等用房外，还配置了停车库、商业、管理运营办公楼、餐厅、足篮中心、羽毛球中心，同时还拥有一个包含攀岩、滑板、蹦床、空中滑索、车胎滑梯、赛车、篮球、餐饮等多种功能的超级乐园综合休闲体验馆。

体育场大平台设计采用了先策划运营，后设计平台的主动型思维方式。将大平台演变为大裙房是体育场设计中的特色。

### 2. 场地多

体育场内除了常规的标准 400m 田径跑道、标准足球场外，其大平台上下室内外，还布置了数量可观的各类运动场地。大平台下有 3 片篮球场地、2 片五人制足球场地、1 片笼式足球场地、53 片羽毛球场地（图 7.1-8）。大平台上，设置了 11 片半场篮球场地、7 片全场篮球场地、4 片网球场地以及多片绿化和硬质广场。

综上，体育场内共设置各类运动、健身、活动场地 80 余片，为体育场后续使用创造了更多运营空间。

### 3. 标高多

竖向设计上，体育场主体包含 -6.000m 地下一层中央车库入口门厅，±0.000m 首层竞赛及运营功能

图 7.1-8　平台下羽毛球中心

区，+6.000m 二层观众卫生间及办公，+12.000m 三层大平台，+18.000m 四层高区观众平台，+32.000m 高区观众看台顶，+27.000m 马鞍形屋面低点，+54.000m 马鞍形屋面高点等一系列标高。同时，大平台为五层台阶式，各层面标高分别为 1.2m、3.9m、6.6m、9.3m 和 12.0m。

台阶式大平台层层叠起，既丰富了建筑轮廓和层次，避免了常规单层大平台对建筑整体形象的割裂感，也使位于其上的建筑主体显得更加轻盈。

### 4. 形式元素少

体育场整体形象分为上下两段，下部大平台裙房，上部建筑主体。体育场的主要形式元素，可以概括为横向线条、V 字柱、马鞍线。这其中，水平横向线条是统筹建筑整体形象的关键元素（图 7.1-9）。

下部大平台裙房立面上的横向线条，一宽两窄为一个单元，从下向上重复阵列，并且与台阶式大平台

图 7.1-9　立面水平百叶和V字柱

的层高严密吻合,形成强烈的秩序感和连续舒展的整体效果。横向线条通过干挂石材幕墙实现,宽线条高0.9m,窄线条高0.25m,模数化设计,线条向外悬挑1.2m,与体育场的整体尺度相适应,并在立面上形成丰富的光影效果。

上部建筑主体的横向线条,通过V字柱钢结构上的牛腿生根,干挂铝板。水平横向线条配合屋面的马鞍形轮廓进行疏密调节。屋面高处,线条疏阔;屋面低处,线条细密。

V字柱作为横向线条背后的层次,是结构受力的直观表达。同时配合穿孔铝板,在另一个维度上形成半隐的竖向编织机理。

**5. 屋面构件少**

体育场屋面为马鞍形,采用单层轮辐式索网结构,椭圆形平面,短轴跨度230m,长轴跨度260m。马鞍

形最高点至最低点高差25m,可以有效形成屋面刚度,立面V字柱和屋面外压环刚性连接,拱支承的膜结构置于径向索之上。

为了进一步强化这种简洁至极的内场效果,体育场马道被置于屋面内环索之上,所有相关的附属设施,如电缆槽、音响、灯具、排水沟、马道栏杆等,均布置于屋面之上,确保了内场干净简洁的整体效果（图7.1-10）。

图 7.1-10　内场效果二

### 7.1.4　结语

苏州奥体中心体育场的建筑设计从前期策划开始,就注重思考设计、施工、运营、维护全过程的每一个环节因素,这些环节决定了体育场建筑的整体品质、综合价值和全周期生命活力。从设计环节来看,体育场的造型及设计立意体现出地方人文特点及体育精神,并使其与城市环境相融合,功能布局方面注重了多样性、开放性,并考虑经济效益。本节内容也从功能构成、流线组织、形式要素、结构技术等几个方面,并从多与少两个角度,分析了苏州奥体中心体育场的一些设计特色。

## 7.2　体育馆建筑设计

体育馆建筑面积为6.3万 m²,其中地上建筑面积5.9万 m²,地下建筑面积4260m²,建筑高度为43.48m,可容纳13000座观众。体育馆由主体建筑和

裙房组成，地上共五层，地下局部一层，与中央车库相连（图7.2-1）。

体育馆可以适应多种比赛，篮球、冰球、羽毛球、体操以及大型文艺演出。

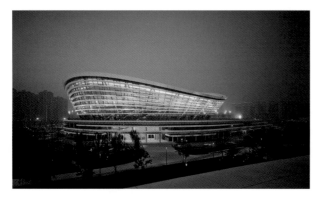

图 7.2-1 体育馆全景

### 7.2.1 功能布局

**1. 地下一层（地下室，位于 -6.000m 标高）**

体育馆西侧地下一层区域与中央车库相连。外圈功能为开敞式门厅入口，通过室外楼梯与12m平台相连。内圈为VVIP贵宾、VIP入口门厅，通过垂直交通与首层贵宾区域相连。

体育馆北侧地下一层区域与中央车库地下商业区域相连，通过自动扶梯可到达一层影院门厅区域。

**2. 首层（位于 ±0.000m 标高）**

建筑首层主要由竞赛场芯、训练厅、竞赛管理用房及商业配套用房组成（图7.2-2）。

本层设有车行环道实现车辆出入。VIP贵宾、运动员、新闻媒体、裁判员、官员和赛事组织者等持证人员可通过环路抵达。环路内主要为竞赛管理用房，根据设置区域，其主要功能划分为：东侧为运动员更衣淋浴区，在文艺演出时可转换为多种规模的明星化妆室；西侧为贵宾区域；南侧紧邻内场入口为观众卫生间，主要作为文艺演出时内场观众使用。

影院区域、商业区域及整个苏州奥体中心的售票中心位于环道外侧的西部和裙房的北部，赛事监控及信息中心位于裙房的南部。

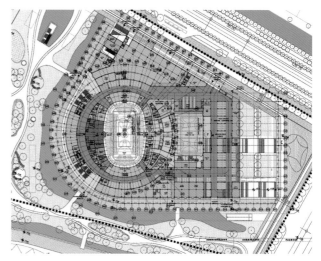

图 7.2-2 体育馆首层平面图

裙房北侧设置有物流通道，空间尺度满足大型集装箱卡车集散、停靠和装卸，以满足大型文艺活动的需求。

设备机房区集中设置在首层最东侧，与训练厅相隔内部车行通道，以确保噪声、维保等不对场馆使用造成影响。

**3. 二层（位于 +6.000m 标高）**

本层西侧为VVIP功能区，设置有贵宾休息室、就餐区等，VVIP观众由此进入看台区域（图7.2-3～图7.2-4）。本层东侧为会员功能区，设置有会员贵宾休息厅等。

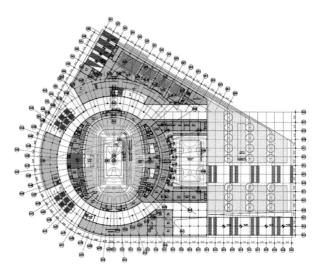

图 7.2.3 体育馆二层平面图

图 7.2-4　贵宾休息大厅

本层设有训练厅前厅，当训练厅作为小型比赛或演出场地使用时，观众通过该前厅进入场地内部临时搭设的观众席区域。

### 4. 三层（位于 +12.000m 标高）

本层为观众层，形态为规则的圆形平面设计，观众通过大台阶到达室外大平台后，沿着倾斜通透的玻璃幕墙进入环形观众休息厅，通过看台通道可以到达底层看台，通过 12 部开敞的圆弧楼梯可以到达位于四层的包厢层和五层的上层观众席看台（图 7.2-5～图 7.2-6）。

底层看台共可容纳 7771 席观众，其中包括 2904 席活动看台观众。看台与观众休息厅之间的空间被利用为零售、寄存、观众卫生间等辅助设施。

图 7.2-6　看台通道

### 5. 四层（位于 +16.200m 标高）

本层为包厢层，设有包厢 29 间及 518 席观众席看台。观众席看台排距 950mm，视线质量优良。该区域通过位于四个角部的垂直交通电梯到达或者直接通过位于观众休息厅内部的 12 部开敞楼梯到达（图 7.2-7）。

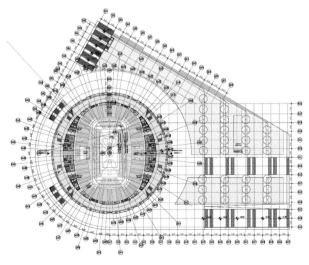

图 7.2-5　体育馆三层平面图

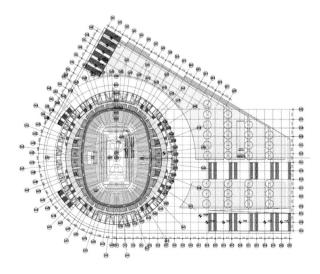

图 7.2-7　体育馆四层平面图

### 6. 五层（位于 +20.400m 标高）

本层为上层观众席看台使用，设有 3966 席观众席看台。观众通过位于观众休息厅内部的 12 部开敞楼梯到达，利用看台下方空间设置有观众卫生间等辅助设施（图 7.2-8）。

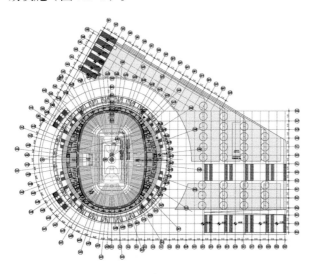

图 7.2-8　体育馆五层平面图

## 7.2.2　流线组织

赛事期间观众大部分从西北侧的地铁站或北侧的体育公园入口进入，可由在东侧角部和北侧角部的两个直跑大台阶上至 12m 大平台。少量体育公园内的观众，可以由建筑西侧的两个室外四跑楼梯上至 12m 大平台。其中一个室外楼梯还连接中央车库，开车的观众可以从这里上至平台。观众汇集到 12m 大平台上后，从大平台进入比赛场馆，再分别进入相应的看台区。

裁判、媒体由一层南侧入口通过环形车道进入各自工作区域。

VVIP 贵宾由一层西侧入口通过环形车道进入，在一层设有休息室，并有专用电梯直接上至二层 VVIP 区域和主席台看台。

运动员分作主客队，分别由一层东北侧入口和东南侧入口进入专用门厅及运动员休息区和更衣室，然后进入热身区和比赛区。

文艺演出期间，场芯观众通过位于南侧的两个兼做安全通道的入口门厅进入场芯内部观众席区域。北侧两个安全通道主要为演出工作人员及物流组织使用。

## 7.2.3　设计重点

### 1. 功能综合

（1）主赛场：可容纳 13000 座的观赛区域和可多功能使用的场芯竞技场地组成了整个体育馆的核心功能区。场芯竞赛区可容纳除了室内田径以外的所有室内竞技项目，通过铺设临时冰上设施，可举办室内冰上项目。规模为 13000 座的观众席看台呈环状布置，在观赛视线均好的基础上营造出相较于其他同类型场馆更为良好的观赛氛围。赛后，主赛场可作为演唱会等文艺演出功能使用，通过在设计阶段对于钢结构荷载预留的充分考虑，使该项功能得到充分保证。主赛场内部设置 LED 斗形屏、环屏、端屏、线阵列音响等设施，使场馆在文字、音响、影像、数据等方面获得巨大优势，使视听技术进一步与体育竞赛内容、文艺演出内容相融合，可以极大调动、活跃赛场气氛，获得更好的组织效果。

（2）训练厅：赛时训练厅内可布置两片标准篮球训练场地，作为热身场地使用。同时，在顶部预应力梁上设置吊挂系统，训练厅可单独作为小型赛场使用，甚至功能可转换为小型剧场使用。从而，在整个苏州奥体中心内满足不同规模的赛事需求（可以容纳跨度为大、中、小各种类型的活动），使整个片区全年充斥着多样的活力。

（3）配套功能：体育馆裙房内圈为赛事和演出功能，外圈则为开放的商业配套功能。在体育馆北侧设置影院功能，建筑面积约 6000m²，通过地下一层与西侧服务楼的商业裙房连为一体，形成良好的商业氛围。该区域可容纳七个影厅，其中包括一座 IMAX 影厅。

### 2. 看台布局

座席平面采用对称的四边环形布置形式，围合出良好的观赛氛围。看台区分为底层看台、包厢层看台与上层看台，最多可容纳 13000 席观众（图 7.2-9）。

图 7.2-9　看台布局

底层看台座席数量为 7771 席，其中活动座席为 2904 席，约占座席总数的 37%。大量的活动座席为调节场地大小，以适应不同比赛项目对场地的要求，对提高场地利用率起到了关键作用。主席台设置于竞赛场地长边一侧，具有最为良好的视线质量，主席台采用临时搭设看台的形式，提高使用的灵活性。竞赛场地长边正对主席台另一侧，设置了 202 座的会员席看台，排距为 1000mm，同样具有最为良好的视线质量。

本项目看台设计普通观众席排距 850mm，座宽 500mm，并按短排方式布置，每排座席数量控制在 26 座之内，既减少了比赛期间人员流动对观众的干扰，又有效地缩短了场内疏散路径。

大型演艺活动时，场芯可根据活动内容布置中央式舞台或尽端式舞台，内场可根据演出的内容增设内场座席，可容纳 1000 多位观众。

**3. 场地布置**

体育馆场芯场地最大尺寸为 73.2m×47.2m，能满足篮球、排球、手球、羽毛球等比赛要求。使用移动看台可以通过赛事不同座席数量的调整，以满足场地大小的缩减需求，达到多功能使用的目的。在移动看台完全收起后，场地可设置临时冰场，满足冰球、短道速滑、冰壶等比赛要求。

在大型文艺演出时，场芯可根据演出的需求布置尽端式舞台或中央式舞台。

在赛后利用方面，还考虑了运动员休息室与演出化妆室的转换、比赛组委会用房的转换等，充分发掘建筑功能。

**4. 疏散方式**

简洁、有效的疏散方式，在体育馆设计中尤为重要。同时，该项内容在消防设计中也是重中之重。

体育馆作为人员密集场所，各个区域的人员通过各自相对独立的疏散路径进行疏散，互不干扰。位于首层场芯的观众、参赛人员、工作人员及演职人员通过四条直通室外的安全通道进行疏散。底层看台观众、上层看台观众及包厢层看台观众通过位于 12m 标高的观众休息大厅进行疏散。观众休息厅与比赛大厅之间采用防火墙、防火门进行分隔，同时观众休息大厅全部采用不燃材料装修并设置自然排烟外窗，以确保在紧急情况下该区域的安全性。

疏散时间及疏散宽度均严格按照规范要求控制，在紧急情况下，所有看台观众在 4 分钟以内疏散出建筑主体，到达室外大平台的安全区域。

**5. 空间组合**

比赛大厅、训练厅、观众席、观众休息大厅等每一部分对空间的要求各不相同。本工程设计通过合理的屋面结构形态设计，使双曲面空间结构体系恰如其分地满足了各部分的净空要求，观众休息大厅与比赛大厅之间采用斜墙面设计，尽可能地压缩不必要的空间。建筑的外在形态就是内部功能的直接反映，做到了建筑与结构、形态与功能的和谐统一。

尺度宜人的比赛和观演空间、宽敞明亮的休息大厅、充裕的集散平台、大面积的商业配套用房，这些都紧凑而合理地整合于体育馆内，营造出高效、集约又可多元使用的体育建筑。

### 7.2.4 结语

体育馆作为苏州奥体中心使用最频繁的单体建筑，在设计之初就对其进行了精准的功能定位，打造成了集体育比赛、文艺演出、观赏影片主题鲜明的功能综合体，体育馆以尺度宜人的空间布局，优美的环境氛围、贵宾式的包厢服务设施、高品质的视听设备，给观众带来的的不仅仅是观看一次比赛、参加一次活动，更是一种令人身心愉悦的精神体验。

# 7.3 游泳馆建筑设计

游泳馆可容纳 3000 座观众，地上共四层，局部地下一层，并且与中央车库相连。总建筑面积为 5.0 万 m²，其中地上建筑面积 4.9 万 m²，地下建筑面积 1615m²，建筑高度为 33.95m。

馆内设有国际泳联标准的一个比赛池（50m×25m×3m）、一个训练池（50m×25m×2m）、800m² 儿童嬉水区、室外 3000m² 移动戏水游乐池、观众休息厅、健身中心、赛事运营区域（包括贵宾、新闻媒体、赛事组委会、运动员、裁判员等）、场馆运营办公、场馆经营配套商业用房及配套设施。

游泳馆可举办长短池游泳比赛、花样游泳、水球等各类水上竞技比赛，以及一些大型水上综艺娱乐健身活动。

### 7.3.1 功能布局

**1. 地下一层（地下室，位于 -6.000m 标高）**

设有和中央车库相连的入口门厅，通过室外楼梯与 12m 标高平台相连，通过室内自动扶梯和首层北侧入口门厅相连。

**2. 首层（位于 ±0.000m 标高）**

本层设有车行环道实现车辆出入。贵宾、特殊贵宾、新闻、官员和工作人员等设施可通过环路抵达。环路内主要为设备机房和工作人员办公区域。商业区域位于环道东侧和裙房的北侧。

一层设有大型健身中心，分为普通区和 VIP 区，分别由南北两个入口进入。室内健身场地包括 32 桌乒乓球房、32 桌桌球房、6 片网球场地、4 片 VIP 羽毛球场地、4 片壁球房和一个室内攀岩区域。同时西侧设有可停放 98 辆停车位的室内停车场，且可以为健身中心服务，并设置有一个通向健身中心的入口（图 7.3-1）。

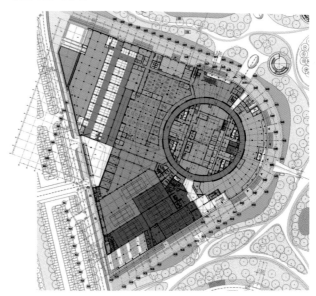

图 7.3-1 游泳馆一层平面图

**3. 二层（位于 +6.000m 标高）**

本层设有标准比赛泳池区域（图 7.3-2）、训练池区域（图 7.3-3）和儿童嬉水区，东南侧为体育产业园。

标准比赛泳池区域东侧为竞赛管理区，布置比赛相应机房，裁判、媒体可直接由一层上至该区域用房。

标准比赛泳池区域西侧与训练池区域相连。

训练池南侧为运动员兼健身中心 VIP 更衣淋浴区域，北侧为可供约 2000 人使用的公众更衣淋浴区域。训练池西侧面向室外娱乐池区域，配备了独立的更衣间及卫生间（图 7.3-4）。

**4. 三层（位于 +12.000m 标高）**

本层为规则的圆形平面设计，沿着倾斜通透的玻璃幕墙进入环形观众厅，通过东西两侧四条安全通

图 7.3-2 游泳馆二层比赛泳池

图 7.3-3 游泳馆二层训练泳池

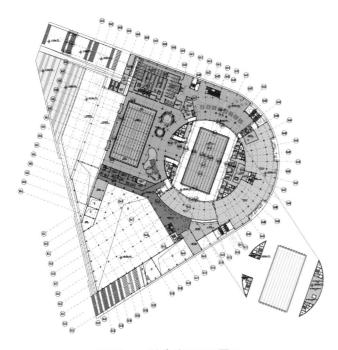

图 7.3-4 游泳馆二层平面图

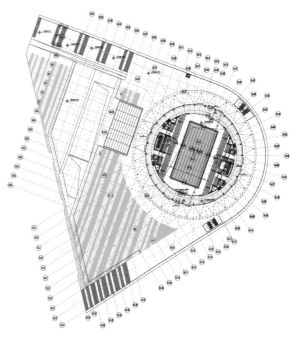

图 7.3-6 游泳馆三层平面图

图 7.3-5 游泳馆观众固定看台区

道可通至固定看台,在安全通道两侧分别设置了观众洗手间。东侧看台正中间设置了 VIP 贵宾包厢和 VIP 贵宾独立看台,残疾人座席位于包厢两侧看台。通过南北两端实体矮墙可以直接看到二层内圈中心布置的一个 50m×25m 的标准比赛泳池,泳池长边两侧分别沿视线而上为观众看台区(图 7.3-5 ~ 图 7.3-6)。

### 5. 四层(位于 +16.700m 标高)

本层为可搭建临时座椅的平台,由环形门厅的四部开放式弧形楼梯抵达。也可直接由固定看台抵达(图 7.3-7)。

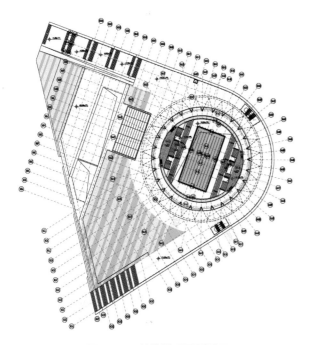

图 7.3-7　游泳馆四层平面图

图 7.3-8　游泳馆南侧大台阶

图 7.3-9　游泳馆 12m 标高大平台

## 7.3.2　流线组织

### 1. 赛事期间

观众大部分从西侧的地铁站或北侧的体育公园入口进入，可由在北侧角部和南侧角部的两个直跑大台阶上至 12m 标高大平台（图 7.3-8）。少量体育公园内的观众，可以由建筑东侧的两个室外四跑楼梯上至 12m 标高大平台（图 7.3-9）。其中一个室外楼梯还连接地下室中央车库，开车的观众可以从这里上至平台。观众汇集到 12m 标高大平台上后，从平台进入比赛场馆，进入看台区。

裁判、媒体由一层南侧入口通过环形车道进入，可由楼梯或电梯分别上至二层工作区。

贵宾由一层南侧入口通过环形车道进入，在一层东侧设有休息室，并有专用电梯直接上至三层 VIP 贵宾包厢和贵宾看台。

运动员由一层南侧入口进入运动员专用门厅，可由楼梯或电梯上至二层运动员休息区和更衣室，进入热身池和比赛区。

### 2. 非赛事期间

游泳馆向社会公众开放，训练池和各娱乐区可同时开放，公众从北面健身中心门厅进入，办理好手续通过自动扶梯上至二层，可以便捷到达室内训练泳池、标准比赛泳池、室内戏水区域和室外游乐池区域，从室内到达室外与景观融合成一体的水上游乐园。泳池 VIP 游客可以从一层南侧入口上至二层，使用配置较高的运动员更衣淋浴设备。

游泳馆一层健身中心可以同时开放两处出入口，第一处在一层北侧健身中心门厅进入，也可以通过西侧的地面停车库旁的内入口进入健身中心。

公众也可以通过地下中央车库由自动扶梯上至一层北侧门厅，从而进入一层健身中心或二层公共泳池区。

## 7.3.3　设计难点

游泳馆采用金属屋面＋正交单层索网＋压环梁＋

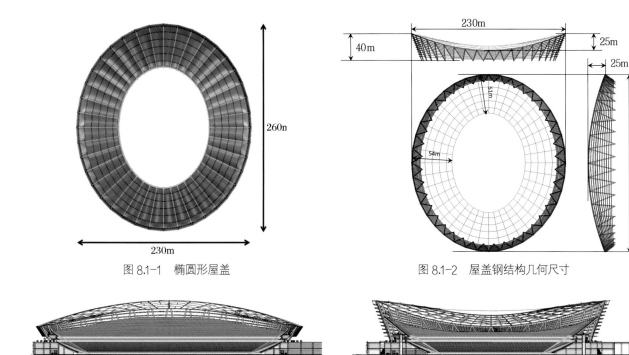

图 8.1-1　椭圆形屋盖

图 8.1-2　屋盖钢结构几何尺寸

长轴剖面　　　　　　　　　　　　　　　　　短轴剖面

图 8.1-3　建筑剖面图

柱的柱脚以及其与外环相连接处采用环向等间距的设置原则。同时 V 形立柱向外倾斜，形成了沿着立面变化的柱倾角，倾角在 55°～70°之间变化。

**2. 体育场屋盖体系的实现**

整体建筑设计对屋盖钢结构的要求是——轻盈通透的屋面结构＋高低起伏富有韵律的外形。建筑外观要求形成尽可能大的马鞍形曲线。为了获得轻盈通透的屋面，结构体系设计的初步方案是全封闭的索网体系，也称为轮辐式结构体系，它是基于自行车轮的受力原理发展形成的。通过内部的受拉环以及外侧的受压环，通过对径向索施加预应力，高效地形成有效竖向刚度（图 8.1-4）。

而传统的轮辐式体系（图 8.1-5）在高低起伏的马鞍形外观下却会在一定程度上失去其结构的效率。为了实现满意的建筑效果，经过外形的评估，建筑师希望马鞍形的高低差至少达到 15m，最佳为 25m。然而经过结构初步计算分析，当马鞍形的高低差达到 10m 的时候结构体系的效率将会明显降低，当达到 15m 时基本达到不接受的程度。

然而当马鞍面的高差进一步加大，由高点和高点之间形成的下拉方向悬链线以及低点和低点之间形成的上拉方向的拱线具备足够的矢高后，就可以形成类似于双曲抛物面壳体这样的单层空间受力体系（图 8.1-6）。

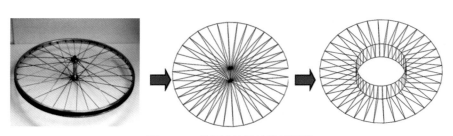

图 8.1-4　轮辐式体系的发展思路

图 8.1-5　传统的轮辐式
体系——深圳宝安体育场

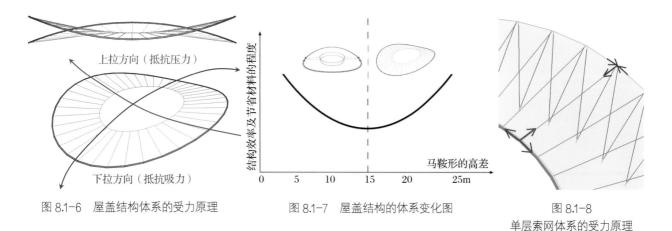

图 8.1-6 屋盖结构体系的受力原理　　　　　　图 8.1-7 屋盖结构的体系变化图　　　　　　图 8.1-8
　　　　　　　　　　　　　　　　　　　　　　　　　　　　　　　　　　　　　　单层索网体系的受力原理

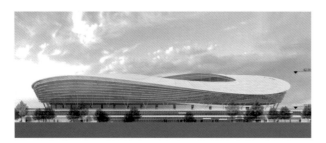

图 8.1-9 18m 高差马鞍形曲面形成的屋面效果

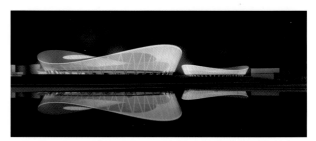

图 8.1-10 25m 高差马鞍形曲面形成的屋面效果

图 8.1-11 单层索网体系结构

　　基于这个原理，结构工程师创新性地提出采用单层索网的轮辐式体系来突破这一传统体系的局限。经过计算分析，当马鞍形的高差达到最佳建筑效果 25m 时，理论上可以形成较为满意的竖向结构刚度（图 8.1-7～图 8.1-10）。

　　单层索网的竖向刚度是通过空间几何形体形成的，和传统索桁架形体相比竖向刚度要弱。由于其刚度均是通过结构体系中的预应力来实现的，需要对结构进行有效的受力找型，精确确定内环和径向索的预应力，同时外压环在自重作用下不会产生任何的弯矩，而只有在外力下才会产生少量的附加弯矩，大大节省钢结构的用量。40 根径向索以及 8 根环向索均采用目前国际市场上防腐性能最好、截面尺寸最小的全封闭高强钢索，径向索根据不同的受力部位，直径为 110～120mm（内环曲率大的地方预应力大）。内环索为 8 根 100mm 直径（图 8.1-11）。

### 3. 体育场立柱的设计方案

外圈的倾斜 V 形柱在空间上形成了一个圆锥形的空间壳体结构，从而形成刚度良好的屋盖支撑结构，直接支撑设置于顶部的外侧受压环。所有的屋盖结构柱支撑在下部的混凝土结构的混凝土柱上（图 8.1-12）。

图 8.1-12　体育场屋盖的外围立柱

环向设置的 V 形立柱与外压环一起形成了高度为 40m 的桁架结构，竖向刚度很大的连续 V 柱体系对于基础不均匀沉降较为敏感。结构设计中一方面尽量控制基础的不均匀沉降；另一方面对钢结构柱采用了特殊的连接方式以释放不必要的竖向刚度，缓解体系对不均匀沉降的敏感性。具体的做法就是尽量不让其形成桁架结构，让特定部位的立柱承受指定的荷载，图 8.1-13 为 1/4 局部的立柱布置图，其中红色柱表明该部分柱上下固定承受整体荷载，绿色柱表明承受径向和切向水平荷载，蓝色柱表明柱只承受径向水平荷载。

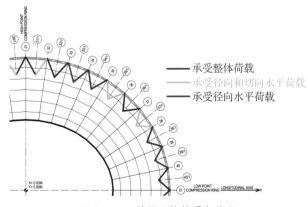

图 8.1-13　外围立柱的受力分类

为了实现结构柱的特定受力，将在相应铰支柱底设置特殊的关节轴承和支座来实现。以下将分别针对这三类立柱的受力特性进行具体阐述：

（1）承重及抗侧力体系立柱

图 8.1-14 中示意的红色立柱承受结构主要荷载，包括作用于体育场屋盖结构上的竖向荷载与水平荷载，以及周边的幕墙荷载，并将所有荷载均传递到基础。

图 8.1-14　承重及抗侧力体系立柱

（2）抗侧力体系柱

图 8.1-15 中示意的绿色立柱作为抗侧力体系的一部分，与受压环共同作用，增强结构的整体抗侧力刚度。这些抗侧力体系柱不承受作用于屋面与压环梁上的竖向荷载，只承受水平荷载与幕墙荷载，因此在柱脚支座处，将竖向连接放松，而仅在径向与环向进行连接固定。

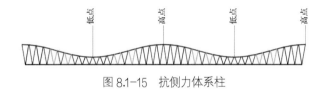

图 8.1-15　抗侧力体系柱

（3）幕墙立柱

图 8.1-16 中示意的蓝色立柱不承受屋盖结构的整体荷载，仅承受周边的幕墙自重与作用于幕墙上的荷载，如作用在幕墙上的风与地震作用。故在柱脚支座设计中将径向连接固定，其余方向均放松。

图 8.1-16　幕墙立柱

因为 V 形柱作为锥形壳体的组成部分，所以 V 形柱的支座变位会导致在外压环上较大的弯曲应力。经过各方的共同讨论，决定屋盖结构下的混凝土部分不设置结构缝，避免在地震作用下，压环内产生高应力而产生较大的杆件截面（图 8.1-17）。

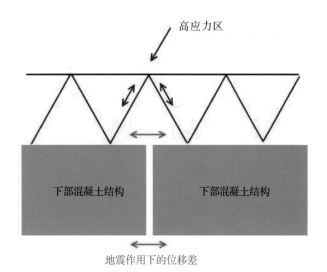

图 8.1-17 受力分析

### 4. 膜结构的设计

膜材被选为体育场轻型屋盖结构的屋面材料，主要原因是比起其他的屋面材料而言，柔软的膜材可以适应单层索网屋面而产生的大变形，并且其 10% 的透光率使体育场的内部明亮又不需要增加附加的遮阳。屋面膜结构包括仅能承受拉力的膜材，以及拱形支承结构体系。外部的荷载作用在只能承受拉力的膜材，传递到可以承受压力的构件上，如同身体中的"皮肤"和"骨头"之间的关系。对于膜材支承结构来说，拱是一种非常适合的型式。通过定义合适的平面和拱高可以形成膜结构所需要双曲面的形状（图 8.1-18）。

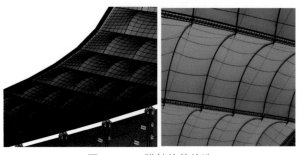

图 8.1-18 膜结构的构造

拱作为支承结构仅承受压力，它同时形成仅承受拉力的膜结构的线性支座。这种高效的受力系统应该通过钢结构和膜结构构件的共同受力而实现。如果这两种材料可以实现有效连接，可以实现膜结构将荷载传递到支承拱结构上，同时通过施加了预应力的膜材

来高效保证受压拱的稳定性。为了能够实现这种共同工作，膜材应该具备相应的强度和刚度，而圆管截面的拱的刚度应该尽可能的小。影响这两种材料之间的共同作用的因素包括以下几点：钢管的横截面大小、膜材的支承宽度、结构的几何形状、预应力张拉程度，以及材料的物理特性。拱脚处的连接为铰接，这对于上述结构共同作用来说是非常有利的。膜材应该将其强度较高的经向垂直于拱线设置。拱脚处的铰接还有另外的好处：当拱两侧膜材受到不同的荷载时，拱可以相对自由地转动以适应荷载的作用，而不会在柱脚产生很大的约束反力。膜材的应力和施加在膜面上的荷载以及膜面的曲率有着密切的关系。

对于两个高点之间的凹面方向（这里是经线方向），向下的荷载（这里是活荷载、雨水荷载以及下压风荷载）增加这个方向的膜材应力。而在双曲面的凸面方向（这里是纬线方向）的膜材应力则随着下压荷载的增大而减小。但是对于这类结构来说，风的上吸力要远远大于所有的下压力的工况。所以膜结构的预应力在两个方向上的比例应进行优化，增大膜面相对于上吸风的曲率，而减小膜面对于下压工况的曲率。

### 5. 内环索夹的设计

内环索索夹是连接径向索和 8 根内环索的关键构件。它是整个体育场中受力最大也是几何形式最复杂的构件。传统轮辐式体育场中的内环索索夹通常采用铸钢整体浇筑。考虑到铸钢构件的密实程度和组织分

图 8.1-19 内环索夹的构造

布等使材料性能与轧制钢有差异，相关的结构设计规范将铸钢构件破坏类型归属于脆性破坏。在苏州奥体中心体育场，采用了受力更直接、冗余度更高的焊接连接方式。作为全球首创的铸钢索夹连接方式，该方式充分发挥了铸钢构件（紫红色）在复杂形体上的塑性

优势，以及中间热轧 Q390C 钢板（蓝色）作为主要抗拉构件的强度和抗拉延性。同时在由于采用了上下两片铸钢索夹和中间的热轧钢板的组合设计，上下两块铸钢可以采用同样的模具生产，大大减少了铸钢模具的数量和铸钢浇筑时出错的几率（图 8.1-19 ～图 8.1-20）。

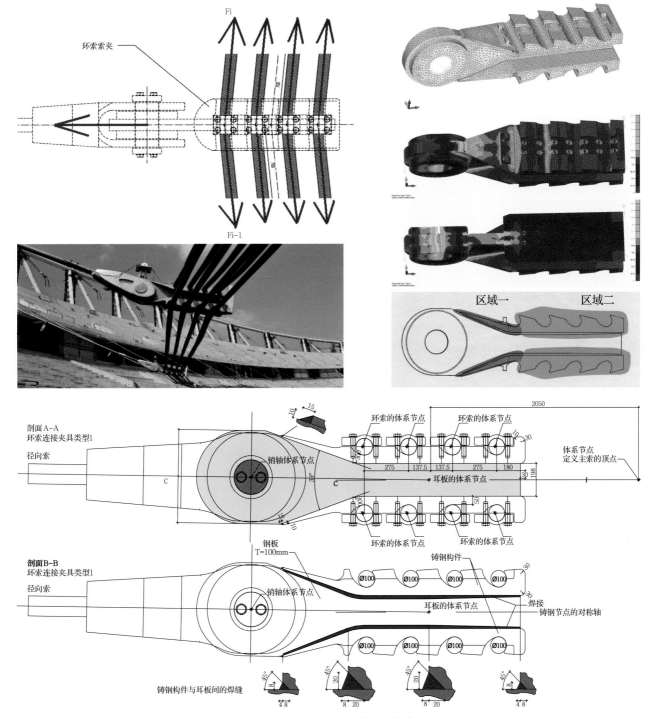

图 8.1-20 张拉过程中的内环索夹

## 8.1.2 钢结构大变形

屋面结构采用了单层索网屋面，和传统的索桁架式的轮辐式体系相比，其整体竖向刚度较小。在风荷载和附加雪荷载下会产生较大的变形。通过计算在90°风荷载下最大竖向变形达到了2865mm，在积雪荷载下的竖向变形亦达到了1712mm。然而在地震作用下，变形量却很小，充分体现了轻型结构在地震作用下的受力优势。

同济大学土木工程防灾国家重点实验室进行了刚性实体模型风洞试验研究和CFD数值风洞模拟研究，两者结果比较接近，数值模拟的体型系数绝对值比风洞试验结果略大0.1～0.2；用ANSYS的瞬态分析方法计算了结构的风致响应，考虑了结构大变形引起的几何非线性效应，得到钢屋盖的风振系数；同时，为了考虑柔性屋面结构和风之间的耦合作用，进行了气弹性模型风洞试验研究。研究发现，除了屋盖挑篷悬挑端部分在试验风速下有较大振幅的测点，其脉动风压系数明显大于刚性模型测压试验结果外，其他位置差别较小，整体屋盖的风振系数为1.81，小于ANSYS计算的1.86。

风洞试验提供了24个不同角度作用下的风荷载值，将所有这些荷载进行分析计算后，选取六个不同角度的风荷载用于整体分析（表8.1）：0°风荷载引起最小的整体结构向上的风吸力；15°风荷载引起最大的整体结构Y向的反力；60°风荷载引起最大的整体结构向上的反力，同时也引起局部较大的风吸力；75°风荷载引起局部较大的风吸力；90°风荷载引起最大的整体结构X向的反力；135°风荷载是对于幕墙结构而言最不利的荷载（X向指的是体育场椭圆形平面短轴方向，Y向指的是长轴方向）。

对于传统刚性屋面结构而言，这样的变形量是不可想象的，由于采用了柔性的膜结构，这样的设计成为可能。但是需要确保在这样的变形量下屋盖结构依然可以满足正常使用要求，不会在膜面产生积水，同时不会导致其他非结构构件的破坏。

**屋盖结构竖向最大位移汇总 Uz** 表 8.1

| 荷载工况 | 工况编号 LF | 位移 $U_z$（mm） | | 跨度 $L$（m） | 位移比 |
| --- | --- | --- | --- | --- | --- |
| | | SOFiSTiK | SAP2000 | | |
| 活载 | 1100 | 1547 | 1530 | 260 | $L/168$ |
| 满雪荷载 | 1200 | 1420 | 1400 | 260 | $L/183$ |
| 不均布雪荷载 | 1210 | 816 | 809 | 260 | $L/318$ |
| 积雪荷载 | 1230 | 1721 | 1712 | 260 | $L/151$ |
| 0°风荷载 | 1300 | 890 | 870 | 260 | $L/292$ |
| 60°风荷载 | 1320 | 2395 | 2389 | 260 | $L/108$ |
| 90°风荷载 | 1340 | 2869 | 2865 | 260 | $L/91$ |
| 135°风荷载 | 1360 | 1923 | 1912 | 260 | $L/135$ |
| 15°风荷载 | 1380 | 985.9 | 979.8 | 260 | $L/263$ |
| 75°风荷载 | 1400 | 2820 | 2811 | 260 | $L/92$ |
| 罕遇地震作用 | | 249 | 243 | 260 | $L/1044$ |

### 1. 屋盖结构的排水设计

对于柔性膜结构屋面，屋面排水方案及其可行性必须进行谨慎的校核，以确保屋面不至于形成对膜结构体系而言非常危险的雪袋和水袋，并满足屋面使用状态的要求。体育场的屋面结构是一个双轴对称的结构，可将其分如下为A、B、C三个区域（图8.1-21～图8.1-22）。

A区：轴线6～11；11～16；26～31；31～36。外高内低，其排水坡度向内，这个区域的雨水首先收集到设置于内环上的天沟，再通过内环天沟将雨水引导到C区，然后从C区向外排出。

C区：轴线1～3；19～21；21～23；39～1。外低内高，其排水坡度向外，这个区域的雨水首先收集到设置于外环上的天沟，然后通过排水管排出。

B区：轴线4～5；17～18；24～25；37～38。B区位于A区和C区之间。在径向上，这个区域不能形成有效的排水坡度。尤其是37（5、17、25）轴，其径向的坡度为0°。但是由于马鞍形的几何造型，可以形成切向的坡度。可以利用切向的坡度将雨水排到38（4、18、24）轴，然后通过38（4、18、24）轴排到外侧的天沟。

（1）A区的排水设计及结构计算结果

A区的排水方案如图8.1-23所示，由于结构是

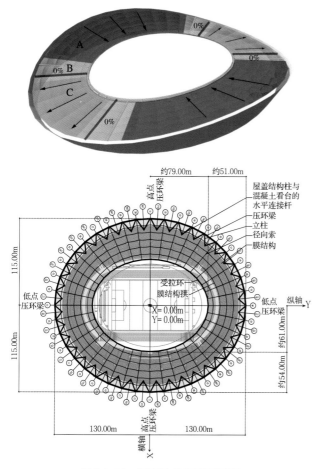

图 8.1-21　屋面结构图平面示意

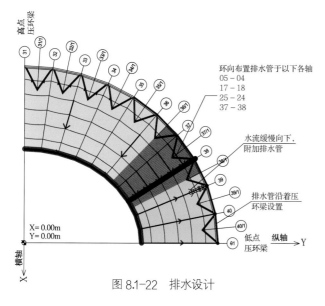

图 8.1-22　排水设计

双轴对称的结构，为了解释得清楚明了，仅对结构的 1/4 范围（31 轴到 01 轴）进行描述，其余的对称区域相同设计。

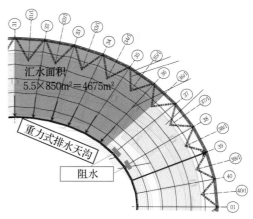

图 8.1-23　A 区排水方案

内环索上设置重力式的排水天沟，天沟收集轴线 31 ～ 36 轴约 4675m² 的雨水，然后使其沿着内环上的天沟从 39 轴排出（图 8.1-24）。

通过检查所有荷载工况下最不利的 36 轴（坡度最小），可以发现在 36 轴处不会有水流不畅产生水袋的情况（图 8.1-25）。

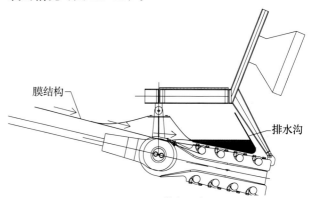

图 8.1-24　排水天沟

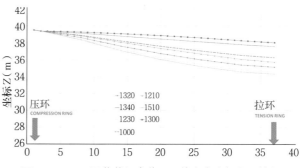

图 8.1-25　不同荷载组合作用下的高度坐标（36 轴）

通过检查所有荷载工况下环梁的排水坡度，可以发现环梁的坡度基本不会因为外荷载产生明显的变化（图 8.1-26 ～图 8.1-27）。

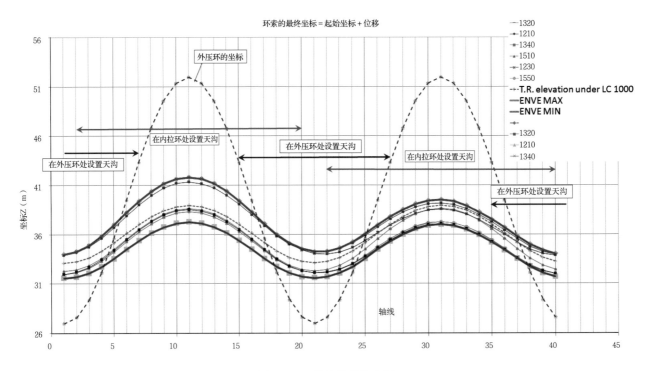

图 8.1-26　环索的最终坐标

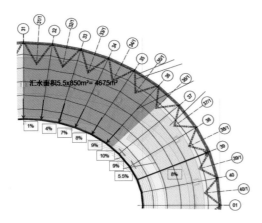

图 8.1-27　排水坡度

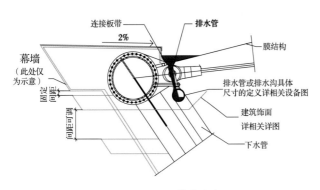

图 8.1-28　C 区排水方案

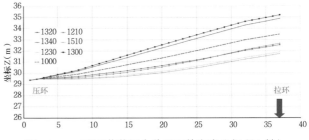

图 8.1-29　不同荷载组合作用下的高度坐标（39 轴）

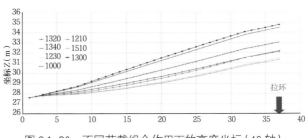

图 8.1-30　不同荷载组合作用下的高度坐标（40 轴）

天沟的排水坡度均较大程度上能满足重力式排水的要求。

（2）C 区的排水设计及结构计算结果

C 区的排水路线最为直接也最为简单，雨水顺着拱谷流到外部天沟（图 8.1-28）。

通过检查所有荷载工况下 39 及 40 轴的变形图，可以发现不会产水流不畅产生水袋的情况（图 8.1-29 ～图 8.1-30）。

（3）B 区的排水设计及结构计算结果

B 区的排水是利用了马鞍形的几何造型，可以形成切向的坡度。可以利用切向的坡度将 37 轴雨水排到 38 轴，然后通过 38 轴排到外侧的天沟（图 8.1-31）。

通过分析，37 轴会产生水流不畅，产生积水的可能（图 8.1-32）。

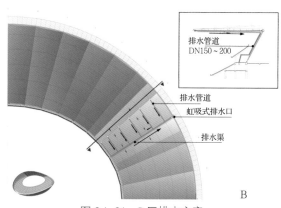

图 8.1-31　B 区排水方案

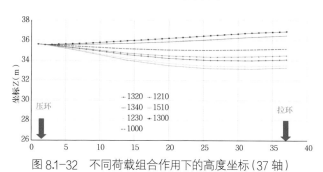

图 8.1-32　不同荷载组合作用下的高度坐标（37 轴）

38 轴可以采用附加排水管向外排水（图 8.1-33 ～图 8.1-34）：

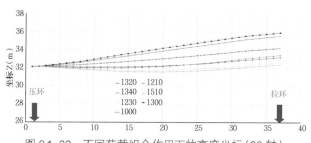

图 8.1-33　不同荷载组合作用下的高度坐标（38 轴）

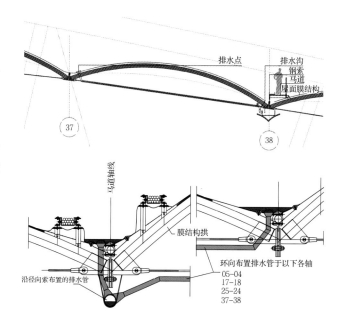

图 8.1-34　排水设计

### 2. 屋面附属设施设计

为了不让内环向马道因为屋盖结构变形而产生破坏，在计算了马道连接处每个部分的变形量后，对连接构件采用长圆孔进行连接释放变形而产生的内力（图 8.1-35）。

同理，径向马道和线槽也需要设置长圆孔释放变形所产生的内力（图 8.1-36 ～图 8.1-37）。

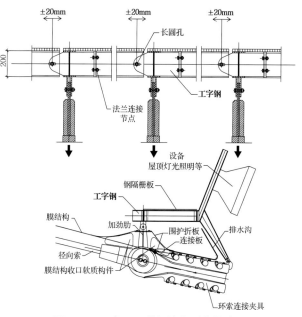

图 8.1-35　内环马道释放变形的构造

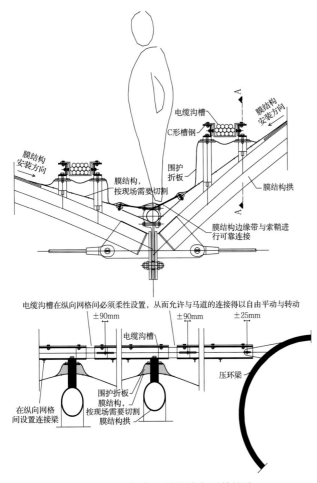

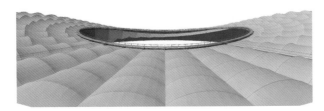

图 8.1-36　径向马道释放变形的构造

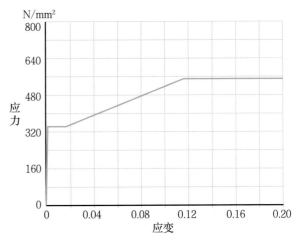

图 8.1-37　屋面的构造图

## 8.2　屋盖钢结构稳定变形适应分析

### 8.2.1　屋盖钢结构整体稳定分析

单层索网与边界结构形成空间受力体系,边界结构与拉索互为弹性支承,无法同常规钢框架结构一样按照规范查表得出其计算长度系数。因此,采用通用有限元程序 ANSYS,对结构进行了考虑几何非线性

和材料非线性的整体稳定分析。

体育场非线性稳定的分析,采用通用有限元程序 ANSYS 进行。在分析的过程中,对结构考虑双非线性:几何非线性和材料非线性,同时按结构的第一阶屈曲模态考虑规范规定的一定初始缺陷。分析中,外围钢环梁和 V 形柱采用 Beam188 单元,拉索采用 Link10 单元。同时,分析考虑分为两个荷载步进行:第一荷载步计算预张应力和重力的作用(包括索头、索夹重力等),第二荷载步分析其余外荷载的作用。

材质属性,体育场屋盖钢结构采用 Q345C 和 Q390C 牌号钢材,其屈服强度标准值分别为 345N/mm$^2$ 和 390N/mm$^2$,弹性模量 $E = 206$GPa,泊松比 $\mu = 0.30$。其应力应变关系曲线如图 8.2-1 和图 8.2-2 所示。

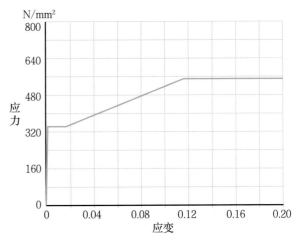

图 8.2-1　Q345 本构关系曲线

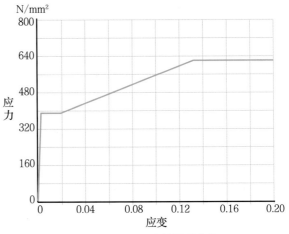

图 8.2-2　Q390 本构关系曲线

分析用荷载组合 表 8.2-1

| 1.1 | 1.0D+1.0L | 6.1 | 1.0D+0.7S32+1.0W60 |
|---|---|---|---|
| 2.1 | 1.0D+1.0S31 | 6.2 | 1.0D+0.7S32+1.0W62 |
| 2.2 | 1.0D+1.0S32 | 6.3 | 1.0D+0.7S32+1.0W65 |
| 2.3 | 1.0D+1.0S33 | 6.4 | 1.0D+0.7S33+1.0W60 |
| 2.4 | 1.0D+1.0S34 | 6.5 | 1.0D+0.7S33+1.0W62 |
| 2.5 | 1.0D+1.0S35 | 6.6 | 1.0D+0.7S33+1.0W65 |
| 3.1 | 1.0D+1.0W60 | 6.7 | 1.0D+0.7S34+1.0W60 |
| 3.2 | 1.0D+1.0W61 | 6.8 | 1.0D+0.7S34+1.0W62 |
| 3.3 | 1.0D+1.0W62 | 6.9 | 1.0D+0.7S34+1.0W65 |
| 3.4 | 1.0D+1.0W63 | 6.10 | 1.0D+0.7S35+1.0W60 |
| 3.5 | 1.0D+1.0W64 | 6.11 | 1.0D+0.7S35+1.0W62 |
| 3.6 | 1.0D+1.0W65 | 6.12 | 1.0D+0.7S35+1.0W65 |
| 4.1 | 1.0D+0.7L+1.0W60 | 7.1 | 1.0D+1.0S32+0.6W60 |
| 4.2 | 1.0D+0.7L+1.0W61 | 7.2 | 1.0D+1.0S32+0.6W62 |
| 4.3 | 1.0D+0.7L+1.0W62 | 7.3 | 1.0D+1.0S32+0.6W65 |
| 4.4 | 1.0D+0.7L+1.0W63 | 7.4 | 1.0D+1.0S33+0.6W60 |
| 4.5 | 1.0D+0.7L+1.0W64 | 7.5 | 1.0D+1.0S33+0.6W62 |
| 4.6 | 1.0D+0.7L+1.0W65 | 7.6 | 1.0D+1.0S33+0.6W65 |
| 5.1 | 1.0D+1.0L+0.6W60 | 7.7 | 1.0D+1.0S34+0.6W60 |
| 5.2 | 1.0D+1.0L+0.6W61 | 7.8 | 1.0D+1.0S34+0.6W62 |
| 5.3 | 1.0D+1.0L+0.6W62 | 7.9 | 1.0D+1.0S34+0.6W65 |
| 5.4 | 1.0D+1.0L+0.6W63 | 7.1 | 1.0D+1.0S35+0.6W60 |
| 5.5 | 1.0D+1.0L+0.6W64 | 7.11 | 1.0D+1.0S35+0.6W62 |
| 5.6 | 1.0D+1.0L+0.6W65 | 7.12 | 1.0D+1.0S35+0.6W65 |

分析用荷载组合表 表 8.2-2

| 6.21 | 1.0D+0.7S34'+1.0W60 | 7.21 | 1.0D+1.0S34'+0.6W60 |
|---|---|---|---|
| 6.22 | 1.0D+0.7S34'+1.0W62 | 7.22 | 1.0D+1.0S34'+0.6W62 |
| 6.23 | 1.0D+0.7S34'+1.0W65 | 7.23 | 1.0D+1.0S34'+0.6W65 |
| 6.24 | 1.0D+0.7S35'+1.0W60 | 7.24 | 1.0D+1.0S35'+0.6W60 |
| 6.25 | 1.0D+0.7S35'+1.0W62 | 7.25 | 1.0D+1.0S35'+0.6W62 |
| 6.26 | 1.0D+0.7S35'+1.0W65 | 7.26 | 1.0D+1.0S35'+0.6W65 |

在分析中，按规范的要求采用荷载的标准组合。在雪荷载和风荷载同时组合的工况中，考虑到组合较多，对其中的风荷载仅选取典型的和结构变形、受力较大的三个角度。分析中采取的荷载组合如表 8.2-1 所示。

另外，由于风荷载的输入中并没有考虑对称位置，故在风荷载与雪荷载的组合中，增加半跨不均匀雪荷载（S34、S35）的对称半跨布置（S34'、S35'），以包络最不利工况组合下结构的分析，保证结构安全，如表 8.2-2 所示。

以 1.0D＋1.0S33 工况为例，对应的屈曲模态如图 8.2-3 所示，典型工况荷载位移曲线如图 8.2-4 所示。

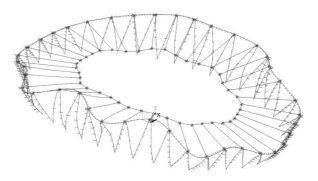

图 8.2-3 1.0D＋1.0S33 屈曲模态图

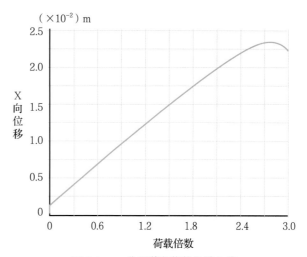

图 8.2-4 典型节点荷载位移曲线

由荷载—位移曲线图可以发现，按弹塑性进行结构的非线性全过程分析时，各工况结构的稳定性极限承载力临界系数 $K > 2.0$，满足规范相关要求。

### 8.2.2 柔性屋面大变形对附属结构影响分析

体育场屋盖采用 260m 跨轮辐式单层索网结构，最大程度地实现了轻盈的结构设计。体育场内场如图 8.2-5 所示。

单层索网结构刚度弱，在极限荷载下的变形很大。在 100 年一遇风荷载作用下，内环最大竖向位移达到 2.8m，远超出了规范对变形的限值要求。屋面覆盖采用膜材，适应变形的能力很强。但是附属结构如径向马道、环向马道、径向排水管、环向天沟、径向电缆沟等，在屋面大变形以及振动作用下，其受力状态应进行专门深入分析，确保其安全性。

图 8.2-5 体育场内场

#### 1. 附属结构设计思路

附属结构适应屋面大变形，应以"放"为主，主动适应柔性屋面的变形。附属结构中设置了大量的滑动、转动连接节点，让附属结构在释放屋面大变形不利影响的同时，将自身的刚度降低，避免对主体结构产生不必要的次应力，使主体结构的分析模拟更接近真实。

（1）环向马道的设计

为了满足建筑师对屋面效果的要求，体育场的马道摒弃了传统的"吊挂"形式，所有马道均上翻，布置在索头上方，以保证看台观众不能直接看到正上方的马道构件。内环上翻马道结构三维图如图 8.2-6 所示。

图 8.2-6 内环上翻马道三维图

上翻马道中，相邻环索索夹上的支撑立柱间均通过内外两根"连接横梁"连接，横梁最大跨度近 12m。每跨横梁上三等分位置，设置两道栏杆立柱，以降低上层横向构件的跨度。如图 8.2-7 所示。

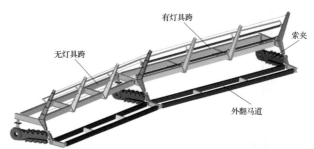

图 8.2-7 上翻单元榀三维图

由于内场效果灯光布置的要求，环向马道的设计又分为两种情况：有灯具跨和无灯具跨，两者的受力要求完全不同。

① 连接横梁的设计

连接横梁是上翻马道受力的主要构件。其两侧均通过支撑立柱与环索索夹相连，因此在两端铰接的前提下，任何工况变形中，横梁始终保持着与每节环索平行的状态。因此，横梁需设置的伸缩量值也即为各工况下，环索自身伸缩量的包络值。设计中，连接横梁与支撑立柱间的连接，一端采用固定铰，另一端采用铰接＋轴向滑动的形式即可，预留了 20mm 的伸缩量，如图 8.2-8 所示。

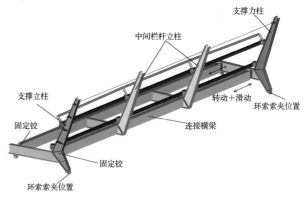

图 8.2-8 上翻马道构成分析图

② 无灯具跨马道设计

如前所述，栏杆立柱是设置在连接横梁上的。在这种结构体系下，当相邻索夹之间发生较大的竖向变形差时，由于栏杆立柱与横梁间刚接，其会随着横梁的位形变化发生一定的转角，造成两侧边跨产生较大的变形量，如图 8.2-9 所示。若按普通的三跨设置常规栏杆的做法，两侧边跨需要预留较大的伸缩量，如图 8.2-10 所示。

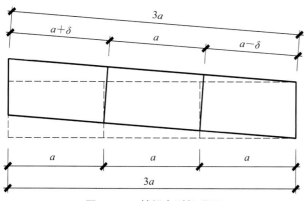

图 8.2-9　单榀变形机理图

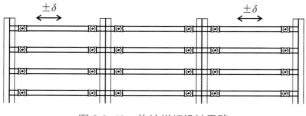

图 8.2-10　传统栏杆设计思路

这样的伸缩量会造成节点过长，而且项目中，这样的节点数量巨大，造成加工困难、建筑整体效果差，同时增加了内环拉索处的负荷。

仔细研究单跨马道的变形机制后可以发现，发生竖向相对变形的前后，相邻索夹间的三段栏杆总长是基本保持不变的。因此设计中摒弃了传统栏杆的做法，修改为单跨贯通的拉索。如图 8.2-11 所示。

拉索仅在索夹上支撑立柱处进行锚固，在中间两榀栏杆柱上，设置贯通圆孔让拉索穿过。贯通孔内壁设 EPDM 保护套，以免刮伤索体。

拉索的设置，使得马道整体外观效果简洁，省去了繁琐的栏杆释放节点。拉索选用不锈钢索，弹性模

量较低（$1.3 \times 10^5 \text{N/mm}^2$），贯通后拉索长度最大达到 12m，在使用过程中，拉索完全能适应主体结构的变形。

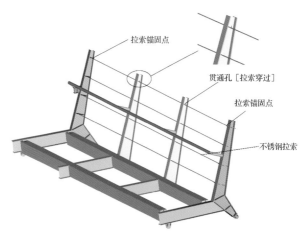

图 8.2-11　上翻马道无灯具跨设计

③ 有灯具跨马道设计

有灯具处，灯具荷载较大，且风荷载会引起柔性屋面的风振效应，产生往复的动力荷载，若采用一根 12m 长的通长横梁作为灯具支承，受力更为不利。因此，考虑将灯具梁在中间栏杆立柱处分段，设置支撑节点。如图 8.2-12 所示。

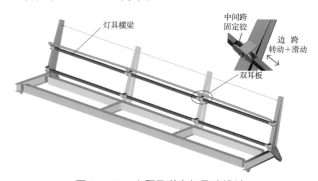

图 8.2-12　上翻马道有灯具跨设计

灯具梁采用 80mm×60mm×4mm 的方钢管。通过前面章节的分析，由于栏杆柱与下层"连接横梁"的刚接效应，随着索夹位移差引起的连接横梁倾斜，中间跨灯具梁的长度是保持不变的，引起的仅是两侧边跨灯具梁的伸长、缩短。因此，中间跨灯具梁的两侧均设置为固定铰节点，而边跨灯具梁采用铰接＋轴向滑动的节点。

通过有限元的拟静力分析发现，灯具梁的最大伸缩量要达到50mm才能保证使用过程中的安全性。为了简化节点，减小节点尺寸，采用了两侧释放的形式，即每侧各确保±25mm的伸缩量。

由于灯具荷载大、数量多，且外倾角度较大，灯具梁上存在较大的扭矩，设计中采用双耳板形式，以使灯具梁在能够沿销轴转动、轴向伸缩的同时，有效地传递灯具产生的扭矩。

④ 栏杆扶手设计

考虑到上述分析中栏杆柱间伸缩量的影响，为避免繁琐的伸缩节点，马道栏杆扶手在相邻栏杆柱间断开，采用分别从栏杆柱向外悬挑半跨的形式，以适应变形量的要求。

（2）径向马道的设计

分析发现，使用过程中径向索的变形较大。因此，取消了径向马道，而是利用膜结构本身可以承重的特点，在径向索上部设置覆盖保护膜，形成天然马道。检修人员仅需要在保护膜行走就可以到达内侧环向马道。

电缆沟槽采用一端铰接、一端铰接＋滑动的形式，分析发现，由于电缆沟槽设置在膜拱之上，高出了径向索较多，径向索的变形叠加相对转角，引起了沟槽较大的变形量，设计中最大的滑动量达到了±90mm，如图8.2-13所示。

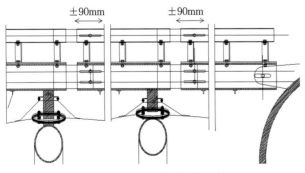

图 8.2-13　径向电缆沟槽设计

## 2. 附属构件变形需求分析

为了分析滑动节点的释放需求量，在整体模型中设置了非结构虚拟单元的连接，以便对马道、电缆沟槽等附属结构的变形进行模拟。如图8.2-14所示。

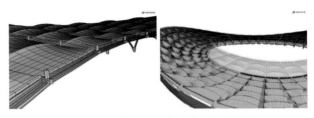

图 8.2-14　附属构件变形分析计算模型

环向马道处虚拟连接的伸缩量变化见图8.2-15。可以发现，在柔性屋面巨大的竖向变形下，每个环向虚拟单元之间的轴向变化仅为-5.0mm～＋11.3mm。在内环马道的连接横梁上，设置了±20mm的滑动量，确保了环向马道在使用过程中的安全性。

径向马道处虚拟连接的伸缩量变化如图8.2-16所示。每段的电缆沟槽构件需要采用±90mm的伸缩量才能满足使用要求。

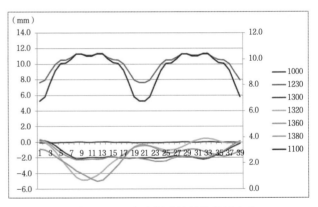

图 8.2-15　环向虚拟连接的伸缩量变化

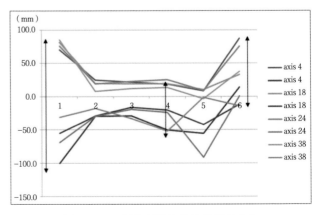

图 8.2-16　径向虚拟连接的伸缩量变化

### 3. 风致响应时程分析

设计中，采用有限元软件对附属结构的受力及释放需求量进行了拟静力分析。为了避免拟静力分析的缺陷，对附属结构进行了专项的风致响应分析。

分析采用时程分析法，首先将风荷载时程作为外荷载时程作用于主体结构模型上，采用瞬态分析方法得出主体结构的风致响应。然后以附属结构支座对应的各节点（如内环索索夹）的三维位移时程为输入荷载，将位移时程加载到附属结构的支座上，对附属结构进行分析计算。

（1）风荷载的施加

主体结构的风致响应分析，采用风洞试验中主体结构刚性模型测压风洞试验的结果，阻尼比 2.0%，风值因子为 2.5，考虑了结构大变形引起的几何非线性效应。结构风振响应计算选取主体结构风洞试验中 8 个典型风向下（0°，45°，90°，135°，180°，225°，270°，315°）的工况进行计算，如图 8.2-17 所示。

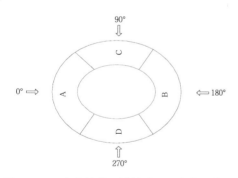

图 8.2-17　主体结构区域构成及风向角示意图

（2）主体结构风致响应

通过对主体结构的风致效应时程分析发现，D 区域的加速度根方差和动力放大系数最大，达到了 $2.575\text{m/s}^2$，其风致响应平面外法相加速度脉冲时程曲线和对应的功率谱密度曲线如图 8.2-18 所示。

对应产生的对附属结构的动力放大系数为 $(g + a)/g = 1.66$，该加速度即附属结构进行拟静力分析时考虑的重力系数，从而考虑风致作用下，主体屋面振动产生的动力影响。

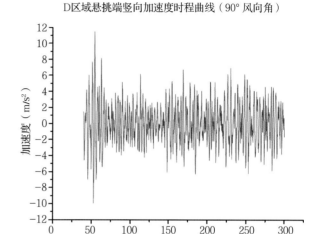

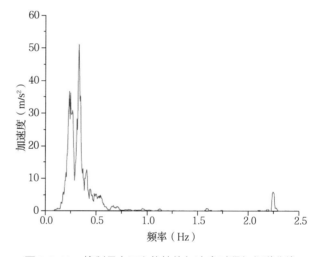

图 8.2-18　控制风向下主体结构加速度时程与频谱曲线

（3）上翻马道风致响应

将主体结构 8 个典型风向下，节点的三维位移时程作为输入荷载，施加到附属结构的支座上，对附属结构进行分析。通过分析发现，对于环向上翻马道，底部横梁节点最大伸缩量达到 10mm；而灯具横梁节点最大伸缩量达到 33mm，如图 8.2-19 所示。

该两处节点伸缩量的需求值，均小于设计中节点的预留量（底部横梁：20mm；灯具梁 50mm），故附属结构能很好地适应体育场柔性屋面在风荷载作用下产生的巨大变形，保证了使用中的安全性。

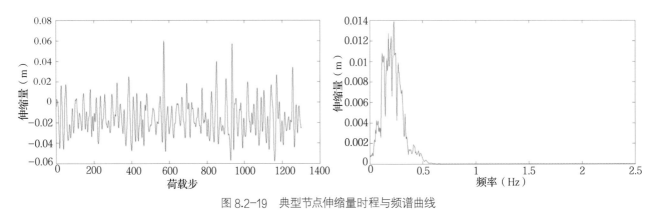

图 8.2-19 典型节点伸缩量时程与频谱曲线

# 8.3 法兰连接式环梁加工安装施工

## 8.3.1 环梁法兰盘概况(包含体育场与游泳馆)

为保证钢结构外环梁安装精度,环梁间采用法兰盘对接,避免因焊接收缩带来的安装误差,与工业用法兰盘不同之处在于本工程法兰盘之间无垫圈,而是直接由法兰盘钢板进行摩擦连接。法兰盘为平板形式,由钢结构加工厂进行下料、钻孔制得。

体育场压环梁之间由 2 块 80mm 厚 Q390C 法兰盘通过 48 颗 10.9 级 M36 高强螺栓连接,螺栓需要施加 100% 预拉力,法兰盘外径 1800mm,压环梁外径 1500mm。

游泳馆压环梁之间由 2 块 80mm 厚 Q390C 法兰盘通过 32 颗 8.8 级 M36 镀锌高强螺栓连接,螺栓需要施加 100% 预拉力,法兰盘外径 1350mm,压环梁外径 1050mm(图 8.3-1)。

## 8.3.2 法兰盘制作与拼装工艺

法兰盘制作的精准度直接影响到压环梁现场高空连接,同时由于建筑设计对于外观造型要求,法兰盘面与压环梁圆管截面并非完全垂直,而是存在一定夹角,且夹角随着压环梁空间位置不同而变化。特别是游泳馆,压环梁通过自身弯管来实现结构的整体马鞍造型,因此圆管与法兰盘的位置关系要求更加严格(体育场空间跨度较大,采用 40 根压环梁以直代弯)。另外,由于法兰盘自身与压环梁间的定位可以绕环梁中心旋转以及法兰盘钻孔的误差,如何保证相邻成对法兰盘螺栓的顺利穿入及法兰盘的紧密贴合,也需要在制作过程中加以考虑。

通过对现场施工及车间制作的整体规划和部署,实际加工制作中采用了法兰盘配对钻孔、接头单元拼装、压环梁整体预拼装验收等措施加以控制,以满足实际施工中的精度要求(图 8.3-2 ~ 图 8.3-6)。

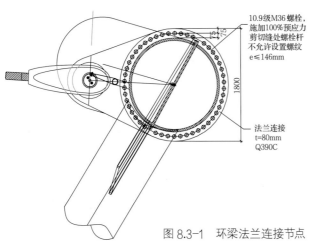

图 8.3-1 环梁法兰连接节点

图 8.3-2 法兰盘配对

图 8.3-3　拼装单元

图 8.3-4　预拼装验收

图 8.3-5　成型法兰效果

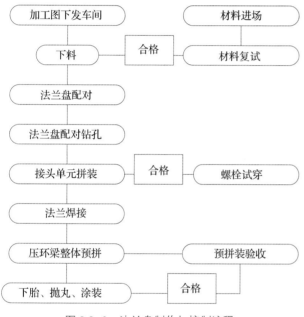
图 8.3-6　法兰盘制作与控制流程

工艺要点：

（1）为保证所有螺栓顺利穿入，将下料完成后的配对法兰利用码板焊接固定，实现一次性钻孔，提高孔位精准度。另外，为考虑后期法兰盘与压环梁焊接变形影响，于法兰盘中心开孔径 200mm 圆孔，用于释放焊接应力，防止法兰盘外凸或凹陷而导致接触面积降低。压环梁预拼验收合格后下胎，涂装前，采用 10mm 钢板将 200mm 圆孔封堵，从而防止后期堆放、运输过程中杂物或雨水进入。

（2）压环梁由于截面较大（直径 1m 以上），在采用钢板卷管过程中，以钢板长度方向为卷管方向，板宽方向即是压环梁方向，因此单个跨度 20m 长的压环梁，均是由每段长度约 3m 卷管拼接而成。法兰盘配对后，每侧法兰盘先与两侧 3m 长卷管拼接，形成约 6m 的拼接单元。

（3）拼装单元完成后，将法兰盘与压环梁进行焊接。焊缝等级为一级全熔透，采用内贴衬圈，6mm 间隙全位置焊接。法兰焊前应预热，预热温度 100～120℃，焊接工艺参数严格按照《焊接作业指导书》进行，焊后进行后热处理，后热温度 250～350℃，并保温 2 小时以上。焊接时，法兰 4 个方向用 M36 的螺栓拧紧，安排 4 名焊工，对称施焊（图 8.3-7）。

图 8.3-7　法兰盘焊接顺序

（4）法兰盘焊接完成后，将拼装单元在胎架上固定并定位准确，随后焊接两相邻拼装单元间的压环梁本体卷管，以实现压环梁的整体预拼装。

（5）压环梁的整体预拼装采用循环拼，5 组一拼，拼 5 留 2 原则，即 5 组拼接验收完成后，前 3 组下胎涂装后发运现场，后 2 组参与下一批预拼，以此循环，此方法保证每组压环梁均参与到其相邻压环梁的预拼。

### 8.3.3　镀锌螺栓施工工艺

本工程中体育场、游泳馆法兰盘螺栓略有不同，游泳馆采用镀锌 8.8 级 M36 大六角高强螺栓，每节点处 24 颗；体育场采用 10.9 级 M39 大六角高强螺栓，每节点处 48 颗。

根据钢结构施工流程，在体育场、游泳馆压环梁安装完成后，即进入索网铺设与张拉工序。在张拉过程中由于拉索不断收紧，压环梁处于受压状态，法兰盘高强螺栓紧固施工时顶紧的接触面之间间隙被压实，可能导致高强螺栓预拉力损失。因此根据以往施工经验，在索网张拉后对螺栓进行二次施加预应力。

游泳馆镀锌高强螺栓预张拉采用小型液压设备对高强螺栓螺杆直接施加轴拉力，通过液压设备读数表控制螺杆轴拉力到达标准值后，用普通扳手将高强螺栓连接副螺母拧紧。

法兰盘螺栓施工在相邻压环梁施工完毕并校正结束后进行张拉施工，待合龙段压环梁施工结束后完成全部法兰盘螺栓的张拉。单组法兰盘螺栓施工顺序见图 8.3-8，第一步，从隔板分段处开始对称安装，每侧对称完成 1/4 圆周；第二步，施工人员转 180° 反方向对称安装剩余圆周高强螺栓，完成法兰盘连接。

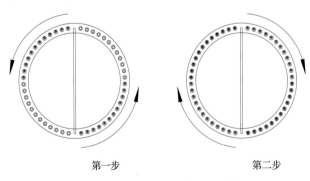

第一步　　　　　第二步

图 8.3-8　法兰盘螺栓施拧顺序

镀锌螺栓的张拉施工优点在于：

（1）热浸锌防腐处理的高强螺栓连接副，由于其扭矩系数的离散性，无法确定该螺栓的扭矩系数，因此采用施加扭矩的方式无法确定具体紧固力矩值。预张拉施工工法是液压设备直接对螺杆施加轴拉力，通过液压表读数控制轴拉力大小，不再需要确定高强螺栓扭矩系数，满足图纸对高强螺栓连接副紧固轴力值的要求。

（2）在对高强螺栓连接副施加扭矩力过程中，螺杆存在的扭剪应力，降低了螺栓承受轴拉力的能力。采用预张拉施工工法避免了扭剪力对螺杆的影响，提高了高强螺栓连接副施工完成后的受拉承载能力，有利于结构质量和安全。

（3）液压设备进行螺栓张拉时，液压表控制精度高，避免了轴拉力不达标，有利于提高高强螺栓紧固质量（图 8.3-9）。

图 8.3-9　螺栓张拉

### 8.3.4　合龙段法兰安装

大跨度结构采用法兰盘对接时，其最终的合龙一直是钢结构施工的重点和难点，合龙段环梁需保证两端的法兰盘同时连接，既保证摩擦面完全接触又需螺栓全部穿入，其难度之大难以实现，实际施工中采取如下措施实现合龙：

（1）合理制定压环梁安装顺序，减少累计误差产生，以实现法兰盘的准确对位。

以体育场为例，压环梁在 12 点与 6 点位置设置两个合龙段，施工过程中，为了避免合龙段间压环梁的误差累计，实际安装采用从 9 点钟方向（低点）顺时针、逆时针分别依次安装压环梁至合龙段（合龙段压环梁暂不安装），然后再从 3 点钟方向（低点）顺时针、逆时针分别依次安装压环梁至合龙段，最后分别安装 12 点钟和 6 点钟方向（高点）合龙段压环梁，压环梁整体闭合。

（2）以施工模拟计算分析为基础，提高构件制

图 8.3-10　钢结构安装

作精度。由于本工程采用了钢结构支撑＋轮辐式单层索网屋面体系，随着索网张拉，其引起的钢结构变形较大，施工之前利用结构的最终完成态来反推算钢结构安装初始态，指导钢结构深化设计、制作及安装，确保压环梁最终通过张拉索网及屋面施工，实现最初设计的完成态效果。

（3）合龙段压环梁现场拼接施工措施。

合龙段压环梁施工之前必须保证其相邻压环梁及其对应倾斜柱安装完成并稳定，对相邻法兰盘进行空间测量定位，将每个法兰盘上、下、左、右四个点的

空间坐标反馈至加工厂用以合龙段压环梁的实测下料制作。同时，为保证最终合龙段法兰盘的对接准确，将合龙段压环梁 3m 段的拼装单元与合龙段本体的车间对接焊缝改至现场焊接，并按照结构计算的合龙限定条件，选取室外 20° 时进行合龙段的焊接，合龙段的拼装步骤如表 8-3 所示。

### 8.3.5　结语

法兰盘安装质量是整个外环钢结构施工质量控制的关键因素之一，法兰盘精度决定了整体精度，大直径高强螺栓预应力决定了承载能力。

（1）在保证贴合率的情况下，法兰盘配对钻孔，确保了螺栓安装未出现扩孔情况。以法兰盘节点为核心进行制作预拼装精度控制，采取焊接防变形措施，对环梁循环预拼装。

（2）高强螺栓采用液压张拉直接施加预应力，实现精准控制，拉索张拉完后，压环梁受压，法兰盘贴合更紧密，螺栓可能出现预应力损失，因此，在拉索张拉完成后对高强螺栓进行二次张拉。

（3）虽然合龙段环梁按照实测数据进行加工，但极其细微的误差都将导致法兰面贴合或螺栓无法穿过，环梁合龙采用了栓焊结合的工艺，先保证两端法兰盘连接，将一条圆管对接缝由工厂转为现场焊接，在不增加焊缝的情况下实现环梁合龙。

| 合龙段安装顺序 | 表 8.3 |
| --- | --- |
| 内容 | 拼接步骤 |
| 第一步：合龙段相邻压环梁安装完成，对应法兰坐标复测完成，反馈数据工厂加工 | |
| 第二步：进行 3m 段的拼装单元安装，通过法兰盘临时螺栓固定 | |
| 第三步：安装合龙段本体并临时固定 | |
| 第四步：完成合龙段高空对接焊缝，合龙段法兰盘两侧螺栓施工完成 | |

## 8.4 关节轴承柱脚安装施工

### 8.4.1 概述

体育场屋盖结构通过关节轴承与下部混凝土劲性结构连接，40个柱脚共包含承受整体荷载、不承受竖向荷载、不承受整体荷载以及单肢V柱不承受轴向荷载四种类型（图8.4-1）。

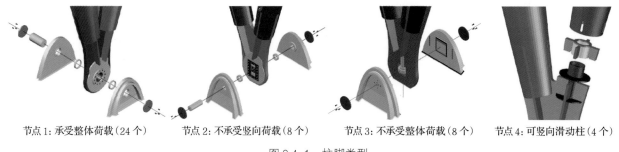

节点1：承受整体荷载（24个）　　节点2：不承受竖向荷载（8个）　　节点3：不承受整体荷载（8个）　　节点4：可竖向滑动柱（4个）

图 8.4-1　柱脚类型

关节轴承节点承载力要求见表8.4。

关节轴承承载力　　　　　　　　　　　　　　　　　　　　表8.4

| 支座种类 | Fver（压力） | Fver（拔力） | Ftan | Frad | 转角 | 上下可滑动距离 | 左右可滑动距离 |
|---|---|---|---|---|---|---|---|
| 立柱承受整体荷载 | 12150kN | 7300kN | 3350kN | 750kN | 0.035rad | | |
| 立柱不承受竖向荷载 | | | 3500kN | 600kN | 0.035rad | 50mm | |
| 立柱不承受整体荷载 | | | | 400kN | 0.035rad | 100mm | 100mm |
| 可竖向滑动柱 | | | | 420kN | 0.070rad | 50mm | |

### 8.4.2 节点深化

索网张拉成型后，柱脚中耳板位于外耳板的居中位置，根据初始态找形分析确定钢柱安装初始状态，深化设计阶段，根据最大转角时构件间无干涉为原则，细化中耳板、外耳板及轴承间尺寸关系。因本工程关节轴承承受荷载较大，且可滑动关节轴承国内并无使用先例，在索网提升张拉过程中转动角度较大，在建筑领域尚无相关规范可作为参照依据，因此各节点均足尺进行装配与承载力试验，依据试验结果改进节点以达到装配可行及承载力要求。

可滑动的关节轴承节点在国内尚无相关文献介绍，通过在传统轴承基础上增加方形轴承座的方式，

配合连接方式的改变，实现轴承节点在某一方向的滑动；将传统关节轴承旋转90°，改变销轴安装方向，不但保持了关节轴承的转动特性，通过对轴承外圈切削处理，形成两个平行面，在轴承两侧设置滑板，使轴承节点具备了面内滑动功能。

（1）轴承设计

柱脚节点设计包含中耳板、关节轴承及外耳板三个部分，其中关节轴承根据承载力要求向轴承厂家订制，根据柱脚的不同特性，采用的轴承类型如图8.4-2～图8.4-4所示。

（2）中耳板设计

节点1与节点2均采用双侧设置盖板，通过高强

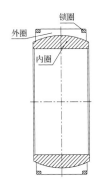
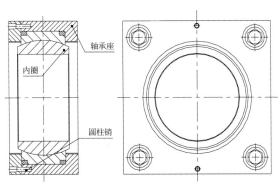
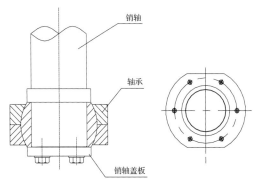

图 8.4-2　用于承受　　　图 8.4-3　用于不承受竖向荷载关节轴承　　　　图 8.4-4　用于不承受整体荷载关节轴承
整体荷载关节轴承

图 8.4-5　轴承与中耳板组装

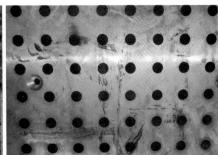

图 8.4-6　双金属自润滑材料　　　　　　　　图 8.4-7　铸钢外耳板

螺栓将轴承固定在中耳板内，节点 3 采用焊接方式，根据轴承及盖板尺寸，考虑配合公差，对中耳板进行机加工，嵌入方式如图 8.4-5 所示。

　　节点 2 与节点 3 设置双金属润滑材料降低摩擦系数实现自润滑，节点 2 润滑板固定于中耳板两侧及轴承盖板内侧，节点 3 润滑板固定在外耳板上（图 8.4-6）。

　　（3）外耳板设计

　　因外观需要，外耳板采用铸钢一次浇筑成型后进行机加工，造型优美，外耳板根据转角要求设置间距，中耳板采用定位套限制其在销轴方向的滑动（图 8.4-7）。

## 8.4.3　装配及承载力试验

**1. 试验目的**

（1）验证关节轴承节点是否满足设计承载力要

求以及测试节点的强度储备，并测试各节点的摆动角度；

（2）验证关节轴承节点的径向、环向转动能力，并考察关节轴承及其相连板件的受力状态和应力应变发展过程以及节点的变形情况，根据试验结果对节点的连接构进行改进。此外，要考察节点2的竖向滑动性能和节点3的竖向、环向滑动性能；

（3）通过将有限元分析结果与试验结果进行对比，分析破坏机理，对轴承的工作情况、磨损程度或可能的破坏程度进行评估，并提出改进意见，同时对支座现场安装提出指导意见。

**2. 试验内容**

根据承载力要求，节点1、2、3各做一个1∶1模型进行足尺试验。当出现试验失败、数据异常、结果达不到承载力要求时，需要进行详细分析，修改模型设计，重新制作模型，调整试验装置，再做一个模型试验。

**3. 试验方法**

节点1因荷载较大，且需要三向受力，采用同济大学球形自平衡加载系统，节点2、3根据受力特性自行设计加载装置（图8.4-8～图8.4-10）。

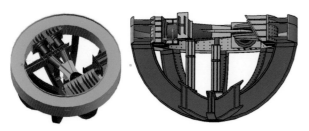

图8.4-8　节点1加载装置

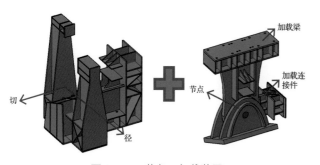

图8.4-9　节点2加载装置

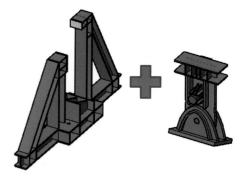

图8.4-10　节点3加载装置

### 8.4.4　外耳板、中耳板安装

铸钢外耳板采用自制单轨滑车进行吊装，因铸钢件与轴承连接部位均采用机加工，铸钢外耳板精度控制直接影响上部轴承节点，选取内外销轴孔分别定位确定转角与倾角，复核四周底板（图8.4-11）。

图8.4-11　柱脚外耳板安装

因看台倾斜，中耳板位于看台下侧，无法直接吊装就位，因此采用扁担梁平衡吊装的方式，根据中耳板重量设置相应配重，使扁担梁水平，配重高度靠近楼面，保证安全（图8.4-12）。

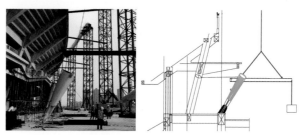

图8.4-12　柱脚中耳板安装

马鞍形轮辐式单层索网与外圈环梁及V柱组成稳定受力体系，柱脚施工是整个受力体系成功实施的关键工艺。不同类型的柱脚在不同的施工阶段具有不同的作用，钢结构安装阶段，确定初始态，40个柱脚均采取附加措施作为刚接节点使用，提高钢结构安装精度，增强稳定性；索网张拉阶段，随着索力的增加，按照对称顺序逐步释放关节轴承限位，让外圈钢结构随着张拉变形；索网张拉完成后，各柱脚节点发挥各自的作用（图 8.4-13）。

图 8.4-13　中耳板支撑措施

### 8.4.5　结语

体育场关节轴承节点承受荷载大，类型多，建筑用滑动关节轴承节点在国内为首次使用，且缺乏相应规范，本项目以试验为手段，解决了从设计加工到现场安装的一系列问题。

（1）关节轴承、中耳板、外耳板加工精度在保证了承载力的同时，也确保了荷载传递路径，误差过大将导致部分零部件在传力时产生荷载突变；

（2）滑动关节轴承节点摩擦面摩擦系数需满足设计要求，且在设计要求的荷载条件下不能破坏，摩擦力过大或承载力过弱都不能实现节点的功能；

（3）节点在工厂进行装配，公差控制标准验收合格方能运入施工现场，高精度大型节点安装除控制节点水平关系外，采用高精度全站仪复测角度；

（4）除转动节点外，滑动节点在拉索整体张拉阶段之前全部安装限位板进行限位，提高外圈钢结构整体稳定性，保证上部结构安装精度。

## 8.5　轮辐式单层整体张拉索网安装与施工

### 8.5.1　索网概况

单层轮辐式索网包含 40 根径向索及 8 根环索，

索体包含 $\phi$100mm、$\phi$110mm 与 $\phi$120mm 三种直径，强度 1670MPa。屋盖外边缘压环几何尺寸为 260m×230m，马鞍形的高差为 25m。

### 8.5.2　索网施工方法与顺序

#### 1. 索网施工方法

索网总体施工方案为：低空无应力组装、整体牵引提升、高空分批锚固。

#### 2. 索网施工顺序

根据本工程索网特点，采用索网整体张拉提升，端头分批连接固定的施工方案（图 8.5-1）。根据施工方法，将牵引工装索分成三部分：QYS1、QYS2和 QYS3。

（1）索网结构预应力施工步骤如下：

① 结构索网和工装索在低空组装，QYS1、QYS2、QYS3 整体同步提升；

② QYS1 提升到位、固定，并撤去该位置提升设备，QYS2 和 QYS3 继续提升；

③ QYS2 提升到位、固定，并撤去该位置提升设备，QYS3 继续提升；

④ QYS3 提升到位、固定。

（2）索网施工步骤示意图如图 8.5-2 ～ 8.5-5所示。

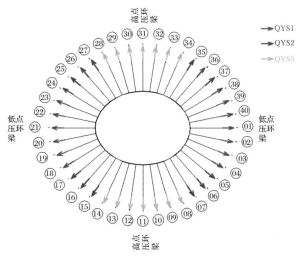

图 8.5-1　牵引工装索布置示意图

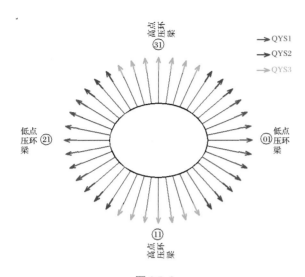

图 8.5-2
施工阶段一: QYS1、QYS2、QYS3 整体同步提升

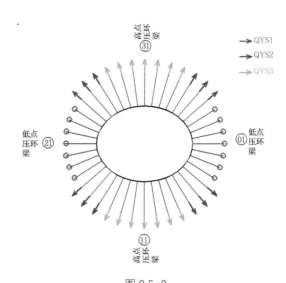

图 8.5-3
施工阶段二: QYS1 提升到位、固定, QYS2、QYS3 继续提升

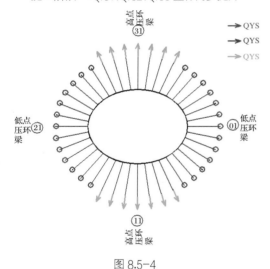

图 8.5-4
施工阶段三: QYS2 提升到位、固定, QYS3 继续提升

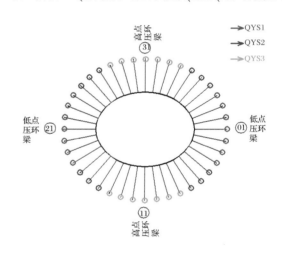

图 8.5-5
施工阶段四: QYS3 提升到位、固定

### 8.5.3 施工工艺

**1. 索网组装步骤**

索网组装施工顺序: 拉索展开→铺设径向索→铺设环索索→安装环索连接夹具→安装索头→安装牵引设备和工装索→准备牵引提升。

**2. 拉索展开**

为避免拉索展开时索体扭转, 环索采用卧式卷索盘, 用吊机将索盘运至环索投影位置, 在放索过程中, 因索盘绕产生的内力, 索开盘时产生加速, 易导致弹开散盘, 危及工人安全, 因此开盘时注意防止崩盘。

拉索展开后, 应按照索体表面的顺直标线将拉索理顺, 防止索体扭转。

径向索长度在吊机高度范围内, 因此径向索采用吊机直接拎起释放扭力后进行铺设, 索体铺设前在看台上设置保护垫, 防止剐蹭损伤索体(图 8.5-6 ~ 图 8.5-7)。

**3. 低空组装**

8 根环索为两层排布, 下层 4 根环索铺设完成后进行环索索夹安装, 再进行上层 4 根环索的放索, 环索索夹及环索组装完成后将径向索索头与索夹锚固连接(图 8.5-8)。

图 8.5-6　环索展索

图 8.5-7　径向索铺设

图 8.5-8　环索索夹安装

### 4. 牵引工装安装

通过施工分析，根据索网组装状态下的结构位形，确定所需的径向索牵引工装索（QYS）组装长度，见表 8.5-1。

工装索规格和牵引液压千斤顶型号（1/4 结构）见表 8.5-2。

工装索组装长度　表 8.5-1

| 编号 | 工装索长度（mm） | 数量 |
|---|---|---|
| QYS1 | 11500 | 14 |
| QYS2 | 13000 | 12 |
| QYS3 | 14500 | 14 |

根据牵引力选择液压千斤顶的型号。每个牵引点配备两台 YCW 系列轻型千斤顶，该系列轻型千斤顶不仅体积小、重量轻，而且强度高、密封性好、可靠性高。

工装索的材料采用 1860 级 $\phi$15.20 钢绞线。单根钢绞线的截面积为 $140mm^2$，单根钢绞线的标称破断力为 260kN。

工装索规格与千斤顶型号　表 8.5-2

| 位置 | 最大牵引力（kN） | 牵引液压千斤顶 | | |
|---|---|---|---|---|
| | | 规格（t） | 数量 | 钢绞线根数 |
| QYS1-1（低点） | 555.2 | 60 | 2 | 4 |
| QYS1-2 | 570.2 | 60 | 2 | 4 |
| QYS1-3 | 563.2 | 60 | 2 | 4 |
| QYS1-4 | 861.3 | 60 | 2 | 4 |
| QYS2-5 | 1071.4 | 150 | 2 | 8 |
| QYS2-6 | 1088.5 | 150 | 2 | 8 |
| QYS2-7 | 1850.6 | 150 | 2 | 8 |
| QYS3-8 | 2698.3 | 250 | 2 | 12 |
| QYS3-9 | 2510.0 | 250 | 2 | 12 |
| QYS3-10 | 2507.7 | 250 | 2 | 12 |
| QYS3-11（高点） | 2571.0 | 250 | 2 | 12 |

工装耳板布置于索端板两侧，牵引设备具备连续提升能力，采用液压提升器作为提升机具，柔性钢绞线作为承重索具。液压提升器为穿芯式结构，以钢绞线作为提升索具（图8.5-9）。

图8.5-9　径向索张拉工装

### 5. 索网整体提升

一切准备工作做完，经过系统的、全面的检查确认无误后，进行液压整体牵引提升。

（1）初步牵引提升

先进行分级加载试提升。通过试提升过程中对提升索网、外围结构以及牵引提升设备系统和工装的观察和监测，确认符合模拟工况计算和设计条件，保证牵引提升过程的安全。

初始牵引提升时，各牵引点提升器伸缸压力应缓慢分级增加，最初加压为所需压力的40%，60%，80%，90%，在一切都稳定的情况下，可加到100%，即索网试提升离开环索组装胎架。

在分级加载过程中，每一步分级加载完毕，均应暂停并检查如：索网和工装等加载前后的变形情况，以及周边结构的稳定性等情况。一切正常情况下，继续下一步分级加载。

（2）正式牵引提升

初步牵引提升阶段一切正常情况下开始正式牵引提升。

液压牵引提升过程如下所示：一个流程为液压提升器一个行程，亦即牵引工装索被牵引缩短一个行程的长度。如图8.5-10所示，整个索网被一步步牵引提升，直至径向索与外环梁连接就位。

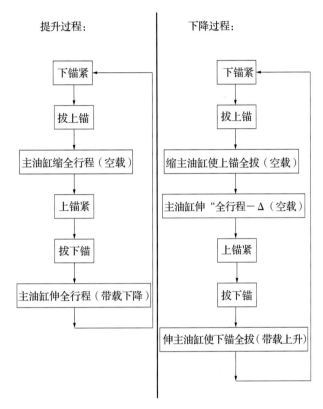

图8.5-10　提升和下降过程示意图

（3）牵引提升就位

径向索的索头靠近外环梁时暂停，各牵引点微调，精确调整索头，使索头与外围环梁连接就位。然后液压千斤顶卸载、拆除，完成牵引提升。

径向索与外环梁连接时，索网需要在空中停留一段时间。通过液压牵引提升装置的机械和液压自锁装置，可使索网在空中（或提升过程中）的任意位置长期可靠锁定。又因索网提升高度较高，虽然索网属于镂空结构，风荷载对牵引提升过程影响较小。为确保索网牵引提升过程的绝对安全，并考虑到高空连接对口精度的需要，若索网空中长时间停留，必要时通过导链或者揽风绳将索网与周边结构或者看台连接，起到限制索网位移的作用（图8.5-11）。

图 8.5-11　拉索提升就位

## 8.5.4　预应力施工过程分析

根据索网结构的特点，由于已经给定索网结构初始预应力分布，所以主要进行以下内容分析：

（1）索网牵引提升和张拉顺序；

（2）索网牵引提升和张拉全过程位形和索力跟踪分析；

① 工况及牵引索长分析

施工过程分析对各个施工步骤进行跟踪分析，从而确定重要的施工参数，包括：工装索长度、牵引提升力和过程结构位形等，为施工方案制定和施工监测提供依据。施工过程分析工况见下表，根据牵引索的长度变化，将提升过程分为 14 个工况。

施工过程分析工况及牵引索长度见表 8.5-3。

工况及牵引索长度　　　　表 8.5-3

| 施工阶段 | | 工况 | QYS1 索长（mm） | QYS2 索长（mm） | QYS3 索长（mm） |
|---|---|---|---|---|---|
| 牵引提升 | 阶段一 | SG-1 | 11500 | 13000 | 14500 |
| | | SG-2 | 9500 | 11000 | 12500 |
| | | SG-3 | 7500 | 9000 | 10500 |
| | | SG-4 | 5500 | 7000 | 8500 |
| | | SG-5 | 3500 | 5000 | 6500 |
| | | SG-6 | 1500 | 3000 | 4500 |
| | | SG-7 | 500 | 2000 | 3500 |
| | | SG-8 | 0 | 1500 | 3000 |

| 施工阶段 | | 工况 | QYS1 索长（mm） | QYS2 索长（mm） | QYS3 索长(mm) |
|---|---|---|---|---|---|
| | | | | | 续表 |
| | 阶段二 | SG-9 | 0 | 1000 | 2500 |
| | | SG-10 | 0 | 500 | 2000 |
| | | SG-11 | 0 | 0 | 1500 |
| | 阶段三 | SG-12 | 0 | 0 | 1000 |
| | | SG-13 | 0 | 0 | 500 |
| | | SG-14 | 0 | 0 | 0 |

② 索网位形变化

施工过程中各工况的内环索关键节点坐标、内环长短轴长度变化以及内环关键点竖向坐标最大与最小差值变化如图 8.5-12 所示。

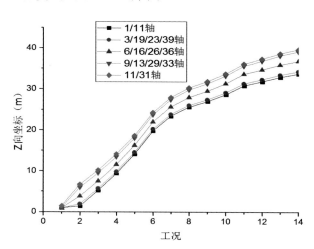

图 8.5-12　施工过程中关键节点竖向坐标变化曲线

由图 8.5-12 关键节点竖向坐标变化图可以分析得出，在施工过程中，内环索关键节点竖向坐标总体呈现上升趋势，各个轴线上的关键点竖向坐标上升幅度大致保持一致。

由图 8.5-13 内环长短轴长度变化曲线可以分析得出，在施工过程中，内环长轴由跨度由 144.4m 逐渐增加至 155.3m；短轴跨度由 134.2m 逐渐减小至 120.6m，而后又有略微的增幅，最后跨度达到 121.7m。

由图 8.5-14 内环关键点竖向坐标最大差值可以看出，在第二个施工工况竖向坐标差值达到 5.27m 后，差值略微减小至 4.44m 后逐渐增大，最后达到 5.93m。由此可得内环关键节点竖向坐标差值较为稳定，保持在 4.44～5.93m 之间。

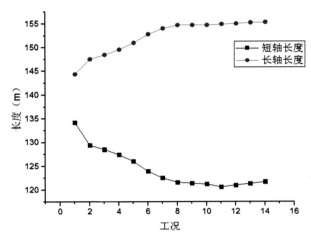

图 8.5-13　施工过程中内环长短轴长度变化曲线

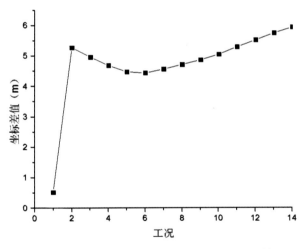

图 8.5-14　施工过程中内环关键点竖向坐标最大差值

③ 索力变化

施工过程各工况部分关键轴索力和各环索索力变化总体呈上升趋势，在牵引提升的最后一个阶段各轴牵引索索力和环索索力达到了最大值。通过以下变化趋势图可以看出在 QYS2 提升到位并固定后，QYS3 继续提升的阶段（即第三个阶段），各径向牵引索和环索索力增长速度较快。施工过程中各工况下关键轴牵引索索力变化趋势如图 8.5-15。

施工过程中各环索最大、最小索力变化趋势图如图 8.5-16。

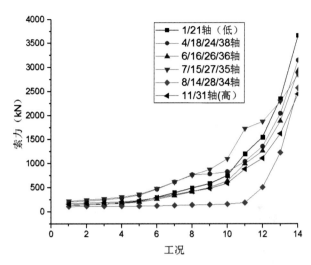

图 8.5-15　施工过程中各工况下各关键牵引索索力

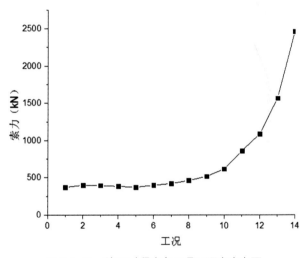

图 8.5-16　施工过程中各工况下环索索力图

④ 钢结构变化

索网牵引提升和张拉过程中，对外环钢结构的影响主要体现在钢结构环梁及柱的应力、张拉过程中钢结构位移变化和张拉过程中支撑胎架脱架情况分析。

索网牵引提升和张拉过程中钢结构等效应力见表 8.5-4。

在施工过程中的第一阶段（SG-1 至 SG-8），由于牵引索力较小，在周边钢结构中产生的应力值维持在较低水平，各截面应力均未超过 40MPa，且变化不大；

在第二阶段中（SG-9 至 SG-11），即第一批牵引索已经提升到位，第二批和第三批牵引索继续提升

提升过程钢结构等效应力　表8.5-4

| 施工阶段 | | 工况 | 受压外环梁的最大等效应力（MPa） | 钢结构柱的最大等效应力（MPa） |
|---|---|---|---|---|
| 牵引提升 | 阶段一 | SG-1 | 12.29 | 34.31 |
| | | SG-2 | 11.42 | 34.83 |
| | | SG-3 | 11.73 | 34.91 |
| | | SG-4 | 12.17 | 35.04 |
| | | SG-5 | 12.90 | 35.26 |
| | | SG-6 | 14.74 | 35.69 |
| | | SG-7 | 22.81 | 35.87 |
| | | SG-8 | 31.49 | 35.94 |
| | 阶段二 | SG-9 | 31.88 | 36.49 |
| | | SG-10 | 45.36 | 36.47 |
| | | SG-11 | 75.40 | 40.35 |
| | 阶段三 | SG-12 | 82.18 | 42.72 |
| | | SG-13 | 91.21 | 43.40 |
| | | SG-14 | 94.09 | 60.06 |

初始态相对于完成态位移　表8.5-5

| 施工阶段 | | 工况 | 最大径向位移（+外扩，单位：mm） | 最大环向位移（mm） | 最大竖向位移（-向下，单位：mm） |
|---|---|---|---|---|---|
| 牵引提升 | 阶段一 | SG-1 | 57.93 | 3.28 | -25.01 |
| | | SG-2 | 57.34 | 3.80 | -25.06 |
| | | SG-3 | 57.06 | 3.80 | -25.05 |
| | | SG-4 | 56.67 | 3.79 | -25.04 |
| | | SG-5 | 56.04 | 3.79 | -25.02 |
| | | SG-6 | 54.88 | 3.85 | -24.73 |
| | | SG-7 | 54.57 | 4.34 | -25.02 |
| | | SG-8 | 54.96 | 4.82 | -25.43 |
| | 阶段二 | SG-9 | 55.27 | 4.56 | -25.03 |
| | | SG-10 | 57.10 | 5.08 | -24.51 |
| | | SG-11 | 62.60/-6.12 | 8.78 | -25.10/1.66 |
| | 阶段三 | SG-12 | 60.36/-14.13 | 10.14 | -24.67/5.32 |
| | | SG-13 | 54.43/-25.05 | 11.91 | -22.25/11.15 |
| | | SG-14 | 19.20/-35.52 | 7.16 | -11.29/14.24 |

的过程中，截面应力值持续增加，从32MPa持续增加到75MPa；

在第三阶段中（SG-12至SG-14），即第一批、第二批牵引索已经提升到位，第三批牵引索继续提升的过程中，截面应力值保持稳定，维持在80～100MPa。

索网牵引提升和张拉过程中，各工况下钢结构空间形态直接反应为钢结构各方向位移值，具体如表8.5-5所示。

索网牵引提升和张拉过程中钢环梁位移（初始态相对于完成态的变形位移）：

在施工过程各工况中（SG-1至SG-14），钢结构径向呈现向内收的趋势、最大环向位移变化不大、竖向方向上逐渐升高。

⑤支撑胎架在索张拉过程中受力分析

在拉索提升张拉过程中，支撑胎架的内力呈现逐渐减小的趋势，在拉索提升张拉完成之前所有胎架均可以主动脱架。

### 8.5.5　结语

体育场索网为国内跨度最大的轮辐式单层索网结构，采用低空组装、整体张拉、分批锚固的方式，实现了钢结构外环梁自动脱架及预应力形成，索力、钢结构应力均未出现超标情况，索网施工仅使用了2个月时间，见图8.5-17。

（1）索网低空组装避免了大量的空中作业，最大程度地降低了施工风险，节约了大量施工措施；

（2）通过螺栓的预应力松弛试验及索夹抗滑移试验确定螺栓预应力施加值，避免了螺栓的二次张拉；

（3）根据锚固的先后顺序，液压设备吨位由小到大，分批锚固降低了大型张拉设备的投入。

（4）预应力形成过程中，考虑了外环先卸载可

图 8.5-17　低空无应力组装,整体牵引提升,分批逐步锚固

能带来的不可控因素,钢结构外环采取了被动脱架的方式,通过工装索长度的控制及优化张拉顺序,避免在张拉过程中出现外压环对胎架受压的情况,对预应力的形成及胎架安全不利。

界分别与环索、径向索及钢环梁进行连接,膜顶部与钢拱进行连接,形成整体张拉结构。单元布置图及典型节点如图 8.6-1。

## 8.6　索膜屋面的安装与施工

### 8.6.1　膜结构概况

体育场屋面采用 PTFE 膜材,膜屋面总共分为 40 个单元,最大膜单元面积为 1200m²,最小膜单元面积为 950m²,膜屋面投影总面积约为 31900m²。膜材采用进口 PTFE Ⅰ型膜材,膜材抗拉强度经向不小于 8000N/5 cm,纬向不小于 7000N/5 cm。

膜屋面由 40 个膜片单元组成,单元膜片四周边

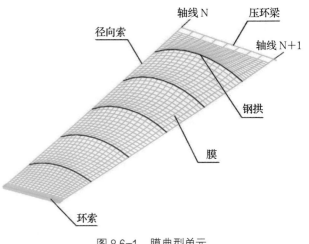

图 8.6-1　膜典型单元

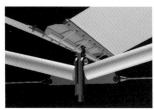

膜结构与径向索连接节点　　　膜与膜拱连接节点

膜结构与环索连接节点　　　膜结构与环梁连接节点

图 8.6-2　膜连接节点

### 2. 膜裁剪

（1）膜裁剪的目的

将由找形得到并经荷载态分析复核后满足要求的预应力状态的空间曲面剖分、转换成无应力的平面下料图，以便对原成品膜材进行下料并热合焊接成整体，再施加预应力以张拉成设计曲面。

（2）膜裁剪的步骤

第一步，将空间膜面剖分成空间膜条，膜条的边界位置就是热合焊缝之所在，膜条的最大宽度要小于拟用膜材的幅宽；本工程所用膜材的幅宽 3.8m。

第二步，将空间膜条用专业裁剪软件展开成平面膜片。如果膜条本身是个不可展曲面，就得将膜条再剖分成多个单元，采用适当的方法将其展开。此展开过程是近似的，为保证相邻单元拼接协调，展开时要使得各单元边长的误差为极小。

第三步，进行应力状态向无应力状态的转换，亦即释放预应力，进行应变补偿。这里的补偿实际上是缩减，在此基础上加上热合焊缝的宽度，即可得膜材的下料图。

膜结构作为屋面的最后施工工序，必须消除或有效减少结构误差，因此应在钢结构及索网结构施工完成后进行实际测量，根据实际测量数据进行膜单元裁剪及加工。

### 3. 膜拱及膜拱索设计

（1）膜拱深化设计图的尺寸（包括半径和跨度）就是膜拱加工时的尺寸，此状态为膜拱的初始状态，即膜拱没有承受任何荷载、内力时的状态。

（2）将膜拱按照深化设计图尺寸安放在体育场结构计算模型中，膜结构拱两端固定为铰支撑，径向索、外压环梁和内环拉索处等膜面边界固定。

（3）在计算模型中，施加膜的预应力，同时膜材和钢拱的自重荷载也施加到计算模型中，在自重和预应力作用下完成膜结构的找形分析。

（4）根据计算分析结果得到膜拱拱脚支座的反力，换算出膜拱拱脚的推力，从而确定的膜拱拉索的预拉力，即拉索的制作荷载。

### 8.6.3　施工方法

### 1. 安装顺序

膜结构安装遵循对称原则，分别从两侧低点向高点对称安装，安装顺序如图 8.6-3 所示。

图 8.6-3　膜安装顺序

### 2. 猫道及膜拱处操作平台搭设

在 40 根径向索下方采用吊带固定猫道，猫道通长布置，作为膜拱安装的操作平台及环梁与内环索之间的通道（图 8.6-4）。

图 8.6-4 猫道搭设

### 3. 膜拱安装

安装前测量径向索夹拱脚之间的距离，在地面将膜拱索与膜拱安装成整体后吊装，拱脚间距根据实测值调整（图 8.6-5）。

图 8.6-5 膜拱安装

因膜拱跨度大，若膜拱下方设置刚性操作平台，则操作平台重量较大，对柔性结构位形造成影响，因此膜拱下方拉设两根钢丝绳固定于径向索上，铺设安全网作为膜与膜拱连接件安装时的操作平台（图8.6-6）。

图 8.6-6 柔性操作平台

### 4. 膜安装

（1）膜面承载绳设置

柔性操作平台设置完成后，沿径向索方向在膜拱上方每隔5m拉设 $\phi$6 钢丝绳，作为展膜支撑使用，膜面承载绳具体如图 8.6-7。

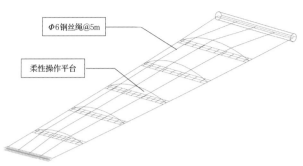

图 8.6-7 膜面承载绳

（2）膜结构吊装与展开

膜结构可从内环索处或外环梁处吊装，从内环索处吊装时，展开支架固定于内环索上，从内环位置向外环方向展膜；从外环梁处吊装时，展开支架固定于外环梁下方，从外环向内环方向展膜（图8.6-8～图8.6-9）。

图 8.6-8 膜卷固定

图 8.6-9 膜结构展开

（3）膜结构张拉

① 膜安装过程即为预应力施加过程，预应力施加

顺序：每个膜单元施加预应力时，应先短边，后长边对称张拉。膜结构张拉施工时，每个膜单位区域由中间向两侧间隔分级对称张拉，主要采用三级张拉方式。

② 膜单元张拉顺序示意图见图 8.6-10。

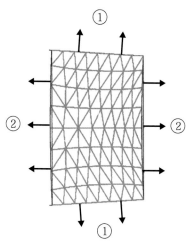

图 8.6-10　膜单元张拉顺序示意

③ 控制方法：膜张拉控制方法主要以位移控制为主，以膜张拉力控制为辅，使膜结构成型质量满足设计要求。a. 位移控制：第一次位移量为设计位移量的 50%，第二次位移量为设计位移量的 30%，第三次位移量为设计位移量的 20%，位移允许偏差 ±10%；b. 或用专用测力仪对张拉完成的膜单元的有代表性的施力点进行力值抽检，力值允许偏差 ±10%；应由设计单位、监理单位、总包单位和施工单位共同选定有代表性的施力点。

④ 膜应力取值：膜张拉施工前，膜纬向张拉位移约为长度值 2% ～ 4%，经向为 0.2% ～ 0.5%，具体数值可根据整体误差长度及膜应力参数进行调整。膜张拉完成后，膜经向受力约为 4000N/ 延米，膜纬向受力约为 3000N/ 延米，为确保膜安装精度，钢拱施工完成后应实测数据后裁剪膜材，施工工期应适当延长。

⑤ 预应力施加间隔：每次施加预应力间隔 24 小时；第二、三次施加预应力时，各工作点位人员随时观察膜面张紧度，遇有应力集中的情况应及时调整，避免膜面破坏。

### 8.6.4　膜应力分析

**1. 荷载取值**

（1）活（雪）荷载

活荷载标准值为 0.5，结构重要性系数 1.1，荷载分项系数 1.4，活荷载设计值为：$0.5×1.4×1.1 = 0.77kN/m^2$。

（2）风荷载

根据对苏州奥体中心体育场风荷载研究，风压最大值：$1.46×1.1×1.4 = 2.24kN/m^2$，风吸最大值：$-2.41×1.1×1.4 = -3.71kN/m^2$。

典型单元膜应力分布如图 8.6-11。

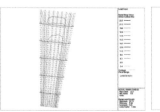

活（雪）荷载工况下膜经向应力（kN/m）（轴 1 轴 2 之间单元）　活（雪）荷载工况下膜纬向应力（kN/m）（轴 1 轴 2 之间单元）

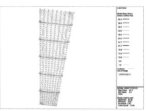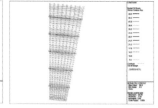

上吸风荷载工况下膜经向应力（kN/m）（轴 1 轴 2 之间单元）　上吸风荷载工况下膜纬向应力（kN/m）（轴 1 轴 2 之间单元

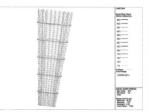

下压风荷载工况下膜经向应力（kN/m）（轴 1 轴 2 之间单元）　下压风荷载工况下膜纬向应力（kN/m）（轴 1 轴 2 之间单元）

图 8.6-11　膜应力分析

**2. 长期荷载——活（雪）荷载**

膜材最大应力：

22.7kN/m（经向）；11.46kN/m（纬向）

按照《膜结构技术规程 CECS 158—2015》：

$$\sigma_{\max}^{warp}=22.7\text{kN/m}\leqslant\frac{f_k^{warp}}{\gamma_R^L}=\frac{160.0}{5.0}=32.0\text{kN/m}\quad（经向）$$
$$满足！$$

$$\sigma_{\max}^{fill}=11.46\text{kN/m}\leqslant\frac{f_k^{fill}}{\gamma_R^L}=\frac{140.0}{5.0}=28.0\text{kN/m}\quad（纬向）$$
$$满足！$$

其中$\gamma_R^L=5.0$为长期荷载下的膜材抗力分项系数。

### 3. 短期荷载——风荷载

膜材最大应力：

46.2kN/m（经向）；52.8kN/m（纬向）

按照《膜结构技术规程 CECS 158—2015》：

$$\sigma_{\max}^{warp}=46.2\text{kN/m}>\frac{f_k^{warp}}{\gamma_R^L}=\frac{160.0}{2.5}=64.0\text{kN/m}\quad（经向）$$
$$满足！$$

$$\sigma_{\max}^{fill}=52.8\text{kN/m}\leqslant\frac{f_k^{fill}}{\gamma_R^L}=\frac{140.0}{2.5}=56.0\text{kN/m}\quad（纬向）$$
$$满足！$$

其中$\gamma_R^L=2.5$为短期荷载下的膜材抗力分项系数。

### 8.6.5 结语

苏州奥体中心体育场膜屋面水平投影面积约31900m²，基于设计提供的完成态模型进行了膜面找形分析，屋面排水分析以及屋面应力分析。根据现场实测三维数据及膜材弹性模量进行裁剪设计，达到精确控制预张力的效果。安装后现场情况见图8.6-12、图8-13。

（1）膜面找形分析中，对膜面坡度小于5%的区域进行重点设计，通过膜拱优化提高坡度，在膜面平缓的区域设置专用雨水斗。

（2）膜材宽幅为3.8m，通过排版设计减少焊缝接头，提升屋面外观效果。

（3）在径向索下方通常搭设猫道，在膜拱索下方搭设柔性操作平台，猫道与柔性操作平台自重轻，对索网位形影响可忽略，同时搭设效率高，成本相对较低，在用于膜面施工时优势明显。

图8.6-12 体育场屋盖结构一

图8.6-13 体育场屋盖结构二

# 第 9 章　游泳馆屋盖钢结构设计与施工

游泳馆屋盖是体育场马鞍形索网结构的一个衍生和变形体，其结构体系沿用体育场的结构受力原理，马鞍形的结构和圆形的幕墙隔栅也沿用了体育场的设计，游泳馆屋盖同样采用了流线形曲面设计以及大面积的超轻型索结构，整个屋盖由钢结构外圈、单层正交索网、金属屋面组成，也是国内首个在柔性索网上安装刚性金属屋面的结构体系。

整个游泳馆屋盖钢结构的施工顺序与体育场屋盖大致相同，不同点在于：

（1）施工阶段仅部分 V 柱承受竖向荷载，其余为后激活柱，后激活柱在结构施工完成后才发挥受力作用；

（2）索网施工采用高空溜索工艺，在高空进行组网，索网为分批张拉，非整体张拉；

（3）施工方法为：支撑在柔性索网上的金属屋面的支座为滑动节点，以适应索网结构在不同工况下的变形，屋面施工前先加载配重，使索网与屋面安装后的变形一致，然后逐步安装屋面，逐步卸载配重。

游泳馆屋盖的设计与施工同样也有很多创新技术应用，力与形的完美结合，实现了高低起伏富有韵律且外形轻盈的屋面结构。

## 9.1　屋盖钢结构设计

### 9.1.1　钢结构设计

#### 1. 钢结构屋盖概况

游泳馆屋盖钢结构为 107m 直径的圆形平面，跨度为 107m，整个屋盖的展开面积达到约 9100m$^2$。设计上同样延续了整个体育场馆的马鞍形曲面设计思路，压环梁定义了马鞍形曲面的外轮廓，其标高在 22 ～ 32m 之间变化。在外环之间采用了轻型的全封闭正交索网体系，索网结构屋面采用上覆金属屋面板体系。游泳馆坐落在 11.92m 标高的混凝土结构上，柱和外压环梁刚性连接并按照 V 状的造型布置。结构的外侧为整个游泳馆的外幕墙，其将屋盖的马鞍形曲面的设计元素延伸至立面上。

根据建筑师的要求，为了获得柱脚和屋顶外环间相等的间距。倾斜的屋面结构立柱的倾角沿着整个立面是变化的，柱的倾角在 46° ～ 66° 之间。屋盖结构及倾斜的立柱所产生的水平荷载通过混凝土结构的楼板传递到下部混凝土结构的抗侧力体系中去。游泳馆下部的混凝土结构也采用无缝设计（图 9.1-1 ～图 9.1-2）。

#### 2. 游泳馆屋盖体系的发展

整体建筑设计对屋盖钢结构的要求是——轻盈屋面结构＋高低起伏富有韵律的外形。建筑外观要求形成尽可能大的马鞍形曲线。而业主希望整体结构的高度尽可能小。所以游泳馆的结构体系采用了圆形平面的单层索网结构体系。结构体系的设计思路来源于网球拍的受力原理，外压环是网球拍的外框，而索网则是网球拍的网状结构。10m 高差的马鞍形进一步提高了屋面结构的刚度。

总结了体育场单层轮辐式体系的优点，当索网的马鞍面高差达到一定程度后，由高点和高点之间形

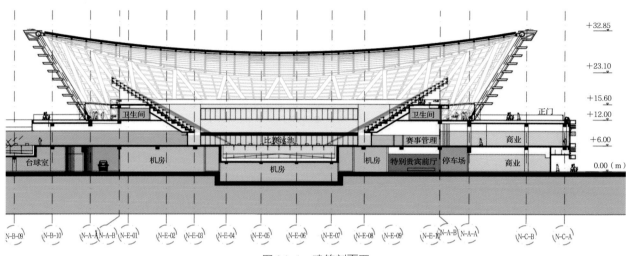

图 9.1-1 建筑剖面图

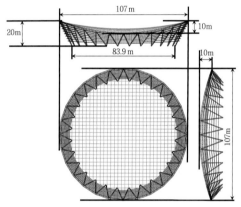

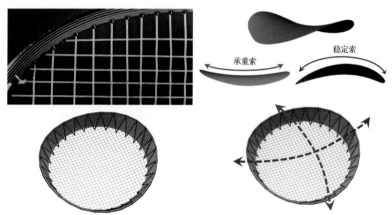

图 9.1-2 屋盖钢结构几何尺寸　　　图 9.1-3 索网体系的发展思路　　　图 9.1-4 屋盖结构体系的受力原理

成的下拉方向悬链线以及低点和低点之间形成的上拉方向的拱线具备足够的矢高后，就可以形成类似于双曲抛物面壳体这样的单层空间受力体系（图 9.1-3 ～图 9.1-4）。

基于这个原理，结构工程师创新性地提出采用单层正交索网体系来突破传统体系的局限。经过计算分析，当马鞍形的高差达到最佳建筑效果的 10m 时，理论上结构可以形成较为满意的竖向结构刚度。

为了更好的描述压环的形状，结构工程师将受压环的 z 向坐标根据余弦曲线变化而形成所希望产生的马鞍形，余弦曲线公式为 $z(\varphi) = 5 \times \cos\varphi + 27$，$0 < \varphi \leq 2\pi$（图 9.1-5）。

整个游泳馆屋盖结构的投影面积约为一个直径为 107m 的圆形，在立面上高低起伏，从最低点 22m 变化到最高点 32m。整个屋面结构既对称于高点之间的连线，也对称于低点之间的连线。周边支柱的长度取决于其所处的位置而变化，最短的柱长度为 15.03m，而最长的柱长度为 22.79m。这个轻型屋盖结构体系充分高效地利用了材料的特性，采用较少的用钢量，实现一个安全经济合理又自然流畅结构体系。

与体育场结构体系类似，游泳馆单层索网的竖向刚度是通过空间几何形体所形成的。由于其刚度均是通过预应力来实现，需要对结构进行有效的受力找形，精确确定外环和索的预应力，同时外压环在自重作用下不会产生任何的弯矩，而只有在外力下才会产生少量的附加弯矩，大大节省钢结构的用量。鉴于游泳馆较为湿热和高腐蚀的环境，索体均采用目前国际市场上防腐性能最好、截面尺寸最小的全封闭高强钢索。

整个屋面采用124根直径为40mm的全封闭索组成（图9.1-6～图9.1-7）。

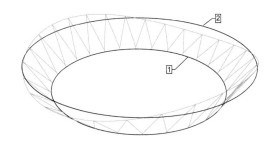
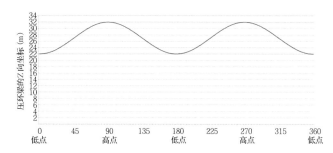

图 9.1-5　马鞍形屋面体系几何关系

图 9.1-6　单层索网体系结构

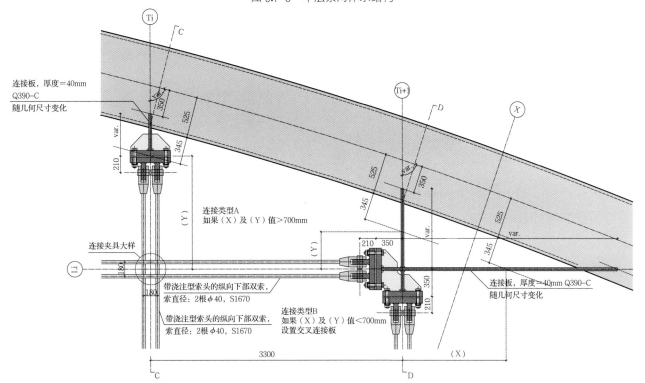

图 9.1-7　索网体系和外环结构的连接大样

### 3. 整体结构方案

整个屋盖结构由 56 根单柱所组成的 28 根 V 形柱、外圈为一个马鞍形的受压环以及双向正交分别为 62 道预应力双索（总共 124 根）共同构成，以下所示意简图将结构整体拆分成三类构件（图 9.1-8 ～图 9.1-11）。

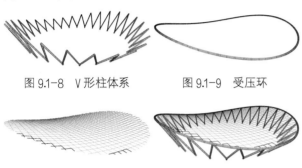

图 9.1-8 V 形柱体系　　图 9.1-9 受压环

图 9.1-10 索网结构　　图 9.1-11 整体屋面钢结构

### 4. 抗侧力体系

围绕游泳馆一周设置了 56 根支承整个屋面钢结构的柱，这些柱两两成组成 V 形，从而同时为整个结构提供足够的抗侧力刚度。V 形柱采用钢管截面，并在柱脚采用铰接连接。铰接连接可以减少安装和施工的复杂性。V 形柱在立面倾斜设置，这样可以提供刚度非常好的锥形壳体结构。隔栅幕墙体系将重量和风荷载传递到 V 形柱上，所以柱会产生一定程度的弯矩。结构柱长度介于 15.03 ～ 22.79m 之间，具体长度决定于它们所处的位置。柱子顶部设置受压环梁，直径为 107m，标高介于 22 ～ 32m 之间，与立柱共同形成整个结构的抗侧力体系。从以下受力简图可清晰看出，由于压环梁造型为马鞍形，使得每一对 V 形柱在受压环梁的受力下，在一侧受压，另一侧则受拉。图中红色受压，蓝色受拉（图 9.1-12）。

受压环梁在柱间采用空间曲线形式的冷弯钢管，

图 9.1-12 抗侧力体系受力原理

并且确保在加工安装上得以有效实现，从而可以最大程度减小压环内由于节间荷载所产生较大的弯曲应力的影响，有效地减少了用钢量（图 9.1-13）。

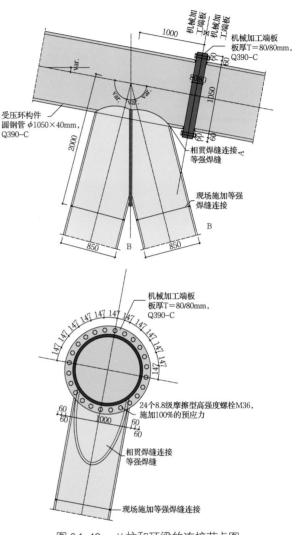

图 9.1-13 V 柱和环梁的连接节点图

### 5. 索网屋面

屋盖结构的预应力索网与受压环梁形成自锚体系，由索内的拉力导致压环梁内产生压力，而整个体系是稳定而有效的。图 9.1-14 中示意了力在索网与压环梁之间的传递（其中：蓝色为拉力，红色为压力）。同时在双向正交索网层的交汇点处设置索夹具，将上下预应力钢索在此处连接。

双向正交的索网结构必须施加预应力，索网的网眼大小为 3.30m×3.30m，在最外侧的网格间距较大，有利于设置索与受压环梁之间的连接。预应力索的长

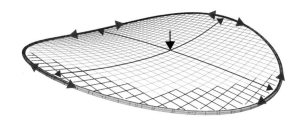

图 9.1-14　索网体系受力原理

度介于 106 ～ 31m 之间，每一根索包括两根 40mm 直径的全封闭索。这样的布置非常有利于夹具的设置，因为仅需要一个螺栓就可以进行有效的连接。

在确定索的数量和布局的时候，结构工程师对索网体系和环梁的连接进行了详细的研究，以获得更为简单的连接，以方便索系的连接和张拉。

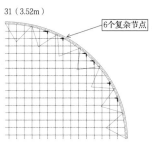

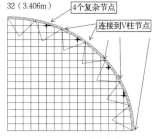

图 9.1-15　31 个网眼方案　　　图 9.1-16　32 个网眼方案

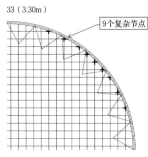

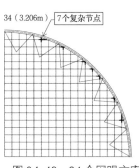

图 9.1-17　33 个网眼方案　　　图 9.1-18　34 个网眼方案

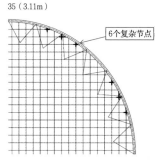

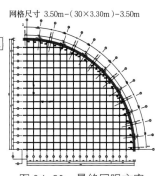

图 9.1-19　35 个网眼方案　　　图 9.1-20　最终网眼方案

31 个网眼方案：有 6 个问题连接（图 9.1-15）。

32 个网眼方案：有 4 个问题连接（图 9.1-16）。

33 个网眼方案：有 9 个问题连接（图 9.1-17）。

34 个网眼方案：有 7 个问题连接（图 9.1-18）。

35 个网眼方案：有 6 个问题连接（图 9.1-19）。

通过以上方案比较，最终选择 32 个网眼的方案进行深化，并进行了一定程度的调整。使索网的连接有效地避开柱头的连接节点，这对于节点的设计和安装有很大好处。最终调整出的网眼是两侧 3.50m，中间为 3.3m。此设计奠定了后续深化工作的基础（图 9.1-20）。

### 6. 索网与屋面板的连接方案

和体育场的开放空间不同的物理环境和要求完全不同，游泳馆是一个需要满足游泳国际比赛要求的室内环境空间。金属屋面被选为这个轻型屋盖结构的屋面材料，如何在柔性的索网体系上铺设刚度较大金属屋面，成为结构工程师和金属屋面设计师的一个关键课题。结构工程师建议在正交预应力索网交点处所设置的夹具同时用于固定屋面檩条。屋面檩条在屋面上沿着一个方向布置，其上固定屋面板。对屋面板的连接最大需要考量的问题是防腐蚀和满足屋面变形的需求，结构工程师提供的方案中，在屋面板的连接采用不锈钢 L 形型钢和不锈钢的销轴进行连接，并且采用不锈钢螺钉将屋面钢板固定在檩条上（图 9.1-21）。

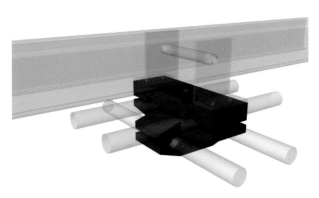

图 9.1-21　索夹和屋面板的连接图

对于屋面檩条的连接，采用长圆孔来实现，而通过以上所描述的结构体系，来估算屋面在正常使用荷载下的最大位移，保证屋面檩条的自由变形。在夹具连接节点处设置与檩条上的屋面板允许最大 ±10mm 的位移值（图9.1-22～图9.1-23）。

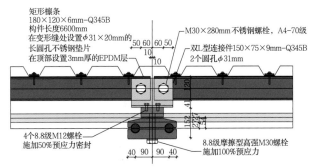

图9.1-22 索夹与屋面檩条连接大样

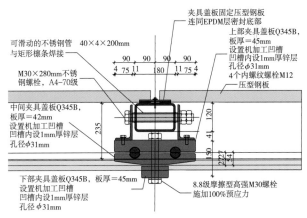

图9.1-23 索夹与屋面板连接大样

## 9.1.2 屋盖钢结构的变形

由于屋面体系采用了刚度较小的单层索网体系同时采用了金属屋面体系，需要对屋盖结构的使用极限状态的排水和屋面构造进行谨慎和详细的分析研究（表9.1-1）。

由以上的变形分析，可知此游泳馆屋面索网结构在活荷载与风作用下的最大竖向位移为1/237。由于采用了封闭的正交索网体系而且跨度较小，其竖向变形比起体育场的中间大开洞的轮辐式索网屋面而言大大地减小了。

为了研究结构变形对于排水及屋面构造，结构工程师采用 L/200 的变形对结构屋面的构造进行分析，仔细地分析了由于屋面变形所导致屋面板的错动。在这样的变形下，屋面单元仅会产生 5mm 的错动，这样的变形可以通过之前提出的屋面构造很好地解决（图9.1-24）。

**竖向最大位移汇总 Uz（跨度为107m） 表9.1-1**

| 荷载工况 | 工况编号 LF | 位移 Uz（mm） | | 跨度 L（m） | 位移比 |
| --- | --- | --- | --- | --- | --- |
| | | SOFiSTiK | SAP2000 | | |
| 恒载 | 1000 | 0.001 | 4.48 | 107 | — |
| 活载 | 1100 | 367 | 367 | 107 | L/292 |
| 满雪荷载 | 1200 | 332 | 332 | 107 | L/322 |
| 7 不均布雪荷载 | 1210 | 334 | 335 | 107 | L/320 |
| 195° 风荷载 | 1300 | 228 | 225 | 107 | L/469 |
| 285° 风荷载 | 1310 | 451 | 444 | 107 | L/237 |
| 75° 风荷载 | 1320 | 317 | 314 | 107 | L/338 |
| 150° 风荷载 | 1330 | 372 | 369 | 107 | L/288 |
| 300° 风荷载 | 1340 | 444 | 438 | 107 | L/241 |
| 315° 风荷载 | 1350 | 411 | 404 | 107 | L/260 |
| X 向罕遇地震作用 | | 39.7 | 42.76 | 107 | L/2695 |
| Y 向罕遇地震作用 | | 106.2 | 100.31 | 107 | L/1007 |
| Z 向罕遇地震作用 | | 198.5 | 198.14 | 107 | L/539 |

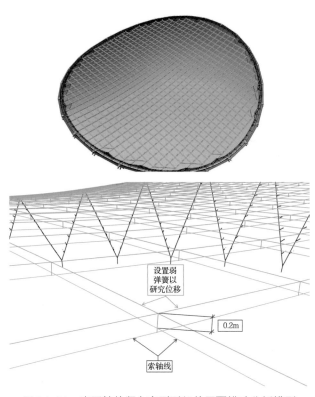

图9.1-24 索网结构竖向变形引起的屋面错动分析模型

屋面要求最小的排水坡度为 2%，由中心向外排，则屋面的中心点与外边缘之间的最小高差为：$d_{z, min} = 0.02 \times 53.5m = 1.070m$；整个游泳馆屋面的最低点的竖向坐标为 22.00m；而屋面结构中心点处的竖向坐标为 24.12m；则整个屋面在无变形状态下的两点间高差为：$d_z = 24.12m - 22.00m = 2.120m$；则屋面结构所允许的最大变形为：$u_{z, max} = 2120mm - 1070mm = 1050mm$，而结构由雪荷载作用下产生的最大变形仅为 332mm，远小于屋面结构允许的最大变形值。图 9.1-25 所示的、屋面在雪荷载作用下的变形等高线图中，分析得知屋面不会因变形而形成积水，造成排水困难而产生积水荷载。

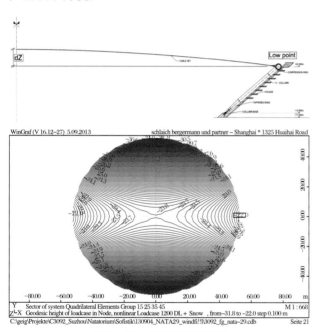

图 9.1-25　屋面排水分析图

## 9.1.3　设计中采用施工模拟对结构的优化

从整个马鞍形受力的分析图（图 9.1-26）中可以看到，倾向高点的立柱均承受较高的压应力；而倾向低点的立柱承受拉力。V 柱两肢的受力非常的不均匀，所以会导致其杆件截面完全不一致，或者是人为地加大加粗受拉柱来达到一致的外观效果。为了优化游泳馆结构，采用最少的用钢量并实现最佳的外观效果，对六个不同的施工方案作了比较及选择（图 9.1-27）。

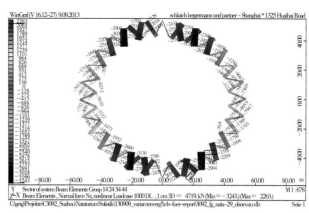

图 9.1-26　V 柱同时受力而导致的受力极度不均匀
（蓝色为压力，红色为拉力）

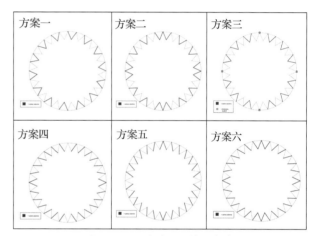

图 9.1-27　六个不同施工方案

### 1. 目标

① 明确受压环梁在加工阶段与施工安装过程中不同的几何尺寸；

② 提出合理的钢结构施工安装方案用于立柱及受压环梁，尽可能减少受压环梁因结构找形而产生的次应力；

③ 提出合理的钢结构施工安装方案，使得 V 形立柱的受力均匀。

### 2. 步骤

① 比较六个不同的施工方案，用图表显示在施工安装过程中，作为受力柱的分布示意；

② 在整个施工安装过程中，使得预先留有安装空隙的立柱内不会产生轴力。

### 3. 结论

① 在所研究的施工方案六中，最佳方案是在高

点与低点处采用 V 形柱，保证施工过程中体系具有足够刚度，而其他的 V 形立柱仅允许单根在施工过程中受力。

② 使得整个结构体系足够柔性，从而避免了结构中因找形而产生的、巨大的次应力；

③ 在施工安装过程中受压柱上预留安装空隙，此时安装屋面结构。让体系受拉的立柱，在施工过程中预先承受压力；

④ 在屋面安装完成后才连接受压柱，在完成态中仅用于承受可变荷载所产生的附加压力而不承担自重作用下的压力。

在整个体系的设计中，通过巧妙地定义加载方案，最大程度上优化了构件截面，减少了用钢量，让整个结构体系更加的高效、经济、环保和美观。

方案分析结果汇总见表 9.1-2 ～ 表 9.1-4、图 9.1-28。

V 柱内轴力　　　　　　　　　　表 9.1-2

| 施工方案 | V 柱内力最大值（kN） |
| --- | --- |
| 施工方案中所有柱同时受力 | −3243 |
| 方案四 | −1618 |
| 方案五 | −2436 |
| 方案六（屋面安装后焊接固定施工阶段放松的立柱） | −1617 |
| 方案六（屋面安装前焊接固定施工阶段放松的立柱） | −4859 |

水平支座反力　　　　　　　　　　表 9.1-3

| 施工方案 | 水平支座反力最大值（kN） |
| --- | --- |
| 施工方案中所有柱同时受力 | 1546 |
| 方案四 | 1242 |
| 方案五 | 1890 |
| 方案六（屋面安装后焊接固定施工阶段放松的立柱） | 1241 |
| 方案六（屋面安装前焊接固定施工阶段放松的立柱） | 2666 |

超静定结构产生的次应力　　　　表 9.1-4

| 施工方案 | 最大值（MPa） |
| --- | --- |
| 方案四 | 18.7 |
| 方案五 | 73.9 |
| 方案六 | 20.2 |

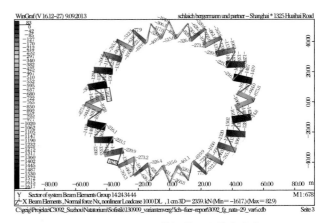

图 9.1-28　方案六的加载方案的柱内力
（蓝色为压力，红色为拉力）

## 9.2　屋盖钢结构稳定变形适应分析

### 9.2.1　游泳馆钢屋盖整体稳定分析

单层索网与边界结构形成空间受力体系，边界结构与拉索互为弹性支承，无法同常规钢框架结构一样，按照规范查表得出其计算长度系数。因此，采用通用有限元程序 ANSYS，对结构进行了考虑几何非线性和材料非线性的整体稳定分析。

游泳馆非线性稳定的分析，采用通用有限元程序 ANSYS 进行。在分析的过程中，对结构考虑双非线性：几何非线性和材料非线性，同时按结构的第一阶屈曲模态考虑规范规定的一定初始缺陷。分析中，外围钢环梁和 V 形柱采用 Beam 188 单元，拉索采用 Link10 单元。同时，分析考虑了分为两个荷载步进行：第一荷载步计算预张应力和重力的作用（包括索头、索夹重力等），第二荷载步分析其余外荷载的作用。

材质属性，游泳馆屋盖钢结构采用 Q390C 牌号钢材，其屈服强度标准值为 390N/mm²，弹性模量 E

## 9.4 高空溜索组网及张拉安装与施工

### 9.4.1 索网概况

游泳馆屋盖索网造型为马鞍形正交索网曲面，由 31 对承重索和 31 对稳定索组成，承重索和稳定索均采用 φ40 双索设计，承重索和稳定索采用索夹固定，索网网格间距为 3.3m×3.3m，整个屋面索网直径为 107m（图 9.4-1 ～图 9.4-2）。

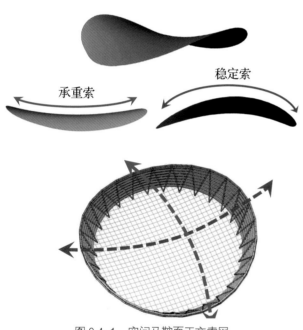

图 9.4-1 空间马鞍面正交索网

图 9.4-2 游泳馆正交索网

### 9.4.2 索网施工方法

索网施工采用高空溜索、空中组网、分批张拉的施工方法。

索网结构包含稳定索和承重索、二者双向正交、其中承重索编号为 CZ，稳定索编号为 WD，详见图 9.4-3。

索网施工步骤示意图如图 9.4-4 ～图 9.4-9。

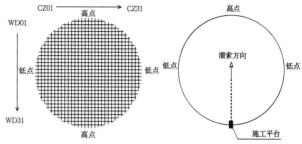

图 9.4-3 索网编号和示意图　图 9.4-4 溜索平面布置示意

步骤①：在地面先进行承重索 CZ16 双索的中间层和下层索夹安装，然后从索网屋面正中间的承重索 CZ16（高区位置）开始高空溜索，从外圈钢环梁溜至场内并至对面环梁处安装锚固。

从中间向两侧重复步骤①，直至 CZ01 ～ CZ31 共 31 根承重双索全部锚固完毕。

从两侧向中间重复步骤，采用溜索方法，把稳定索溜至设计位置，然后按照稳定索上的标记位置安装上层索夹。

分批张拉采用从两侧向中间对称分批张拉稳定索至 WD5 和 WD27，两侧分别各 5 道索，端部连接固定。

从中间向两侧张拉稳定索至 WD14 和 WD18（中间 5 道索）。

此工况下需要卸载未脱离临时胎架支撑，然后继续对称向两侧张拉完成。

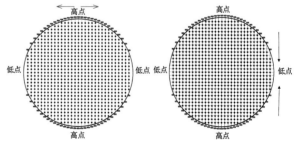

图 9.4-5 承重索全部锚固完毕　图 9.4-6 稳定索溜索完毕

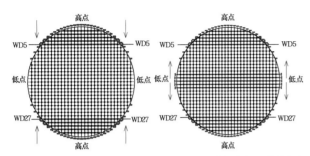

图 9.4-7　从两侧张拉 5 道稳定索　　图 9.4-8　张拉中间 5 道稳定索

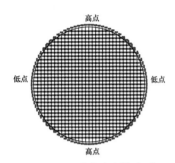

图 9.4-9　稳定索张拉完成

### 9.4.3　高空溜索施工工艺

**1. 导索设置**

导索作为溜索施工的载体，采用的是 $\phi$15.2 的钢绞线，由作业人员在钢结构压环梁上完成架设，并使用专用组装锚具将导索两端固定在压环梁上，形成一道高空单缆索道。

导索的拉设需要借助千斤顶完成，拉直后与环梁抱箍锚固，每根钢索溜索完成后，在高空转移导索至下一个溜索点，流水施工。

**2. 地面放索与索夹安装**

拉索采用托盘运输至现场，为避免拉索展开时索体扭转，采用卧式索盘进行放索。鉴于游泳馆内场有游泳池，吊机不便进入场内进行放索，因此采用在场外地面（12m 平台）进行放索，放索具体工艺如下：

（1）地面放索

用吊机将索盘运至 12m 大平台，采用特别加工制作的卧式放索盘进行展索。在展索过程中，因索本身盘绕的弹性和利用卷扬机牵引产生的偏心力，展索开盘时会产生加速，容易导致展索时散盘，危及工人安全，因此展索盘时注意防止散盘。

在 12m 混凝土平台地面上，铺设放索索道，每隔 4～5m 放置一个"滚轮"，利用卷扬机将卷盘上的承重索在滚轮上展开，释放索体的"扭力"（图 9.4-10）。

图 9.4-10　地面放索

（2）索夹安装

索夹共分 3 层，用于夹持承重索和稳定索，施工中采用依次夹紧双向正交拉索索夹的安装方法，先通过中间 8.8 级 M30 高强螺栓夹紧承重索体。承重索成对在地面顺直展开后，中、下层索夹安装按照索体表面的索夹标记位置进行安装（图 9.4-11）。

索夹的螺栓按照设计要求施加 100% 预应力，采用张拉法预紧高强螺栓（图 9.4-12）。

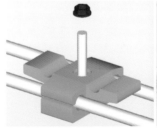

图 9.4-11　中下层索夹安装

图 9.4-12　中、下层索夹张拉施工

### 3. 承重索溜索

在对面的环梁上设置滑轮，安装牵引索，在承重索索头处连接牵引索和牵引工装。将索头和索体挂在溜索上，利用卷扬机牵引将承重索牵引至对面环梁并连接（图 9.4-13）。

图 9.4-13　承重索溜索示意图

采用 25t 汽车吊辅助提升承重索至高空压环梁上方，利用绑扎在压环梁上的转换装置将竖向提升的承重索转向为水平向溜索状态。承重索使用吊带悬挂在导索上，利用卷扬机带动牵引索牵引承重索水平溜索前进，最后与压环梁两端的锚固端连接板连接就位。溜索时为了保护索体，与索体接触部位均采用塑料等材料包裹（图 9.4-14）。

图 9.4-14　承重索溜索

重复以上步骤，流水安装所有承重索。

### 4. 施工操作平台猫道及安全网的搭设

借鉴于桥梁主缆施工的方法，在承重索安装完成后开始在承重索上搭设施工操作平台猫道，为安装稳定索做施工准备。

猫道设置于承重索上，沿稳定索方向铺设，猫道一侧设置安全立杆与生命扶手绳（图 9.4-15）。

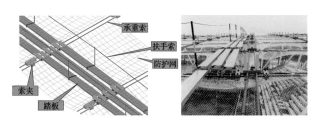

图 9.4-15　猫道施工

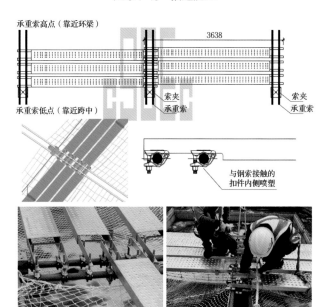

图 9.4-16　猫道板施工照片

猫道采用三块 250mm×3600mm 钢踏板并排形成约 800mm 宽的行走通道（踏板的一端是可调节长度端，以便适应施工期间承重索的间距）。猫道板两端扣接于承重索上，扣件内侧喷塑可防止伤害索体，扣接支座可以通过自身的螺母调节高度。猫道边踏板侧面带立杆套筒，可安装 1.5m 高立杆，立杆间设置钢丝绳作为猫道生命绳（图 9.4-16）。

安全网的安装与踏板安装同步进行，随着踏板的安装进展安全网可先与拉索绑扎，置于踏板下方，并临时挂在索夹上，待下一跨踏板铺设到位后，将安全网用长竿推送并与踏板处拉索扎紧（图 9.4-17～图 9.4-18）。

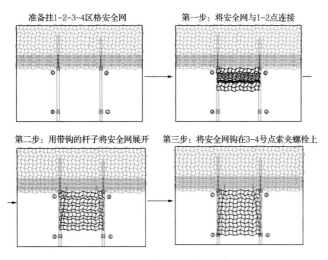

图 9.4-17 安全网施工方法

图 9.4-19 猫道上设置滚轮

图 9.4-18 安全网铺设施工照片

### 5. 稳定索高空组网

猫道铺设后，在猫道上设置滚轮（图 9.4-19），滚轮绑扎在猫道板上，沿稳定索方向布置，通过卷扬机和滑轮组，将平台上卷盘的单根稳定索牵引至猫道上，在滚轮上展开。

将两根稳定索整体安装就位至承重索索夹上后，从稳定索中间向两侧逐个精确调整稳定索体和索夹的定位，安装上层索夹板和高强螺母的端头螺母，采用液压千斤顶张拉的方式对高强螺栓施加预紧力，并紧固端头螺母使上层索夹板和承重索索夹以夹紧稳定索，端头螺母的紧固力应不小于中间螺母的紧固力，此时已紧固的承重索索夹的螺母与中间索夹板的顶面脱开（图 9.4-20）。

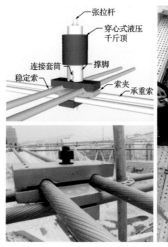

图 9.4-20 上层索夹安装    图 9.4-21 稳定索张拉施工

索夹拧紧后，将稳定索索头用吊带与锚固端板临时连接，并预张紧稳定索，提高承重索的稳定性。

### 6. 稳定索张拉

由于采用双索设计，夹持工装同时作用于两个索头，张拉方法如图 9.4-21 所示。

### 9.4.4 施工模拟过程预应力验算分析

按照施工模拟过程对各个施工步骤进行预应力分析，从而确定重要的施工参数，为施工方案制定和施工监测提供依据。施工模拟过程预应力验算分析选取索安装、张拉过程中的 6 个典型代表工况（表 9.4-1）。

张拉工况 表9.4-1

| 索施工安装 | 工况 | 备 注 |
|---|---|---|
| 张拉前阶段 | SG-1 | 承重索溜索锚固就位 |
| | SG-2 | 稳定索安装就位 |
| 张拉阶段 | SG-3 | 两端对称逐道张拉稳定索，WD01～WD05、WD27～WD31拉完成 |
| | SG-4 | WD14～WD18张拉完成（WD15～WD17同时张拉），再分别向两侧逐道对称张拉 |
| | SG-5 | 所有临时支撑胎架卸载 |
| | SG-6 | 稳定索张拉完成 |

**1. 索力变化**

稳定索张拉先从两边向中间依次对称逐道张拉至WD05和WD27，再从中间向两边张拉（中间同时张拉三根稳定索），WD14～WD18张拉完成胎架卸载后，再分别向两侧逐道对称张拉，张拉索力及索力变化值见表9.4-2。

施工过程各工况下，索力分布如图9.4-22～图9.4-27所示。

稳定索张拉索力及索力变化值（kN） 表9.4-2

| 施工阶段 | WD-01 | WD-02 | WD-03 | WD-04 | WD-05 | WD-06 | WD-07 | WD-08 | WD-09 | WD-10 | WD-11 | WD-12 | WD-13 | WD-14 | WD-15 | WD-16 |
|---|---|---|---|---|---|---|---|---|---|---|---|---|---|---|---|---|
| 1 | 1067.6 | | | | | | | | | | | | | | | |
| 2 | 973.35 | 956.73 | | | | | | | | | | | | | | |
| 3 | 941.53 | 853.82 | 849.94 | | | | | | | | | | | | | |
| 4 | 940.08 | 820.96 | 745.60 | 805.37 | | | | | | | | | | | | |
| 5 | 955.82 | 821.37 | 698.29 | 676.81 | 839.79 | | | | | | | | | | | |
| 6 | 968.19 | 870.94 | 772.48 | 762.62 | 944.81 | | | | | | | | | 1232.2 | 1050.5 | |
| 7 | 968.91 | 882.16 | 792.37 | 786.34 | 976.55 | | | | | | | | 1211.8 | 932.26 | 899.52 | |
| 8 | 885.08 | 811.73 | 755.73 | 808.12 | 1068.8 | | | | | | | | 1294.7 | 956.21 | 913.57 | |
| 9 | 899.88 | 835.79 | 783.94 | 834.04 | 1097.7 | | | | | | | 1325.4 | 899.08 | 779.72 | 755.66 | |
| 10 | 909.00 | 852.78 | 804.70 | 851.89 | 1117.4 | | | | | | 1349.5 | 966.88 | 788.67 | 709.59 | 695.48 | |
| 11 | 917.22 | 869.35 | 824.33 | 863.77 | 1121.4 | | | | | 1282.0 | 1029.0 | 871.17 | 758.11 | 712.27 | 707.01 | |
| 12 | 923.57 | 882.16 | 837.49 | 864.81 | 1103.4 | | | | 1162.9 | 970.46 | 936.58 | 841.35 | 768.22 | 743.72 | 744.70 | |
| 13 | 928.92 | 891.68 | 843.55 | 853.99 | 1061.7 | | | 1147.5 | 869.50 | 878.56 | 898.58 | 839.21 | 790.57 | 780.04 | 785.71 | |
| 14 | 932.93 | 896.23 | 839.71 | 830.02 | 998.15 | | 970.30 | 922.57 | 792.86 | 845.02 | 892.83 | 851.64 | 815.44 | 812.31 | 820.72 | |
| 15 | 935.83 | 895.24 | 822.82 | 786.30 | 900.20 | 903.50 | 775.41 | 848.66 | 761.56 | 839.53 | 902.64 | 870.26 | 839.55 | 839.67 | 849.39 | |
| 16 | 936.71 | 889.89 | 799.12 | 735.64 | 762.43 | 782.94 | 753.48 | 721.21 | 820.72 | 752.20 | 841.55 | 911.20 | 881.92 | 852.64 | 853.42 | 863.40 |

注：第8步为拆除支撑胎架，加粗数值为施工张拉力。

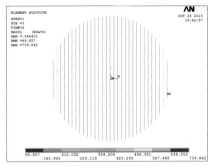

图 9.4-22　工况 SG-1

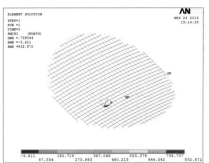

图 9.4-23　工况 SG-2

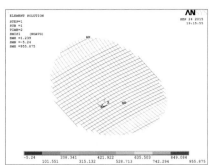

图 9.4-24　工况 SG-3

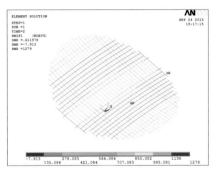

图 9.4-25　工况 SG-4

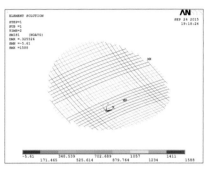

图 9.4-26　工况 SG-5

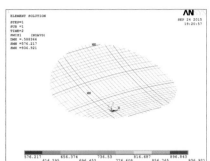

图 9.4-27　工况 SG-6

**2. 稳定索张拉过程对外环钢结构影响**

稳定索张拉过程中，会对周边钢结构柱和环梁产生影响，因此需验算在稳定索张拉各工况下钢结构最大应力值。

稳定索张拉过程中柱截面应力值见表 9.4-3。

张拉过程钢柱应力　　　　　表 9.4-3

| 工况号 | 柱截面最大压应力（MPa） | 柱截面最大拉应力（MPa） |
| --- | --- | --- |
| SG-1 | −28.873 | 27.856 |
| SG-2 | −26.727 | 34.374 |
| SG-3 | −31.483 | 41.595 |
| SG-4 | −40.934 | 52.160 |
| SG-6 | −57.593 | 29.180 |

稳定索张拉过程中环梁截面应力值见表 9.4-4。

张拉过程环梁应力　　　　　表 9.4-4

| 工况号 | 环梁截面最大压应力（MPa） | 环梁截面最大拉应力（MPa） |
| --- | --- | --- |
| SG-1 | −38.686 | 9.908 |

续表

| 工况号 | 环梁截面最大压应力（MPa） | 环梁截面最大拉应力（MPa） |
| --- | --- | --- |
| SG-2 | −47.664 | 12.353 |
| SG-3 | −46.506 | 28.766 |
| SG-4 | −192.095 | 1.028 |
| SG-6 | −159.212 | — |

## 9.4.5　结语

由于场地限制，游泳馆索网采用高空溜索的方式进行承重索的安装，借助承重索在高空搭设猫道操作平台，从而在高空进行组网，不仅实现了优化和创新施工技术，而且实现了结构设计的目标。

（1）空中溜索在环梁之间架设导索，每溜完一道承重索，导索转移至下道承重索处，多次循环直至承重索全部安装完成，导索通过穿心千斤顶拉紧，可以有效方便控制溜索过程中的挠度。

（2）空中猫道根据承重索的间距专门定制的钢

跳板，其一端与索体夹持固定，另一端因索网在施工过程中间距会变化而设计为可滑动方式，夹具内侧均喷塑，保护索体表面涂层。猫道除用于人员的行走外，也是稳定索的铺索平台。

（3）游泳馆索网预应力的形成是通过稳定索主动张拉，承重索被动受力的方式来实现的，为提高索网预应力形成的效率，尽快形成具备一定刚度的结构，稳定索张拉顺序先由两侧向中间分别张拉5根索，再由中间向两侧张拉直至全部张拉完成，按照此顺序，经分析此分批张拉的批次和顺序对临时支撑胎架的影响最小，能够满足屋盖钢结构设计要求。

## 9.5 支撑于柔性索网上刚性金属屋面的安装与施工

### 9.5.1 屋面概况

游泳馆金属屋面面积约9100m²，支撑于马鞍形单层正交索网上，构造层次包括主次檩条、屋面板及其支座，防水保温吸声材料为防水透气膜、PVC、防水隔汽膜、岩棉及吸声棉，具体构造如图9.5-1。

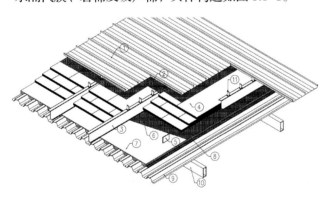

图 9.5-1 屋面构造示意
① 1.0mm厚铝镁锰合金氟碳涂层 YX65-400-400 直立锁边板，材质 A3004H44；② 0.50mm厚防水透气膜，断裂延伸率不小于35%，水蒸气透过量不小于1000g/(m²·24h)；③ Z形次檩条，材质：Q345Z550；④ 200mm(4×50mm)厚岩棉，错缝铺设搭接，容重80kg/m³；⑤ 主次檩条连接板，热浸镀锌，材质Q345；⑥ 1.2mmPVC卷材；⑦ 50mm厚玻璃丝纤维吸声棉，容重24kg/m³；⑧ 0.3mm厚防水隔汽膜，绒面朝向室内，水蒸气透过量不大于3g/(m²·24h)；⑨ 1.8mm厚铝镁锰合金氟碳涂层 YXB76-305-915 压型金属板，穿孔板，孔径2mm，孔间距4.35mm，穿孔率19%；⑩ 屋面主檩条，材质Q345Z350；⑪ 铝合金滑动固定座。

屋面施工前后，索网中心下挠达1.1m，按照常规方法施工金属屋面将造成屋面在索网大变形情况下损坏。

### 9.5.2 施工方法选择

为了解决屋面在施工前后索网变形较大的问题，提出了两种在施工阶段对柔性索网基层进行找形的方法来应对大变形对屋面结构的影响。

**1. 基于位移控制**

根据施工过程分析，可以得到各索夹加载前后的位移量，通过锚具将索网平面通过索夹各点按照对应的位移量预先向下拉成施工后的位形。此方法称为拉锚法，卸载时可通过锚具调节位移变化量。

**2. 基于荷载控制**

由于该游泳馆特殊的构造，屋面荷载通过索夹节点传递至索网上。通过统计屋面系统的重量和结构模拟计算，得到各索夹节点需施加的荷载值，根据荷载值选择对应的配重预先挂设在索夹节点处。此方法称为配重法，卸载时根据已安装的结构自重进行对应的配重卸除（图9.5-2）。

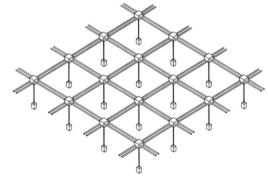

图 9.5-2 配重法施工示意

两种方案对比见表9.5-1。

施工方案对比 表9.5-1

| 项目 | 拉锚法 | 配重法 |
|---|---|---|
| 技术可行性 | 通过倒链收放可以直接实现节点位移微调，较为精确，但拉绳蠕变现象显著，随时间推移，位移量发生偏差 | 通过挂配重的量来调节节点位形变化，较为准确，配重荷载恒定，不随时间推移发生改变 |

续表

| 项目 | 拉锚法 | 配重法 |
|---|---|---|
| 经济性 | 拉锚点需提前设置埋件或植筋,前期工作量大,对工人操作要求高 | 采用编制袋装石子作为配重,石子取自现场,成本较低 |
| 安全性 | 无高空作业,无悬空作业,施工安全性良好 | 无高空作业,无悬空作业,施工安全性良好 |
| 工期 | 相邻节点位移微调时互有影响,调整时间长 | 不同点卸载互不影响,配重随施工进度逐级卸去 |

通过比较分析,采用荷载控制的配重法更接近于索网在屋面作用下的变形情况,更符合实际,因此选了配重法。

## 9.5.3 配重施工法

根据屋面系统施工工艺,分三层安装,该三层不流水作业,即待前一层全部安装完毕后才安装后一层。屋面系统总重量为 44.47 kg /m²,按照分层后统计各层需要的配载。

### 1. 屋面荷载分层统计

屋面荷载分层统计    表 9.5-2

| 序号 | 分层安装 | 荷载名称 | 荷载值 (kg/m²) | 小计 (kg/m²) |
|---|---|---|---|---|
| 1 | 第1层 | 主檩条 | 8.25 | 8.75 |
| 2 | | 配件 | 0.5 | |
| 3 | 第2层 | 压型金属板 | 6.89 | 6.89 |
| 4 | | 防水隔汽膜 | 0.1 | |
| 5 | 第3层 | 吸音棉 | 1.2 | 8.13 |
| 6 | | PVC 卷材 | 1.6 | |
| 7 | | 次檩条 | 5.23 | |
| 8 | 第4层 | 保温岩棉 | 16 | |
| 9 | | 防水透气膜 | 0.2 | |
| 10 | 第4层 | 外层铝镁锰板 | 4 | 20.70 |
| 11 | | 配件 | 0.5 | |
| 合计 | | | | 44.47 |

### 2. 施工总体流程

配载→安装第1层屋面(+8.75 kg /m²)→卸载第1批配重(-100 kg / 点)→安装第2层屋面(+6.89 kg /m²)→卸载第2批配重(-100 kg / 点)→安装第3层屋面(+8.13 kg /m²)→流水卸载第3批配重(-100 kg / 点),安装第4层屋面(+20.7 kg /m²)→流水卸载第4批配重(剩余配重)。

（1）配载

配载布置形式:索网各节点都配载。

配载重量:根据屋面荷载等效为索网各点配载重量约443 kg。

配载形式:从现场重车道挖取石子,装入抗风化编织袋中,采用电子秤进行称重装载,称重后的配重袋使用登山绳索悬挂于索夹节点下。

配载施工顺序:从外逐环向内,见图9.5-3 ~ 图9.5-4。

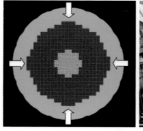 

图 9.5-3  配载顺序        图 9.5-4  配载施工实景

（2）卸载顺序

配载卸载顺序与屋面安装顺序同步,即一至三层均从低点往高点卸载,最后一层为由高点往低点卸载。

## 9.5.4　施工过程模拟分析

在金属屋面系统铺装后，相对于结构安装状态，结构径向位移正向最大 35.2mm，负向最大 -111.1mm；环向位移最大 40.2mm；竖向最大位移 -519.6mm，位于索网中心。

基于安装态的结构位形，屋面系统重量使索网产生了约 1108mm 竖向变形，相关分析结果如图 9.5-5～图 9.5-7 所示。

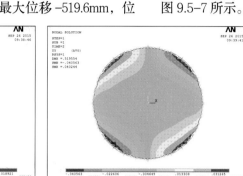

图 9.5-5　屋面板安装后径向位移图

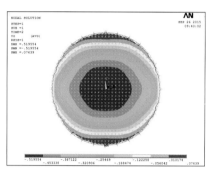

图 9.5-6　屋面板安装后环向位移图　图 9.5-7　屋面板安装后竖向位移图

## 9.5.5　屋面适应索网变形构造措施

屋面安装虽采取了配重法先找形索网位形解决了安装阶段索网的变形问题，但在正常使用过程中，在风荷载、雪荷载等作用下，屋面仍存在较大的变形及转角，因此在各种工况组合下找出最不利变形，确定屋面的可变形量，并通过大变形试验验证可靠性。

### 1. 主檩条滑动节点

主檩条采用连续两跨布置，中间为固定铰支座，两端为滑动铰支座，滑动距离为 ±10mm，构造如图 9.5-8 所示。

### 2. 次檩条滑动节点

底板铺设于主檩条上方，为单跨布置，其一端为固定铰支座，另一端为滑动铰支座，相邻底板可滑动的距离为 20mm，构造如图 9.5-9 所示。

### 3. 次檩条滑动节点

次檩条连接在主檩条连接板上，为单跨简支布置，其一端为固定铰支座，另一端为滑动铰支座，滑动距离为 ±10mm（图 9.5-10）。

### 4. 屋面板支座滑动节点

屋面板铝合金支座采用可滑动支座，支座单侧滑动行程为 90mm，屋面板沿长度方向可实现滑动，宽度方向的变形通过面板自身变形抵消，节点形式如图 9.5-11。

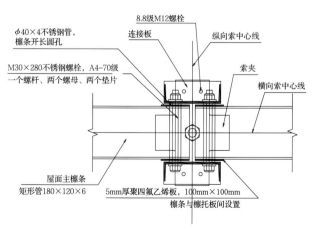

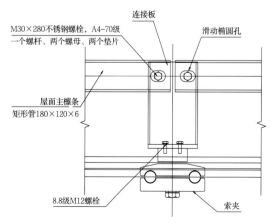

图 9.5-8　主檩条滑动节点

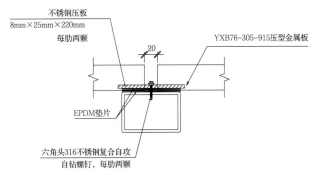

图 9.5-9 底板滑动节点

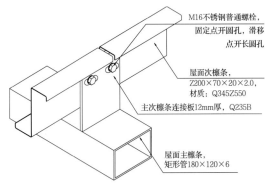

图 9.5-10 次檩条滑动节点

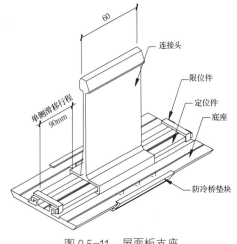

图 9.5-11 屋面板支座

**5. 双曲面外形屋面板**

游泳馆屋面为马鞍形双曲面外形,其建筑外轮廓平面正投影为近似一个标准圆,其正投影后高点到高点的长度是 106.75m,低点到低点的长度是 107.15m;在屋面中心线设置固定点,屋面外形详见图 9.5-12。

固定支座节点如图 9.5-13 所示。

屋面中央最低位置采用双公肋特殊板型,为屋面

板安装的起始板块(图 9.5-14)。

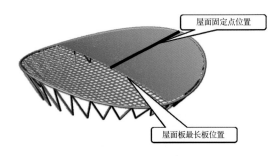

图 9.5-12 屋面外形

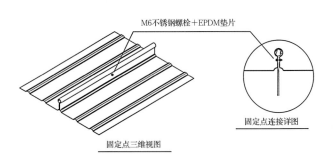

图 9.5-13 固定支座

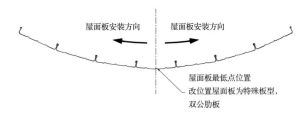

图 9.5-14 双公肋板型

### 9.5.6 屋面排水

游泳馆屋面为马鞍形双曲面屋面,屋面投影为一个近似的圆形,投影圆直径约 107m,沿屋面四周檐口区域布设环形天沟,天沟断面尺寸为 330mm×800mm(深×宽)。

**1. 屋面排水区域划分**

根据屋面坡度将屋面划分为八个排水区域,具体分布及汇水面积如图 9.5-15 所示。

**2. 天沟与屋面连接构造**

为防止天沟在超出排水能力时雨水倒灌至屋面内部,天沟与屋面连接采用如下节点,天沟与屋面板通过柔性 EPDM 防水卷材连接(图 9.5-16～图 9.5-17)。

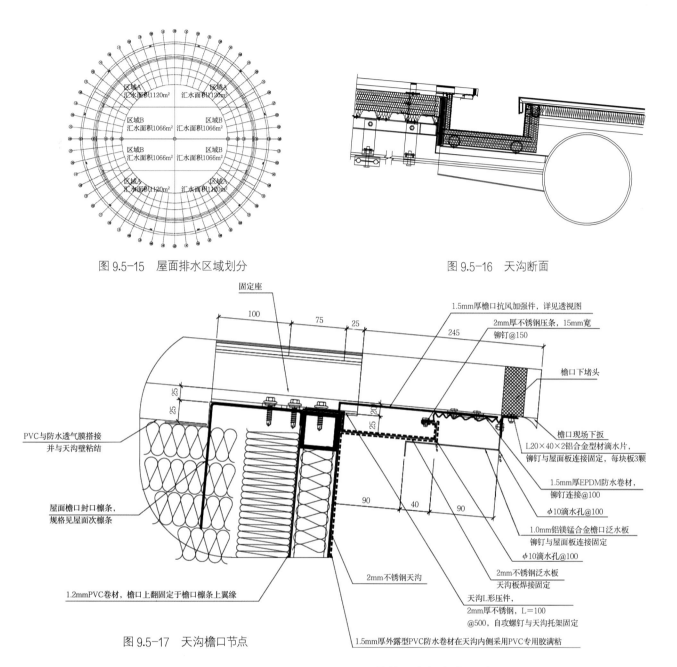

图 9.5-15　屋面排水区域划分

图 9.5-16　天沟断面

图 9.5-17　天沟檐口节点

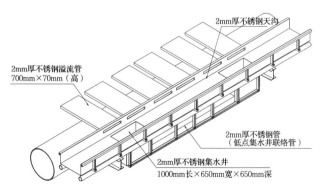

图 9.5-18　溢流口

此外，在低点设置溢流口（图 9.5-18），通过虹吸排水及溢流口的设置，游泳馆金属屋面满足 50 年一遇暴雨的排水需求。

## 9.5.6　结语

在柔性索网上覆盖刚性屋面的设计方式并不常见，在国内尚属首次，其施工及正常使用较常规结构都存在更大的风险，因索网平面外刚度较弱，索网的变形较大，通过采取配重的方式让索网保持在相对稳

图 9.5-19　游泳馆屋面安装过程

定的状态，即找形在先，安装在后。安装过程如图 9.5-19 所示。

（1）配重重量与屋面实际重量一致，配重根据卸载分装成小袋，在屋面相应层次安装完成后直接卸下即可，配重材料选用不易吸水的材料，以免在下雨后配重重量发生较大变化。

（2）采用配重法施工，在相应层次安装后，配重卸载前，都存在超载的工况，因此必须对超载时索网受力情况进行分析，验证应力及索夹抗滑移能力是否满足要求。

（3）主檩条、次檩条及底板安装完成对应配重拆除后，逐个检查连接节点是否处于居中位置，不能出现抵死的情况而失去滑动的作用。

（4）正常使用期间，屋面节点需具备适应索网变形的能力，防止在大变形情况下扯坏屋面造成漏水。

## 9.6　密闭索耐腐蚀试验与研究

### 9.6.1　试验目的

苏州奥体中心游泳馆拉索在工作中将长期处于高氯气腐蚀环境，根据国际标准化组织 ISO 发布的《钢结构防护涂料系统的防腐蚀保护》ISO 12944 中对环境腐蚀性的划分，处于 C4（高）腐蚀环境。

游泳馆选用高钒全封闭拉索，理论上，高钒拉索抗腐蚀能力远高于一般镀锌拉索，但国内高钒拉索缺乏在游泳馆高氯气环境项目中成功应用的经验，国际上亦鲜有具有指导意义的案例。鉴于氯离子穿透能力特别强，拉索工作环境相当不利，因此，其抗腐蚀能力是需要重点关注的问题。

### 9.6.2　试验方法

本次试验包括恒温恒湿腐蚀试验和中性盐雾加速腐蚀试验。通过进行无应力无涂装拉索的恒温恒湿腐蚀试验，模拟表面已累积了一定含量氯离子的无应力拉索在游泳馆环境条件下的腐蚀，分析无涂装无预应力拉索的早期腐蚀规律，获取其早期锈蚀速度；进行无应力无涂装拉索、预应力无涂装拉索和预应力有涂装拉索的中性盐雾环境中的腐蚀试验，获取三者在人工强加速腐蚀条件下的腐蚀行为（图 9.6-1 ～图 9.6-4）。

分析对比无应力无涂装拉索在恒温恒湿环境条件

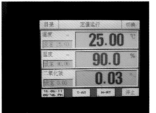

图 9.6-1 恒温恒湿箱 　 图 9.6-2 温湿度显示器

图 9.6-3 无涂装预应力拉索 　 图 9.6-4 涂装预应力拉索

和中性盐雾环境条件下的早期腐蚀行为和相关性，推测无应力无涂装拉索在真实游泳馆环境下的中后期腐蚀速度。在此基础上，分析对比无应力无涂装和预应力无涂装拉索在中性盐雾腐蚀下的腐蚀速度相关性，推测预应力无涂装拉索在真实游泳馆环境下的中后期腐蚀速度。

取不同锈蚀率索丝的腐蚀后试件进行 3D 激光扫描，并进行力学拉伸试验，获得锈后索丝的锈蚀形貌和极限承载力。结合索丝的腐蚀速度和锈后力学性能试验，对拉索的腐蚀速度和力学性能退化规律进行预测。

### 9.6.3 试验结论

（1）经检测拉索的 Z 形索丝的基材为合金钢，镀层为 Zn95Al5 合金。

（2）随机截取未锈蚀最外层索丝，经电镜扫描（图 9.6-5）观察表明，未锈蚀的最外层 Z 形索丝镀层厚度较不均匀，截面的两个内凹阴角处镀层厚度最大，可达 152μm，甚至更大。外凸阳角处的镀层厚度最薄，一般介于 20 ~ 40μm 之间，有缺陷处则镀层厚度可低于 20μm。

（3）3D 激光扫描（图 9.6-6）和分析表明：未锈蚀的最外层平均截面积为 27.39mm²，次外层索丝平均截面积为 10.07mm²；次外层索丝的截面积变异

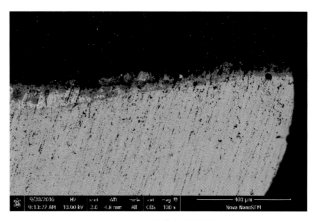

图 9.6-5 电镜扫描照片

图 9.6-6 3D 激光扫描装置

性较最外层大，最外层索丝截面不均匀系数 R（平均截面积与最小截面积的比值）平均值为 1.028，次外层索丝截面积不均匀系数 R 平均值为 1.038。

（4）索丝拉伸试验表明，未锈蚀索丝的极限强度随截面积的增大而线性减小，次外层（C 层）索丝的极限强度稍高于最外层（O 层）索丝，同时强度的变异性也更大。次外层索丝平均强度（极限承载力除以平均截面积）的均值为 1684MPa，最外层索丝的平均强度为 1631MPa。次外层索丝和最外层索丝平均强度最大偏差分别达 11.40% 和 4.10%。

（5）对游泳馆泳池水和训练馆的泳池结构表面的凝结水分别取样调查，结果表明：泳池水中氯离子含量约为 200mg/L；结构表面的凝结水中氯离子含量约为泳池水氯离子含量的一半（100mg/L），或更高；在层高较低的训练馆内部空气中温度 24 ~ 26℃、相对湿度一般 80% ~ 90%，边壁结构（墙、钢梁等）的表面水冷凝现象明显；在层高较高的比赛馆内部空

图 9.6-7 拉索锈蚀形态（136 天）

气温度 21 ～ 26℃，相对湿度 60% ～ 80%，结构表面未观察到水冷凝现象。

（6）进行恒温恒湿腐蚀试验以模拟层高低、湿度高的游泳馆环境中拉索和索丝的腐蚀，此环境对应游泳池环境中的相对严酷的腐蚀环境。将拉索及索丝试样放入 5% 氯化钠桶中静置 24 小时后晾干模拟氯离子在拉索表面的累积，之后进行温度 25℃、相对湿度 90% 的恒温恒湿弱腐蚀试验。电镜扫描和成分分析均表明拉索的锈蚀产物主要成分为 Zn 和 Al 的氧化物或化合物。电镜扫描结果表明，最外层索丝的外侧面（即索丝绞合成拉索后直接暴露于环境的一侧）锈蚀最严重。

（7）结合试验结果的分析和预测表明，考虑索丝表面氯离子的累积时，90% 相对湿度游泳池环境下（25℃环境温度）下，51μm 平均镀层厚度 6.7 年被完全腐蚀，359μm 最大镀层厚度 51.4 年被完全腐蚀；22μm 最小镀层厚度 2.5 年被完全腐蚀。80% 相对湿度游泳池环境下（25℃环境温度），51μm 平均镀层厚度 16.9 年被完全腐蚀，359μm 最大镀层厚度 123.4 年被完全腐蚀；22μm 最小镀层厚度 6.9 年被完全腐蚀。

（8）恒温恒湿腐蚀环境盐雾腐蚀环境下，锈蚀程度较低时（低于 3.5% 时），锈蚀最外层索丝、拉索的最外层和次外层索丝的名义强度（定义为锈蚀后不考虑锈蚀引起的截面积变化计算得到的极限强度）随腐蚀时间几乎保持不变，甚至稍有所升高。

（9）结合试验结果的分析和预测表明，拉索在 90% 相对湿度和 80% 相对湿度的游泳池环境下锈蚀 50 年后的剩余相对承载力分别为 79.0% 和 84.0%。

（10）结合试验结果的分析和预测表明，90% 相对湿度和 80% 相对湿度的游泳馆环境中有应力（600MPa）拉索的相对极限承载力随时间退化，第 13 年前拉索腐蚀速度较快，之后速度逐渐下降，锈蚀 50 年后拉索的剩余相对承载力分别为 45.1% 和 63.9%。

（11）索夹连接处的索丝锈蚀速率远低于拉索其他部位。其中最外层的锈蚀速率为 0.0037%/ 天，速度比其他位置最外层索丝低一个数量级，说明索夹对拉索有一定的保护作用。

（12）盐雾强腐蚀 136 天的索头发生锈蚀，主要集中于拉索与索头连接处及索头 U 形开口边缘，但由于索头本身尺寸大，故锈蚀率相对很小；索头上销钉取出，表面有淡红色锈蚀产物，但腐蚀程度低。索夹表面的白色防腐涂层表面完整，但索夹片中部涂膜有 10cm² 空鼓外凸，此外索夹的螺栓洞口处涂膜有破损（图 9.6-7）。

（13）带涂层的有应力拉索表面涂有灰色涂层，经 348 天的盐雾腐蚀试验后拉索表面基本无盐结晶附着和堆积的现象，未发现拉索腐蚀，但观察到局部涂层有空鼓现象；索夹与拉索连接处同样无明显的氯盐结晶堆积和腐蚀现象。

### 9.6.4　结语

预应力状态下的封闭索耐腐蚀研究属于跨学科的综合研究，虽然本次试验只能大致判断高氯气环境下封闭索随着时间推移力学性能变化的趋势，但本次试验的试验思路、方法包括取得的相关数据可以为后续研究提供借鉴，并且对后期维护保养具有指导意义。

# 第10章 混凝土结构设计施工重点

## 10.1 场馆混凝土结构设计重点

### 10.1.1 体育场混凝土结构设计

苏州奥体中心体育场结构为地上4层混凝土结构＋钢结构屋面体系。体育场混凝土结构的抗侧力系统为混凝土框架＋屈曲约束支撑结构。体育场无地下室，仅有局部地下通道与车库相连。钢结构屋面除在混凝土结构3层设置铰接柱以及上层看台侧面设置连杆外，自成平衡体系。

混凝土看台高度为31.8m，钢结构屋面高度为52.0m。混凝土结构嵌固端设置在承台顶面，承台顶面高度 −2.5m。

体育场看台结构设计中进行了多项专项研究，特别对楼梯结构采用新型滑移支座，对超长混凝土结构进行了精细化分析，对复杂型钢混凝土梁柱节点进行了专门设计。

**1. 新型楼梯滑移支座**

常规滑动楼梯采用图集16G101-2做法，混凝土现浇在聚四氟乙烯板上，摩擦系数大。因此，在楼梯结构上下混凝土板之间设置了成品滑动钢支座，梯段纵筋与钢支座焊接，地震下的滑动性能得到了保证。如图10.1-1所示。

**2. 超长混凝土结构应力分析**

体育场混凝土结构为超长无缝结构，结构环向贯通，按建筑连续飘带造型要求不设置永久缝，温度变化和混凝土收缩会对混凝土结构产生较大的应力。看

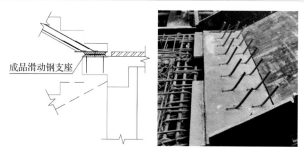

图 10.1-1 新型滑动楼梯支座

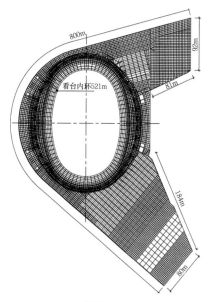

图 10.1-2 体育场平面尺寸示意

台内环尺寸为521m，看台外环尺寸为695m，结构最大外边线尺寸达800m，如图10.1-2所示，远超过了框架结构不设置伸缩缝的55m长度要求。

体育场温度应力分析存在以下有利因素：三层大平台外边线尺寸虽然最大，但其高度较高，距离基础13.8m，基础对其约束作用小。体育场为环形结构，温度应力小于等长度矩形结构，以图10.1-3为例，

矩形结构长度等于环形结构中轴线周长，但环形结构降温温度应力仅为矩形结构的38%。

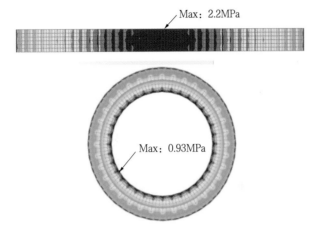

图 10.1-3 等长矩形结构和环形结构温度应力

为保证结构正常使用，对温度和混凝土收缩应力进行了精细化分析。综合考虑了混凝土收缩、温度变化、徐变应力松弛、混凝土刚度折减、桩基约束刚度和后浇带的设置对混凝土应力的影响。

（1）混凝土收缩

混凝土前期收缩应变发展较快，90天龄期混凝土的收缩应变相当于60%的极限收缩应变。

设计要求体育场后浇带浇筑时间不早于两侧混凝土构件浇筑后90天，并应尽量延长此时间段。将后浇带闭合前各个分段结构中的收缩量等代为部分后期的收缩量，经计算模拟，取为10%的最终收缩量。其概念是10%的最终收缩量在后浇带闭合后整体结构中产生的最大拉应力等于60%最终收缩量在后浇带闭合前各区段内产生的最大拉应力。通过以上分析，最终的有效收缩量可取 $\varepsilon_s^e = (0.1 + 0.4)\varepsilon_y(\infty) = 1.35 \times 10^{-4}$。

混凝土收缩的当量温差计算公式为：

$$T_s = \varepsilon_s^e / \alpha \qquad (10.1\text{-}1)$$

式中 $\alpha$——混凝土的线膨胀系数，$\alpha = 1 \times 10^{-5}$。

故 $T_s = (1.35 \times 10^{-4}) / (1 \times 10^{-5}) = 13.5℃$。

（2）温度变化

计算温差时计算条件和参数选取如下：

根据《建筑结构荷载规范》GB 50009—2012 附录 E，苏州地区50年重现期的月平均最高气温 $T_{max}$ 和月平均最低气温 $T_{min}$ 分别为 -5℃ 和 36℃。

设计要求后浇带浇筑时机为日平均气温不高于20℃。

由于混凝土的热惰性，在夏季和冬季，即使室内空调关闭，室内气温也不会达到室外的最低或最高气温。按照暖通专业建议，偏于保守计，对于混凝土结构，取夏季室内温度为30℃，冬季室内温度10℃。

计算正温差时，考虑大平台和斜看台混凝土结构表面的日照升温。对于混凝土结构取夏季日照时段内太阳辐射照度平均值对应的升温，对于钢结构取夏季正午12时的太阳辐射照度对应的升温。日照升温的计算公式为：

$$T_r = \rho \cdot \alpha \cdot J / \alpha_w \qquad (10.1\text{-}2)$$

式中 $\rho$——太阳辐射热的吸收系数，对于混凝土取0.7；

$\alpha$——PTFE 膜材的透光率，取 0.13，三层混凝土大平台上部无膜结构，不考虑此系数；

$J$——太阳辐射照度，《民用建筑供暖通风与空气调节设计规范》GB 50736—2012 附录 C，苏州地区大气透明度等级为5级，混凝土结构斜看台和大平台取夏季日照时段内太阳辐射照度平均值 325W/m²，钢结构顶面取夏季正午12时的太阳辐射照度 962W/m²；

$\alpha_w$——围护结构外表面的换热系数，根据《全国民用建筑工程设计技术措施 / 暖通·动力》，取为 18.6W/（m²·℃）。

根据前述，日照升温 $T_r$ 对于混凝土屋面、混凝土斜看台和顶面钢结构分别取为12℃、2℃和2℃。

对于体育场三层大平台，考虑外保温层的作用，根据材料的厚度和导热系数求得热阻，再根据热传导公式计算混凝土表面温度，相关数据来自暖通专业规范和计算手册。取体育场三层大平台楼板上下表面温度的平均值与初始温差的差值作为温度差。

体育场结构温度分区示意如图 10.1-4 所示。体育场结构温度作用工况的设计温差如表 10.1-1 所示。

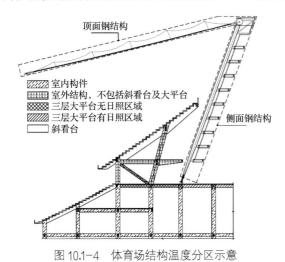

图 10.1-4　体育场结构温度分区示意

**体育场结构温差计算表（℃）**　表 10.1-1

| 温度分区 | 结构初始温度 | 是否考虑日照 | 最高温度 | 最低温度 | 混凝土收缩当量温度 | 计算正温差 | 计算负温差 |
|---|---|---|---|---|---|---|---|
| 室内构件 | 20.0 | 否 | 30.0 | 10.0 | -13.5 | 10.0 | -23.5 |
| 室外构件，不包括斜看台及大平台 | 20.0 | 否 | 36.0 | -5.0 | -13.5 | 16.0 | -38.5 |
| 三层大平台无日照区域 | 20.0 | 否 | 30.5 | 8.8 | -13.5 | 10.5 | -24.7 |
| 三层大平台有日照区域 | 20.0 | 是 | 31.5 | 8.8 | -13.5 | 11.5 | -24.7 |
| 斜看台 | 20.0 | 是 | 38.0 | -5.0 | -13.5 | 18.0 | -38.5 |

（3）徐变应力松弛

混凝土的由于温差和收缩造成的内力源于变形受到约束。对于因变形受到约束产生的应力，应考虑混凝土徐变应力松弛的特性，其徐变应力松弛系数取为 0.3。为简化计算，将按上述设计温差计算得到的混凝土结构的温差内力乘以徐变松弛系数 0.3，作为实际温差内力标准值。

（4）混凝土刚度折减

实际钢筋混凝土结构在混凝土收缩和温度效应作用下，必须计及构件截面开裂的影响，混凝土截面弹性刚度乘以 0.85 予以折减。

（5）桩基约束刚度

结构的收缩和温度变化作为非荷载效应，不同于重力、风荷载和地震作用，没有外界约束，温差、收缩自由变形，不在结构中产生内力。对于体育场结构，这个外界约束就是桩基对结构底部的约束。竖向构件底部为嵌固端的计算假定就是将地基或桩基的约束刚度设定为无限大。实际上，地基或桩基对竖向构件的约束是有限的，地基或桩基和竖向构件底端的变形最终相容协调才是最终实际的温差、收缩效应。根据《建筑桩基技术规范》JGJ 94—2008 中式 5.2.5-1，考虑承台效应，承台底承受的竖向力可取为 $\eta f_{ak} A_c$。以一个 $\phi 600$ 灌注桩的三桩承台为例，取承台效应系数 $\eta_c = 0.1$，回填土的地基承载力特征值 $f_{ak} = 150$kPa，扣除桩的承台净面积 $A_c = 5.04\text{m}^2$，承台底承受的竖向力为 $\eta f_{ak} A_c = 75.6$kN，取承台底与地基土间的摩擦系数为 0.4，得到承台底受地基土的摩擦力为 $0.4\eta f_{ak} A_c = 30$kN。经试算，温度工况下，体育场绝大多数框架柱底的水平力远大于 30kN，故在温度工况下，框架柱将克服摩擦力发生侧移，要通过桩基的约束刚度才能协调其变形。

在计算体育场混凝土收缩、温差内力时，在保持竖向为不动铰的前提下，引入桩基的水平抗侧刚度和转动刚度，用有限刚度的弹簧代替无限刚度的固定端，根据《建筑桩基技术规范》JGJ 94-2008 附录 C，计算体育场柱底桩基的平动刚度和转动刚度，计算参数详见表 10.1-2。

**体育场桩基约束刚度计算表**　表 10.1-2

| 参数 | $\phi 600$ 灌注桩 | $\phi 800$ 灌注桩 |
|---|---|---|
| $E_c$, $10^4\text{N/mm}^2$ | 3.15e+4 | 3.25e+4 |
| $\alpha_E$ | 6.35 | 6.15 |
| $E_1$, $\text{N·m}^2$ | 1.66e+08 | 5.52e+08 |
| $m$, $10^6\text{N/m}^4$ | 10 | 10 |
| $b_0$, m | 1.26 | 1.53 |
| $\alpha$, $\text{m}^{-1}$ | 0.60 | 0.49 |

续表

| 参数 | $\phi 600$ 灌注桩 | $\phi 800$ 灌注桩 |
|---|---|---|
| $A_f$ | 2.441 | 2.441 |
| $B_f$ | 1.625 | 1.625 |
| $C_f$ | 1.751 | 1.751 |
| $\delta_{HH}$, m/N | 6.90e-08 | 3.80e-08 |
| $\delta_{MM}$, $(m \cdot N)^{-1}$ | 1.76e-08 | 6.50e-09 |
| $\delta_{MH}$, $N^{-1}$ | 2.74e-08 | 1.24e-08 |
| $K_{HH}$, N/m | 1.45e+07 | 2.63e+07 |
| $K_{MM}$, N·m | 5.67e+07 | 1.54e+08 |
| $\rho_{HH}$, N/m | 3.79e+07 | 6.88e+07 |
| $\rho_{MM}$, N·m | 1.48e+08 | 4.03e+08 |

注：$K_{HH}$ 和 $K_{MM}$ 分别为单桩基础或垂直于外力作用平面的单排桩基础的平动刚度和转动刚度；$\rho_{HH}$ 和 $\rho_{MM}$ 分别为位于外力作用平面的单排（或多排）桩承台基础的平动刚度和转动刚度。

（6）超长混凝土应力分析结果

表10.1-3列出了超长混凝土结构应力计算结果，可见升温工况不起控制作用。

超长混凝土应力分析结果　　表 10.1-3

| 位置 | 降温工况应力（MPa） | | 升温工况应力（MPa） | |
|---|---|---|---|---|
| 6.000m 标高楼板 | 普遍拉应力水平 | 0.00～0.60 | 普遍拉应力水平 | 0.00～0.20 |
| | 峰值拉应力 | 1.73 | 峰值拉应力 | 0.30 |
| 三层大平台楼板 | 普遍拉应力水平 | 0.2～0.5 | 普遍拉应力水平 | 几乎无拉应力 |
| | 峰值拉应力 | 5.32 | 峰值拉应力 | 0.61 |
| 18.000m 标高楼板 | 普遍拉应力水平 | 0.6～1.5 | 普遍拉应力水平 | 几乎无拉应力 |
| | 峰值拉应力 | 1.86 | 峰值拉应力 | 0.12 |
| 上层斜看台板 | 普遍拉应力水平 | 1.00～2.00 | 普遍拉应力水平 | 几乎无拉应力 |
| | 峰值拉应力 | 2.26 | 峰值拉应力 | — |
| 下层斜看台板 | 普遍拉应力水平 | 1.30～2.00 | 普遍拉应力水平 | 几乎无拉应力 |
| | 峰值拉应力 | 2.52 | 峰值拉应力 | 0.10 |

体育场大平台在降温工况下的应力云图如图10.1-5所示。

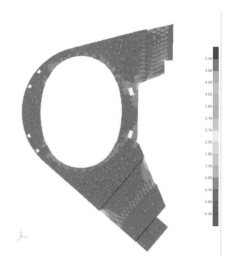

图 10.1-5　降温工况大平台楼板应力

在三层大平台阴角处等局部位置有应力集中现象，明显高于该层楼板平均值，达到5.32MPa。考虑应力集中的影响，可在一定范围内将局部应力值予以平均，作为楼板配筋的依据。

在上述分析计算基础上，配合严格的施工要求，包括延长后浇带封闭时间、低温封闭后浇带、掺入抗裂纤维等。由专业单位对部分区域混凝土应力进行了现场测试，预留构件进行弹性模量、收缩、徐变试验，以校核和修正温度应力计算结果。

看台混凝土结构闭合后，两年内进行了持续观测，其在温度作用和混凝土收缩下表现良好，达到了设计预期的效果。通过精细化分析、设计和施工措施，实现了800m超长混凝土结构不设缝、不设预应力筋的突破。

**3. 型钢混凝土柱节点设计**

体育场下部混凝土看台有三圈框架柱采用了型钢混凝土柱，包括：下层看台前端短柱，其刚度大，地震工况下承担剪力大；上层看台前端柱，上层看台为单榀框架，顶部为大悬挑结构，径向预应力梁的最大悬挑尺寸达10.2m，前端柱在大震工况下承受拉力；支撑上部钢结构V形柱的框架柱。型钢混凝土柱位置如图10.1-6所示。体育场型钢混凝土柱，与斜梁、预应力梁、BRB支撑、钢结构柱脚相连，节点构造变得复杂。设计进行了深入研究，并要求土建施工采用三维放样，细化到每一根纵筋，出具深化节点详图，经设计审核后方可下料施工，确保现场施工顺利。

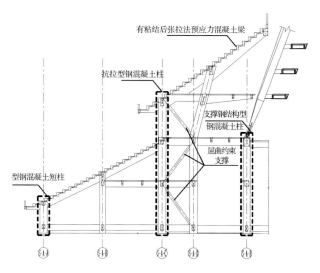

图 10.1-6　型钢混凝土柱位置

（1）型钢混凝土柱与混凝土斜梁节点

本工程看台典型框架斜梁与型钢混凝土柱连接方式，如图 10.1-7 所示。

梁部分纵筋与型钢柱翼缘板连接采用连接板，连接板的宽度同钢柱翼缘宽度，长度 = 5d ＋牛腿板角焊缝高度＋施工余量，连接板与钢柱焊接采用全熔透焊。

梁部分纵筋穿过型钢柱腹板，腹板孔径比钢筋直径大 8mm。斜梁纵筋穿透型钢腹板时考虑斜度，开椭圆孔，长度方向为纵筋直径两倍。

顶层斜梁后张拉预应力钢筋绕过型钢，如图 10.1-8 所示。

（2）型钢混凝土柱与混凝土梁、屈曲约束支撑节点

型钢混凝土柱侧面设置十字加劲肋，与屈曲约束支撑等强全熔透焊接。混凝土梁设置上下端板，端板间设置全长加劲板相连，加劲板间隔 50mm 设置 50mm 缝，方便梁箍筋通过，下端板与屈曲约束支撑等强全熔透焊接连接。如图 10.1-9 所示。

（3）型钢混凝土柱与钢柱脚节点设计

屋顶钢结构柱脚与型钢混凝土柱相连，钢柱脚采用向心关节轴承，对安装精度要求很高，因此采用了

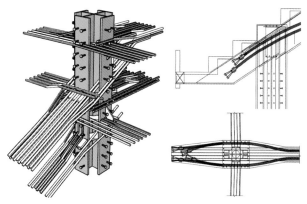

图 10.1-7　型钢柱与斜梁纵筋连　图 10.1-8　型钢柱与预应
接节点示意　　　　　　　　力筋连接节点示意

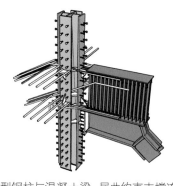

图 10.1-9　型钢柱与混凝土梁、屈曲约束支撑连接节点示意

可以主动调整误差的安装方式。型钢柱在顶部分成两段，上段为棱台形，上段下段之间采用钢板相连，如图 10.1-10 所示。第一步，将下段型钢柱与混凝土梁下钢筋连接好，浇筑阴影范围之外的梁柱混凝土。第二步，测量连接钢板标高，加工型钢柱上段，将钢柱脚与型钢柱上段焊接成整体节点，将整体节点与连接钢板焊接，浇筑阴影范围之内的梁柱混凝土。

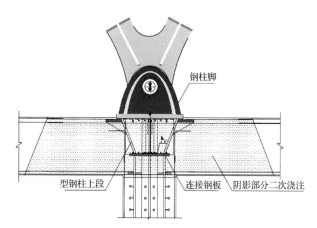

图 10.1-10　型钢柱与钢柱脚连接节点示意

### 10.1.2 体育馆混凝土结构设计

体育馆为地上六层混凝土结构＋钢结构屋面，钢结构屋面支承在混凝土结构顶部，混凝土结构周圈是钢结构幕墙体系。体育馆局部地下室，地下通道与车库相连。嵌固端设置在承台顶面，承台顶面高度 -3.0m，混凝土结构高度 27.30m，钢结构屋面最高点高度 42.93m。

基础采用桩基＋承台＋承台连系梁，直径 600mm/800mm 钻孔灌注桩，其中 800mm 钻孔灌注桩采用桩端后注浆工艺。

混凝土结构为框架剪力墙体系，如图 10.1-11 所示，主要抗侧力构件为框架柱、剪力墙及斜撑。

6.000m 标高处由于影院、室内训练场及环道功能要求楼板缺失严重，剪力墙集中布置在体育馆周围，导致结构质心与刚心偏心距过大，体育馆属于超限高层结构。对结构进行了弹性时程分析、楼板应力分析、整体模型分析，整体模型第一振型如图 10.1-12 所示。

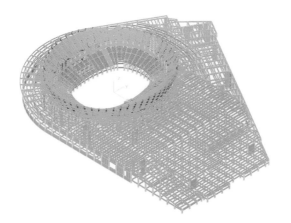

图 10.1-11 混凝土结构计算模型

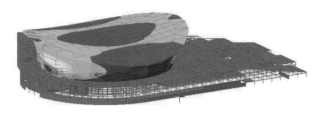

图 10.1-12 整体模型第一振型

整体模型进行了罕遇地震作用下的弹塑性时程分析，以 ABAQUS/STANDARD 和 ABAQUS/EXPLICIT 作为求解器，进行弹塑性计算。梁、柱、斜撑等线构件，采用截面纤维模型单元 B31，墙、板单元采用壳单元 S4R。模型中梁、柱等构件的配筋信息来自 PKPM 的初步设计结果，并经过适当归并后输入到 Abaqus 模型。计算选用两条天然波 SC1、USER4 和一条人工波 RG2。

层间位移角汇总如表 10.1-4 所示，X、Y 两个方向的位移角包络值分别为 1/129 和 1/223，满足设计要求。

| 层间位移角汇总 | | 表 10.1-4 |
| --- | --- | --- |
| 地震波 | X 向层间位移角 | Y 向层间位移角 |
| 天然波 SC1 | 1/137 | 1/283 |
| 天然波 USER4 | 1/129 | 1/281 |
| 人工波 RG2 | 1/151 | 1/223 |
| 最大值 | 1/129 | 1/223 |

大跨度钢结构楼盖部位的钢筋混凝土柱产生最大 0.8 的损伤系数，对应柱中钢筋出现塑性应变，最大塑性应变为 6.1e-3，约为 4 倍钢筋屈服应变，属于严重损伤；其余柱未产生明显受压损伤，处于轻微损伤状态。混凝土柱受压损伤情况如图 10.1-13 所示。

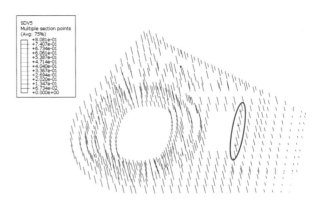

图 10.1-13 混凝土柱受压损伤情况

钢筋混凝土梁出现明显受拉损伤，在二层及其局部看台区域梁部分出现受压刚度退化，梁中部分钢筋出现塑性应变，最大塑性应变为 2.68e-3，约为 1.5 倍钢筋屈服应变，处于轻度损坏水平。钢筋混凝土梁受拉损伤情况如图 10.1-14 所示。

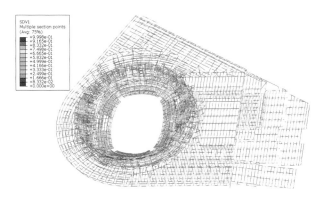

图 10.1-14　钢筋混凝土梁受拉损伤情况

墙体受压损伤严重，损伤系数大于 0.1 的范围达到 100% 横截面宽度，墙体钢筋发生一定程度的塑性应变，最大塑性应变值为 1.0e-3。墙体属于严重损伤。墙体受拉损伤情况如图 10.1-15 所示。

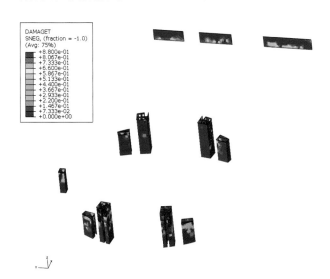

图 10.1-15　墙体受拉损伤情况

地震作用下，整个楼板受拉开裂比较明显，除斜坡板及其局部看台楼板受压损伤系数大于 0.5，达到严重损伤外，其他楼板受压损伤不明显，仅在局部出现受压损伤系数大于 0.1。所有楼板钢筋均未进入塑

性应变，楼板钢筋轻微损坏。1 层楼板受拉损伤情况如图 10.1-16 所示。

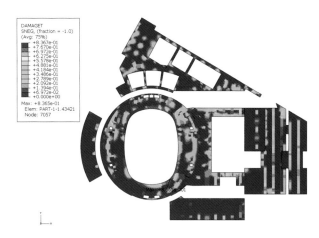

图 10.1-16　第 1 层楼板受拉损伤情况

综上可知，体育馆在给定地震波的罕遇地震作用下整体受力性能满足设计要求。

### 10.1.3　游泳馆混凝土结构设计

游泳馆为地上四层混凝土结构＋钢结构屋面，钢结构除仅在混凝土结构三层设置铰接柱脚外，自成平衡体系。混凝土看台高度 16.1m，钢结构屋面高度 32.8m。游泳馆局部有地下室，通过地下通道与车库相连。混凝土结构嵌固端设置在承台顶面，承台底面高度 -3.0m。

基础采用桩基＋承台＋承台连系梁，直径 600mm/800mm 钻孔灌注桩，其中 800mm 钻孔灌注桩采用桩端后注浆工艺。

混凝土结构为框架剪力墙体系，计算模型如图 10.1-17 所示。

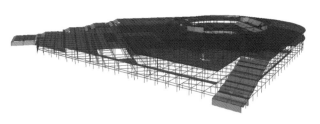

图 10.1-17　混凝土结构模型

结构刚心和质心存着偏心，在 2 层楼板和 3 层楼

板标高 X 方向刚心右偏，6m 标高处偏心率为 25%，12m 标高处偏心率为 22%。游泳馆中部有楼板大开洞，周边设观众看台，开洞面积超过规范规定的限值，属于超限高层建筑。对结构进行了弹性时程分析、楼板应力分析、整体模型分析，整体模型如图 10.1-18 所示。

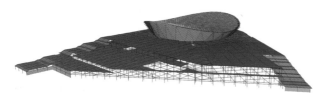

图 10.1-18　整体模型

整体模型进行了罕遇地震作用下的弹塑性时程分析，以 ABAQUS/STANDARD 和 ABAQUS/EXPLICIT 作为求解器，进行弹塑性计算。梁、柱、斜撑等线构件，采用截面纤维模型单元 B31，墙、板单元采用壳单元 S4R。模型中梁、柱等构件的配筋信息来自 PKPM 的初步设计结果，并经过适当归并后输入到 Abaqus 模型。计算选用两条天然波 S01、USER5 和一条人工波 RG2。

层间位移角汇总如表 10.1-5 所示，X、Y 两个方向的位移角包络值分别为 1/276 和 1/199，满足设计要求。

层间位移角汇总　　　　　表 10.1-5

| 地震波 | | X 向层间位移角 | Y 向层间位移角 |
|---|---|---|---|
| | | 混凝土结构 | 混凝土结构 |
| 天然波 | S01 | 1/276 | 1/199 |
| | USER5 | 1/565 | 1/577 |
| 人工波 | RG2 | 1/311 | 1/483 |
| 最大值 | | 1/276 | 1/199 |

部分钢筋混凝土柱受拉出现较明显的开裂，由于混凝材料抗拉能力较差，一旦产生拉力即容易出现开裂，属正常现象；位于游泳馆中部泳池底部柱低

端，钢筋混凝土柱受压损伤系数最大为 0.11，对应钢筋塑性应变达到 2.178e-2，约 12 倍屈服应变，属于严重损坏；位于群房角部混凝土柱底端局部最大塑性应变为 1.05e-2，约为 6 倍钢筋屈服应变，属于比较严重损坏；支撑上部钢结构屋盖 28 根关键柱底端塑性应变最大为 6.93e-3，约 3 倍钢筋屈服应变，属于轻度损坏；其余柱损坏程度均较小，处于轻度损坏和轻微损坏范围内。柱混凝土受压损伤如图 10.1-19 所示。

图 10.1-19　柱混凝土受压损伤

钢筋混凝土梁出现明显受拉损伤；三处梁中出现受压损伤，损伤系数最大值为 0.04，对应梁中钢筋出现塑性应变 2.59e-3，约为 1.5 倍钢筋屈服应变，属于轻度损坏；与支撑上部钢结构屋盖柱相连环梁没有出现损伤。梁受拉损伤如图 10.1-20 所示。

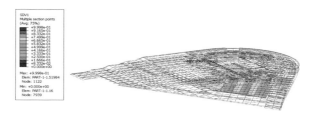

图 10.1-20　梁受拉损伤

剪力墙受拉、受压损伤均比较明显，受压损伤系数最大为 8.77e-1，受拉损伤系数最大为 8.37e-1，损伤区域主要集中在剪力墙下半部，对应的钢筋最大塑性应变为 1.27e-2，约为 7 倍钢筋屈服应变，属于比较严重损坏。剪力墙数量少，刚度大，分担较多地震力，容易产生破坏，后期设计中采取措施，适当增加配筋，增加延性。墙受拉损伤情况如图 10.1-21 所示。

用双面海绵胶压实收头，清水保护剂施工前不拆除（图 10.2-17）。

白色无纺布包裹　　　　厚薄膜覆盖包裹

图 10.2-17　清水柱养护

清水柱拆模一周后，将养护用塑料薄膜拆除，在无纺布外侧通高使用三合板进行保护，同时所有在清水结构中施工的内容均必须提前申请，严禁擅自在清水结构上开洞打凿情况发生（图 10.2-18～图 10.2-19）。

图 10.2-18　清水柱外观质量

图 10.2-19　清水混凝土保护

## 10.2.5　清水混凝土保护剂

为保护及提高清水混凝土耐久性，维持其自然质感，表面涂刷清水混凝土保护剂。能够有效防止碳化、盐害、水泥老化等现象发生，防水封固、通气、提高耐候性。经样板试验，采用氟碳消光保护剂面漆，有效抑制因紫外线、酸雨作用产生的劣化、风化及盐害现象。

施工工艺：基层修补（调整材）、水性混凝土保护专用底漆、水性混凝土保护透明中涂层、水性混凝土保护氟透明面漆（消光）。

清水保护剂：分两阶段进行，第一阶段满堂架拆除后进行底涂、中涂施工，完成后覆膜保护，同时恢复硬隔离保护，第二阶段氟碳面漆在装修期间与仿清水同时进行，完成后进行封闭保护（图 10.2-20）。

图 10.2-20　清水柱保护剂

专用底漆：采用浸透型防水底漆，可渗透到混凝土基面深层，形成防水构造，同时起到封固作用，全覆盖、无死角。

透明中涂：提高底漆与面漆的附着力，同时具有良好的防水、耐候、耐久，涂刷到位，整体均匀。

氟透明面漆：能有效抑制混凝土因紫外线、酸雨等作用产生的劣化、盐害等现象，保持清水混凝土长久坚固、美观。

清水混凝土保护剂施工质量控制要点：抗老化性能不低于 15 年，表面平整、清洁、色泽一致、同一视觉空间内颜色均匀一致，无明显色差。表面无明显颗粒，修补材均匀。

## 10.2.6　结语

清水混凝土一次成型，直接达到装饰装修效果，外刷清水混凝土保护剂，形成一层保护膜，有效保护清水混凝土不受污染。清水混凝土与普通混凝土相比，一次成型、一次成活，直接达到装饰装修效果，避免了普通混凝土二次抹灰粉刷、涂料等装饰面层施工，避免了材料浪费，节约了工期，更能反映混凝土自然之美。

清水混凝土技术在日本、德国等发达国家应用非常广泛，在国内虽然处于刚开始起步发展阶段，大量建筑工程都已采用清水混凝土技术，如北京联想研发中心、上海保利大剧院、成都来福士广场等工程，经济、社会效益显著，具有良好的推广应用前景。本工程清水混凝土结构施工质量好、成型效果好，多次承办省、市现场观摩会，获得行业同仁高度评价（图10.2-21）。

清水混凝土国家级QC成果

清水混凝土省级工法

清水混凝土介绍二维码

清水混凝土柱

清水混凝土梁板、弧形大楼梯

清水混凝土弧形墙

图 10.2-21　清水混凝土技术

## 10.3  体育场馆看台施工

体育场上、下两层看台（图10.3-1），可容纳45000座观众坐席。体育场看台结构为满足建筑外立面连续飘逸造型，未设置永久结构伸缩缝，为超长无缝结构，看台内环边线长521m，看台外环边线长695m。体育场看台区域整体呈椭圆形，长轴方向260m，短轴方向230m。看台平面宽度850mm，立面高度下层看台373～446mm不等（23排），上层看台541～596mm不等（高点位置29排）。

### 10.3.1  看台施工重点分析

看台在体育场馆建筑中占相当大的数量，其施工质量的成败直接影响感官效果和使用功能，特别是看台找平层易出现开裂、空鼓、起砂等质量缺陷，基层如果存在质量缺陷将对聚脲防水产生影响，体育场看台建筑做法是质量控制的重点和难点。看台面层施工工艺和做法的选择非常重要。

看台建筑做法各工序（包括结构层、防水层、找平层、聚脲面层等）的施工质量控制、管理难度大。

看台整体效果

看台局部

图 10.3-1　看台

看台交叉作业多，专业分包达 12 家，施工内容繁杂，各工序配合、节点配合要求高。工序搭接：如座椅、栏杆、大屏幕、TMD 系统、机电安装（疏散指示、静压箱出风口等）、疏散踏步等。节点搭接如环廊自流平与聚脲接口、墙面及栏板仿清水涂料与聚脲接口等。看台施工成品易发生破坏，成品保护难度大。

## 10.3.2　看台建筑做法

### 1. 看台做法优化

（1）原设计做法

存在问题：立面采用 40 厚细石混凝土，施工难度大、无法加固模板、成型质量不易控制、易破坏防水层；平面 40 厚细石混凝土钢丝网抗裂性能差，易空鼓、开裂；3mm 厚的聚合物水泥基防水层为柔性材料，表面较光滑，与下道工序粘结性差；建筑面层未考虑设置分隔缝，后期易开裂（表 10.3-1）。

（2）优化后设计做法

针对原设计存在的问题，对看台建筑做法进行优化，见表 10.3-2。

节点详见图 10.3-2。

原设计做法　　　　表 10.3-1

| 观众席顶面（50mm 厚，面层燃烧性能 B1 级） | 观众席侧面（50mm 厚，面层燃烧性能 B1 级） |
| --- | --- |
| （1）1.2 厚聚脲弹性防水涂料，阴阳角 50mm 范围内加涂一道 | （1）1.2 厚聚脲弹性防水涂料，阴阳角 50mm 范围内加涂一道 |
| （2）涂刷一道封闭底漆，涂布量视基层粗糙度定；基层需清理灰尘、浮渣、油污、孔洞缺陷需环保型腻子修补 | （2）涂刷一道封闭底漆，涂布量视基层粗糙度定；基层需清理灰尘、浮渣、油污、孔洞缺陷需环保型腻子修补 |
| （3）40 厚 C25 细石混凝土随打随抹，配筋 $\phi4@100$ 冷拔钢丝网片（后浇 C25 细石混凝土踏步随打随抹，配筋详结构） | （3）40 厚 C25 细石混凝土，内配 $\phi4@100$ 冷拔钢丝网片，与平面钢丝网片拉结 |
| （4）1.5mm+1.5mm 聚合物水泥基防水涂料（遇混凝土看台栏板、洞口侧墙及相邻混凝土柱部位涂刷至建筑完成面以上 300 高） | （4）1.5mm+1.5mm 聚合物水泥基防水涂料 |
| （5）现浇钢筋混凝土结构层 | （5）现浇钢筋混凝土结构层 |

优化后设计做法　　　　表 10.3-2

| 观众席顶面（50mm 厚，面层燃烧性能 B1 级） | 观众席侧面（50mm 厚，面层燃烧性能 B1 级） |
| --- | --- |
| （1）1.2 厚聚脲弹性防水涂料（麻面，造粒防滑处理），阴阳角 50mm 范围内加涂一道，颜色业主确定 | （1）1.2 厚聚脲弹性防水涂料（麻面），阴阳角 50mm 范围内加涂一道 |
| （2）涂刷一道封闭底漆，涂布量视基层粗糙度定； | （2）涂刷一道封闭底漆，涂布量视基层粗糙度定 |
| （3）专用腻子找平；基层需清理灰尘、浮渣、油污、孔洞缺陷需环保型腻子修补 | （3）专用腻子找平；基层需清理灰尘、浮渣、油污、孔洞缺陷需环保型腻子修补 |
| （4）40 厚 C25 细石混凝土随打随抹，收面压光处理，中间配 0.8mm 厚钢板网（网孔 20×40mm）。平面钢板网与立面钢丝网搭接绑扎固定。立面抹灰先施工，平面细石混凝土后施工，分仓缝间距 ≤ 6m，缝宽 20mm，内嵌聚脲防水专用分隔胶条（黑色 PVC 塑料分隔条） | （4）30 厚 DPM15 预拌砂浆粉刷抹灰（内掺抗裂纤维 $0.9kg/m^3$ 分两层粉刷，先粉刷 18 厚，满挂钢丝网（钢丝网规格为 15mm×15mm×0.5mm），再粉刷 12 厚面层。钢丝网通过专用铁钉固定，铁钉粘结在看台结构层上，呈梅花形布置，间距 300mm。立面钢丝网与水平钢板网绑扎固定）。立面抹灰层先施工，平面细石混凝土后施工，分仓缝间距 ≤ 6mm，缝宽 20mm，内嵌聚脲防水专用胶条（黑色 PVC 塑料分隔条） |
| （5）1.5mm+1.5mm 聚合物水泥基防水涂料（遇混凝土看台栏板、洞口侧墙及相邻混凝土柱部位涂刷至建筑完成面以上 300 高）；面层水泥浆拉毛一道（内掺建筑胶），增强粘结性 | （5）1.5mm+1.5mm 聚合物水泥基防水涂料；面层水泥浆拉毛一道（内掺建筑胶），增强粘结性 |
| （6）水泥浆一道，内掺建筑胶（基层清理干净，处理平整） | （6）水泥浆一道，内掺建筑胶（基层清理干净，处理平整） |
| （7）现浇钢筋混凝土结构层 | （7）现浇钢筋混凝土结构层 |

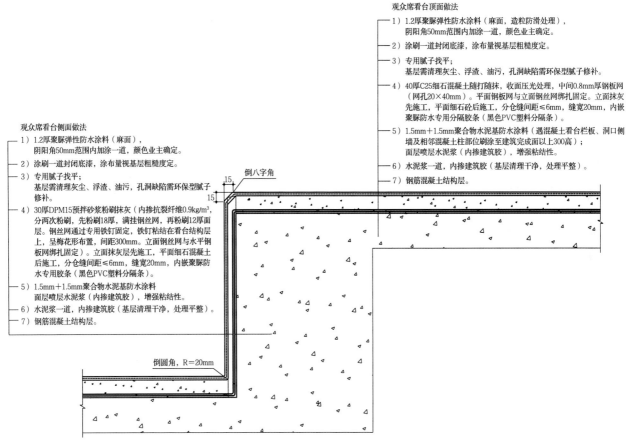

观众席看台顶面做法

——1）1.2厚聚脲弹性防水涂料（麻面，造粒防滑处理），
阴阳角50mm范围内加涂一道，颜色业主确定。

——2）涂刷一道封闭底漆，涂布量视基层粗糙度定。

——3）专用腻子找平；
基层需清理灰尘、浮渣、油污，孔洞缺陷需环保型腻子修补。

——4）40厚C25细石混凝土随打随抹，收面压光处理，中间0.8mm厚钢板网
（网孔20×40mm）。平面钢板网与立面钢丝网绑扎固定。立面抹灰
先施工，平面细石砼后施工，分仓缝间距≤6mm，缝宽20mm，内嵌
聚脲防水专用分隔胶条（黑色PVC塑料分隔条）。

——5）1.5mm+1.5mm聚合物水泥基防水涂料（遇混凝土看台栏板、洞口侧
墙与相邻混凝土柱部位刷涂至建筑完成面以上300高）；
面层喷层水泥浆（内掺建筑胶），增强粘结性。

——6）水泥浆一道，内掺建筑胶（基层清理干净，处理平整）。

——7）钢筋混凝土结构层。

观众席看台侧面做法

——1）1.2厚聚脲弹性防水涂料（麻面），
阴阳角50mm范围内加涂一道，颜色业主确定。

——2）涂刷一道封闭底漆，涂布量视基层粗糙度定。

——3）专用腻子找平；
基层需清理灰尘、浮渣、油污，孔洞缺陷需环保型腻子
修补。

——4）30厚DPM15预拌砂浆粉刷抹灰（内掺抗裂纤维0.9kg/m³，
分两次粉刷，先粉刷18厚，满挂钢丝网，再粉刷12厚面
层。钢丝网通过专用铁钉固定，铁钉粘结在看台结构层
上，呈梅花形布置，间距300mm。立面钢丝网与水平钢
板网绑扎固定）。立面抹灰层先施工，平面细石混凝土
后施工，分仓缝间距≤6mm，缝宽20mm，内嵌聚脲防
水专用胶条（黑色PVC塑料分隔条）。

——5）1.5mm+1.5mm聚合物水泥基防水涂料
面层喷层水泥浆（内掺建筑胶），增强粘结性。

——6）水泥浆一道，内掺建筑胶（基层清理干净，处理平整）。

——7）钢筋混凝土结构层。

倒八字角
15
15

倒圆角，R=20mm

图10.3-2 体育场看台节点做法

## 2. 工序穿插优化

（1）看台座椅

先施工基层，待座椅螺栓埋件施工完毕后，再喷聚脲面层，最后安装座椅；普通区域优先考虑侧装式座椅（侧面肋梁250厚，不易被后置螺栓打穿）；最后一排座椅背部为砌体墙，这部分座椅采用直立式座椅，严控螺栓植入深度（图10.3-3）。

（2）看台栏杆

先安装栏杆埋件及立柱，后施工看台基层，进行聚脲喷涂，安装上部栏杆，最后进行栏杆氟碳喷涂（注意栏杆氟碳喷涂时，看台面层的成品保护防污）；梳理清楚各种部位栏杆形式，栏杆立柱布置讲究"等距、对称布置"。

（3）看台减振装置TMD

TMD是一种提高观众舒适度的弹簧减震系统，可有效避免观众集体跳跃时看台出现共振现象导致观众恐慌（图10.3-4）。

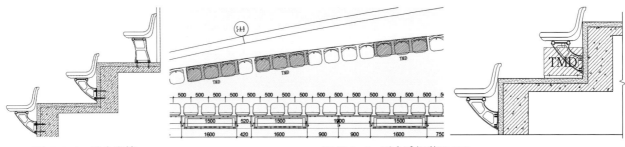

图10.3-3 看台座椅          图10.3-4 看台减振装置TMD

总承包单位牵头 TMD、座椅两家专业分包同步深化、同步安装。聚脲施工完成后，成品座椅安装前，插入 TMD 系统安装；通过看台共振测试，确定 TMD 系统安装区域、安装数量，此区域内座椅底部支撑为连杆式；考虑到看台地面和侧壁有分格条，安装座椅螺栓时，TMD 厂家需和座椅安装人员现场对接定位。必要时座椅支架和 TMD 位置适当移位，以保证两者安装不冲突。TMD 产品高度 300mm，座椅底部净高度 ≥ 330mm。

（4）不同做法接口管理

不同装饰层接口事前预控（仔细梳理看台不同材质面层分布范围；确定交接线），见图 10.3-5。

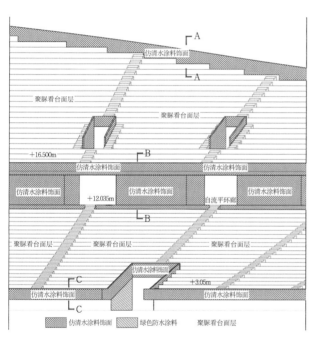

图 10.3-5　不同做法接口管理

① 聚脲面层；② 水泥基自流平地面；③ 仿清水涂料面层；④ 深灰色外墙乳胶漆涂料；⑤ 绿色外墙防水涂料面层。

### 10.3.3　看台找平层施工

看台均按照室外看台要求施工，如何保证看台找平层施工质量，达到不起壳、不空鼓、不开裂、阴阳角顺直，以及表面平整度的要求，是看台施工的重点。

注意事项：分隔缝采用 20mm 宽黑色 PVC 塑胶分隔条，嵌入到找平层和抹灰层；立面抹灰（先施工）和平面细石混凝土（后施工）分区分段施工，终凝后浇水养护不少于 3 天；严格按照要求施工，避免裂缝、空鼓等质量缺陷（图 10.3-6 ～图 10.3-9）。

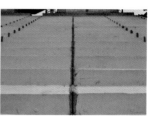

图 10.3-6　看台聚合物水泥　　图 10.3-7　分隔条固定
　　　　　　基防水涂膜

图 10.3-8　立面抹灰　　　　图 10.3-9　找平层施工

### 10.3.4　看台建筑面层聚脲施工

看台聚脲为室外工程，需选择耐紫外线照射、耐高温、耐老化，高低温性能好、抗拉伸强度高、耐磨性能好的喷涂型弹性聚脲防水材料。看台造型复杂，阴角、阳角、预埋件多，分隔缝复杂，施工处理难度大。看台聚脲喷涂厚度为 1.2mm±0.2mm，采用专用喷涂设备并由专业喷涂施工人员进行喷涂施工。施工工艺流程及要求如下：

**1. 基层打磨、清理**

混凝土基层要坚固、平整、干净、干燥，不能出现尖锐棱角、蜂窝麻面、孔洞、裂缝、空鼓、起砂等质量缺陷，不得有明水，油脂及其他异物。基层表面如有残留的砂浆、硬块及突出部分，铲除打磨平整、清理干净（图 10.3-10）。

图 10.3-10 基层打磨清理

### 2. 基层处理，涂刷专用界面剂

混凝土基层清理完毕后，涂刷专用界面剂，专用腻子基层处理两道。采用高强专用腻子对混凝土表面凸凹不平、开裂部位及表面孔洞和局部不平整的部位进行修补和打磨处理。第一道腻子修补处理完毕后，涂刷一层专用界面剂，界面剂涂刷完毕后，进行下一道工序的施工。第二道腻子采用满刮二遍方法进行施工，主要对基层的平面、立面、阴角、阳角、金属预埋件、变形缝、漏水斗等部位进行找平，在施工过程中，不能有漏刮及流坠现象，对重点部位采用专用工具进行仔细认真的处理，确保下一道工序的顺利进行（图 10.3-11 ～图 10.3-12）。

图 10.3-11 批腻子找平　　　图 10.3-12 专用工具

### 3. 细部处理

阳角部位必须做到不缺棱掉角，角线平整顺直。阳角部位基层清理干净后，涂刷界面剂，采用专用腻子进行修补处理并打磨至符合基层的要求。阴角部位必须做到无凸出凹陷，基层清理干净后，涂刷界面剂，将凸出部位打磨掉，用腻子将凹陷处填平，用专

用的阴角抹子腻子对阴角的角线部位进行细致修补处理并打磨至符合要求。金属预埋件的根部处理必须做到无缝隙、无凹陷凸出。金属预埋件根部周围的基层清理干净后，涂刷一层界面剂，再用高强腻子将金属件根部的裂缝、孔洞、凹陷和缝隙填平并打磨平整。对体育场看台基层有空鼓的部位进行检查，进行修补（图 10.3-13 ～图 10.3-14）。

图 10.3-13 阳角修补　　　图 10.3-14 分隔缝处理

### 4. 现场防护

喷涂施工前，对施工现场周围所涉及的非喷涂施工区域要进行防护处理，用专用防护材料进行防护，对工作面所预留的预埋件要进行封套处理，施工时以免对墙体或其他部位造成飞溅污染，影响其他工序的作业。

### 5. 喷涂专用底漆

专用底漆能够封闭基层表面毛细孔中的空隙，渗透到基层混凝土内提高聚脲涂层与基层材料的附着力，提高寿命（图 10.3-15）。

### 6. 喷涂聚脲

在喷涂前，检查测试设备是否正常，按说明书要求混合 A 料、B 料。根据设计厚度要求多次喷涂，控制聚脲喷涂厚度、均匀一致，最后一道聚脲喷涂时进行造粒。

### 7. 抗老化面层施工

聚脲防水层验收合格后，进行抗紫外线脂肪族抗老化面层的施工。可有效防止聚脲防水层老化，不变色，提高使用寿命（图 10.3-16）。

### 8. 聚脲成品保护

施工完毕的喷涂聚脲弹性防水层及时进行防护，不得破坏涂层（图 10.3-17）。

图 10.3-15　喷涂

图 10.3-16　抗老化面层施工

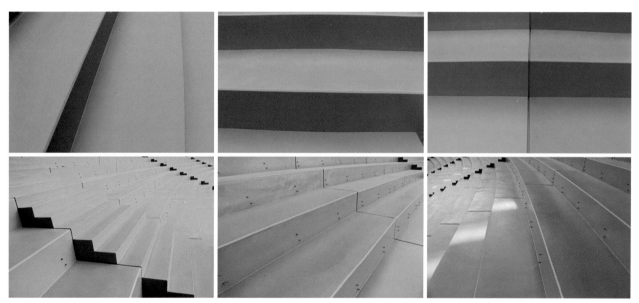

图 10.3-17　聚脲成品保护

# 第11章 体育工艺

苏州奥体中心是一个集体育竞技、休闲健身、商业娱乐、文艺演出于一体的多功能生态型的甲级体育中心，在规划设计期间就对体育消费市场进行了充分调研，完善了各场馆场地满足竞技比赛和运营大型社会活动等多样性选择，并考虑了大量的全民健身运动场地布置，弥补了大型场馆中全民健身和体育竞技比赛运营冲突的缺陷。项目所设内容，将体育工艺内容进行了完美诠释。

体育工艺就是为符合竞演活动和全民健身的功能需求，对体育建筑内涉及竞演和健身活动的空间、流程、环境、设备和器材等要素的规定和说明。

# 11.1　体育设施概述及建设标准分析

苏州奥体中心的体育设施主要有体育公园、体育场、体育馆、游泳馆。体育公园是一个开放式的市民休闲健身场所，充满园林意趣与运动元素，设有慢跑道、自行车道、室外健身训练场地。场馆有田径场、足球场、篮球场、羽毛球、游泳池、网球场、门球、乒乓球、台球、壁球等竞技比赛场地和全民健身场地。

## 11.1.1　体育设施概述

### 1. 体育场（图 11.1-1 ～图 11.1-6）

体育场设计容纳 45000 座，可以举办国际顶级的田径、足球赛事，满足各类大型演艺、展会等活动需求。主比赛场地含有 1 片 400m 标准跑道田径场地（8 道国际标准赛道）及 1 片标准足球场地（天然草皮），体育场一层东北侧足篮中心室内健身区有 3 片篮球场地、2 片五人制足球场地、1 片笼式足球场地；东南侧羽毛球中心有 53 片羽毛球场地；室外大平台健身区有 4 片室外网球场地、7 片室外篮球场地、11 片三人制室外篮球场地。

### 2. 体育馆（图 11.1-7）

体育馆设计容纳 13000 座（10000 固定座位＋3000 活动座位），符合所有室内体育项目使用标准，亦可进行大型文艺演出和展会等活动。主比赛场地可进行篮球、羽毛球、排球、乒乓球、手球、体操比赛，并可转换成冰场，进行冰球、短道速滑等比赛；体育馆的 1 片训练厅可进行篮球和五人制足球训练及赛时运动员热身。

体育馆主比赛场地可进行冰篮转换，将活动木地板拆除后，临时租用制冰整套设备，在专业公司的指导配合下完成制冰，开展比赛或冰面活动。

### 3. 游泳馆（图 11.1-8 ～图 11.1-13）

游泳馆符合国际游泳联合会建造标准，可举办国际顶级赛事，座位 3000 个（1800 固定座位，1200 活动座位），馆内二层设有 50m×25m 的标准比赛池和

图 11.1-1　体育场（一）

图 11.1-2　体育场（二）

图 11.1-3　室内篮球场

图 11.1-4　室内五人制足球场

图 11.1-5　羽毛球中心

图 11.1-6　平台篮球场

图 11.1-7　体育馆

图 11.1-8　游泳馆比赛池

图 11.1-9　游泳馆训练池

图 11.1-10　游泳馆嬉水池

图 11.1-11　室内网球场地

图 11.1-12　乒乓球场

图 11.1-13　壁球场地

图 11.1-14　室外训练场

训练池，比赛池设有 10 个赛道，每个赛道宽 2.5m，比赛池还安装了水下扬声器，可承接游泳比赛、花样游泳和水球比赛，同时还设有 800m² 的儿童嬉水区、3000m² 室外移动戏水游乐池。

室内一层全民健身区设有 4 片壁球房、4 片室内 VIP 羽毛球房、32 桌乒乓球房、32 桌桌球房、6 片网球房、2 片攀岩场地和 2 片室外门球场地，可对外开放，满足全民健身需求。

**4. 室外训练场地（图 11.1-14）**

室外训练场地包括 1 片 400m 跑道田径场地、1 片天然草坪足球场地，7 片五人制足球场地、4 片七人制足球场地、1 片棒球场地。

苏州奥体中心比赛、训练、健身场地一览表　表 11.1-1

| 序号 | 场馆 | 具体部位 | 名称 | 数量 | 室内/室外 |
|---|---|---|---|---|---|
| 1 | 体育场 | 室内一层比赛区 | 田径场 | 1 片 | 室内 |
| | | | 足球场（天然草） | 1 片 | 室内 |
| | | 室内一层东北侧足篮中心 | 篮球场 | 3 片 | 室内 |
| | | | 五人制足球场 | 2 片 | 室内 |
| | | | 笼式足球场 | 1 片 | 室内 |
| | | 室内一层东南侧羽毛球中心 | 羽毛球场 | 53 片 | 室内 |
| | | 室外大平台健身区 | 网球场 | 4 片 | 室外 |
| | | | 篮球场 | 7 片 | 室外 |
| | | | 三人制篮球场 | 11 片 | 室外 |
| 2 | 体育馆 | 室内一层比赛、训练区 | 综合比赛厅（篮球） | 1 片 | 室内 |
| | | | 训练厅（篮球） | 1 片 | 室内 |
| 3 | 游泳馆 | 室内一层全民健身区 | 壁球房 | 4 片 | 室内 |
| | | | VIP 羽毛球房 | 4 片 | 室内 |
| | | | 攀岩 | 2 片 | 室内 |
| | | | 乒乓球房（含 VIP3 桌） | 32 桌 | 室内 |
| | | | 桌球房 | 32 桌 | 室内 |
| | | | 网球场 | 6 片 | 室内 |
| | | 室内二层比赛、训练区 | 比赛池 | 1 片 | 室内 |
| | | | 训练池 | 1 片 | 室内 |
| | | 室外 12m 大平台 | 门球场 | 2 片 | 室外 |

续表

| 序号 | 场馆 | 具体部位 | 名称 | 数量 | 室内/室外 |
|------|------|----------|------|------|-----------|
| 4 | 室外训练场 | 室外训练区 | 田径场 | 1片 | 室外 |
| | | | 足球场 | 1片 | 室外 |
| | | 室外全民健身区 | 五人制足球场 | 7片 | 室外 |
| | | | 七人制足球场 | 4片 | 室外 |
| | | | 棒球场 | 1片 | 室外 |

## 11.1.2 建设标准分析

### 1. 体育场

（1）体育场等级

苏州奥体中心体育场可容纳45000座观众席，根据《体育建筑设计规范》中体育场规模分级属于大型体育场。

体育场规模分级表　　　表11.1-2

| 等级 | 观众席容量（座） | 等级 | 观众席容量（座） |
|------|------------------|------|------------------|
| 特大型 | 60000以上 | 中型 | 20000~40000 |
| 大型 | 40000~60000 | 小型 | 20000以下 |

（2）体育赛事等级及照明、扩声标准

根据体育场承办赛事等级，配套的照明、扩声等设备也需满足相应赛事的要求，相关要求见表11.1-3。

体育场赛事指标要求　　　表11.1-3

| 序号 | 场馆 | 赛事等级 | 照明标准 | 扩声标准 |
|------|------|----------|----------|----------|
| 1 | 体育场（45000座） | 田径：国际—国际田径协会联合会赛事（分站赛）国内—全运会分区赛 | TV转播IV级 | 一级 |
| | | 足球：国际—世界杯（不含决赛）国内—全运会 | HDTV转播VI级 | |

（3）大型显示屏的设置

体育场南北两侧观众看台上各设置一块LED全彩显示屏，考虑最远端观众视距，尺寸均为23.04m×8.64m = 199m²。可显示赛时实时比分，亦可以接收电视直播、DVD、影像采集及回放等多种信号源。

（4）场地布置

① 田径场地布置

场地布置需根据国际田径协会联合会 I 类场地要求进行布置，主要项目设施必须满足 I 类场地最低要求。

体育场根据场地设施要求设置8条椭圆分道和9条直道；北半圆区内设置撑杆跳场地4块；铅球投掷圈2块；南半圆区内设置铅球投掷圈2块，跳高场地两块；在田径场南北半圆区内设置一足球场草坪为落地区的标枪投掷区两块和链球铁饼同心投掷区两块；在北侧主跑道弯内设置障碍水池一个；场地东侧设置跳远及三级跳远场地4块（图11.1-15）。

训练场相对体育场标准较低，但为了满足大型比赛的训练要求，也设置了8条椭圆分道和10条直道；北半圆区内设置撑杆跳场地1块；南半圆区内设置跳高场地两块；在北侧主跑道弯内设置障碍水池一个；场地东侧设置跳远及三级跳远场地2块（图11.1-16）。

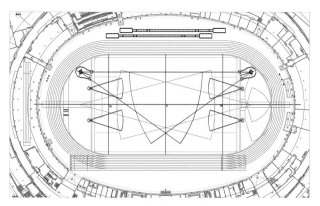

图11.1-15　体育场场地布置图

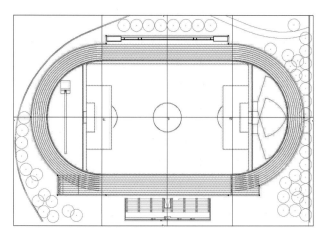

图11.1-16　训练场布置图

② 足球场地布置

足球场场地应满足国际足球联合会 A 类赛事的比赛要求，场地尺寸为 105m×68m，并且四周设有 2～4m 缓冲区。

（5）场地面层的选择

① 田径跑道面层

体育场跑道主要有预制型橡胶跑道和摊铺型塑胶跑道两种类型。两种跑道类型均能满足举办全国综合性赛事和国际单项赛事的甲级体育中心定位要求，不影响甲级体育中心评级，也能获得国际田径协会联合会、中国田径协会的认证。综合权衡今后可能举办的赛事级别和造价因素，在摊铺型跑道材料中选择性价比较高的中档复合型摊铺面材。但是近年预制型跑道面层在以下方面有自身的优点：反弹性、粘着力、抗尖钉能力、防滑耐磨性、抗老化、抗紫外光能力、颜色持久性、安装方便、使用寿命长、维修成本低、阻燃、绝缘、隔声性能、防火、无毒、无害符合环保要求，在中小学及各运动场地广泛使用。

② 足球场地面层

奥体中心的体育场和室外标准训练场，存在使用天然草和人造草两种可选方案，优缺点对比为：天然草和人造草建设成本差距不大。后期运维成本方面，天然草坪需要保证常年的场地草坪养护；人造草的场地养护成本基本可以忽略，但需根据使用的磨损情况，5～10 年进行面层更换；从长期开放的社会效益比较，人造草可以保证长期对外开放的使用需求；考虑天然草生长的客观规律，天然草场地没有保证长期对群众开放的客观条件；由于人造草的下部构造为沥青或混凝土，如举办大型综合性赛事，人造草场地无法满足田赛投掷类项目的比赛要求。

对于体育场采用天然草坪、训练场采用人造草方案，虽不影响"甲级体育中心"项目的定位，但因人造草场地无法达到田径投掷项目的热身要求，将无法满足综合类比赛的投掷类项目比赛需求，且在今后综合性比赛主办权竞争中处于不利位置。

综上，本项目体育场主场地和训练场地均采用天然草。

**2. 体育馆**

（1）体育馆等级（表 11.1-4）

苏州奥体中心体育馆可容纳 13000 座观众席，根据《体育建筑设计规范》中体育馆规模分级属于特大型体育馆。

体育馆规模分级表表　　　表 11.1-4

| 等级 | 观众席容量（座） | 等级 | 观众席容量（座） |
|---|---|---|---|
| 特大型 | 10000 以上 | 中型 | 3000～6000 |
| 大型 | 6000～10000 | 小型 | 3000 以下 |

体育馆设计承办最高等级赛事为世锦赛，涉及项目包括篮球、排球、羽毛球、乒乓球、冰球等多个比赛项目。

（2）体育赛事等级及照明、扩声标准

根据体育馆承办赛事等级，配套的照明、扩声等设备也需满足相应赛事的要求，相关要求见表 11.1-5。

（3）大型显示屏的设置

体育馆设有国际一流的功能设施，首先是位于场馆中央的 NBA 赛事级标准的 LED 斗型屏，360° 全方位视角，主屏约为 150m²，点间距 3.91mm，斗型屏的上下环屏面积约为 69m²，点间距为 10mm，另外体育馆的南北端各有一块面积分别为 51.61m² 和 55.3m² 的 LED 室内全彩屏，点间距为 10mm。而体育馆内的 P16 环场屏可谓是全场最大，面积为 415m²，在未来的高规格赛事或演唱会中，可以营造出高度参与的极致体验。

（4）场地布置（图 11.1-17～图 11.1-25）

① 球类赛时布置

体育馆主场地根据实际场地使用大小，可布置篮球场、排球以及手球比赛场地。

② 小球场地布置

体育馆承办羽毛球或乒乓球比赛时，可根据赛事体育馆赛事指标要求                                                      表 11.1-5

| 序号 | 场馆 | 赛事等级 | 照明标准（照明等级及转播要求） | 扩声标准 |
|---|---|---|---|---|
| 2 | 体育馆<br>（13000 座）<br>含移动坐席 | 篮球：国际—世锦赛、国内—全运会 | HDTV 转播 VI 级 | 一级 |
| | | 羽毛球：国际—世锦赛、国内—全运会 | HDTV 转播 VI 级 | |
| | | 排球：国际—世锦赛、国内—全运会 | HDTV 转播 VI 级 | |
| | | 乒乓球：国际—世锦赛、国内—全运会 | HDTV 转播 VI 级 | |
| | | 手球：国际—世锦赛、国内—全运会 | TV 转播 V 级 | |
| | | 冰球：国际—世锦赛（有条件满足）、国内—全运会 | TV 转播 V 级 | |
| | | 短道速滑：国际—世锦赛（有条件满足）、国内—全运会 | TV 转播 V 级 | |
| | | 体操：国际—邀请赛、国内—全运会 | TV 转播 V 级 | |

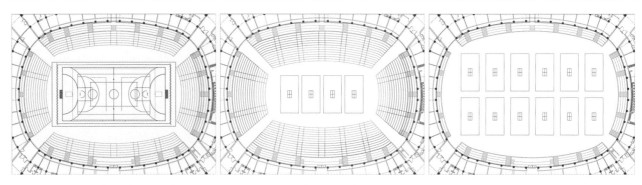

图 11.1-17　体育馆球类场地布置图　　　图 11.1-18　体育馆乒乓球决赛布置图　　　图 11.1-19　体育馆乒乓球预赛布置

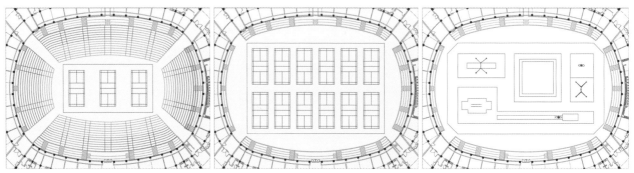

图 11.1-20　体育馆羽毛球决赛布置图　　　图 11.1-21　体育馆羽毛球预赛布置图　　　图 11.1-22　男子搭台体操场地布置图

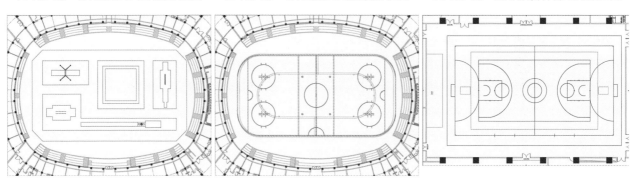

图 11.1-23　女子搭台体操场地布置图　　　图 11.1-24　冰上项目场地布置图　　　图 11.1-25　训练厅手球、篮球场地布置图

的预选赛和决赛两个阶段分别进行布置。

乒乓球预选赛可布置12块场地，尽可能多的同时开展比赛场次缩短预选赛赛程，决赛阶段布置4块决赛用场地，可进行1/8、1/4、半决赛以及决赛，四周活动看台可以全部打开，预赛场地尺寸宽6～7m，长12～14m，球台放置中间，决赛场地要适当加大，宽8m长16m，场地间需保留通道以便于赛事服务人员、媒体摄像等工作人员通过。

③体操场地布置

体育馆场地中活动看台全部收起可以进行搭台体操比赛，搭台尺寸为60m×34m，男女体操比赛场地大小相同，女子比赛将鞍马吊环场地改为平衡木。

④冰上项目场地布置

苏州奥体中心体育馆设计初考虑承接冰上项目，故设置了冰球和短道速滑场地布置方案，冰球场地尺寸为61m×30m，短道速滑场地尺寸为61m×31m，四周设置缓冲区域。

⑤训练厅场地布置

为了在赛时为运动员提供训练以及热身的场地，体育馆的训练厅根据赛时需要转换不同布置方式，训练厅可布置一块五人制足球场地、篮球场、搭台体操训练场以及其他训练场地。

**3. 游泳馆**

（1）游泳馆等级

体育中心游泳馆拥有3000座观众席，根据《体育建筑设计规范》中体育场规模分级属于大型游泳馆。

游泳馆规模分级表　　　表 11.1-6

| 等级 | 观众席容量（座） | 等级 | 观众席容量（座） |
|---|---|---|---|
| 特大型 | 6000以上 | 中型 | 1500～3000 |
| 大型 | 3000～6000 | 小型 | 1500以下 |

（2）体育赛事等级及照明扩声标准

根据游泳馆承办赛事等级，配套的照明、扩声等设备也需满足相应赛事的要求，相关要求见表11.1-7。

游泳馆赛事指标要求　　　表 11.1-7

| 序号 | 场馆 | 赛事等级 | 照明标准（照明等级及转播要求） | 扩声标准 |
|---|---|---|---|---|
| 3 | 游泳馆（3000座） | 游泳：全运会分区赛 全运会预选赛 | TV 转播 IV 级 | 一级 |
| | | 花样游泳：全运会分区赛 全运会预选赛 | TV 转播 IV 级 | |
| | | 水球：全运会分区赛 全运会预选赛 | TV 转播 IV 级 | |

图 11.1-26　游泳馆大屏

（3）LED 大屏的设置

游泳馆比赛池南侧设置一块弧形 LED 大屏，大屏尺寸为14m×4.5m，为运动员和现场观众提供实时比赛信息和全彩视频画面（图 11.1-26）。

（4）场地布置（图 11.1-27～图 11.1-29）

①比赛池

游泳馆比赛池设计为50m×25m标准泳池，水深3m，可以进行游泳、水球和花样游泳比赛，两端设置出发台。

②训练池

游泳馆训练池设计为50m×25m标准泳池，水深1.35～2m，泳池两端设置出发台，1.35m为出发台端最浅水深标准。

**4. 其他全民健身运动场地**

（1）体育场室内东北侧场地（图 11.1-30）

体育场室内东北侧场地布置3片篮球场地和2片五人制足球场地，面层铺装体育专用木地板，五人制足球场地面层需在木地板上再铺专用PVC弹性地胶，

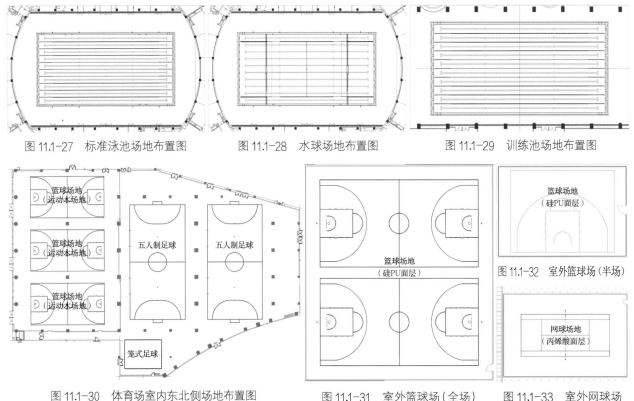

图 11.1-27　标准泳池场地布置图　　图 11.1-28　水球场地布置图　　图 11.1-29　训练池场地布置图

图 11.1-30　体育场室内东北侧场地布置图

图 11.1-31　室外篮球场（全场）

图 11.1-32　室外篮球场（半场）

图 11.1-33　室外网球场

场地间的建筑柱需做软包装饰处理，以防运动中发生碰撞。

（2）体育场室内东南侧场地

体育场室内东南侧为羽毛球中心，羽毛球场地根据实际场地尽可能多的布置，地面面层为运动木地板＋PVC 地胶，场地间的建筑柱需做软包装饰处理，以防健身运动中发生碰撞。

（3）体育场室外场地（图 11.1-31～图 11.1-33）

① 篮球场

室外大台阶平台上设置半场和标准全场篮球场地若干片，半场尺寸为 11.5m（长）×15m（宽），全场尺寸为 28m（长）×15m（宽），面层采用硅 PU 弹性面层。

硅 PU 的特点：可以用在水泥或沥青基础上，与硬地丙烯酸有相同的优点，弹性适中（按木地板特性设计）质感好，不易造成疲劳感，场地干湿都不出现打滑现象，室外雨后积水地方，推水器操作后即可恢复使用，无需经常保养，使用寿命可达 10 年以上。

② 网球场

室外大台阶平台处还设有网球场地，场地尺寸为 23.77m（长）×10.97m（宽），四周设有缓冲区，面层采用丙烯酸弹性面层。

（4）游泳馆室内运动场地

① 网球场地（图 11.1-34）

游泳馆一层共设置 6 片室内网球场地，网球场地面层使用丙烯酸面层材料。通常丙烯酸、硅 PU 等材料均能用于网球硬地的面层，但国际网球联合会（ITF）要求使用丙烯酸材料，丙烯酸材料做网球场地可以按照要求调整球速、反弹力等参数，使之符合运动员比赛要求和体育工艺的要求。

② 壁球场地（图 11.1-35）

游泳馆一层设置 4 片壁球场地，壁球馆的墙壁采用批荡式材料墙面做法，该做法造价低，维护成本低，美观大方，耐用，场地面层为运动木地板。

③ VIP 羽毛球场地（图 11.1-36）

游泳馆一层 VIP 区设置 4 片羽毛球场地，羽毛球

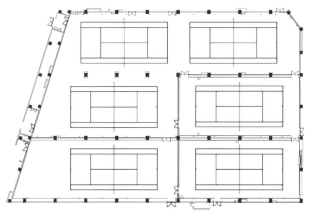

图 11.1-34 网球场地布置

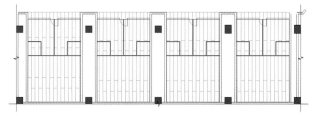

图 11.1-35 壁球房场地布置图

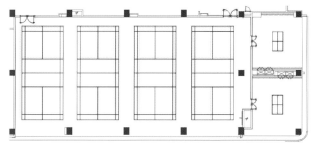

图 11.1-36 VIP 羽毛球场地布置

场地面层采用运动木地板面层，并在地板上铺装专用 PVC 地胶。

④门球场地

游泳馆 12m 大平台上设置了 2 片门球场地，场地尺寸为 20m（长）×15m（宽），采用人造草面层。

（5）室外其他运动场地（图 11.1-37）

体育公园室外西南侧设置有 4 片七人制足球场，场地尺寸为 55m（长）×31.5m（宽），7 片五人制足球场，场地尺寸为 30m（长）×17.5m（宽）。

室外足球和门球场地都采用人造草面层，人造草下面使用沥青或混凝土基础，人造草内填充石英砂以及弹性颗粒，其后期养护费用非常低，只需补充弹性颗粒，适合群众运动等高频率使用。

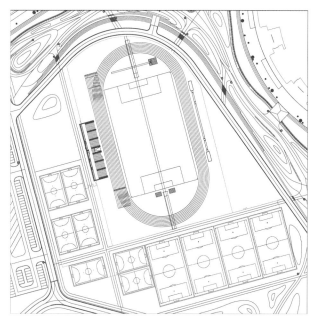

图 11.1-37 训练场运动场地布置图

（6）棒球场地（图 11.1-38）

棒球场场地平面为近扇形，占地面积约 4700m$^2$，由中心红土区、绿色人造草坪区、外圈红色人造草坪，牛棚和球员休息区，球场照明等组成。棒球场地基层由灰土层＋水稳层＋沥青层构成，按照国家一级公路标准设计及施工，平整度要求 3m 直尺下不得出现超过 3mm 的间隙，基础素土压实度 > 95%。

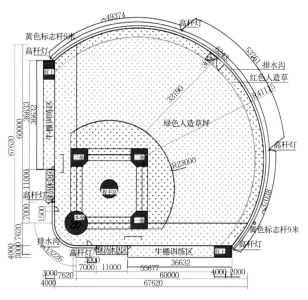

图 11.1-38 棒球场地

本工程棒球场主要为青少年棒球训练及比赛使

用，因此以青少年棒球场标准进行设计规划，由于场区面积受限，场地尺寸达不到国际标准要求，通过对投手区及各垒区的合理布置，保障内场标准尺寸，外场打墙尺寸不够的情况采用加高围网的方式确保场外人员安全，使场地能够满足训练及一般比赛的各项要求。投手区至本垒中心距离为16m，各垒区中心距离为23m，左右外野本垒打墙距离为60m，中外野本垒打墙距离为71.5m。

**5. 部分运动场地尺寸标准**

部分运动场地尺寸标准一览表见表11.1-8。

部分运动场地尺寸标准一览表　　　　表11.1-8

| 序号 | 类型 | 场地尺寸 | 四周无障碍区 | 高度要求（天花板或最低障碍物的高度） |
|---|---|---|---|---|
| 1 | 篮球 | 28m×15m | 界线外2m | ≥7m |
| 2 | 羽毛球 | 双打：13.40m×6.10m<br>单打：13.40m×5.18m | 界线外2m | 9m |
| 3 | 排球 | 18m×9m | 边线外5m<br>端线外8m | 12.5m |
| 4 | 乒乓球 | 14m×7m | | 4m |
| 5 | 手球 | 40m×20m | 边线外1m，<br>外球门线外2m | |
| 6 | 门球 | 长：20～25m<br>宽：15～20m | 比赛线外1m | |
| 7 | 冰球 | 长61m，宽30m | | |
| 8 | 壁球 | 9.75m×6.4m | | ≥5.8m |
| 9 | 网球 | 双打：23.77m×10.97m<br>单打：23.77m×8.23m | 场地：36.60m×18.30m | ≥6.4m |
| 10 | 五人制足球 | 长：25～42m<br>宽：15～25m | | |
| 11 | 七人制足球 | 长：45～75m<br>宽：28～56m | | |
| 12 | 十一人制标准足球场 | 长：90～120m<br>宽：45～90 m | | |
| 13 | 笼式足球场 | | | |
| 14 | 三人制篮球场 | 14m×15m | 界线外2m | |
| 15 | 游泳池 | 50m×25m | | |

# 11.2 体育照明系统工艺

苏州奥体中心的竞赛照明结合项目场馆实例有针对性地对场地照明系统进行设计，从而提高体育中心场地照明系统综合质量，保证体育场馆照明符合所要求的多种赛事功能的标准，做到安全适用、技术先进、经济合理。

以下对体育场、体育馆和游泳馆场地照明系统工艺分别说明。

## 11.2.1 体育场

**1. 照明设计标准**

设计标准是根据体育场承办赛事的等级来对应设置相应的最高照明等级，体育场照明等级要求如表11.2-1。

**体育场照明标准要求说明** 表 11.2-1

| 场馆 | 赛事等级描述 | 照明标准 |
|---|---|---|
| 体育场 | 田径：国际—国际田联赛事（分站赛）国内—全运会分区赛 | TV 转播Ⅳ级 |
| | 足球：国际—世界杯（不含决赛）国内—全运会 | HDTV 转播Ⅵ级 |

## 2. 照度要求

根据《体育场馆照明设计及检测标准》JGJ 153—2016 明确场地照明照度的要求，具体要求如表 11.2-2。

田径区域照度要求应满足上表中Ⅳ级标准要求，足球场地照度要求应满足上表Ⅵ级标准要求。

**体育场场地照明标准值** 表 11.2-2

| 运动项目 | 等级 | Eh (lx) | Eh U1 | Eh U2 | Evmai (lx) | Evmai U1 | Evmai U2 | Evaux (lx) | Evaux U1 | Evaux U2 | Ra | LED R9 | Tcp (K) | GR |
|---|---|---|---|---|---|---|---|---|---|---|---|---|---|---|
| 田径、足球 | Ⅰ | 200 | – | 0.3 | – | – | – | – | – | – | 65 | – | 4000 | 55 |
| | Ⅱ | 300 | – | 0.5 | – | – | – | – | – | – | | | | |
| | Ⅲ | 500 | 0.4 | 0.6 | – | – | – | – | – | – | | | | |
| | Ⅳ | – | 0.5 | 0.7 | 1000 | 0.4 | 0.6 | 750 | 0.4 | 0.6 | 80 | 0 | 4000 | 50 |
| | Ⅴ | – | 0.6 | 0.8 | 1400 | 0.5 | 0.7 | 1000 | 0.5 | 0.7 | | | 5000 | |
| | Ⅵ | – | 0.7 | 0.8 | 2000 | 0.6 | 0.7 | 1400 | 0.6 | 0.7 | 90 | 20 | 5500 | |

注：Eh＝水平照度；Evmai＝主摄像机方向垂直照度；Evaux＝辅摄像机方向垂直照度；Ra＝显色指数；LED R9＝光源对第九种标准颜色样品的显色指数；Tcp＝色温值；GR＝眩光值；lx＝勒克斯（照度单位）；U1＝最小照度与最大照度之比；U2＝最小照度与平均照度之比。

### 3. 照明模式设置

为了满足赛事时和赛事后以及演艺演出等多种使用需求，还需要对照明系统设置多种照明模式，以满足不同场景的使用需求，达到节能环保的目的，提高场馆运营的经济性。

体育场场地照明系统设置了 HDTV 转播重大国际比赛或国家比赛、TV 转播重大国际比赛或国家比赛、TV 转播国家或国际比赛、专业比赛、业余比赛专业训练、健身娱乐训练、观众席照明、清扫、应急疏散照明模式，基本涵盖了体育场的各种使用场景需求。

### 4. 体育场照明灯具的选择

体育场场地照明需根据光源的光效、显色性、寿命、启动点燃和再启动点燃时间等特性指标选择优质合理的光源和灯具。体育场有电视转播需求，光源的色温宜为 4500 ～ 6500K，色温偏差应小于 500K，光源的显色指数应大于 65。综合上述条件，在设计阶段，

高功率金属卤化物灯作为场地照明光源应为不二的选择，该光源灯具具有高光效（65 ～ 140lm/W）、高显色性（60 ～ 80，最高可达 90 以上）、寿命长、色温适宜（5000 ～ 6000K）等特性，技术成熟，并且被大多数体育场馆采用，有丰富的品牌与产品可供选择。

体育场最终方案选用金卤灯作为场地照明灯具，照明灯具采用高强度压铸铝灯体（带瞄准器及防眩光罩）、3mm 厚钢化玻璃、不锈钢防护网以及多角度配光高纯度铝反射器，配光效果更好，效率更高，灯具可以从背后开启更换灯泡，维护更加方便简单（图 11.2-1 ～图 11.2-3）。

### 5. 照明设计要求

场地照明设计需要满足照明设计标准中设定的水平照度和垂直照度两个主要指标，设计阶段可通过计算机软件对场地进行逐点照度计算，设计是否满足设定的场地照明标准，除了照度这一主要指标外，照明

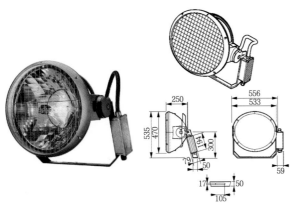

图 11.2-1　场地照明灯具

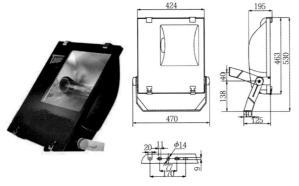

图 11.2-2　观众席照明灯具

| Type 型号 | Windage area 迎风面积(mm²) | A (mm) | B (mm) | C (mm) | D (mm) | E (mm) | F (mm) | G (mm) | H (mm) |
|---|---|---|---|---|---|---|---|---|---|
| QVF133 | 0.014 | 139 | 98 | 108 | 52 | Dia 6.5 | 2×Dia 5 | 190 | 95 |
| QVF135 | 0.027 | 185 | 148 | 138 | 70 | Dia 10.5 | 2×Dia 8 | 265 | 122 |
| QVF137 | 0.054 | 274 | 200 | 168 | 110 | Dia 12 | 2×Dia 8.5 | 298 | 135 |
| QVF139 | 0.076 | 345 | 225 | 228 | 187 | Dia 12 | 2×Dia 8.5 | 365 | 175 |

图 11.2-3　应急照明灯具

设计还需要满足以下场地照明要求：

（1）照度均匀度

由于体育场有电视转播需求，其空间大、距离远，为实现优质的电视转播画面质量，照明光源应尽量均匀布置，主摄像机垂直照度均匀度不应小于0.5，水平照度均匀度不应小于0.6。

（2）眩光值

灯具的眩光主要由灯具自身亮度、布置方式、灯具安装高度以及灯具照射角度等因素决定，灯具自身的防眩光罩、瞄准器和配光曲线可以一定程度上削减眩光，灯具的安装高度越高越容易控制眩光，但垂直照度会受影响，因此灯具安装高度要找到一个平衡点，控制眩光值≤50。

（3）色温和显色性

有电视转播要求的体育场照明色温一般不小于4000K，体育场足球场地的转播要求需要照明色温达到5500K，场地照明灯具的色温达到5600K，显色指数达到90以上，这样色彩在电视转播图像中才有较好的还原性。

**6. 场地照明灯具的布置**

体育场照明灯具布置方式一般有4塔式、多塔式以及光带式等，由于奥体中心体育场属于综合性体育场，对照明的均匀度要求较高，而光带式布置恰好满足这一要求，灯具沿体育场屋面内环马道上布置在东西两侧，部分观众席照明灯具安装在钢结构的幕墙结构上（图11.2-4）。

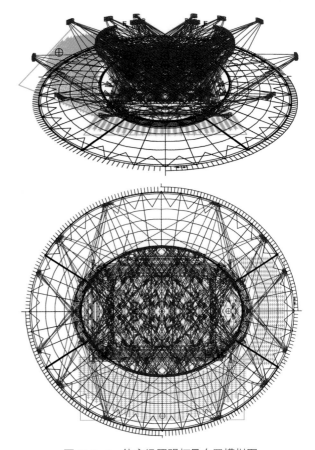

图 11.2-4　体育场照明灯具布置模拟图

### 7. 灯具配置

通过电脑软件对场地照明情况的模拟，不同的场地照明模式需要配置的灯具数量、灯具型号各有不同。通过智能控制系统根据不同的模式需求开启不同数量的灯具以满足不同的照度要求（表 11.2-3 ～表 11.2-4）。

### 8. 照度计算书

根据场地不同照明模式需求，模拟计算照明照度计算书来检测照明设计是否满足原设计标准，通过 3D 建模软件模拟体育场照明设计情况，足球比赛最高水平平均照度可达 3293lx，垂直平均照度可达 2234lx；田径场地最高水平平均照度可达 1543lx，垂直平均照度可达 1120lx。

### 9. 照明竣工检测情况

场地照明系统施工完成调试后，通过专业监测机构对整个照明系统做第三方检测，通过专业设备来检测照明系统实际照明标准参数。

按照 JGJ 153—2016《体育场馆照明设计及检测标准》的要求对体育场足球、田径模式的照度、照度均匀度、显色指数、现场色温、应急照明、眩光指数等进行现场检测，见表 11.2-5。

体育场场地照明灯具配置表（1）　　　　　　　表 11.2-3

| 灯具种类 | 编号 | 数量 | 灯具编号 | 光源类型 | 功率（W） |
|---|---|---|---|---|---|
| 1 | A1 场地照明 | 36 | CAT-A1 | 1xMHN-SA2KW/400V/956 | 2163 |
| 2 | A2 场地照明 | 356 | CAT-A3 | 1xMHN-SA2KW/400V/956 | 2163 |
| 3 | A3 场地照明 | 112 | CAT-A5 | 1xMHN-SA2KW/400V/956 | 2163 |
| 4 | D 观众席照明 | 178 | 400W | 1xCDM-TT400W | 400 |
| 5 | E 应急照明 | 44 | 1.5KW | 1xT3 P L 1.5W | 1500 |

体育场场地照明灯具配置表（2）　　　　　　　表 11.2-4

| 照明模式数量 | 1 | 2 | 3 | 4 | 5 | 6 | 7 | 8 | 9 | 10 | 11 | 12 | 13 |
|---|---|---|---|---|---|---|---|---|---|---|---|---|---|
| 照明模式 | 足球Ⅳ级 HDTV 比赛 | 足球V级 CTV 重大比赛 | 足球Ⅳ级 CTV 比赛 | 足球Ⅲ级专业比赛 | 足球Ⅱ级业余比赛专业训练 | 足球Ⅰ级业余比赛专业训练 | 田径Ⅳ级 CTV 比赛 | 田径Ⅲ级专业比赛 | 田径Ⅱ级业余比赛专业训练 | 田径Ⅰ级业余比赛专业训练 | 观众席照明 | 清扫 | 应急疏散 |
| A1 灯具 | 32 | 16 | 12 | 4 | 4 | 0 | 24 | 12 | 4 | 0 | 0 | 0 | 0 |
| A2 灯具 | 260 | 200 | 140 | 48 | 28 | 20 | 212 | 64 | 44 | 36 | 0 | 20 | 0 |
| A3 灯具 | 96 | 64 | 48 | 8 | 8 | 8 | 60 | 24 | 16 | 12 | 0 | 8 | 0 |
| D 灯具 | 0 | 0 | 0 | 0 | 0 | 0 | 0 | 0 | 0 | 0 | 178 | 0 | 0 |
| E 灯具 | 0 | 0 | 0 | 0 | 0 | 0 | 0 | 0 | 0 | 0 | 0 | 0 | 44 |

体育场场地照明检测结果表　　表 11.2-5

| 名称 | 项目 | | 设计标准值 | 检测值 |
|---|---|---|---|---|
| 足球模式 | 场地平均水平照度 Ehave (lx) | | — | 3673 |
| | 水平照度均匀度 | U1 | 0.7 | 0.7 |
| | | U2 | 0.8 | 0.8 |
| | 固定摄像机垂直平均照度 Evave (lx) | | 2000 | 2637 |
| | 固定摄像机垂直照度均匀 | U1 | 0.6 | 0.6 |
| | | U2 | 0.7 | 0.8 |
| | 移动摄像机垂直照度平均值 Evave(lx) | | | |
| | | A | 1400 | 2213 |
| | | B | 1400 | 1564 |
| | | C | 1400 | 2131 |
| | | D | 1400 | 1533 |
| | 移动摄像机垂直照度均匀度 | | | |
| | | A　U1 | 0.4 | 0.4 |
| | | 　U2 | 0.6 | 0.6 |
| | | B　U1 | 0.4 | 0.4 |
| | | 　U2 | 0.6 | 0.6 |
| | | C　U1 | 0.4 | 0.5 |
| | | 　U2 | 0.6 | 0.7 |
| | | D　U1 | 0.4 | 0.4 |
| | | 　U2 | 0.6 | 0.7 |
| 田径模式 | 场地平均水平照度 Ehave (lx) | | — | 1579 |
| | 水平照度均匀度 | U1 | 0.5 | 0.5 |
| | | U2 | 0.7 | 0.7 |
| | 固定摄像机垂直平均照度 Evave (lx) | | 1000 | 1289 |
| | 固定摄像机垂直照度均匀 | U1 | 0.4 | 0.4 |
| | | U2 | 0.6 | 0.6 |
| | 移动摄像机垂直照度平均值 Evave(lx) | | | |
| | | A | 750 | 1218 |
| | | B | 750 | 936 |
| | | C | 750 | 1137 |
| | | D | 750 | 936 |
| | 移动摄像机垂直照度均匀度 | | | |
| | | A　U1 | 0.3 | 0.3 |
| | | 　U2 | 0.5 | 0.5 |
| | | B　U1 | 0.3 | 0.3 |
| | | 　U2 | 0.5 | 0.5 |
| | | C　U1 | 0.3 | 0.3 |
| | | 　U2 | 0.5 | 0.5 |
| | | D　U1 | 0.3 | 0.3 |
| | | 　U2 | 0.5 | 0.5 |

续表

| 名称 | 项目 | 设计标准值 | 检测值 |
|---|---|---|---|
| 应急照明 | 安全照明平均水平照度 (lx) | 20 | 28.9 |
| | 疏散照明最小水平照度 (lx) | 5 | 23.5 |
| 全场 | 现场色温 Tcp (K) | 4000 | 5252.0 |
| | 显色指数 Ra | 80 | 84.7 |
| | 眩光指数 GR | 50 | 44.9 |
| | 观众席平均照度 Ehave (lx) | 50 | 290.0 |
| | 主席台观众席平均照度 Ehave (lx) | 200 | 238.9 |

综上，体育场照明设计符合需求标准，能够达到电视转播要求。

## 11.2.2　体育馆

### 1. 照明设计标准

设计标准根据体育馆承办赛事的等级来对应设置相应的最高照明等级，体育馆的照明等级定位如表 11.2-6 所示。

体育馆照明标准要求说明　　表 11.2-6

| 场馆 | 赛事等级描述 | 照明标准 |
|---|---|---|
| 体育馆 | 篮球：国际—世锦赛<br>国内—全运会 | HDTV 转播 VI 级 |
| | 羽毛球：国际—世锦赛<br>国内—全运会 | HDTV 转播 VI 级 |
| | 排球：国际—世锦赛<br>国内—全运会 | HDTV 转播 VI 级 |
| | 乒乓球：国际—世锦赛<br>国内—全运会 | HDTV 转播 VI 级 |
| | 手球：国际—世锦赛<br>国内—全运会 | TV 转播 V 级 |
| | 冰球：国际—世锦赛<br>国内—全运会 | TV 转播 V 级 |
| | 短道速滑：国际—世锦赛<br>国内—全运会 | TV 转播 V 级 |
| | 体操：国际—国际一般单项<br>（邀请赛、交流赛）<br>国内—全运会 | TV 转播 V 级 |

## 2. 照度要求

根据《体育场馆照明设计及检测标准》JGJ 153—2016 明确场地照明照度的要求，具体要求如表11.2-7所示。

体育馆场地照明设计标准　　　　　　　　　　　　　表 11.2-7

| 运动项目 | 等级 | Eh (lx) | Eh | | Evmai (lx) | Evmai | | Evaux (lx) | Evaux | | Ra | LED R9 | Tcp (K) | GR |
|---|---|---|---|---|---|---|---|---|---|---|---|---|---|---|
| | | | U1 | U2 | | U1 | U2 | | U1 | U2 | | | | |
| 篮球、手球、排球、乒乓球、体操 | I | 300 | — | 0.3 | — | — | — | — | — | — | 65 | — | 4000 | 35 |
| | II | 500 | 0.4 | 0.6 | — | — | — | — | — | — | | | | |
| | III | 750 | 0.5 | 0.7 | — | — | — | — | — | — | | | | |
| | IV | — | 0.5 | 0.7 | 1000 | 0.4 | 0.6 | 750 | 0.3 | 0.5 | 80 | 0 | 4000 | 30 |
| | V | — | 0.6 | 0.8 | 1400 | 0.5 | 0.7 | 1000 | 0.3 | 0.5 | | | | |
| | VI | — | 0.7 | 0.8 | 2000 | 0.6 | 0.7 | 1400 | 0.4 | 0.6 | 90 | 20 | 5500 | |
| | III | 1000 | 0.5 | 0.7 | — | — | — | — | — | — | | | | |
| | IV | — | 0.5 | 0.7 | 1000 | 0.4 | 0.6 | 750 | 0.3 | 0.5 | 80 | 0 | 4000 | |
| | V | — | 0.6 | 0.8 | 1400 | 0.5 | 0.7 | 1000 | 0.3 | 0.5 | | | | |
| | VI | — | 0.7 | 0.8 | 2000 | 0.6 | 0.7 | 1400 | 0.4 | 0.6 | 90 | 20 | 5500 | |
| 羽毛球 | I | 300 | — | 0.3 | — | — | — | — | — | — | 65 | — | 4000 | 35 |
| | II | 750/500 | 0.5/0.4 | 0.7/0.6 | — | — | — | — | — | — | | | | |
| | III | 1000/750 | 0.5/0.4 | 0.7/0.6 | — | — | — | — | — | — | | | | |
| | IV | — | 0.5/0.4 | 0.7/0.6 | 1000/750 | 0.4/0.3 | 0.6/0.5 | 750/500 | 0.3/0.3 | 0.5/0.4 | 80 | 0 | 4000 | 30 |
| | V | — | 0.6/0.5 | 0.8/0.7 | 1400/1000 | 0.5/0.3 | 0.7/0.5 | 1000/750 | 0.3/0.3 | 0.5/0.4 | | | | |
| | VI | — | 0.7/0.6 | 0.8/0.8 | 2000/1400 | 0.6/0.4 | 0.7/0.6 | 1400/1000 | 0.4/0.3 | 0.6/0.5 | 90 | 20 | 5500 | |
| 短道速滑、冰球 | I | 300 | — | 0.3 | — | — | — | — | — | — | 65 | — | 4000 | 35 |
| | II | 500 | 0.4 | 0.6 | — | — | — | — | — | — | | | | |
| | III | 1000 | 0.5 | 0.7 | — | — | — | — | — | — | | | | |
| | IV | — | 0.5 | 0.7 | 1000 | 0.4 | 0.6 | 750 | 0.3 | 0.5 | 80 | 0 | 4000 | 30 |
| | V | — | 0.6 | 0.8 | 1400 | 0.5 | 0.7 | 1000 | 0.3 | 0.5 | | | | |
| | VI | — | 0.7 | 0.8 | 2000 | 0.6 | 0.7 | 1400 | 0.4 | 0.6 | 90 | 20 | 5500 | |

### 3. 照明模式设置

体育馆和体育场一样，除了大型比赛，更多时间也用来运营大众健身、文艺演出等活动，因此也需要设置多种照明模式，该设计为体育馆设置了篮球、排球、羽毛球、乒乓球比赛高清彩色电视转播要求，手球、体操、冰球、短道速滑TV重大比赛转播要求，并且设置HDTV转播重大国际比赛、TV转播重大国际比赛、TV转播国家或国际比赛、专业比赛、业余比赛专业训练、训练娱乐活动、清扫、应急照明模式。

### 4. 照明灯具及光源的选择

体育馆场地照明同样选择技术成熟、应用广泛的金卤灯作为发光光源。

体育馆最终方案选用金卤灯作为场地照明灯具，照明灯具采用高强度压铸铝灯体（带瞄准器及防眩光罩）、3mm厚钢化玻璃、不锈钢防护网以及多角度配光高纯度铝反射器，配光效果更好，效率更高，灯具可以从背后开启更换灯泡，维护更加方便简单（灯具参照体育场）。

### 5. 照明设计要点

照明设计要求大多与体育场地要求相似，但体育馆又有自己独特的地方，那就是场地转换，不同的比赛场地布置方向、场地面积甚至预赛与决赛的场地块数都会变化，体育馆场地照明的复杂程度大大增加，这使得灯具布置的合理性尤其重要。

### 6. 场地照明灯具的布置

体育馆照明灯具布置位置一般由灯具对场地的入射角所决定，由于体育馆高度限制，体育馆场芯面积又比较大，综合各种条件最终选择了双马道的布置方式，采用两排马道可分别满足远、近边线的25°入地角、场地中线25°入地角、后排马道同时需要满足近端边线入地角小于65°的要求，并可获得极佳的照明效果。从理论上讲，双马道比单马道灯具数量要少，而且越是接近下面的划线点，灯具数量越少（图11.2-5）。

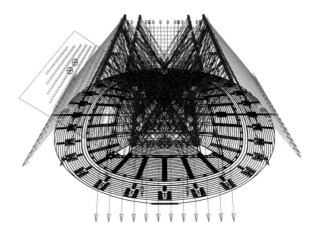

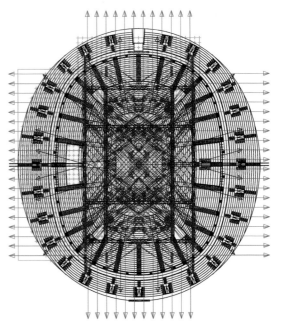

图11.2-5 体育馆灯具布置模拟图（二）

### 7. 灯具配置

通过电脑软件对场地照明情况的模拟，不同的场地照明模式需要配置的灯具数量、灯具型号各有不同。通过智能控制系统根据不同的模式需求开启不同数量的灯具，以满足不同的照度要求（表11.2-8～表11.2-9）。

### 8. 照度计算书

根据场地不同照明模式需求，模拟计算照明照度计算书来检测照明设计满足原设计标准，体育馆篮排球的水平平均照度可达4548lx，垂直照度可达2289lx。

体育馆场地照明灯具配置表（1） 表 11.2-8

| 灯具种类 | 编号 | 数量 | 灯具编号 | 光源类型 | 功率 W |
|---|---|---|---|---|---|
| 1 | B 场地照明 | 302 | CAT-A5 | 1xMHN-LA1000W/230V/956 | 1015 |
| 4 | D 观众席照明 | 64 | 400W S | 1xCDM-TT400W | 415 |
| 5 | E 应急照明 | 24 | 1.0KW N | 1xT3 P L 1000W | 1000 |

体育馆场地照明灯具配置表（2） 表 11.2-9

| 序号 | 照明模式 | B 灯具 | D 灯具 | E 灯具 |
|---|---|---|---|---|
| 1 | IV级篮排球 HDTV 比赛 | 164 | 64 | 0 |
| 2 | V级篮排球 CTV 重大比赛 | 124 | 64 | 0 |
| 3 | IV级篮排球 CTV 比赛 | 84 | 64 | 0 |
| 4 | III级篮排球专业比赛 | 20 | 0 | 0 |
| 5 | II级篮排球业余比赛专业训练 | 16 | 0 | 0 |
| 6 | I级篮排球训练和娱乐活动 | 12 | 0 | 0 |
| 7 | V级手球 CTV 重大比赛 | 172 | 64 | 0 |
| 8 | IV级手球 CTV 比赛 | 112 | 64 | 0 |
| 9 | III级手球专业比赛 | 36 | 0 | 0 |
| 10 | II级手球业余比赛专业训练 | 24 | 0 | 0 |
| 11 | I级手球训练和娱乐活动 | 16 | 0 | 0 |
| 12 | V级体操 CTV 重大比赛 | 190 | 64 | 0 |
| 13 | IV级体操 CTV 比赛 | 138 | 64 | 0 |
| 14 | III级体操专业比赛 | 42 | 0 | 0 |
| 15 | II级体操业余比赛专业训练 | 28 | 0 | 0 |
| 16 | I级体操训练和娱乐活动 | 16 | 0 | 0 |
| 17 | 清扫／进出场 | 8 | 64 | 0 |
| 18 | 应急疏散 | 0 | 0 | 24 |
| 19 | IV级羽毛球 HDTV 比赛 | 192 | 64 | 0 |
| 20 | V级羽毛球 CTV 重大比赛 | 128 | 64 | 0 |

### 9. 照明竣工检测情况

体育馆场地照明系统施工完成调试后，通过专业检测机构对整个照明系统做第三方检测，通过专业设备来检测照明系统实际照明标准参数。

按照 JGJ 153—2016《体育场馆照明设计及检测标准》的要求对场地篮球模式的照度、照度均匀度、显色指数、现场色温、应急照明、眩光指数等进行现场抽样检测，见表 11.2-10。

体育馆场地照明检测结果表 表 11.2-10

| 名称 | 项目 | | 设计标准值 | 检测值 |
|---|---|---|---|---|
| 篮球模式 | 场地平均水平照度 Ehave (lx) | | — | 4707 |
| | 水平照度均匀度 | U1 | 0.7 | 0.9 |
| | | U2 | 0.8 | 0.9 |
| | 固定摄像机垂直平均照度 Evave (lx) | | 2000 | 3146 |
| | 固定摄像机垂直照度均匀 | U1 | 0.6 | 0.6 |
| | | U2 | 0.7 | 0.8 |
| | 移动摄像机垂直照度平均值 Evave(lx) | A | 1400 | 2375 |
| | | B | 1400 | 2438 |
| | | C | 1400 | 2628 |
| | | D | 1400 | 2438 |
| | 移动摄像机垂直照度均匀度 | | | |
| | | A U1 | 0.4 | 0.8 |
| | | A U2 | 0.6 | 0.9 |
| | | B U1 | 0.4 | 0.7 |
| | | B U2 | 0.6 | 0.9 |
| | | C U1 | 0.4 | 0.7 |
| | | C U2 | 0.6 | 0.8 |
| | | D U1 | 0.4 | 0.7 |
| | | D U2 | 0.6 | 0.9 |
| 全场 | 现场色温 Tcp（K） | | 5500 | 5276.1 |
| | 显色指数 Ra | | 90 | 82.7 |
| | 眩光指数 GR | | 30 | 21.7 |
| | 观众席平均照度 Ehave (lx) | | 50 | 214.5 |
| | 主席台观众席平均照度 Ehave (lx) | | 200 | 506.2 |
| 应急照明 | 安全照明平均水平照度 (lx) | | 20 | 32.9 |
| | 疏散照明最小水平照度 (lx) | | 5 | 16.6 |

综上，体育馆实际照度参数与模拟值相近，并且达到验收标准，满足实际赛事使用要求。

## 11.2.3 游泳馆

### 1. 照明设计标准

设计标准根据游泳馆承办赛事的等级来对应设置相应的最高照明等级，游泳馆照明等级定位如表 11.2-11 所示。

游泳馆照明标准要求说明　表 11.2-11

| 场馆 | 赛事等级描述 | 照明标准 |
|---|---|---|
| 游泳馆 | 游泳：全运会分区赛<br>全运会预选赛 | TV 转播Ⅳ级 |
| | 花样游泳：全运会分区赛<br>全运会预选赛 | TV 转播Ⅳ级 |
| | 水球：全运会分区赛<br>全运会预选赛 | TV 转播Ⅳ级 |

### 2. 照度要求

根据《体育场馆照明设计及检测标准》JGJ 153—2016 明确场地照明照度的要求，具体要求如表 11.2-12 所示。

场地照明标准根据上表需要满足Ⅳ照度要求。

### 3. 照明模式设置

游泳馆照明设计按照体育场与体育馆同样设置了多种场地照明模式用来满足赛时和非赛时的使用需求。

游泳馆场地照明系统设置 TV 转播国家或国际比赛、专业比赛、业余比赛专业训练、训练娱乐活动、清扫、应急照明模式。

### 4. 照明灯具的选择

游泳馆照明标准需要灯具色温达到4000K以上、显色指数达到 80 以上，并且灯具本身有着良好的防腐防潮的性能。

游泳馆场地照明标准值　表 11.2-12

| 运动项目 | 等级 | Eh (lx) | Eh U1 | Eh U2 | Evmai (lx) | Evmai U1 | Evmai U2 | Evaux (lx) | Evaux U1 | Evaux U2 | Ra | LED R9 | Tcp (K) | GR |
|---|---|---|---|---|---|---|---|---|---|---|---|---|---|---|
| 游泳、跳水、花样游泳、水球 | Ⅰ | 200 | – | 0.3 | – | – | – | – | – | – | 65 | – | 4000 | 55 |
| | Ⅱ | 300 | 0.3 | 0.5 | – | – | – | – | – | – | | | | |
| | Ⅲ | 500 | 0.4 | 0.6 | – | – | – | – | – | – | | | | |
| | Ⅳ | – | 0.5 | 0.7 | 1000 | 0.4 | 0.6 | 750 | 0.4 | 0.6 | 80 | 0 | 4000 | 50 |
| | Ⅴ | | 0.6 | 0.8 | 1400 | 0.5 | 0.7 | 1000 | 0.5 | 0.7 | | | | |
| | Ⅵ | – | 0.7 | 0.8 | 2000 | 0.6 | 0.7 | 1400 | 0.6 | 0.7 | 90 | 20 | 5500 | |

游泳馆最终方案同体育场体育馆一样选用金卤灯作为发光源，选用金卤灯作为场地照明灯具（灯具详见体育场照明灯具图 11.2-1～图 11.2-3）。

### 5. 照明设计要求

游泳馆Ⅳ级照度要求泳池区域水平照度需满足 1000lx，垂直照度需满足 750lx，除水平和垂直照度外，照明设计还需参考以下指标：

（1）照度均匀度

游泳馆照明一般采用两侧灯带式布置，均匀度不应小于 0.6。

（2）眩光值

游泳馆由于场地主要是水面，因此水面的反射是游泳馆照明设计的重点，水面反射光与灯具光源入射角度有关（图 11.2-6）。

入射角度越小，光的反射系数越低，造成水面眩

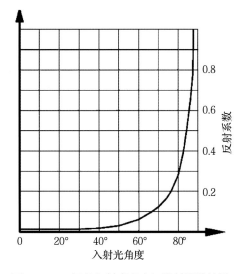

图 11.2-6　灯光入射光角度与反射系数关系

光越小，因此灯具的入射角度尽量控制在 70° 以内，如果入射角度过大，水面会直接倒映光源，对于有电视转播需求的场馆常常会使转播效果大打折扣。

此灯具安装高度要找到一个平衡点，控制眩光值 ≤ 50。

（3）色温和显色性

有电视转播要求的游泳馆照明色温一般不小于 4000K，显色指数达到 80 以上。

### 6. 场地照明灯具的布置

游泳馆灯具布置在泳池上方马道上，为了使灯具光源入射角控制在 70° 以内，马道设置在大约第一排固定看台正上方位置，照明灯具要避免布置在水面上方，这样可以减少水汽对灯具的腐蚀，增加灯具使用寿命，还能避免电气元件掉落到泳池中发生危险，而且灯具的安装位置要保证垂直照度满足要求的前提下尽量减小灯光入射角度（图 11.2-7）。

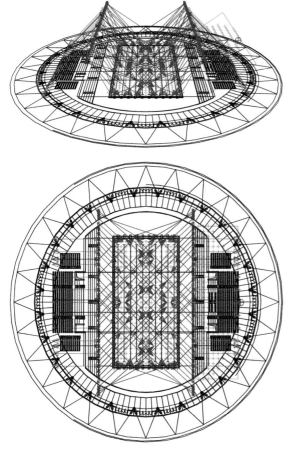

图 11.2-7　游泳馆灯具布置模拟图

### 7. 灯具配置

通过电脑软件对场地照明情况的模拟，不同的场地照明模式需要配置的灯具数量、灯具型号各有不同。通过智能控制系统根据不同的模式需求开启不同数量的灯具以满足不同的照度要求（表 11.2-13 ～ 表 11.2-14）。

游泳馆场地照明灯具配置表（1）　表 11.2-13

| 灯具种类 | 编号 | 数量 | 灯具编号 | 光源类型 | 功率（W） |
|---|---|---|---|---|---|
| 1 | B 场地照明 | 76 | CAT-A5 | 1xMHN-LA1000W/230V/956 | 1015 |
| 2 | C 观众席照明 | 8 | CAT-A7 | 1xMHN-LA1000W/230V/956 | 1105 |
| 3 | D 观众席照明 | 22 | 400W | 1xCDM-TT400W | 415 |
| 4 | E 应急照明 | 10 | 1.0KW N | 1xT3 P L 1000W | 1000 |

游泳馆场地照明灯具配置表（2）　表 11.2-14

| 模式名称 | 亮灯组合 | | | |
|---|---|---|---|---|
| | B 型灯 | C 型灯 | D 型灯 | E 型灯 |
| IV级 CTV 比赛 | 76 | 8 | 22 | — |
| III级专业比赛 | 24 | 4 | — | — |
| II级专业训练 | 16 | 4 | — | — |
| I 级娱乐训练 | 8 | 4 | — | — |
| 观众席照明 | — | — | 22 | — |
| 应急照明 | — | — | — | 10 |
| 清扫 | — | 8 | 12 | — |

### 8. 照度计算书

根据场地不同照明模式需求，模拟计算照明照度计算书来检测照明设计满足原设计标准，泳池场地照明水平照度平均可达 1759lx，垂直照度可达 1070lx。

### 9. 照明竣工检测情况

游泳馆场地照明系统施工完成调试后，通过专业检测机构对整个照明系统做第三方检测，通过专业设备来检测照明系统实际照明标准参数。

按照 JGJ 153—2016《体育场馆照明设计及检测标准》的要求对游泳馆照明系统进行现场检测（表 11.2-15）。

游泳馆场地照明检测结果表　　　表 11.2-15

| 名称 | 项目 | | 设计标准值 | 检测值 |
|---|---|---|---|---|
| 游泳池比赛池 | 池面平均水平照度 Ehave (lx) | | — | 1944.7 |
| | 水平照度均匀度 | U1 | 0.6 | 0.68 |
| | | U2 | 0.8 | 0.83 |
| | 固定摄像机垂直平均照度 Evave (lx) | | 1000 | 1152.4 |
| 游泳池训练池 | 场地平均水平照度 Ehave (lx) | | — | 501.1 |
| | 水平照度均匀度 | U1 | 0.6 | 0.69 |
| | | U2 | 0.8 | 0.84 |
| 全场 | 现场色温 Tcp (K) | | ≥4000 | 5313.2 |
| | 显色指数 Ra | | ≥80 | 82.1 |
| | 观众席平均照度 Ehave (lx) | | 100 | 368.8 |
| | 安全照明平均水平照度值 | | ≥20 | 33.9 |
| | 疏散照明水平照度最小值 | | ≥5 | 12.2 |

综上，检测报告检测值全部满足了设计标准值，也达到了计算机模拟照度值。

### 11.2.4 照明系统其他技术参数

#### 1. 照明灯具安装

各场馆灯具均沿马道敷设，检修方便，从而减少作业危险性（图 11.2-8）。

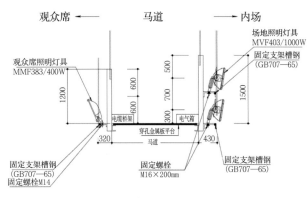

图 11.2-8　灯具马道安装示意图

#### 2. 照明灯具的控制方式

各场馆照明灯具的控制模块分别安装在场地照明灯具的配电箱中，灯具根据不同场景需求采用单灯或多灯的控制模式，模块与模块之间采用屏蔽网络线连接串联，最终连接到各场馆的灯控室内。

灯控室内采用面板及电脑分别控制。面板采用多键面板来控制场地照明的多种情景模式。电脑上采用灯光专用软件可控制多个情景模式来满足各种比赛需求。

#### 3. 灯具的眩光控制

场地照明灯具主要依靠灯具自身的防眩光罩来实现眩光控制（图 11.2-9），防眩光罩通过多面体的反光镜把光源打散，实现最大可能的眩光控制。

如果场地有特殊要求，照明灯具还可以加装遮光板，来控制特殊区域的眩光值（图 11.2-10）。

图 11.2-9　防眩光罩　　　图 11.2-10 灯具遮光板

#### 4. 照明灯具荷载

场地照明灯具主要由灯具本体、镇流器和安装支架三部分组成，本项目场地照明灯具、应急照明和观众席照明灯具重量在 13 ～ 15kg，镇流器 20 ～ 30kg，安装支架 5kg 左右，因此一套灯具总重量在 50kg 左右，设计马道负载需要根据各场馆照明灯具的布置以及重量核算马道结构荷载。

#### 5. 照明灯具总功率

（1）体育场

场地照明灯具功率 2kW 数量 504 盏，观众席照明灯具功率 400W 数量 178 盏，应急照明灯具功率 1.5kW 数量 44 盏，总功率 1145.2kW。

（2）体育馆

场地照明灯具功率 1kW 数量 302 盏，观众席照明灯具功率 400W 数量 64 盏，应急照明灯具功率 1kW 数量 24 盏，总功率 351.6kW。

（3）游泳馆

场地照明灯具功率 1kW 数量 84 盏，观众席照明灯具功率 400W 数量 22 盏，应急照明灯具功率 1kW

数量 10 盏，总功率 102.8kW。

### 6. 照明灯具光效衰减参数

场地照明灯具采用不同的光源其光效参数也不同。

**（1）体育场（图 11.2-11）**

体育场灯具采用高功率短弧双端金卤灯 MHN-SA2000W/956，显色指数 Ra≥90，色温 5600K，寿命长，光通量衰减至初始光通量 85% 时的点燃时间＞2000 小时，平均寿命 5000 小时以上，光通量 200000lm。

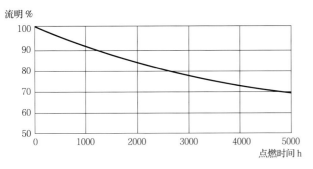

图 11.2-11 体育场光源光效衰减图

**（2）体育馆、游泳馆（室内场馆）（图 11.2-12）**

室内场馆灯具采用高功率短弧双端金卤灯 MHN-LA1000W/956，显色指数 Ra≥90，色温 5600K，寿命长，光通量衰减至初始光通量 85% 时的点燃时间＞2000 小时，平均寿命 10000 小时以上，光通量 100000lm。

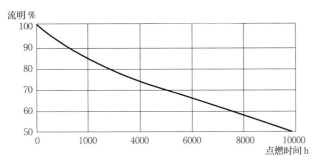

图 11.2-12 室内场馆光源光效衰减图

### 7. 室外场地照明

**（1）室外训练场**

室外训练田径场和足球场照明满足与主体育场赛事同等级的热身以及训练使用照度要求，由于室外场地没有罩棚等建筑条件，需要在场地四周架设灯杆用于安装灯具，灯杆位置与灯杆高度需满足《体育场馆照明设计及检测标准》中对其的设计要求。

**（2）其他室外训练场地**

室外其他训练场地为大众娱乐健身使用，照度宜设置在 200～300lx，灯杆可结合场地四周围网立杆综合使用。

## 11.2.5 结语

苏州奥体中心各体育场馆的照明设计已经达到了一流水准，并可以满足场馆建筑的各种使用需求。

苏州奥体中心体育照明设计初期，LED 灯具普遍具有光衰控制技术不成熟、眩光处理不理想、色温一致性不可靠等问题，但近年来随着照明设备的不断进步，LED 灯具技术逐步完善，慢慢走进了各个大小体育场馆。与传统金卤灯相比，LED 在节能、调光控制、瞬时点亮、寿命以及发光效率等都有了明显的优势，同等功率的 LED 灯要比金卤灯发光效率高，而且寿命可达到 50000 小时左右，LED 灯可以支流调光，系统复杂程度低，并且 LED 灯具可以瞬时点亮，为场馆营造灯光氛围，虽然目前 LED 灯具的一次性投资比金卤灯要大，但从长远节能的角度来看，LED 灯节省下来的电能完全可以收回投资费用，并且减少检修次数，因此 LED 灯在今后的体育场馆照明设计中会扮演越来越重要的角色。

## 11.3 游泳池水处理系统工艺

游泳馆包含比赛池、训练池 2 个标准泳池和 1 个儿童嬉水池。比赛池和训练池要求满足举办全运会、国际单项游泳和水球大赛的要求，水质须符合国际泳联的水质卫生要求，儿童嬉水池水质要求高于公共泳池，水处理系统工艺设计以上述水质要求为根本设计要求，保证水质符合国际泳联赛事和儿童嬉水池的相关规定，同时优化池水加热方案，设计全自动控制系统，实现游泳馆水质优良、节能降耗、高效管理。

## 11.3.1 泳池水质要求

**国际泳联水质标准表**　　　　　　　　　　　　　表 11.3-1

| 序 号 | 项 目 | 标 准 | 备 注 |
|---|---|---|---|
| 1 | 温度 | 26±1℃ | |
| 2 | pH 值 | 7.2～7.6（电阻值 10.13～10.14Ω） | 宜使用电子测量 |
| 3 | 浑浊度 | 0.10FTU | 滤后入池前测定值 |
| 4 | 游离性余氯 | 0.3～0.6mg/L | DPD 液体 |
| 5 | 化合性余氯 | ≤0.4mg/L | |
| 6 | 菌落* | 26±0.5℃：100 个 /mL | 24h、48h、72h |
| | | 37±0.5℃：100 个 /mL | 24h、48h |
| 7 | 大肠埃希氏杆菌* | 37±0.5℃：100 个 /mL 池水中不可检出 | 24h、48h |
| 8 | 绿脓杆菌* | 37±0.5℃：100 个 /mL 池水中不可检出 | 24h、48h |
| 9 | 氧化还原电位 | ≥700mV | 电阻值为 10.13～10.14Ω |
| 10 | 清晰度 | 能清晰看见整个泳池底 | |
| 11 | 密度 | 1kg/dm³ | 0℃时的测定值 |
| 12 | 高锰酸钾消耗量 | 池水中最大总量 10mg/L<br>其他水最大量 3 mg/L | |
| 13 | THM（三卤甲烷） | 宜小于 20μg/L | |
| 14 | 室内泳池的空气温度 | 至少比池水温度高 2℃ | |

\* 细菌测试应使用膜滤。过滤后，将滤膜在 37℃温度下在胰蛋白酶解蛋白大豆琼脂中保存 2～4h，然后将滤膜放入隔离的培养基中。

## 11.3.2 水处理系统关键工艺设计

泳池水处理系统工艺流程如图 11.3-1 所示。

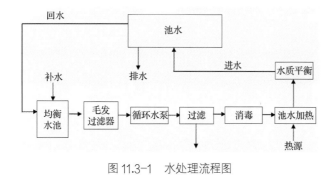

图 11.3-1　水处理流程图

泳池水处理系统关键工艺为水池循环净化、池水消毒和池水加热节能。游泳馆泳池水处理工艺设计按照游泳池举办全运会和国际单项大赛的水质、水面湍流等相关要求，通过科学论证水处理方案，考察先进水处理设备，借鉴同档次游泳馆的经验教训，进行了科学合理的水处理工艺设计。

**1. 池水循环净化工艺设计**

池水循环净化是一个渐进的过程，通过池水循环泵、过滤沙缸和循环管道为池水提供循环路径和动力池水循环，在规定的时间周期内实现池水的全部循化，过滤掉池水中的头发、皮屑、汗液油脂、化妆品、尘土以及池内滋生的藻类和细菌等杂质。

循环净化的主要技术特点包括循环方式、循环周期、过滤精度。其中，循环方式与池水循环是否彻底、是否存在循环死角有直接关系；循环周期表现为池水循环周转速度；过滤精度是指能够过滤掉池水中最小颗粒的大小。

池水循环方式表　　　　　表11.3-2

| 循环方式 | 原理特点 | 优缺点 |
|---|---|---|
| 逆流式循环 | 游泳池的全部循水量，由设在池底的给水口（沟）送入池内，再由设在与游泳池水表面相平的池岸式或池壁式溢流回水槽将循环水量全部取回进行净化后再送回池内的水流方式 | 优点：该方式布水均匀，池底无污染物沉淀，池水表面污物可及时排除。穿越池壁管道少。<br>缺点：建设费用高、施工维修较困难。池底需增加300mm左右的管道垫层，增大了机房面积。相应结构荷载提高，室内净高减少，成本较大 |
| 顺流式循环 | 游泳池的全部循环水量，由设在游泳池端或侧壁水面以下的给水口送入池内，而由设在池底的回水口（沟）取回进行净化后再送回游泳池的水流方式 | 优点：回水口可与泄水口合用建造成本相对低，循环水管道设计较简单，埋设较浅，系统运行耗能较低，后期维护相对方便，水质能够满足使用要求。<br>缺点：池底易沉积污物，穿越池壁管道多 |
| 混合式循环 | 将游泳池全部循环水量中的一部分（不小于50%），从与池水表面相平的溢流回水口（沟）取回，另一部分（不大于50%）循环水量从池底回水口（沟）取回，一并进行净化后，全部由池底或低部送回游泳池的水流方式 | 优点：保证泳池水质，池底无污染物沉淀。<br>缺点：系统构造复杂，建造费用高 |

游泳馆的2个标准池和儿童嬉水池均采用混合式循环水处理系统设计方案，实现泳池池水彻底循环、无死角，以比赛池 50m×25m×3m 比赛池为例，池水循环方式设计见图11.3-2。

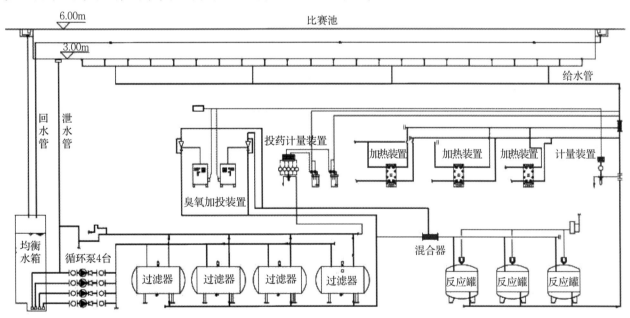

图11.3-2　比赛池循环净化系统图

池水循环周期按照每4小时完成1次池水的全部循环。

以比赛池（50m×25m×3m）为例，计算池水循环速度为688m³/h，设计配置4台循环泵（三用一备）和4台卧式沙缸过滤器。循环泵的流量为265m³/台，扬程22m；沙缸的过滤速度为200m³/h（图11.3-3）。

图11.3-3　循环水泵和过滤沙缸

## 2. 池水消毒工艺设计

池水消毒方式对比表 　　表 11.3-3

| 类别 | 盐氯 | 紫外线+盐氯 | 臭氧+盐氯 |
|------|------|------------|-----------|
| 杀病菌 | 优秀 | 良好 | 优秀 |
| 杀孢囊、阿米巴虫 | 无效 | 差 | 优秀 |
| 氧化能力 | 差 | 差 | 优秀 |
| 去除无机质 | 无效 | 无效 | 良好 |
| 去除色味 | 无效 | 良好 | 良好 |
| 降浊度 | 无效 | 差 | 良好 |
| 降 COD | 无效 | 良好 | 良好 |
| 分解尿素 | 无效 | 差 | 良好 |
| 去除氯氨 | 无效 | 良好 | 良好 |

游泳馆的 2 个标准池和儿童嬉水池均采用消毒方式最好的臭氧加盐氯消毒设计方案，其中臭氧消毒采用分流量全流程方式，保证泳池杀毒效果符合国际泳联的水质要求和卫生部门的相关管理规定。臭氧消毒原理如 11.3-4 图所示。

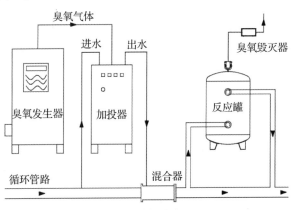

图 11.3-4 臭氧消毒原理图

图 11.3-5 臭氧发生器和臭氧反应罐

根据《泳池给水排水工程技术规程》CJJ122 的相关规定，以比赛池为例，设计计算臭氧需求量为 420g/h，为了保证臭氧消毒可靠运行，设计配置 2 台臭氧发生器，每台产量为 250g/h，配套采用 2 套臭氧加投器和 4 台臭氧反应罐，每个罐体的容积为 12m³（图 11.3-5）。

## 3. 池水加热工艺节能设计

游泳馆泳池池水要求保持 27℃恒温，恒温保持需要消耗大量的热量，以比赛池为例，其恒温耗热热量为每小时 540kW，相当于每小时消耗天然气约 75m³。如何降低泳池池水加热能耗成为水处理设计的重要部分，通过与游泳馆暖通专业联络配合，由暖通专业自冷凝热回收机组将回收的热量输送至水处理机房用于池水加热，在夏季基本可以完全支持泳池的恒温加热热量需求，显著降低了泳池加热能耗和运行成本，最高可节约恒温热量成本达 40%（图 11.3-6）。

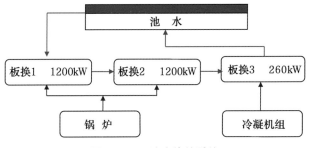

图 11.3-6 池水换热系统

节能设计板换运行逻辑为泳池的水先经过 90℃高温热媒供热板换，再经过 37℃低温热媒（冷凝热回收热量）供热板换。实际运行时，根据回水温度调节板换热水流量。回水温度低于设定值时，先开冷凝热回收供热板换，若开至最大仍不能满足，再打开高温热媒供热板换阀门调节；回水温度高于设定值时，先关小高温热媒供热板换，若完全关闭仍不能满足，再关小冷凝热回收供热板换。

## 11.3.3　全自动水处理控制系统

目前很多游泳馆的水处理设备仅考虑可消毒设备和循环水泵的连锁等基本控制，其余设备各自为政，同时缺乏专业的水处理管理人员，不利于保证泳池的水质和水处理设备的节能运营。苏州奥体中心游泳馆设计采用基于泳池水处理专用 PLC 水处理控制系统 3 套，分别控制 2 个标准池和儿童嬉水池，将泳池水处理设备全部纳入自动化控制系统。全自动控制系统如图 11.3-7 所示。

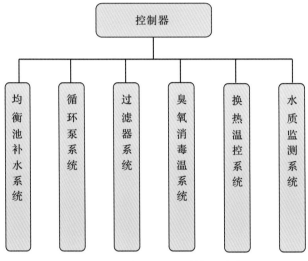

图 11.3-7　水处理全自动控制系统

泳池全自动控制的范围包括水箱的液位报警和补水控制，循环水泵的启停控制，过滤器进水压力监测，出水压力监测，进水、出水和冲洗水流监测，热媒温度监测、热水泵调节，水质监测仪及池水温度、pH 值、cl 值、ORP 监测、浑浊度 5 项水质监测。

自动化系统有利于保证泳池水质、降低水处理系统能耗、减少消毒剂等耗材的消耗量、减少维护管理人员投入，提高了泳池水处理系统管理水平。

### 11.3.4　结束语

（1）基于 BIM 管道综合施工工艺技术使得水处理机房设备和管道布置整洁有序、大方美观（图 11.3-8）。

（2）合理的循环净化系统既保证了池水的充分循环，同时保证了水面的湍流符合国际泳联的相关规定，即装满 6L 水篮球在 60 秒内朝任意方向移动不超过 1.25m。图 11.3-9 所示为 2.5m×2.5m 测试区域。

（3）经卫生部门检验，游泳馆泳池水质各项指标均符合国际泳联水质要求和泳池开放条件的卫生要求，水质实际效果照片见图 11.3-10。

科学的水处理工艺设计、技术先进的水处理设备设施、一流的施工工艺打造出游泳馆优质的水环境。清澈的水质赋予这座游泳馆洁净的灵魂，赢得广大市民和业内人士的普遍赞誉。

图 11.3-8　水处理机房

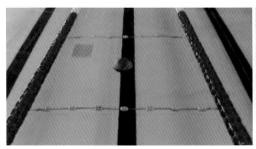

图 11.3-9　水面湍流测试　　　　　图 11.3-10　比赛池（左）和训练池（右）水质实景

## 11.4 游泳池建筑做法施工工艺

苏州奥体中心游泳馆包含比赛池、训练池两个标准泳池，质量要求高，泳池施工前对泳池设计构造做法进行深化，使抹灰层、防水、瓷砖之间粘结更牢靠，将泳池工艺埋件、安装给水排水点位综合与瓷砖排版综合考虑，施工过程严格按照要求进行质量控制，最终达到既美观大方又满足规范的良好效果。

### 11.4.1 泳池概况

游泳馆比赛池、训练池均为国际标准泳池，泳池平面尺寸均为25m×50m，允许误差为+0.02m～+0.03m，安装触摸板后，触摸板之间误差为+0.00m～+0.01m，不得出现负误差。

比赛池水深3m，泳池由两端向中间找坡，池中心深度3.25m，设置10条泳道，每条泳道宽度2.5m，两端设置出发台。泳池池底采用白色泳池专用瓷砖，池底泳道标志线和池端目标线采用同材质深色瓷砖。游泳比赛池可以满足水球比赛，在泳池岸边分别设置男、女水球门安装挂钩。

训练池，水深1.35～2.0m，设置10条泳道，每条泳道宽度2.5m，两端设置出发台。泳池池底采用白色泳池专用瓷砖，池底泳道标志线和池端目标线采用同材质深色瓷砖。

比赛池及训练池池底及池壁做法详见图11.4-1～图11.4-2。

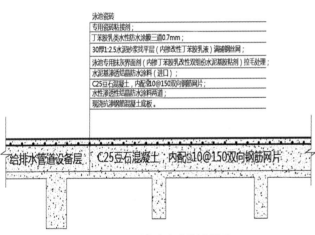

图11.4-1 泳池池底构造做法

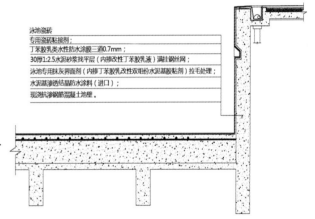

图11.4-2 泳池池壁构造做法

### 11.4.2 泳池侧壁抹灰施工

#### 1. 泳池结构基层处理

池壁、池底表面清理，采用手握式打磨机上安装钢丝刷头进行打磨。打磨时打磨机沿池壁横向来回移动3次，然后继续横向移动，将池壁、池底表面的污渍和颗粒清掉，打磨过后用清水冲洗修补干净。基层清理干净后，对泳池侧壁结构基层采用手持式凿毛机进行凿毛处理。

#### 2. 泳池侧壁抹灰施工要点

（1）根据泳池在总体轴网中的坐标定位，将泳池纵横方向中心线放出，并放出两端（25m）池壁及两侧（50m）池壁抹灰完成面线，完成面线测放及固定采用在池岸"固定角钢绷紧张拉钢丝"的方式对抹灰完成面线进行放线控制，根据池岸放出的抹灰完成面控制线做灰饼。

图11.4-3 　　　　　图11.4-4
泳池侧壁凿毛处理　　固定角钢绷紧拉钢丝

（2）对混凝土结构表面进行湿润处理，无明显积水。

（3）池壁粉刷泳池专用界面剂（丁苯胶乳改性双组份胶粘剂），表面拉毛处理。

（4）游泳池池体基层砂浆粉刷厚度在 30mm 以内区域，采用 1：2.5 水泥砂浆掺雷帝 3642 乳液分 2～3 遍粉刷，确保单层抹灰厚度不超过 1cm。

（5）游泳池池体基层砂浆粉刷厚度超过 30mm 以上区域，采用挂贴镀锌钢丝网多遍粉刷。

① 超厚区域池壁安装 @600×600 双向 $\phi$6 膨胀螺栓固定点，采用 $\phi$4 钢筋纵横向与 $\phi$6 膨胀螺栓固定点焊接。膨胀螺栓安装前必须清孔再灌水泥基防水浆料确保膨胀螺栓点不渗漏。

② 采用 1：2.5 水泥砂浆掺雷帝 3642 乳液打底两遍。

③ 采用 18 号钢丝网挂贴，挂贴中必须确保网片搭接长度和网面的平整度，确保钢丝网在后期的粉刷中不出现露丝现象。挂贴钢丝网应上翻包至岸边上口面，钢丝网搭接应≥150mm。

④ 再次采用 1：2.5 水泥砂浆掺雷帝 3642 乳液打底和面层粉刷（如粉刷超厚大于 4cm 则需挂贴两层铅丝网，做法同上）。

⑤ 泳池池壁与池底交界阴角位置需采用 300mm 宽防水增强纤维布粘胶铺贴覆盖（图 11.4-5）。

### 11.4.3　泳池侧壁防水施工

（1）防水界面剂采用丁苯胶乳改性双组份胶粘剂，防水材料采用雷帝 9237 防水膜大面积涂刷，每层次控制厚度为 0.2～0.4mm，一般平面施工从低处向高处做，按顺水方向接茬从内向外涂刷，先做水平面后做垂直面。

（2）第一道涂刷完毕后，应检查有无漏刷，发现漏刷应及时予以补刷，检查涂膜厚度是否均匀，对于厚度明显不足的地方应进行补刷，检查涂膜表面有无起泡或起皮，对不足部位应及时进行修复。涂刷第二道防水膜：在第一遍涂刷 4～8 小时后，检查第一遍涂刷的涂膜已经表干，即可进行第二遍涂刷，涂刷的方向应与第一遍涂刷的方向垂直，交叉涂刷可以增强防水膜成形后的强度和韧性（图 11.4-6）。

（3）根据防水材料特性，防水施工期间注意施

图 11.4-5　泳池侧壁凿毛、挂网及抹灰　　　　　　　　　图 11.4-6　泳池侧壁防水施工完成

图 11.4-7　防水层及泳池砖拉拔试验

工环境温度，以免影响防水材料效果及粘结强度。

（4）防水层施工完成对防水膜做拉拔试验，拉拔试验结果需满足材料使用说明要求或相关规范要求（图11.4-7）。

### 11.4.4　泳池砖铺贴施工

（1）瓷砖粘贴顺序为：先贴两端（25m）池壁，再贴两侧（50m）池壁，最后贴池底，贴砖应从上到下定位铺贴。

（2）平面轴向测设：利用红外测距仪在泳池运动员转身区两端的水上30cm，水下80cm处进行测量，测出三组转身区两端的距离，确保每组瓷砖面对面距离为50.025m±2mm（即瓷砖厚＋胶粘剂厚在内的池体完成后有效尺寸）。

（3）标高测设：利用水准仪根据标高控制点引测，通过该项目建筑标高控制点定出室内地面的±0.000水平面标高（即泳池池水平面位置）。确定水平面标高之后，在池岸和池壁用瓷砖冲筋。用同样的方法测定池底的最低点和最高点标高，并用瓷砖冲筋。

（4）排砖：粘贴瓷砖从25m长的两端池壁开始，同时确定50m长两侧池岸的水平线，力求泳池25m长的两端和50m长的两侧池岸的水平标高误差不超过±2mm。池壁和池底瓷砖的砖缝均应按瓷砖模数通直，不能错缝，不能切砖。

砖缝宽度计算的实用方法：按照瓷砖尺寸计量直线长度（1m）与8块泳砖短边相连长度之差被8整除，是泳砖长边砖缝的宽度；计量直线长度（1m）与4块泳砖长边相连长度之差被4整除，是泳砖短边砖缝的宽度。比赛池为专用面砖，排砖时先排出泳道位置，按设计好的排砖图进行排砖。

（5）弹线：根据泳池的具体尺寸、砖的规格、灰缝大小以及排砖要求，在找平层防水层上弹出每米分格控制线。池壁、池底分格控制线的起始线分别以池壁上沿、池壁角线和池底边线为基准。池底按排水要求弹出排水凹折线，水池泳道弹出细部贴砖线，立面（墙面、池壁）弹出水平分格线、竖向排砖线，特殊部位需做标识。

（6）铺贴方法：贴垂直、平面标砖，立面转角处及平面每隔2m左右进行贴标，作为贴砖垂直平整控制点。

拉线（挂线）贴砖：根据弹好的分格线，拉通线贴面砖，立面可贴出周边标准砖，然后纵横带线贴砖，阳角割角及相关专业配件接壤面砖的套割，应由技术好的工人专人负责，确保阳角阴角和相关专业配件吻合细部尺寸精确。

（7）砖铺粘贴材料的选用及施工注意事项如下：

① 施工条件

施工期间和施工后24小时内室内温度应介于5～32℃之间。

② 混合与搅拌

将水和325E胶粘剂粉剂按照1∶4的重量比混合：应首先将水倒入干净的桶中，然后将粉剂加入，用电动搅拌器搅拌至均匀细腻，等待5分钟，再次搅拌即可铺贴瓷砖使用。

③ 面材粘贴面清理

用油漆刷刷去面材粘贴面的浮灰，用批灰刀或小铲刀清除粘贴面的尖锐突起、油脂、铁锈等影响粘结的附着物，然后用海绵块蘸水清洁面材粘贴面并擦干或晾干表面的水分。

④ 瓷砖铺贴

在瓷砖基材上先用锯齿镘刀的直边，将胶粘剂平整地涂抹一层。首先用镘刀的锯齿边沿垂直方向将胶粘剂梳理出饱满无间断的锯齿状条纹，然后沿水平方向梳理一遍。梳理时，镘刀与基面的夹角约为45°必须保证胶粘剂的饱满度，避免出现空鼓现象；每粘贴30块面材应撬开一块检查胶粘剂是否饱满。胶粘剂在涂抹以后应及时将面材粘贴到胶粘剂上并压实调平整，以免胶粘剂表面成膜不能形成正常的粘结。面材铺贴到位之后应及时调整平整度及预留缝宽度等，并清除瓷砖表面的胶粘剂。

⑤ 干燥时间

瓷砖粘贴后至少 24 小时后方可进行填缝。

⑥ 瓷砖填缝

施工工具：橡胶抹子、油灰刀、铲刀、电动搅拌器、勾缝溜子、勾缝托灰板、刮板、海绵、抹布、搅拌桶、手套、百洁布、毛巾等。

a. 混合与搅拌：按配合比秤取需要的水及所需雷帝 1500 填缝剂干粉倒入干净的搅拌桶，应该先加液体再加干粉；使用带搅拌叶的低速电钻进行机械搅拌均匀，静置约 5 分钟再稍加搅拌即可使用。雷帝 1500 彩色防霉填缝剂与水的混合比例约为 6.5∶1。

b. 施工说明：将调好的填缝剂砂浆用橡胶抹子大面积涂抹砖面，涂抹沿与缝成 45° 的方向进行。涂抹过程中注意将缝填实、压匀，尽可能不在瓷砖面上残留过多的填缝剂，尽快清除发现的任何瑕疵，并尽早修补完好。填缝施工约 30 分钟后用拧干的湿海绵将砖表面擦拭干净，擦拭时应注意擦拭方式和方向，以免缝中的填缝剂被带出。在填缝施工结束约 30 分钟即可将表面残留的填缝剂清洗干净，同时采用勾缝溜子将砖缝压实出光，以免日后使用中出现泛碱（图 11.4-8）。

图 11.4-8　泳池池底瓷砖铺设

## 11.4.5　泳池工艺埋件及瓷砖排版深化

### 1. 泳池工艺埋件安置方式选择

本工程泳池工艺埋件包括：泳道线挂钩埋件、召回线、仰泳转身线柱插座、标志线柱插座、出发台埋件、攀梯埋件、水球发球器拉栓、水球门线挂钩、水下扬声器等。工艺埋件位置在满足规范要求前提下与瓷砖排版共同深化，确定埋件的准确位置。为保证埋件能按照深化图准确定位，埋件采用后置方式安装，即混凝土结构施工完成后埋件位置后开凿埋设，瓷砖铺贴过程中预留出预埋件位置，埋件定位安装准确后铺贴瓷砖。

### 2. 泳池瓷砖排版深化

泳池瓷砖作为泳池区域的面子工程，瓷砖的排版深化至关重要（图 11.4-9），泳池瓷砖排版遵循原则及要点：

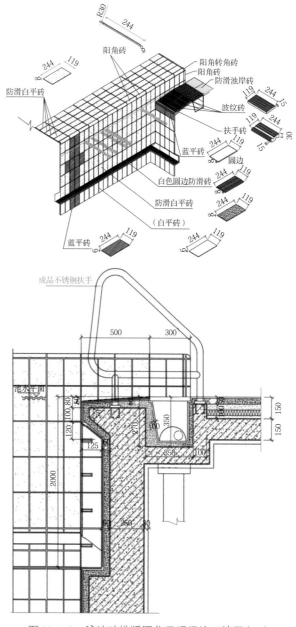

图 11.4-9　泳池砖排版深化及现场施工效果（一）

图11.4-9　泳池砖排版深化及现场施工效果（二）

（1）根据现场结构实测数据情况进行计算排版；

（2）本工程泳池为标准泳池，瓷砖排版遵循国际泳联规定；

（3）瓷砖排版统筹考虑，将安装专业给水排水管道、泳池工艺埋件及伸缩缝预留位置纳入深化设计中。

### 3. 瓷砖排版及点位优化

根据总体瓷砖排版图对预埋件安装顺序以及点位进行合理优化。通过优化处理点位美观整齐。

（1）歇脚台位置瓷砖排版优化

① 根据国际泳联联合会规则对歇脚台宽度的要求为0.1～0.15m之间均可，通过灵活调整歇脚台的宽度来避免半砖的出现（图11.4-10）。

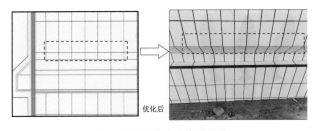

图11.4-10　歇脚台半砖优化

② 歇脚台位置瓷砖方向通过宽度调整由横向改为竖向，使砖缝顺直，美观大方（图11.4-11）。

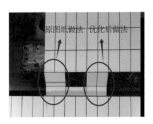

图11.4-11　歇脚台横砖优化

（2）水下扬声器安装方式优化

泳池侧壁受水侧压力非常大，现场施工严禁出现对穿侧壁管线情况，水下扬声器需布设管线，可以通过沿侧壁开槽，管线路由改为由池岸引至池壁埋在抹灰层中，避免渗漏隐患。同时选用尺寸较小的喇叭，减小对结构的影响，增强防水能力（图11.4-12）。

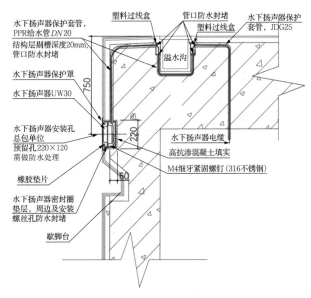

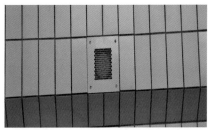

图11.4-12　水下扬声器深化节点及安装效果

## 11.4.6　检测认证

本工程泳池施工前对建筑构造做法、防水材料选择、瓷砖排版、工艺埋件点位进行全面优化，精细化施工使泳池在防水及尺寸精度控制上达到良好的效果。

泳池抹灰方面采用基层凿毛，使用高性能界面剂，分层挂网抹灰方法，达到大面积及超长抹灰无空鼓效果，避免二次修补，节省工期及修补费用，同时为防水施工及泳池瓷砖铺贴提供良好的基层条件。通过前期深化，防水采用涂膜防水材料，施工简单，工效高，经过蓄水试验泳池无渗水点，防水效果良好，瓷砖排版结合点位进行深化，泳池成形后美观大方，合理清爽。泳池瓷砖铺贴完成后，经第三方专业检测单位检测，裸池平面尺寸最大正误差 2.5cm，无负误差。

本项目泳池为国际标准泳池，防水效果显著，平面尺寸及深度均满足国际泳联设施规则规范要求，为国际标准泳池施工提供借鉴案例，为后期国际游泳比赛提供了安全可靠的标准泳池。经北京华安联合认证检测中心检测合格，满足甲级体育中心要求，可承办相应赛事（图 11.4-13 ～图 11.4-14）。

图 11.4-13　第三方红外线三维扫描点云技术
泳池尺寸检测

图 11.4-14　比赛池成形效果

# 11.5　田径场地施工工艺

苏州奥体中心体育场及室外训练场按照国际田联Ⅰ类场地要求进行设计与施工，田径场地竣工后进行了第三方检测验收，各项运动指标均满足标准规范，并获得了国际田联（IAAF）一级场地认证。

## 11.5.1　田径场地的体育工艺设计要求

### 1. 田径场地测设的方位要求

场地长轴允许偏斜角度　　　　　表 11.5-1

| Ⅰ类和Ⅱ类场地长轴允许偏斜角度 | | | | |
|---|---|---|---|---|
| 北纬 | 16°－25° | 26°－35° | 36°－45° | 46°－55° |
| 北偏东 | 0° | 0° | 5° | 10° |
| 北偏西 | 15° | 15° | 10° | 5° |

注：来源 GB/T 225176—2011 体育场地使用要求及检验方法 第 6 部分：田径场地。

### 2. 田径场地结构构造

田径场地面层下的基础结构层做法选择需结合场地所在区域及原状土情况进行设计，Ⅰ类场地占地面积 ≥ 15000 ㎡（此为 8 条弯道和 9 条直道，不含跳远沙坑及辅助区），如此大的占地面积，基础的结构设计及施工质量决定了田径场的最终使用功能要求。

苏州奥体中心体育场和训练场的结构做法由上到下为：

① 跑道面层；

② 30mm 厚沥青层（AC-10）；

③ 50mm 厚沥青层（AC-20）；

④ 320mm 厚 5% 水泥稳定碎石层；

⑤ 150mm 厚 12% 灰土层；

⑥ 400mm 厚 6% 灰土层；

⑦ 素土压实系数 95%。

需要指出的是，对于田径场跑道面层下的次基层选择形式主要有混凝土或沥青混凝土，通常建议采用沥青混凝土，其主要优点为便于场地的坡度、平整度控制，易于增加面层与次基层的粘贴附着力，且沥青混凝土属于柔性材料，施工受天气限制较小，不用切割或设置温度变形缝，进而大大增加了场地使用功能要求。

### 3. 田径场地跑道面层厚度

① 辅助区为 9mm 厚；

② 主跑道区域为 13mm 厚；

③ 三级跳第三块起跳盒至沙坑边为 20mm 厚，

标枪前段临近天然草坪足球场（长×宽：8.5m×4m）为20mm厚，撑杆跳临近插斗区域（长×宽：8m×1.22m）为20mm厚，跳高区（长×宽：26m×3m）为20mm厚；

④障碍水池为25mm厚。

苏州奥体中心田径场地材料采用进口跑道面层材料，底层为进口机器摊铺橡胶颗粒，摊铺颗粒完成面上进行整场满刮封底材料，面层采用在封底层上均匀刮胶，并均匀撒布橡胶颗粒，待凝固后扫除多余的浮动颗粒。

### 11.5.2 田径场地施工工艺

#### 1. 田径场地施工

包括场地基础结构层施工和跑道面层施工，工艺流程概述为：测量放线→场地原状土平整碾压→场地排水环沟及给水管、通信井线管预埋→布设料堆→基础结构层摊铺施工→沥青混凝土摊铺碾压施工→沥青混凝土养护、坡度及平整度试水检测→跑道面层施工→场地划线→检测认证。

#### 2. 施工工艺操作要求

（1）永久基准桩的设置。

田径场地的测量放线需要注意的是基准桩的引入需结合表11.5-1中规定的场地长轴允许偏斜角度控制进行场地定位，同时还需结合体育工艺设计规范、体育工艺施工图纸设计，在场地长向中轴线上须设置三个永久基准桩，三个永久基准桩需在允许的偏斜角度范围内，基准桩与基准桩中心距需满足42.195m。基准桩需做永久保护，以便后期场地划线、场地的检测认证、运营等使用。

（2）场地平整、碾压完后，根据体育场地工艺要求进行环沟测设及施工。

（3）在场地环沟施工接近80%～90%后，进行田径场地基础结构层施工。基础结构层施工需根据体育工艺结构层设计按步施工，每层的结构做法要严格控制施工质量，施工的坡度、平整度均需按表

11.5-2、表11.5-3要求进行控制。

**场地坡度要求** 表 11.5-2

| 序号 | 坡度要求 |
| --- | --- |
| 1 | 环形跑道的纵向坡度（跑进方向）≤0.1%；横向坡度（由外沿向内沿，垂直于跑进方向）≤1% |
| 2 | 跳远、三级跳和撑杆跳高助跑道最后40mm，纵向坡度≤0.1%；扇形半圆区域内跳高助跑道最后15m的纵向坡度≤0.4%；跳远、三级跳和撑杆跳高助跑道横向坡度≤1.0% |
| 3 | 标枪主跑道最后20m，沿跑进方向坡度≤0.1%，横向坡度≤0.1%；铅球、铁饼、标枪和链球落地区沿投掷方向坡度≤0.1%；铅球、铁饼、链球的投掷圈应保持水平 |

**田径场地平整度要求** 表 11.5-3

| 场地类型 | 要　　求 |
| --- | --- |
| Ⅰ类场地 | 4m直尺下不应有大于6mm的间隙；或1m直尺下不应有大于3mm的间隙 |
| Ⅱ、Ⅲ场地 | 3m直尺下不应有大于6mm的间隙，3～6mm间隙的点位书少于总检测点15%；或1m直尺下不应有大于3mm的间隙，1～3mm间隙的点位书少于总检测点15 |

（4）当沥青混凝土施工完毕后，需充分养护≥45天，以便沥青混凝土中不溶于水的丙酮、乙醚、稀乙醇和溶于二硫化碳、四氯化碳、氢氧化钠挥发物充分挥发，以免影响跑道面层粘结质量（如养护不足，沥青混凝土中挥发物质会与跑道面层粘结剂发生化学反应，致使面层出现起鼓隐患）。

（5）沥青混凝土基层养护及坡度、平整度测量。

在沥青混凝土养护期间，需根据表11.5-2、表11.5-3的要求进行整场坡度测量及平整度测量。对高的地方进行标记打磨，对低洼的地方进行补胶处理，其后对整场进行试水实验，待场地平整度、坡度检查合格，且通过试水实验无明显积水情况，养护期限≥45天后，进行跑道面层施工（图11.5-1）。

（6）基层橡胶颗粒摊铺（图11.5-2）。

（7）封底刮胶（图11.5-3）。

（8）跑道面层刮涂并撒布颗粒（图11.5-4）。

（9）跑道划线（图11.5-5）。

图 11.5-1 场地平整度检查处理

图 11.5-2 基层橡胶颗粒摊铺

图 11.5-3 跑道面层封底刮胶

图 11.5-4 跑道面层施工

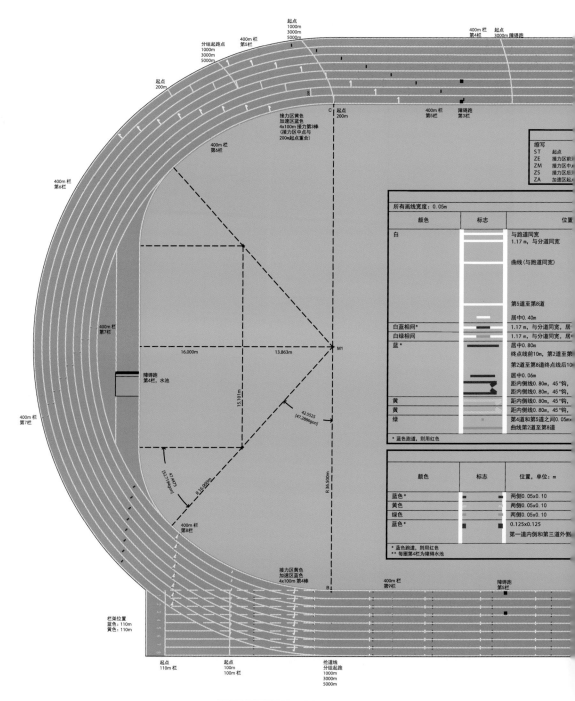

| 建筑尺寸 | m |
|---|---|
| 弯道建筑半径(包括内道突沿) | 36.500 |
| 第1道测量线(实跑线)半径(突沿外0.3m) | 36.800 |
| 每条直段的长度 | 84.390 |
| 建筑线(突沿线)上一条弯道的长度 | 114.668 |
| 实跑线上一条弯道的长度 | 115.611 |
| 建筑线(突沿线)上跑道长度 | 398.116 |
| 实跑线长度 | 400.001 |
| 跑道宽(含外侧0.05m) | 1.220 |
| 障碍跑水池在400m跑道内侧时,实跑线上每圈长度 | 396.084 |
| 除第1道外,所有跑道均从内侧分道线外沿0.20m处测量 | |
| 所有赛距离均从终点线靠近起点一边按顺时针方向向起点线向远离终点一边测量 | |
| 起点、接力、栏画线位置 卷尺仅用于测量直道,用经纬仪根据弧形对应的圆心角测量弯道 | |
| 在弯道上用卷尺测量只是一种辅助手段:如核对、校正和补充 每道的测量均从起点(A、C)或弧线终点(B、D)开始 | |

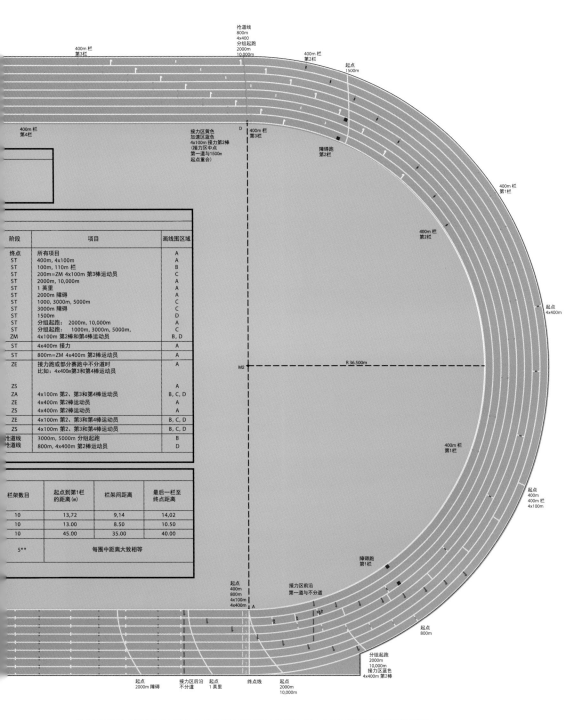

| 阶段 | 项目 | 画线图区域 |
|---|---|---|
| 终点 | 所有项目 | A |
| ST | 400m, 4×100m | A |
| ST | 100m, 110m 栏 | B |
| ST | 200m=ZM 4×100m 第3棒运动员 | C |
| ST | 2000m, 10,000m | A |
| ST | 1 英里 | A |
| ST | 2000m 障碍 | A |
| ST | 1000, 3000m, 5000m | C |
| ST | 3000m 障碍 | C |
| ST | 1500m | D |
| ST | 分组起跑：2000m, 10,000m | A |
| ST | 分组起跑：1000m, 3000m, 5000m, | C |
| ZM | 4×100m 第2棒和第4棒运动员 | B, D |
| ST | 4×400m 接力 | A |
| ST | 800m=ZM 4×400m 第2棒运动员 | A |
| ZE | 接力跑或部分赛跑中不分道时<br>比如：4×400m第3和第4棒运动员 | A |
| ZS | | A |
| ZA | 4×100m 第2、第3和第4棒运动员 | B, C, D |
| ZE | 4×400m 第2棒运动员 | A |
| ZS | 4×400m 第2棒运动员 | A |
| ZE | 4×100m 第2、第3和第4棒运动员 | B, C, D |
| ZS | 4×100m 第2、第3和第4棒运动员 | B, C, D |
| 抢道线 | 3000m, 5000m 分组起跑 | B |
| 抢道线 | 800m, 4×400m 第2棒运动员 | D |

| 栏架数目 | 起点到第1栏<br>的距离 (m) | 栏架间距离 | 最后一栏至<br>终点距离 |
|---|---|---|---|
| 10 | 13,72 | 9,14 | 14,02 |
| 10 | 13.00 | 8.50 | 10.50 |
| 10 | 45.00 | 35.00 | 40.00 |
| 5** | | 每圈中距离大致相等 | |

图 11.5-5　国际田联 400m 标准跑道划线图

| 梯形起跑线，单位：m测量线距分道线0.20m(跑道宽1.22m) | | | | | | | | | |
|---|---|---|---|---|---|---|---|---|---|
| 实跑线长度 | 画线图<br>区域 | 分道跑的<br>弯道数 | 第2道 | 第3道 | 第4道 | 第5道 | 第6道 | 第7道 | 第8道 |
| 200 | C | 1 | 3.519 | 7.352 | 11.185 | 15.017 | 18.850 | 22.683 | 26.516 |
| 400 | A | 2 | 7.038 | 14.704 | 22.370 | 30.034 | 37.700 | 45.366 | 53.032 |
| 800 | A | 1 | 3.526 | 7.384 | 11.260 | 15.151 | 19.061 | 22.989 | 26.933 |
| 4×400 | A | 3 | 10.564 | 22.088 | 33.630 | 45.185 | 56.761 | 68.355 | 79.965 |

**3. 施工注意事项**

（1）对于基层密实度要严格控制，防止沥青基础层本身嵌挤不实，脱壳脱层，致使粘结力差，表面气化，跑道被拉断。

（2）被柴油污染和腐蚀的基础部位坚决挖掉，用胶填平。

（3）注意场地预埋件的施工检验，确保场地预埋件的施工完成符合跑道完成面的要求。

（4）面层刮浆过程中最怕水，因此施工人员在高温条件下作业要准备毛巾擦汗。

### 11.5.3　田径场地维护与保养

（1）跑道面层，适合普通短钉运动鞋（钉长≤6mm）、训练鞋、跑道帆布鞋或软跑道鞋；跑道只作训练与比赛活动之用，不得作其他用途。

（2）跑道面层上禁止一切车辆行驶，跑道上避免机械剧烈冲击和摩擦；若车辆必须通行，工作人员应预先设计车辆行驶交汇点并严格控制监督，交汇点面层可用聚乙烯薄膜覆盖木板加以保护，任何油污必须立即除去，以免伤及面层。

（3）跑道边缘应加强保护，不得任意剥动，如发现损坏应及时修补。

（4）避免接触有机溶剂、化学物品；保持清洁，可以用水冲洗，在清洗前可考虑使用无泡清洁剂。

（5）训练时，将人员平均分布在各条跑道上，避免造成场地使用不均。

（6）禁止吸烟乱投烟蒂、口香糖或含糖饮料。

### 11.5.4　田径场地检测

跑道面层检测主要分为现场物理检测、实验室物理检测和化学检测。

（1）跑道现场物理检测主要为外观检测、厚度检测、面层平整度检测、面层坡度检测、半径检测、标识线检测等，具体检测详见《合成材料跑道面层》GB/T 14833—2011。

（2）跑道实验室物理检测主要为：提供样品厚度、拉伸强度、拉断伸长率、冲击力吸收、垂直变形、阻燃值和抗滑值等。

（3）化学检测主要检测跑道材料中的有害物质，本书不做过多阐述，具体详见《合成材料跑道面层》GB/T 14833—2011。

## 11.6　天然草坪足球场地设计与施工

苏州奥体中心体育场足球场地和室外训练场地采用天然草坪，其天然草坪足球场地的体育工艺构造主要为草坪层、沙基草坪基床（根系层）、给水喷灌设施，渗水层、排水设施。

### 11.6.1　天然草坪足球场地构造工艺

**1. 草种选择**

苏州地区属于暖温带南过渡带，年降水较多，阳光适中，年积温较高，夏季湿热，冬季阴冷。天然草坪足球场地选用的草种又需要耐践踏，具有根状茎，受损后自我修复能力强；颜色深绿均匀；质地柔软，弹性好，运动时脚感好；抗寒、耐热能力强，绿期长；草苗覆盖率大于95%。充分考虑并满足苏州当地自然、气候条件以及植物特性，并结合华东地区建植运动场草坪的实践经验，苏州奥体中心体育场及训练场草种最终选用美国进口的暖季型狗牙根草种（T419，占60%）和冷季型黑麦草（占40%）的盖播混播工艺草坪。

**2. 建植或播种时间选择**

暖季型草坪则在春末和初夏，冷季型草坪建植适宜时间是中春和夏末。具体来说，暖季型草坪则应在春季日均温度稳定通过12℃，至夏季日均温度不低于25℃之间进行播种或建植。冷季型草可在春季日均温度稳定在6～10℃后，至夏季日均温度稳定达到20℃之前；以及夏末日均温度稳定降到24℃以下，至秋季日均温度稳定降到15℃之前进行播种或建植。对于秋季播种而言，必须注意给新生草坪幼苗在冬季来临之前提供充分的生长发育时间。由于北方冬季温度很低，一些草坪因播种过迟，以至于冬季草被冻死，导致草坪建坪失败。

### 3. 沙基草坪基床（根系层）

草坪基床（根系层）采用厚度30cm的沙基结构，基质材料为中沙，混配有机土壤改良剂草炭土400m³、无机土壤改良剂沸石40t，并根据草坪植物的生长要求加入平衡的复合肥1t、磷肥4t。随着一些大型体育场草坪的应用，这种沙基结构逐渐被认识和接受，实践证明，沙基结构是体育场草坪全新使用的标准设计模式，只有这种设计模式才能从根本上解决体育场草坪的排水问题，才能为体育场草坪植物的生长提供最好的环境条件，并且可以大大提高草坪的使用频率，也有一些草坪球场由于场地基础结构问题，遇有雨天场地泥泞不堪。

### 4. 给水喷灌设施

体育场草坪足球场地的给水喷灌系统是由看台下方泵房内的两台互为备用的流量25.7L/s、扬程65m的水泵、水泵变频控制柜、6站式喷灌程序控制器、电磁阀、埋地式可调角度自动伸缩喷洒器构成，管网使用PE管及管件。喷灌系统按体育建筑设计规范进行设计，场地共使用24个喷洒器，根据场地尺寸按4×6矩形排列布置，喷洒器射程24m，流量3.25m³/h，可保证喷洒均匀，雾化程度好。控制系统能实现全天候、全自动地控制喷灌时间和喷灌强度（图11.6-1）。

图 11.6-1　体育场场芯喷灌系统

### 5. 排水设施

场地排水系统由透水骨料25cm厚碎石层、排水盲管、环状排水沟组成。场地内排水盲管连接成排水管网导入到排水沟中，在场地排水沟的4个角设4个排水口与外排水系统连通。体育场草坪足球场地排水要求为在降雨停止20分钟后即可进行比赛，做到排渗结合、随降随排。

## 11.6.2　天然草坪足球场地施工

天然草坪足球场面层分三个等级，见表11.6-1。

足球场地面层分级　　　　表11.6-1

| 级别 | 适用范围 |
| --- | --- |
| 一级 | 世界杯、国际锦标赛、奥林匹克运动会、国家级竞赛 |
| 二级 | 省级、地区级竞赛 |
| 三级 | 教学及群众性休闲活动等 |

苏州奥体中心体育场和室外训练场天然草坪按照一级场地进行施工控制，特别指出的是天然草坪足球场施工需在田径跑道面层施工前完成，避免交叉损坏田径跑道，具体的天然草坪施工工艺概述如下：

测量定位→人工配合机械平整场地→开挖给水管道系统→连接给水管→打压试验→开挖排水沟→连接排水盲管→回填排水沟→铺设碎石排水层→铺土工布→铺设砂基中沙种植层→有机质铺设→细平整场地→自动喷灌控制系统安装→安装喷洒器、试水→铺设草坪前场地处理→铺设草坪卷或播种混合草籽→草坪养护。

（1）在给水管道主干管、支管及排水盲管道施工验收完毕后，进行草坪基床施工。

（2）铺设25cm排水碎石层，在靠近球场通道的一角，于球场内开辟一20m×20m的材料中转堆场，使用履带式推土机将材料由近及远进行铺设，用机械结合人工铺设碎石，控制标高误差为±2cm。

（3）隔沙土工布的铺设，沿球场纵向铺设100g/m²的土工布，土工布重叠部分大于10cm。

（4）铺设30cm沙基中沙种植层，用履带式推土机按施工标高摊铺，人工分区域5m打桩细平，用2～4t重的压路机分层碾压。

（5）有机质的铺设，混配有机土壤改良剂草炭土400m³，无机土壤改良剂沸石40t，并根据草坪植物的生长要求加入平衡的复合肥1t、磷肥4t，铺设前保持坪床土含水量达到或接近最佳含水量，如过干应洒水，用拖拉机反复旋耕搅拌均匀。

（6）细平整场地，采用平地机按现场测量标高控制刮平并压实。在种植层密实度稳定后，用2t压路机碾压，再5m打桩拉线人工分区域细平、高平、低补。如此反复作业最终达到场地表面设计平整度要求，终饰面公差控制在±1cm以内。

（7）安装喷洒器、试水，在喷洒器位置挖坑安装喷洒器，所有喷洒器底部全部使用千秋架连接可以调节喷头高度、埋设角度，要求喷洒器顶面高度低于场地表面0.5cm，进而减缓喷头对运动员脚底的冲击力，保证运动安全。然后试水确保灌溉系统能够正常运转后才能铺设草坪。

（8）铺设草坪前基床处理，将营养土面层的杂物清理干净，人工再次找平，并在种植层上均匀播撒草坪专用肥料。

（9）天然草坪铺植，场地种植层在铺设草坪前处理完毕后，将预选好的草坪进行提前12小时内起草装车运输至现场，在铺贴时尽量保持种植土的平整及坡度，如局部有损坏，用3m靠尺进行整平，具体要求有：

① 以生长健壮的草坪做草源地，草源地的土壤若过于干燥，应在掘草前灌水。掘取草根，其根部最好多带一些宿土，掘后及时装车运走，将草要堆放在阴凉之处，堆入要薄，并经常喷水保持草根潮湿，必要时可搭荫棚存放。

② 草块选择无杂草、生长势好，无病虫害的草源。

③ 草坪移植前24小时修剪并喷水，正常保持土壤湿润，较好起草坪。

④ 草坪铺植于地面后，应用0.2t重的碾压器压平，也可用圆筒或人工脚踩，使草坪与土壤结合紧密，无空隙，易于生根，保证草坪成活。

⑤ 草坪压紧后第一遍浇水，保证坪床5～10cm湿润，使草坪恢复原色或失水不宜过多，之后每隔3～4天浇一次水，以保证草坪的需水量。

⑥ 保证滚压和浇水，直到草坪生根而转到正常的养护管理。

⑦ 草毯铺设前按照测量标高挂线，中间向两侧同时顺序铺设，草毯要错缝，草毯有厚薄时，用营养土调整基础高度，保证草坪面层平整。注意相邻草毯接缝处要完全靠紧，确保没有缝隙，草卷随到随铺，打好卷的草毯保证在24小时内铺装完成。随铺随浇水进行养护。

（10）草坪铺设完毕后用2t草坪专用压路机对整个场地滚压一遍，用覆沙机对场地满铺0.5cm厚细砂（图11.6-2）。

图11.6-2 成坪后体育场天然草坪足球场地

## 11.6.3 草坪养护

（1）灌水：由于沙质土壤持水力差，所以加强灌溉始终是足球场最关键的养护管理措施，灌水时间应少量多次，一般在清晨或傍晚灌溉较好，夏季为了降温，中午也可以进行喷灌，此外冬季干旱时期加强灌水也是很必要的。

（2）病虫害防治：草坪病虫害防治必须着眼于综合防治、预防为主，治疗为辅的原则。综合防治的思路贯穿于球场建设的全过程。从草种选择到场地建设、草坪建植、草坪养护都应考虑病虫害防治问题，为草坪生长提供最佳的条件，应根据季节及天气情况选用代森锰锌（mancozeb）、甲霜灵（metalaxyl）、多菌灵（carbendazim）等杀菌剂交替轮流使用，观察虫害发生，及时控制。

（3）杂草防治：一般草坪除杂草的方法有两种，即手工拔除法和化学灭除法。但足球场草坪面积较大，采用手工拔除杂草既耗时又费工，一般不会采用此种方法；用化学除草剂防治杂草可以分三个阶段进行，相应地采用 3 种除草剂，即建植前除草剂、芽前除草剂和芽后除草剂。建植前除草剂就是在草坪建植之前使用的除草剂，用于建坪前杂草茎叶处理，如草甘膦、威百亩等；芽前除草剂是在杂草种子从土壤中萌发之前施用的除草剂，常用的有氟草胺、敌草索等；芽后除草剂是在杂草出现后施用的除草剂，如麦草威等。此外清除杂草入侵源也是防治杂草的重要途径，一般杂草通过如下途径进入足球场草坪：草坪草种子、修复时覆沙和土、草坪机具或从附近未管理区域传播而来。因此，在建植草坪之前，要严格检查上述提及的途径中是否有杂草的繁殖体，若有，应及时清除。

（4）修剪：剪草高度以 3～4cm 为宜，每次的剪草量不能超过总量的1/3。夏季草坪草生长的不利条件下，留草高度应提高至 3.5～4.0cm，随着草坪密度的增加，剪草时间间隔应逐渐缩短，并将草坪高度逐渐降至 4cm 以下。

（5）施肥：务必撒肥均匀，以免烧苗，撒肥后立即洒水。建坪后第二、第三次施肥间隔10天，施肥量15g/m²，以后施肥量可加大到 25～30g/m²，间隔时间 15～20 天。以后随着季节变化，每月施肥量应适当增减，春季与夏季是草坪生长旺季，保持每月施用 40g/m² 复合肥。

（6）滚压和覆沙：足球场草坪由于每次使用后，剧烈的运动会导致凹凸不平，因此要定期覆沙，并进行镇压，使草坪保持平整。

（7）修复和补救：足球场草坪的球门区域践踏较严重，草坪损伤较大，应及时更换草坪和补播，补播品种要与原场地草坪草种相同。

（8）铺种植沙土：春季全面进行铺种植土，尤其是不平整的地方要作为重点。在生长最旺盛期也可以全面进行铺种植沙土，并修补和喷灌，同时进行打孔等工作。

（9）局部铺种植沙土：运动会或比赛结束后，随时用人工进行局部的铺种植沙土作用，并踩实。

（10）打孔：根据场地的情况进行。每年 2 次以上，孔深 5～8cm，宽度为 10～15cm，保证坪床通风，通水性良好，同时伴随施肥、铺种植土，要适当采用梳草，修复及补播等措施。

（11）赛前与赛后管理：赛前 1 周左右应对草坪进行综合的培育管理（修剪、施肥、灌水等），有条件的可施用草坪染色剂，使之更加符合运动员的视觉，利于运动员的正常发挥。赛前 1～2 天，划线、镇压、制造草坪花纹，使之出现美丽的景观，赛后立即清场，修补草坪、补播，特别注意损坏地块的修补和镇压，灌溉让草坪尽快恢复。

（12）草坪养护农药清单见表 11.6-2。

草坪养护农药清单　　　　表 11.6-2

| 类别 | 名称 |
| --- | --- |
| 杀菌剂 | 代森锰锌（Mancozeb） |
| | 甲基托布津（Thiophanate-methyl） |
| | 甲霜灵（Metalaxyl，Ridomil） |
| | 扑海因（Iprodione） |
| | 井岗霉素 |
| | 多抗霉素（Polyoxin） |
| | 速保利（Diniconazole，S-3308L） |
| | 三唑酮（Triadimefon） |

续表

| 类别 | 名称 |
|---|---|
| 杀虫剂 | 乐斯本（Chlorpyrifos） |
| | 氰戊菊酯（Fenvalerate） |
| | 氯氰菊酯（Cypermethrin） |
| | 灭幼脲 |
| | 苏云金杆菌（Bt） |
| | 辛硫磷（Phoxim） |
| 杀线虫剂 | 棉隆（Dazomet, Basamid） |
| | 二氯异丙醚（DCIP, Nemamort） |
| | 克线丹（Sebufos） |

（13）草坪养护常用设备：体育场的草坪需要高强度的养护管理，为此必须配套专业化、高效能的体育场草坪养护管理设备，苏州奥体中心天然草坪的养护设备配置方案见表11.6-3。

草坪养护常用设备　　表11.6-3

| 序号 | 名称 | 规格型号 | 数量 | 备注 |
|---|---|---|---|---|
| 1 | 三联驾乘式剪草机 | / | 2 | |
| 2 | 草坪胎专用拖拉机 | / | 1 | |
| 3 | 悬挂式打孔机 | / | 1 | |
| 4 | 拖挂式覆沙机 | / | 1 | |
| 5 | 手推施肥机 | / | 2 | |
| 6 | 压路机 | 2t | 1 | |
| 7 | 拖挂式喷药车 | / | 1 | |
| 8 | 多功能地板车 | / | 2 | |
| 9 | 背负式吹风机 | / | 2 | |
| 10 | 划线机 | / | 2 | |

### 11.6.4　天然草坪足球场检测

天然草坪足球场地的检测主要内容有：场地的规格、划线、朝向、表面硬度、牵引力系数、球反弹率、球滚动距离、场地坡度、平整度、茎密度、均一性、

渗水速率；具体详见《天然材料体育场地使用要求及检验方法 第1部分：足球场地天然草面层》GB/T 19995.1—2005。

## 11.7　全民健身设施施工工艺及改进

苏州奥体中心全民健身设施主要分布在体育场室内外、游泳馆室内以及室外训练场。全民健身场地全年、全天对大众开放，使用频率非常高，除了要保证运动性能、同时要保护运动员不受伤害，还要满足美观、经济、耐久性的要求。为满足此要求，全民健身设施从设计到施工的各个阶段，经过大量的调研研究，从材料性能、施工工艺、施工方案等多方面，对设施通常可能会出现的问题进行了分析和改进，并经过精心管理，过程控制，在不增加投资预算情况下，最终完成了体育设施建设，项目质量品质高、观感好，大大提升了市民的健身体验，同时增加了全民体育健身消费。

### 11.7.1　健身设施内容

全民健身设施主要内容包括地面运动面层材料、体育灯光照明、体育器材，同时也考虑场馆吸声设计。各场馆地面面层材料均根据场地类型、功能需求的不同，选择国内、国际使用较广泛的运动性能好、经济、美观、使用寿命长的材料。灯光照明选用的是广泛使用于体育比赛场馆的高档灯具品牌，选用节能又耐久的LED灯及投光灯、采用智能控制模式，场地照度水平达到设计要求，室内场馆采用满天星布置，室外场馆场地四周布置，灯杆与场地四周围网连接为一体高度为8～9m。场馆吸声设计在兼顾了整个场馆装饰装修色彩、美观的前提下，在墙面或顶面增加吸声构造措施。体育器材均选择的是国内国际专业比赛设施供应商生产的产品，全部达到专业训练或比赛标准。奥体中心全民健身体育设施的内容与施工做法介绍如表11.7-1和图11.7-1～图11.7-16所示。

健身体育设施的内容与施工做法一览表　　　　　表 11.7-1

| 场地部位 | 场地名称 | 数量 | 场地面层材料 | 建筑装修做法（满足声学要求） |
|---|---|---|---|---|
| 体育场室内一层东北侧足篮中心 | 篮球场 | 3 片 | 体育运动木地板 | 墙面 6.0m 以下为雪弗板基层硬包，6.0m 以上为涂料，吊顶为玻璃丝棉保温板包覆防水透气膜 |
| | 五人制足球场 | 2 片 | 体育运动木地板 +7mm 进口 PVC 运动地胶 | 墙面 6.0m 以下为雪弗板基层硬包，6.0m 以上为涂料，吊顶为玻璃丝棉保温板包覆防水透气膜 |
| | 笼式足球场 | 1 片 | 体育运动木地板 | 墙面 6.0m 以下为雪弗板基层硬包，6.0m 以上为涂料，吊顶为玻璃丝棉保温板包覆防水透气膜 |
| 体育场室内一层东南侧羽毛球中心 | 羽毛球场 | 53 片 | 体育运动木地板 +3.9mm 进口 PVC 运动地胶 | 墙面 6.0m 以下为穿孔石膏板，6.0m 以上为灰色涂料，吊顶为玻璃丝棉保温板包覆防水透气膜 |
| 体育场室外大平台全民健身区 | 网球场 | 4 片 | 4mm 进口弹性丙烯酸 | 四周为 5m 高围网 |
| | 篮球场 | 7 片 | 6mm 硅 PU 面层 | |
| | 三人制篮球场 | 11 片 | 6mm 硅 PU 面层 | |
| 游泳馆室内一层健身中心 | 壁球房 | 4 片 | 体育运动木地板（无油漆面） | 墙面为批荡材料，吊顶采用石膏板吊顶，白色涂料 |
| | VIP 羽毛球房 | 4 片 | 体育运动木地板 +3.9mm 进口 PVC 运动地胶 | 墙面 4m 以下采用雪弗板基层硬包，墙面 4m 以上为穿孔石膏板喷黑，吊顶为原顶喷黑 |
| | 攀岩墙 | 2 片 | 攀岩墙采用钢骨架，10mm 厚树脂板面板 | 室内地坪为环氧地面，墙面为仿清水涂料 |
| | 乒乓球房 | 32 桌 | 体育运动木地板 +3.7mm 进口 PVC 运动地胶 | 墙面 3.6m 以下采用陶铝吸音板，3.6m 以上为深灰色涂料，顶面为原顶喷深灰色涂料 |
| | 桌球房 | 32 桌 | 地面为块状地毯 | 墙面为灰色涂料，梁柱面为木丝面，顶面为原顶喷深灰色涂料 |
| | 网球场 | 6 片 | 4mm 进口弹性丙烯酸 | 墙面 3.3m 以下采用雪弗板基层硬包墙面，3.3m 至 9m 陶铝吸声板墙面，顶面为石膏板基层，反光膜吊顶 |
| 游泳馆大平台 | 门球场 | 4 片 | 50mm 人造草坪 | |
| 室外训练场 | 五人制足球场 | 7 片 | 50mm 人造草坪 | 四周为 5m 高围网 |
| | 七人制足球场 | 4 片 | 50mm 人造草坪 | 四周为 5m 高围网，灯具在场地四周布置 |
| | 棒球场 | 1 片 | 红土＋50mm 人造草坪 | 四周为 3.0m 和 6.5m 高围网，四周布置 6 套高杆灯 |

图 11.7-1
室外网球场地

图 11.7-2
室外三人制篮球场地

图 11.7-3
室外七人制足球场地

图 11.7-4
室外五人制足球场地

图 11.7-5　室外棒球场地

图 11.7-6　室外门球场地

图 11.7-7　室内网球场地

图 11.7-8　室内羽毛球场地

图 11.7-9　室内篮球场地

图 11.7-10　室内五人制足球场地

图 11.7-11　室内乒乓球场地

图 11.7-12　室内笼式足球场地

图 11.7-13　室内桌球场地（一）

图 11.7-14　室内桌球场地（二）

图 11.7-15　室内攀岩场地

图 11.7-16　室内壁球场地

## 11.7.2　健身场地面层材料特征

苏州奥体中心健身场馆场地面层材料主要有体育运动木地板、PVC 运动地胶、弹性丙烯酸、硅 PU、人造草坪。不同的运动项目对场地的要求不同，但作为竞技体育项目，当运动员在运动时，除了让运动员发挥出应有的技术水平，还要最大限度地保护好运动员。地面面层材料的选择主要围绕两个目标因素，通过三大特性（运动性能、保护性能、技术性能）和六项指标（作用力减小、标准变形、变形控制、球的回弹、滑动特性、滚动负荷）量化考核。各类材料特性介绍如表 11.7-2 所示。

全民健身场馆使用面层材料特性一览表　　　　　　　　表 11.7-2

| 名称 | | 材料特性说明 | 备注 |
|---|---|---|---|
| 体育运动木地板 | 构造做法 | 主要由防潮层、弹性吸震层、防潮夹板层、面板层、防滑油漆层组成 | 如需作为羽毛球、排球、乒乓球等比赛场，需在体育运动木地板上铺专用 PVC 运动地胶 |
| | 对基础的要求 | 1. 基础为水泥混凝土；<br>2. 平整度：3m 内误差不超过 5mm；<br>3. 地面应做防水层 | |
| | 特性 | 是一种具有优良的承载性能，高吸震性能，抗变形性能的运动木地板系统，其优良的冲击吸收性能可有效的避免运动员受到运动损伤 | |
| | 用途 | 可用作专业篮球比赛场地，也可作为室内壁球馆、羽毛球、排球、乒乓球、足球等训练、全民健身使用 | |
| PVC 运动地胶 | 构造做法 | 采用聚氯乙烯材料，专门为运动场地开发的一种地胶，主要由表面耐磨层、耐用层、玻璃纤维层、强化层、泡沫缓冲层组成 | 施工期间室内温度不应该低于 13℃ |
| | 对基础的要求 | 1. 基础为水泥混凝土或木地板；<br>2. 平整度：2m 以内误差不超过 2mm；<br>3. 基础为混凝土时，一般应做自流平 | |
| | 特性 | 具有抗老化、耐磨、高弹性、静音等优良性能，且颜色多样 | |
| | 用途 | 广泛用于奥运会等各项国际性比赛，也可用于篮球场、羽毛球场、乒乓球场、排球馆、手球场、舞蹈室、瑜伽场所、武术馆等运动场所 | |
| 硅 PU 面层 | 构造层 | 包括底涂、弹性层、加强层、面层 | 可用于室外，造价相比运动木地板要低 |
| | 对基础的要求 | 1. 基础为水泥混凝土或沥青混凝土；<br>2. 水泥混凝土要求平整度好，无裂缝、脱皮；<br>3. 沥青混凝土要求足够的强度和密实度 | |
| | 特性 | 具备上硬下弹、弹而不软的专业运动结构，为运动提供实效的缓冲吸收和减震保护，且表面防滑 | |
| | 用途 | 主要用于室内外篮球场、羽毛球场 | |

续表

| 名称 | | 材料特性说明 | 备注 |
|---|---|---|---|
| 丙烯酸 | 构造层 | 包括粘接层、弹性层、增强层、填充层、面层；<br>3～5mm 厚为弹性丙烯酸面层，1.2～1.8mm 厚为硬地丙烯酸 | 作为国际网球联合会（ITF）指定用网球场面层材料之一（丙烯酸、草坪、红土场）；<br>现全球各大网球比赛均以丙烯酸面层为主 |
| | 对基础的要求 | 1. 基础为水泥混凝土或沥青混凝土；<br>2. 水泥混凝土要求平整度好，无裂缝、脱皮；<br>3. 沥青混凝土要求足够的强度和密实度 | |
| | 特性 | 绿色环保、高度抗紫外光性能，颜色持久深入，不褪色，不脱落，保养容易，维修费用低，在任何气候条件下都坚固耐用 | |
| | 用途 | 主要用于网球场、篮球场 | |
| 人造草 | 构造层 | 由编织层、草丝、石英砂、橡胶颗粒组成 | 可代替天然草坪 |
| | 对基础的要求 | 1. 基础为水泥混凝土或沥青混凝土；<br>2. 可于水泥混凝土或沥青混凝土上增加一层渗水弹性层 | |
| | 特性 | 具有抗老化、防晒、防水、防滑、耐磨、脚感舒适、色泽鲜艳、使用寿命长、无需大量投入维护保养费用、全天候使用等优点 | |
| | 用途 | 主要用于足球场、门球场等场地 | |
| 红土 | 构造层 | 红土表面层、黏土层、渗透层 | |
| | 对基础的要求 | 对基础无特殊要求，可以铺设于室内或室外；<br>需要保证排水通畅 | |
| | 特性 | 具有高含水率、低密度而强度较高、压缩性较低特性的土 | |
| | 用途 | 一般用于网球场和棒球场地 | |

### 11.7.3 健身设施施工工艺及改进措施

健身设施结合现场实际情况，优化设计、加强施工管理，健身场馆体育设施施工工艺及施工中的重点及改进措施介绍如下：

**1. 体育运动木地板**

体育运动木地板是一种具有高吸震性、高承载性、耐磨防滑的木地板结构系统，其运动性能指标可以达到：冲击力吸收≥53%、球的反弹率≥90%、滚动负荷≥1500N、滑动摩擦系数0.4～0.7μ、标准变形（垂直变形）≥2.3mm、能量吸收标准系数≤15%。因其结构完全满足专业运动性能要求，被广泛使用于国际专业篮球比赛及各类体育运动。苏州奥体中心壁球房、羽毛球、乒乓球、室内足球、室内篮球场地均使用体育运动木地板（图11.7-17）。

图 11.7-17　篮球场体育运动地板

（1）体育运动木地板工艺

体育运动木地板根据场馆功能设计不同可以分为固定式和可移动拼装式，基础结构为水泥混凝土。结构组成包括防潮层、弹性吸震层、毛地板加强层、面板层、防滑油漆层。苏州奥体中心体育馆比赛场为可移动拆装式，其他全民健身馆均为固定式结构。以下简要介绍固定式体育运动木地板系统：

① 油漆选用体育专用防滑耐磨漆，工厂预制淋漆、辊漆（UV 固化漆），涂层的颜色不应影响赛场区划线的辨认，反光不应影响运动员的发挥；

② 面层地板选用 22mm 厚国产枫木实木，铺设前应严格控制地板含水率与外界基本一致，以保证地板的稳定性；

③ 毛地板采用高强度、耐水、防腐的多层实木复合材料；

④ 龙骨选用松木实木，在龙骨下方增加弹性橡胶减震垫，以及毛地板与面层地板之间铺设地板专用防潮减震复合膜垫，保证地板具备一定的弹性；

（2）施工中的注意事项

为了满足运动性能指标要求，以及保证实木地板的稳定性（体育地板材料均为天然木材，天然木材均有吸收水分后体积膨胀，丧失水分则收缩特性）和美观度，从选材到施工工艺、每一道工序均严格控制，确保地板工程质量。

① 首先用木垫块对混凝土基础进行找平，找平垫块用胶水与地面连接，确保不破坏地面防水层；

② 毛地板铺设时，毛地板与毛地板之间保留 10 ～ 15mm 的伸缩缝隙；

③ 面层地板铺设时，每间隔一定距离留一道伸缩缝，释放因地板热胀冷缩产生的变形；面板、毛地板与墙体之间预留 20 ～ 40mm 缝隙，保证通风；

④ 最终保证场地完成面的平整度，用 2m 靠尺测量，间隙应不大于 2mm，场地整体平整，在场地上任意选取间距 15m 的两点，用水准仪测量标高，其标高差值应不大于 15mm。

注：壁球馆地板因场地使用要求，与其他木地板结构相同，唯一不同的是面板表面无需油漆。

**2. PVC 运动地胶**

PVC 运动地胶是采用聚氯乙烯材料，专门为运动场地开发的一种地胶，可以铺装在混凝土面上，也可铺设在运动木地板上，安装方式主要分为移动式和固定式，固定式又分为半固定式、局部粘接和满胶粘接。

（1）移动式安装是地胶与地胶之间用厂家配套的专用连接带粘接成一体，地胶与地板面不粘接，可以随意将 PVC 运动地板卷起或移开，方便移动；

（2）半固定式安装是将地胶与地胶之间用厂家配套的专用双面胶带粘接成一体，同时地胶与地板也连接在一起粘接，可以有效防止地板因剧烈运动而发生移动，开缝，也方便日后因有需要而做整个场地移动；

（3）局部粘接是在地面上以地胶的边缘为基准向内刷 20cm 的胶粘接；

（4）满胶粘接是在即将铺设的地面上全部刷胶粘接。局部粘接和满胶粘接均因地胶与地面用胶粘后，将来无法移动。

整场铺设时地胶与地胶之间的连接通过焊接，有正面焊和背面焊两种，常用的焊接方式为正面焊，即在地板正面开槽焊接，施工完成后地板表面有明显的焊缝。反面焊即在地胶背面连接处开槽，焊接完成后再将地胶整体翻面，地胶表面几乎看不到焊缝。背焊工艺因其施工难度大，对施工人员的技术要求高，且施工完成后需要整体翻面，对地胶的抗变形能力要求高，一般不被选择。

苏州奥体中心五人制足球场、羽毛球场、乒乓球馆均采取在运动木地板上铺设 PVC 地胶的方案，安装方式为半固定式，地胶与地胶之间的连接通过反面焊接。采取此种安装方式可以有效防止移动式安装地板因剧烈运动而发生移动、开缝，同时避免了将来有需要时局部粘接和满胶粘接无法移动整个场地。并且采用背焊工艺，表面焊缝几乎不可见，整体效果美观大方。

（1）PVC 运动地胶焊接施工工艺

① 两块地胶用连接带粘合后使用专用开槽设备或手工槽刀在地板连接处裁出焊槽，裁切时下部须垫钢尺，保护地板不被破坏；槽口必须彻底清理干净；

② 使用专业高质量焊枪，先预热焊枪数分钟，并严格控制焊枪的温度及焊接速度，以确保焊接质量；

③ 以适当的焊接速度，匀速的将焊条挤压入开好的槽中；

④ 在焊条半冷却时，用焊条修平器或月型割刀将焊条高于地板平面的部分大体割去；

⑤ 待焊条完全冷却后，用焊条修平器或月型割刀把焊条余下的凸起部分铲平。

（2）PVC 地胶施工注意事项

① 施工的地面基层必须清洁，且没有裂缝，地面平整；

② 铺设前，地面清扫干净，地胶提前展开平铺在铺设地面 24 小时以上；

③ 切割时两端应多留 5cm；

④ 背面焊在背部开"V"槽的时候，一定要确保裁到面层，否则焊线焊接不到面层，容易脱焊。正面

焊开"V"槽的时候，确保开槽深度超过地板厚度的 2/3（图 11.7-18～图 11.7-19）。

### 3. 硅 PU 面层

硅 PU 作为一种体育设施场地地面材料，以单组份有机硅改性聚氨酯组成缓冲回弹结构，双组份改性丙烯酸作为耐磨面层的专业弹性合成球场面层材料系统。其上硬下弹的硬性面层保障球有足够的反弹承托，配合弹性层及加强层的回弹特性，保障球的反弹率在 90% 以上，满足专业运动对球感的要求，从而有效解决 PU 材料软质表面陷球、粘球、反弹不均匀等缺陷，带来专业的运动质感。专为运动设计的弹性系统，为运动提供实效的缓冲吸收和减震保护，有效增加运动缓冲，减轻脚踝、关节、韧带的伤害。硬质粗糙面层的表面摩擦，为运动中的起动、变向、跳跃、急停提供充足的摩擦动力，有效解决因表面受湿而引起的打滑现象，保证运动中脚感舒适。其良好的缓冲性和延展性，粘接力强，对基础有一定的治愈功能，能够自动找平，施工简单，抗老化性优秀，施工后化学性能稳定，不易产生气泡等问题。其优越的耐候性、出色的抗污性等优点，近年来在体育场地施工中得到大量的使用。

（1）硅 PU 面层施工工艺

硅 PU 可铺装于沥青混凝土基础和水泥混凝土基础上，对水泥混凝土的基础要求是平整、密实、无返砂现象、不能出现断裂和细缝、表面不能有浮出的水泥粉；对沥青混凝土的要求是密实、平整、无碾压痕迹。

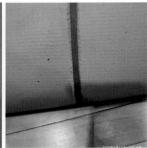

图 11.7-18
采用背焊工艺的 PVC 羽毛球场地

图 11.7-19　PVC 运动地胶背焊正面

苏州奥体中心硅 PU 主要用于室外篮球场，硅 PU 面层厚度为 6mm，基础为水泥混凝土。水泥混凝土上施工硅 PU 需要注意：

① 首先要对基础表面进行检查，如发现混凝土容易出现的表面不密实、返砂、裂缝等现象，需暂停施工；

② 施工前需对基础进行清扫，清除泥土、油污、浮渣等；

③ 混凝土温度伸缩缝的处理，因水泥混凝土的热胀冷缩性，新水泥基础浇铸后必须切割合理温度伸缩缝；

④ 硅 PU 施工前需对水泥混凝土进行酸洗；

⑤ 底涂，底胶的涂刷应满涂并涂刷均匀，保证底涂漆的完全渗透；

⑥ 伸缩缝的处理，需用专用填缝胶涂刷于伸缩缝两侧，再把可压缩泡沫棉轻挤满伸缩缝，露出基面部分用手提磨机打至与基面平整，再用填缝胶涂刷于伸缩缝表面，需分两次刷涂，缓冲基础冷缩时硅 PU 材料涂层的作用力；

⑦ 找平、修补；

⑧ 找平修补完成后施工弹性层、加强层、面层；

⑨ 如果塑胶面层铺装施工过程中突然发生下雨，应立即停止配料，用预先准备好的塑胶薄膜盖好机械设备，如搅拌机中有余料，则应作废料处理，同时必须尽快将拟施工的部位进行保护，直到施工完毕；

⑩ 施工过程中应坚持连续作业，减少接缝，如必须接缝，应将接缝留在球场标记线外的地方，确保面层美观。

（2）硅 PU 面层施工中的改进措施

苏州奥体中心室外篮球场硅 PU 因在体育场室外大平台上，因室外大平台超长混凝土结构受温度应力的影响以及其他施工因素，在此基础条件上直接施工硅 PU 面层材料，面层开裂、脱层的风险较大。针对这种情况，经过多方论证，对原设计方案进行了改进，采取复合硅 PU 方案（8mmEPDM ＋硅 PU）代替原设计的硅 PU 方案，该方案利用 EPDM 面层的延展型，克服混凝土的刚性变形力，保证了工程质量，有效防止了后期出现裂缝及鼓包等质量问题（图 11.7-20）。

图 11.7-20　室外篮球场硅 PU 面层

**4. 丙烯酸面层**

丙烯酸面层作为国际网球联合会（ITF）指定用网球场面层材料之一，因其减震性能好（有效吸附 90% 垂直冲击力）、耐磨性强、防滑、整体性强、有利于提高运动成绩，无毒、环保、色彩美观、耐紫外线照射、性能价格比高、维护保养便利，使用寿命长，成为目前网球场面层的首选材料。

（1）丙烯酸面层施工工艺

丙烯酸可以在沥青混凝土或水泥混凝土底基上使用。根据硬度及球速不同，可分为硬地和弹性两个系列。硬地系列主要构造为：粘合层、纹理层、表面色彩层和漆线。而弹性系列则是在粘合层与纹理层之间加入橡胶弹性层。弹性丙烯酸材料铺装网球场面层，厚度一般为 4 ～ 6mm，由于其特殊的物理性能和合适的弹性，对运动员的腿部关节能起到很好的保护作用，可大大减少运动中受伤程度，有利于青少年的生长发育，适用于网球爱好者健身及比赛。

苏州奥体中心设置了 6 片室内网球场地、4 片室外网球场地，均为进口弹性丙烯酸面层，底基层为水泥混凝土，水泥基础弹性丙烯酸面层施工工艺和施工注意事项简要介绍如下：

① 酸洗：施工前需对水泥混凝土进行酸洗；

② 试水、补平：首先试水找出地面凹陷超过3mm处，用丙烯酸球场水泥补平剂将场地凹陷处补平，约30分钟干透，至少需24小时干透及养护；

③ 粘接层：在混凝土基底之上铺涂一层专用胶粘剂，该胶粘剂能紧密地粘接在水泥地表面之上，并与丙烯酸球场涂料紧密结合，防止脱胶起皱等问题出现；

④ 基础增强层：增强层渗透性好、强度大。能增强丙烯酸球场的强度、平整度和使用寿命；

⑤ 弹性层：由掺入特殊橡胶颗粒的丙烯酸乳液组成，使丙烯酸球场具有很好的减震效果，使运动员的关节不受伤害；

⑥ 填充层：使用丙烯酸色层 + 石英砂铺成，可以通过调整石英砂的粒度和用量来调控球速；

⑦ 面层：由色彩鲜艳、抗紫外线的丙烯酸涂料铺涂，增加丙烯酸球场耐磨性（图 11.7-21）；

⑧ 漆线：丙烯酸白线漆是一种具有高反射性的100% 丙烯酸乳液，专门设计用于球场划线，特殊配方会使丙烯酸球场白线更加醒目、耐磨。

图 11.7-21　网球场丙烯酸面层

（2）场地增加训练墙的工艺改进

为了方便初学者迅速提高网球技术，特地将一片室内标准网球场变更为网球训练墙及配套训练半场。训练墙对于初学者是非常有帮助的，可以练习技术动作，提高击球的稳定性。最重要的是有训练墙的辅助功能，可以做到随时自由练习。而且只要足够有想象力，从网前到底线到发球，均可以练习（图 11.7-22 ～图 11.7-23）。

图 11.7-22　建筑及结构做法　图 11.7-23 体育工艺面层做法

### 5. 人造草坪

人造草坪是以塑料化纤产品为原料采用人工方法制作的拟草坪。由于人造草坪使用聚丙烯、聚乙烯原料，配上其他材料，使产品表面滑爽、草丝柔软，运动员在草坪场上跑动，跳跃等行动自如，没有绊脚、滑脚等感觉，尤其在草坪内填充弹性橡胶颗粒和石英砂，可以在吸震、变形、反弹球、摩擦、渗水、几项均达到球类比赛的要求。而且它不像天然草坪一样需要消耗生长必需的肥料、水等资源，能满足全天24小时高强度的运动需要，且养护简单、排水迅速、场地平整度优秀。人造草坪被广泛用于曲棍球、棒球、橄榄球的专用比赛场地，足球、网球、高尔夫球等运动的公众练习场等。

（1）人造草坪施工工艺

苏州奥体中心室外五人制足球场、七人制足球场、门球场面层均使用人造草坪面层，草高50mm，内填石英砂、环保橡胶颗粒，石英砂要求为粒径0.4 ～ 0.8mm，圆度大于80%，无粉尘，填充量不少于30kg/m²；橡胶料选用绿色环保橡胶颗粒，形状为四孔雪花状空心，要求不含重金属，无异味，填充量不少于6kg/m²。

（2）人造草施工中的重点

① 皱折：发生皱折是以后使用期内起鼓的隐患，会给运动场造成不平畅的感觉，减短草坪使用寿命，影响运动功能的发挥，为此在放样固定前，必须详细检查皱折位，处理时必须每隔3m左右有一个抬起调整位置，调整到没有皱折时才能上胶。

② 翘边：主要有三个原因 :a. 搭接胶水用量不足或胶水质量差；b. 在上胶搭接时粘贴时间控制不当，一般在刷胶后不能马上将草坪放下粘贴，必须在过10 分钟左右胶水达到发粘和其中的熔剂挥发 1/3 后将草坪放下并立即用滚轮或人工踩在接缝口上反复三遍以上，此时为防止固化前的分离，须即用石英砂将搭接口重压住。翘边是人造草最大缺陷，发现翘边时，必须立即进行返工维修，否则，会使场内的破口迅速扩延，中间翘边会对运动员运动产生巨大阻碍和存在人员安全隐患。

③ 白线：白线草裁切的宽度要均匀统一，弧形标志线必须于整体草坪施工好后采用挖剪法，将要铺设标志线的绿草坪挖割掉后，再行粘结（图11.7-24）。

图 11.7-24　足球场人造草坪

（3）人造草场地基础构造的改进措施

人造草坪施工过程中，因室外足球场区域地基土通常为松软的杂填土，并长期遭受场地地表水浸泡已经变得松软，如采取常规处理方案，需对松软土进行换填处理，将导致工程造价增加并会延迟工期。考虑到人造草坪既可铺设于沥青混凝土，也可铺设于水泥混凝土，最终经过多方研究将方案优化为：取消原沥青混凝土层，将素混凝土层改为 C25 混凝土，并在混凝土内配双层双向钢筋，用以抵消地基不均匀沉降给场地带来的不良影响，同时避免了地基土换填带来的工期延误和造价增加。

**6. 红土**

红土场是指由天然黏土或者加工黏土制成的地面，属于沙地球场，其最典型的红土场地代表便是法网公开赛场地，红土场的特点是球速比较慢，有利于运动员底线上旋运动的发挥。

红土层施工工艺注意事项如下：

其构造层次为：红土沙面层、红土沙基础、碎石层、渗透层、排水层。

（1）表层红土沙面层 2～3cm 厚，所用的材料也应该是颗粒状的快干材料，通常在滚压之前多留出25% 的富余量，喷水之后再来压实；

（2）在铺设黏土层之前，就要把排水系统在底层铺设好，并且用锡箔包裹严密。8cm 左右厚的黏土下面还要铺设一层丝网。

# 第12章 建筑智能化

苏州奥体中心是苏州市重大体育设施,如何从开业之初就运维和运营好这样一个具有无周界、人员潮水效应明显、人员高密度特性的体育产业设施,对于运营团队是一个挑战。基于此,在苏州奥体中心项目筹划之初,工程项目建设团队已开始考虑建筑智能化和IT系统技术发展方向与后期运营管理需求相结合的方式方法,进行了智能化信息总体架构的策划,高标准地进行智能化设计与施工,达到了智能化策划的预期。

## 12.1 智能化信息架构

基于业主不仅需要完成项目建设阶段管理,还要在建设完成之后继续进行运营管理的全过程管理理念,从2013年即开始各项工作,以科学的信息化管理思维,通过大量调研,最终确定了以企业私有云为载体,从顶层规划搭建苏州奥体中心建筑智能化信息总体架构,见图12.1-1。并将建筑智能化子系统的数据开放方式、接口规范等方面的要求,在智能化子系统建设招标中明确。

### 12.1.1 基础设备层

建筑智能化设备及机电设备是基础设备层的终端节点设备,包括各种传感器、门禁、摄像机、远传计量终端和智能灯控模块等。

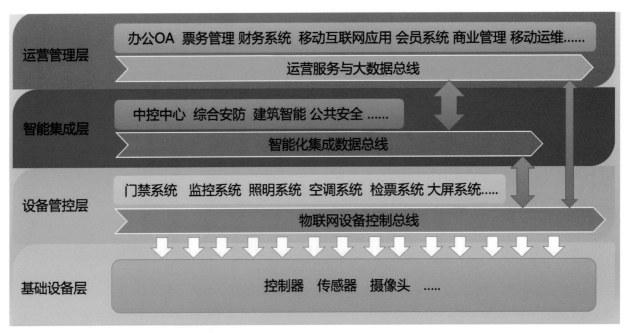

图 12.1-1 苏州奥体中心智能化信息总体架构

## 12.1.2 设备管控层

基于基础设备层的终端节点设备而建设的苏州奥体中心建筑智能化子系统接入和管控层,与常规建筑智能化建设项目不同的是,为了避免各品牌、各厂商使用各种协议的智能化系统在后期整合、二次开发上形成障碍。项目使用了独立的物联网分布式中间件层平台产品,此平台内置各种驱动,用于接入各种专有协议的机电系统和智能化子系统。同时由于使用分布式构架,整体的系统响应能力尤其优秀。平台提供了基于 IP 和 HTML5 的可视化界面的报警、历史数据、基础报表和图形化编程工具,以及标准化的、开放的、基于 WEB 的 API 开发环境接口。由于此中间件平台的承上启下,其他第三方开发单位可以不再受制于某个机电设备制造商的限制、可无需再去适配和理解各种专有协议,得以专注进行针对用户功能需求的开发。在物联网概念迅速以各种方式落地的今天,物联网中间件平台在后期功能开发、设备改造和新项目接入方面都预先打好了基础。

## 12.1.3 智能化集成数据层

在项目前期调研中发现部分建成并交付使用的体育中心项目的系统集成工作成为形象工程,仅起到在领导参观时展示的作用,因此将系统集成的功能做到实处,使之具有实战价值,可以为后期管理降低人员投入,提高管控能力的平台成为系统集成的核心目标。项目前期考察了国内多个系统集成案例,深刻认识到,建筑智能化系统集成技术在物联网技术快速发展并得到广泛应用的今天,体育中心项目采用物联网技术是完全可行的。因此本项目系统集成在供应商选择和建设过程中始终注意和解决好以下几个关键性问题:

(1)数据采集:基于项目物联网中间件层实现,能够实现与第三方软件系统进行数据共享。

(2)标准数据编码:严格按照国际编码标准编制对外公开的数据标准编码体系,包含建筑空间编码标准、建筑设备编码标准和建筑信息编码标准,能够统一管理所有物业数据编码,为后期大数据分析需求奠定基础。

(3)SOA 模块组合:平台严格按照 SOA 松耦合架构的开发标准化模块,采用图形化拖拉方式进行平台配置,不但能够适应在集团层面上,旗下各个项目物业平台建设中的差异性需求,还能够在今后业务变更与升级时通过灵活配置完成,同时还需要具备能够根据业务新需求研发增加新的模块无缝融入既有平台的能力。

(4)业务功能解耦:在保留传统系统集成 UI 的工程思维逻辑配置(即:空间、时间、系统)的基础上,需要充分理解现代物业管理的需求,根据各管理团队的业务特征,将传统的大统一交互界面解耦,为每类业务研发配置的专属页面并剔除与本业务无关的信息展示与交互逻辑,使得数据展示与操作简捷、清晰、容易理解。

(5)场景流程化处置:系统集成和物业运维管理软件系统就是对各种事件进行灵活、快捷处置的载体,需要做到将各类事件处理场景化、解析化、流程化、可视化、标准化,最终极大地提升物业管理的可操作性,同时通过良好的用户体验设计 UI,确保任何事件的醒目提示、引导处置、帮助指导、结果反馈、事后追溯全流程闭环。

(6)综合协同管控:尽可能地打破各子系统的信息孤岛现象,通过综合数据共享协同管理物业中相关人员、事件、地点、物品的各个方面,协同优化控制各类机电设备的运行。

(7)数据角色可视化:根据不同专业、不同角色层级的信息数据需求,将数据按照各自维度进行抽取、筛选、拆分、组合、统计、分析,并将结果分别以图形化、颜色标识化与综合报表等多种形式展示,方便各级各专业用户对其责任范围的物业运营现状、态势和历史数据的理解,助其快速、明晰地抓到重点。

(8)完成运营管理系统收集智能化系统数据和参与部分管控的数据互联中间件功能。

### 12.1.4 运营及物业运维管理层

**1. 运营管理平台**

体育场馆的建设以"服务运营"为目标，因此就要从基础设施、智能化系统以及管理系统等多角度多层次进行深化设计与集成，使其辅助于大型体育场馆的"智慧运营"，高效地创造社会价值，因此建设一套行之有效的运营管理系统是支持项目有效运营的基本保证。基于苏州奥体中心体育＋商业管理的项目特殊性，项目筹建之初就引入了苏州奥体中心运营系统服务开发商，整合苏州奥体中心运营管理思路、设计，使之能够达到未来运营管理目标的运营系统，努力保障苏州奥体中心在落成后快速并顺利地过渡到运营阶段。

根据体育场馆的业务经营范围和内部管理需要，运营服务管理核心部分主要划分为"内部管理平台""经营管理平台""互联网应用平台"和"底层应用支撑平台"四部分，运营管理平台架构如图12.1-2所示。运营管理系统对客维度涵盖了全民健身类场地类、培训类经营系统，网站，移动端业务系统，会员管理及结算系统，商品经营系统，线上线下赛事售检票系统等等，对内管理维度涵盖了OA系统、统一登录、舆情监控、大型活动管理系统、财务管理系统、经营统计分析、管理驾驶舱等内容。在系统基础架构层面，涵盖了各种数据库的整合、网络服务接口集以及综合通讯平台的建设。以上所述的各子系统，源于消除信息孤岛的初衷而设计建设，都不是为完成某一特定功能而存在的独立功能模块。在数据甚至部分UI层面都尽可能地进行了整合。对于苏州奥体中心的系统使用人员而言，最终的目标是满足苏州奥体中心对内对外、线上线下的运营管理要求，覆盖办公、人事、财务管理、物资仓储、档案管理、停车物业、客户关系、会员结算、场地经营、商业经营、资源经营、互联网自媒体、对外代理合作等方方面面，并在经营管理、经营报表、财务处理、总结汇总多个维度上尽量完成后台自动化，尽可能地避免人工二次输入、二次整合。

为了实现以上目标，需要提前规划智能化系统对运营平台的物理和数据支撑需求，苏州奥体中心项目从符合安全等级要求的机房环境开始，配置了数据中心，建设了私有云，引入了云平台和大数据技术，为运营平台的运行环境和数据存储提供有力的保障（图12.1-2）。

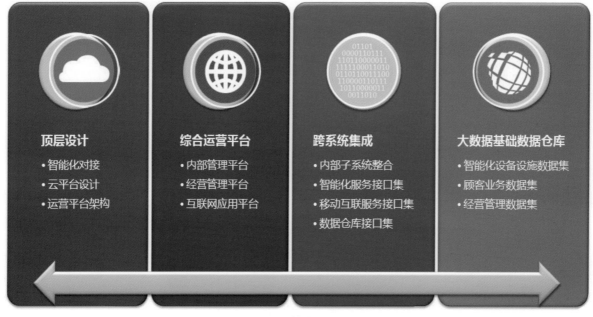

图12.1-2 运营管理平台架构

### 2. 移动运维管理系统

一个大型体育项目建成后的运行维护工作内容可分为设备设施维护和保安、保洁（绿植）等，本项目建立了基于维护人员＋移动端的移动运维管理系统，移动运维管理系统以移动通讯网为信息传送媒介，以数字化工单为工作指令载体，彻底实现了物业基础服务无纸化、快捷化、具象化和数字化管理。

利用大数据分析技术通过工单数据对物业当前问题进行实时分析、提炼、聚焦，自动调整维保工作模型，从而大大提高物业工作高效性、精准性、预防性，实现了移动运维管理系统的价值。移动运维系统如图 12.1-3 所示。

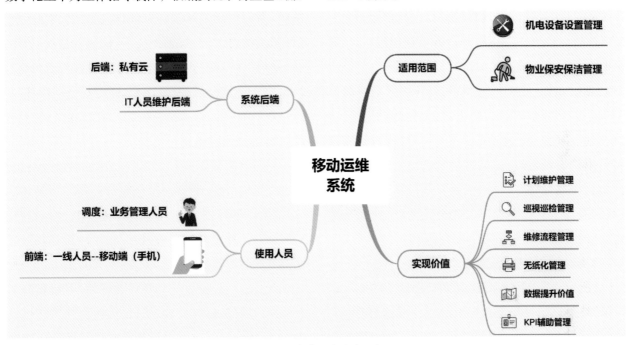

图 12.1-3　移动运维系统示意图

## 12.2　智能化系统的设计与施工

苏州奥体中心智能化系统的设计和施工是按照策划确定的运营管理内容、模式为基本要求进行的运营管理系统设计，编制了智能化系统中相关系统的数据和交互控制需求，提出了智能化设计、施工系统集成流程，见图 12.2-1，并在智能化招标文件中提出明确需求。

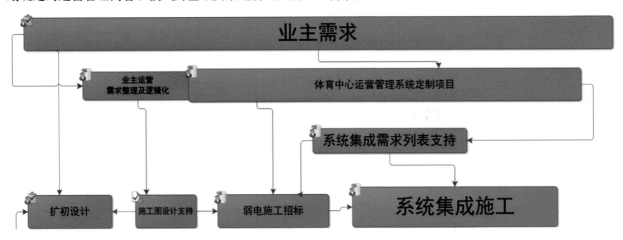

图 12.2-1　智能化设计、施工系统集成流程示意图

## 12.2.1 智能化建设亮点

### 1. 信息化四层架构建设

苏州奥体中心项目采取了信息化四层架构为目标的智能化系统，具有如下的现实意义：

（1）在国内体育项目建设中，首次实施了以后期运营需要为指导思想的建设原则，在项目建设中先期引进运营平台承建单位，配合业主方以后期运营需求为导向开展了多方面工作。

（2）在国内综合型体育项目建设中，以平台化思维建设运营管理系统，配合云技术、大数据技术实现未来可横向扩展与纵向深入并具有可升级性的平台化支撑体系。

（3）在综合商业与体育项目结合中，首次实现了真正意义上的数据打通，典型应用如跨商业与全民健身的会员系统、一体化的办公系统等。

### 2. 数据中心的设施配置

按支持国际赛事的要求，项目建设了 B 类标准数据中心机房，并配置了四个冷通道和精密配电柜，冷热通道隔离，大大降低数据中心能耗；配电柜支持热插拔换相，提高了 UPS 系统荷载能力，设备寿命和供电可靠性。

### 3. 计算机网络系统

苏州奥体中心项目配置了运营和运维两块私有云，为项目的各类应用虚拟化打好了基础。在服务器和终端工作站硬件技术要求控制方面，在招标要求中明确了不同配置硬件组成的数个档次选型标准，并在不同的应用环节规定对应的档次要求，从而有效地避免了可能出现的计算节点低配情况。按照国家等级保护和网监单位相关要求，配置了安全类、审计类、运维类、性能增强类、备份类等产品。在各个不同的防护安全维度上为整个网络提供支撑。按公安部 82 号令要求，本项目在网络核心出口处部署了上网行为管理设备，完成对公众网及办公网的上网行为审计要求。

### 4. 系统集成

以"分散控制、集中管理"为指导思想，实现信息资源的共享与管理、提高工作效率和提供舒适的工作环境，尽可能地减少管理人员和降耗节能。项目实现了用户图形化自配置的机电和智能化设备多级联动报警功能，可依据现场管理人员的需求自定义不断优化管理需求，极大增强多级联动实战能力；实现一对多的监测功能与部分可控功能，有效减少培训、管理成本的支出；实现整个项目和单体的数据汇总分析需求，经过深化配置，最终实现一键式场景配置的模式化机电设备管控。

### 5. 综合布线系统

项目智能化各子系统均以 IP 类设备构建项目物联网大系统，按公安要求和专网管理需求，项目建设了视频安防网、办公网、公众网、物联网、酒店专网，信息点一万余，各类交换机近千台，汇聚层及以上万兆互联，信息点千兆接入，在体育场、体育馆、游泳馆配置了观众区 WIFI 高密覆盖设备。因此提升了物联网段的布线要求，整个综合布线系统按工作区域分为工作区子系统、水平子系统、干线子系统、管理间子系统、设备间子系统、建筑群子系统 6 个子系统。

### 6. IP 语音通讯系统

依托办公网配置了 IP 语音系统，实现了整个集团和各子公司的 IP 语音互通，在提高语音通讯系统可靠性的同时也极大地降低了通讯费用。

### 7. 停车场管理系统

通过对软件管理系统和关键道闸器件设定明确技术指标，实现了停车管理系统快速响应、精细管理，实现了体育公园内车辆进出口的车牌识别管理和地下停车场近两千余车位的停车位视频识别功能，为开车来到苏州奥体中心的用户提供了高效行车引导、现场和移动端并行的反向寻车以及多通道移动支付功能。

### 8. 视频安防监控

项目建设了高密度全数字 IP 摄像机监控系统、场馆内超高清视频监控、车辆进出卡口监控和人脸识别系统，满足了高密集人群环境下公安部门的安防要求。通过 1080P 和 4k 各类机型的组合完成项目室内外各种常规监控需求，通过 1600 万超高清机型完成体育场馆观众区人脸监控需求，通过体育公园出入口的卡口摄像机完成进出车辆和人员的监控需求，并且建设了接入公安系统的场馆入口人脸识别系统，从车到人实现了全方位安全监控。

### 9. BIM 轻量化

实现了两处核心暖通机房的 BIM 轻量化及实时监控。

### 10. 综合指挥中心

通过系统集成对项目智能化和机电控制系统的整合，以及可视化坐席协调平台产品和液晶拼接墙，在综合指挥中心可完成整个项目的安全和设备的综合管理，后期运维团队通过对管理策略的量化及编制，系统集成将会在运维管理上发挥越来越大的作用。

### 11. 高标准 LED 大屏

苏州奥体中心项目建筑外墙配置了大尺度 LED 大屏 6 块，其中服务楼商业广场 2 块大屏，超大的面积和良好的亮度、色彩表现，已成为周边建筑项目外墙 LED 大屏建设的标杆之作，投入运营后已明确体现出广告商业价值；项目游泳馆内设置了 1 块 LED 大屏、体育场比赛场设置了 2 块 LED 大屏，满足了游泳馆、体育场的高规格赛事使用需求；体育馆配置了 NBA 赛事标准的悬吊斗屏、两侧端屏、环屏共 8 块 LED 大屏，作为奥运中心体育场馆项目的重要基本配置，LED 大屏在现代体育和演艺活动中的重要性非常明确，建成使用至今，苏州奥体中心承接了数场各类赛事和演艺活动，这些大屏优秀的稳定性和色彩表现有目共睹。

### 12. 公安、消防指挥中心

由于项目本身具有人群高密集度汇聚特性，公安和消防部门对赛事活动的安全保障综合能力尤其关注。按相关部门要求，项目专门配置了公安、消防指挥中心共 3 处，通过与公安、消防专用网络的接入，

实现了赛事活动期间公安、消防专线会议系统，实现了苏州奥体中心的多路高清监控、人脸识别视频等核心数据流与苏州工业园区公安、消防指挥中心的实时互通。

### 13. 售检票系统

苏州奥体中心场馆售检票闸机系统使用了全球体育场馆出入控制的优质产品，配合苏州奥体中心线上售票系统，通过对纸质及手机动态二维码支持，实现了从票务方案开始到验票进场的线上线下电子售检票全环节功能。

### 14. 体育场馆扩声系统及安装

本项目采用了体育场馆专业音响品牌提供的扩声解决方案，整个体育场馆扩声系统采用了最为先进的数字传输架构，使用专用网络协议进行信号交互，借助网络传输信号数据，克服了大型体育场馆建筑由于单体结构庞大而带来的线路传输距离过长、线路损耗过大、易于受到干扰、施工复杂、维护不便等问题，并且借助专业网络协议易于兼容、使用广泛的特性，使得扩声系统在今后的使用过程中能够快速接入各种不同的扩声设备。

在本项目中，为了使观众得到视觉与听觉的双重享受，70 只阵列扬声器实现了场馆中心及观众区 360° 声音全覆盖，观众可以尽情享受清晰、真实又充满震撼力的现场声音，体育馆内的线阵列扬声器具备快速拆装特效，除固定使用外还能根据承办的不同种类活动进行快速的调整，而无需再租赁其他扩声设备。

体育场的单层索膜结构屋顶独具特色，这也为整个扩声设备安装增加了难度，每组扬声器的安装点荷载 300kg，由于马道在膜屋面上方，扬声器没有常规固定安装点，为避免安装和日后检修困难，同时考虑到大风环境下整个屋顶的动态摆幅情况，最后借助体育场的 40 个索头并在索头上设置了轮滑机构完成扬声器悬吊任务，同时配套的安装吊挂件、线缆接插件也采取了全天候防护措施，通过卷扬机实现扬声器的

安装和检修工作，最终成功解决了安装难题。整个体育场馆共使用了 100 多只白色款、IP55 防护等级的全天候扬声器，从颜色和整体结构上同索膜结构完美契合并能够在风雨中长期使用。

**15. 选用一流产品**

苏州苏州奥体中心在筹建和实施建设的工程中，确定了建设一流体育场馆的设备与器材选用的原则，正是在这个建设目标的指引下，本项目建筑智能化相关系统使用了部分国内外的一流产品。

## 12.2.2 智能化实施经验

苏州奥体中心项目，由于面积大、专业与工序交叉多、施工难度大，智能化施工经验总结主要有：

**1. 科学划分了智能化系统的施工标段**

苏州奥体中心项目智能化系统施工标段划分，从建成后整个智能化系统运行、维护和可扩展的角度考虑，在施工招标时按智能化子系统进行施工标段划分，而不是按建筑单体进行划分。实践证明对于大型的体育设施，这种划分方法是十分正确的，智能化各子系统的一致性得以保证。

**2. 新技术的快速发展所带来的问题**

（1）物联网的快速发展已经成为事实，而我国相关的规范与标准建设滞后，给设计与施工带来了诸多不便。物联网足够多的终端节点存在着技术换代提速，安装后与建筑外观协调以及可能需要的供电、布线和后期检修便利性、设备升级改造等问题。

（2）WIFI 高密覆盖建设

项目设计时，为了解决大型赛事期间观众的互联网接入需求，项目建设了 3 个体育场馆的高密 WIFI 覆盖系统。但从实际使用来看，由于舆论宣传方面的某些谨慎使用公共 WIFI 的误导，苏州奥体中心高密 WIFI 系统在数场大型赛事活动中的接入率并未达到预期。

**3. 现行的设计体制导致专业或施工衔接不到位**

项目的土建机电、智能化设计均由设计院完成。设计院按传统设计流程推进设计，土建、机电、内装、智能化可能分别由不同设计团队甚至设计院完成，且项目出图要求为施工图＋节点变更图，预设无升版图，从土建出图开始都是在一个节点的交付版图纸后，只提供节点变更图，各专业设计团队之间的协同工作依靠图纸传递逐一完成。由于设计院缺乏真正的协同平台工具。由此导致越到后期，处于设计流程后段的内装、智能化设计团队得到的，来自于土建、机电等专业的图纸来源越来越多，图纸的信息管理与现场的脱节也在加大。尤其在机电系统和内装设计成果方面，设计院提供的交付图纸和技术要求文件在某些环节只关注于本专业自有基础功能的表达，涉及后期与智能化中系统集成或功能联动相关的设计要求，难以在这些专业的设计成果中体现明确和完整。由此导致到后期施工时，各种接口的提供、接口具体包含的功能等内容，造成业主的协调管理工作量远超预期。

# 第13章　绿色建筑技术应用

苏州奥体中心是集体育竞技、健身休闲、商业娱乐、文艺演出为一体的多功能、综合性、生态型的甲级体育中心，也是一座开放式的体育公园。项目倡导绿色建筑理念，并把它贯穿设计、建造和运营全过程。它从项目自身特点出发，结合周边环境和自然条件，综合运用多项绿色建筑技术，实现土地空间集约、能源高效、水源节约、建筑材料减量和环境健康舒适的目标。本项目已获得国家三星级绿色建筑设计评价标识和LEED金／银级认证，全国建筑业绿色施工示范工程等荣誉，并正为申报绿色建筑运营标识做准备。本章节对项目所应用的主要绿色技术从适应性分析、技术措施和运营效果等方面进行阐述，为类似或相关项目提供借鉴。

## 13.1　绿色环境技术应用

### 13.1.1　室外环境技术措施

苏州奥体中心作为大型开放式体育公园，其室外环境成为市民日常休闲健身、文体活动的重要场所。营造良好的室外环境需要综合考虑室外空间组织、交通流线、场地铺装、景观绿化和活动设施等因素。本项目结合周边环境条件和自身特征，从室外空间综合利用和海绵城市建设方面来塑造室外公共环境。

**1. 室外空间综合利用**

苏州奥体中心从规划总体布局出发，根据城市周边环境，现有公交系统和正在施工中的地下轨交站点规划，打造地上地下立体交通体系，充分利用室外空间，使项目融入城市。项目规划布局从总体出发，通过中央地下车库建立外部交通与各体育场馆和服务楼的联系，形成体育中心和外部交通的连接，以及内部场馆之间的人行流线。奥体中心各单体与中央车库通过地下通道连通，给观众出行和赛事人流集中疏散提供便利。临近主干道交叉口服务楼的下沉式广场形成了有围合感的室外广场；阶梯式大平台上布置了绿化和球类活动场地，以底座形式托起体育场馆。屋顶绿化面积占可绿化屋顶面积的31%。地下一层中央车库以及局部设置地下2层，主要用于车库、设备用房和商业用房，提高了土地空间利用率。项目利用下沉广场，地下天井、室外场地、阶梯型平台等，形成多层次室外空间（图13.1-1）。

图 13.1-1　室外空间综合利用

### 2. 海绵城市建设

海绵城市建设通过低影响开发和雨洪管理等手段实现城市"自然积存、自然渗透和自然净化功能"，缓解城市内涝、改善城市水生态环境，促进地下水涵养[1]。苏州奥体中心在片区开发中重视海绵城市建设，采用屋顶绿化，地下室顶板覆土厚度不小于1.5m，硬质透水铺装等措施降低综合径流系数。针对当地水系发达、面源污染突出的特点，利用绿地和硬质透水铺装下渗、下凹式绿地滞流、雨水收集池调蓄以及雨水回收利用等技术措施，控制场地内雨水外排量，缓解暴雨季节对市政管网的压力，同时使场地保持良好生态雨水系统。

本项目室外硬质铺装采用彩色透水混凝土铺装（图13.1-2）。室外景观步道、慢跑步道、自行车道、室外运动场地、儿童游乐场和休闲广场等均采用透水混凝土路面，总计约5.1万 m²。室外透水混凝土地面做法：素土夯实300mm厚；级配碎石垫层150mm厚；10～20mm粒径C25强固透水素色混凝土层40mm厚；C25彩色透水混凝土面层。

另外，本项目采用雨水蓄水和回用相结合的方式调节暴雨期雨水排放量。雨水蓄水池通过暴雨前期排空调节蓄水量。项目收集所有建筑屋面和硬质地面雨水，经过弃流装置后，全部回收至雨水蓄水池，处理后用于绿化浇灌、道路浇洒和景观补水等。项目设置2座雨水收集池，每座蓄水池容积900m³，清

水箱2个，分别为81m³和98m³，年雨水利用量约为138704m³。

以海绵城市设计要求建成后的体育公园室外场地常年环境宜人，即使暴雨天气道路也不会出现积水现象。同时，海绵城市建设改善了地表土涵养，有利于周边植物生长和地下水的良性循环，提高了城市水环境和生态环境。

## 13.1.2 室内环境技术措施

### 1. 自然采光

自然采光能够改善室内空间光舒适性，还能够节约照明能耗。本项目对于自然光的利用主要表现在这些方面：中央车库采用13套导光管系统，把室外光线导入地下，有效改善了地下车库的采光。另外，下沉式广场使得地下空间能够获得较好的侧面采光。中央车库设置了3个采光井，直接把光线引入地下车库（图13.1-3）；服务楼塔楼的酒店、办公在平面布置上把公共服务设施设于中央区域，平面四周为主功能区，为室内争取良好的自然采光。

### 2. 建筑遮阳

建筑遮阳有利于降低夏季空调负荷和降低冬季通过窗户的热损失，同时能够缓解室内眩光和改善室内热环境的舒适度[2]。本项目地理位置属夏热冬冷气候区，表现为夏季太阳辐射强，需要采取建筑遮阳措施，减少太阳辐射热直接进入室内；冬季则需要争取太阳

图13.1-2 室外硬质透水铺装

图13.1-3 采光井

❶ 车伍等. 海绵城市建设指南之解读城市雨洪调蓄系统的合理构建 [J]. 中国给水排水，2015，8：13-17.
❷ 李峥嵘. 赵群，展磊. 建筑遮阳与节能 [M]. 北京：中国建筑工业出版社，2009.

图 13.1-4　建筑外遮阳设施

图 13.1-5　中庭内遮阳设施

辐射进入室内，减少室内的采暖热负荷。经过对外遮阳、中置百叶遮阳和内遮阳的技术可靠性和经济性的分析比较，本项目外窗采用水平固定遮阳措施和高反射材料的内遮阳（图 13.1-4）。

建筑中庭天窗采用电动内遮阳系统，减少夏季太阳辐射（图 13.1-5）。遮阳系统采用智能控制系统控制开启，根据室外光线变化调节内遮阳。

## 13.2　资源节约技术应用

### 13.2.1　节能技术措施

节能是保证体育建筑后期经济运营的必要条件，因为体育建筑单位面积能耗高，将会带来较高运行成本。节能技术措施的选用需根据体育建筑的功能特性，外部条件和项目特点方面出发选择。根据江苏省统计，体育综合馆类建筑的空调能耗占 40% ～ 50%，体育场类建筑的主要能耗为照明，占 30% ～ 40%，暖通空调能耗占 20% 左右❶。体育建筑的用能特点是冷热负荷大，运行时间具有周期性。

苏州奥体中心主要通过以下技术措施实现节能：在节能设计策略方面通过减少围护结构冷热负荷，提高建筑设备的能效和采用可再生能源来实现节能；利用周边苏州工业园区热力管网供给热力蒸汽，经汽水热交换器为游泳馆、酒店、商业、办公的空调用热水，泳池池水加热和生活热水及地板采暖提供热源。另外，项目所在地属于太阳能可利用地区，太阳能生活热水和光伏发电均可结合建筑加以利用；项目建筑密度小，室外场地可以利用地源热泵系统获得浅层地表能源。

**1. 高性能围护结构**

项目建筑围护结构要求以夏季防热通风为主，兼顾冬季保温。各单体体形系数均小于 0.2，外窗窗墙比均小于 0.64；围护结构采用良好热工性能的建材（表 13.2-1）。

另外，为实现过渡季节利用自然通风，建筑外窗和幕墙设置有开启，开启面积分别不小于外窗面积的 35% 和透明幕墙面积的 10%。根据围护结构节能权衡判断，项目节能率达到 65% 以上。

---

❶　黄凯，季柳金，杨玥，吴敏志．江苏省公共建筑能耗分布和运行特点［J］．建筑节能，2013，2：48–51.

围护结构材料热工性能 表 13.2-1

| 围护结构部位 | 主要保温材料 | 厚度<br>(mm) | 传热系数 K<br>(W/m²·K) | 备注 |
|---|---|---|---|---|
| 屋顶 1（钢混） | 挤塑聚苯板 | 60 | 0.52 | 正置 |
| 屋顶 2（金属） | 岩棉板 | 150 | 0.37 | |
| 屋顶 3（种植） | 挤塑聚苯板 | 30 | 0.56 | 正置 |
| 外墙 1（含非透明幕墙） | 岩棉板 | 100 | 0.50 | |
| 外墙 2（涂料） | 复合发泡水泥板 | 50 | 0.67 | |
| | B06 砂加气砌块 | 200 | | |
| 玻璃幕墙（外窗） | 6 低透光 Low-E+12 氩气 +6 透明 | | 2.3 | 隔热金属型材 Kf=5.8W/(m²·K) 框面积 20%，遮阳系数 0.36，可见光透射比 0.4 |

空调冷热源型式 表 13.2-2

| 单体名称 | 空调冷源 | 空调热源 | 说明 |
|---|---|---|---|
| 体育场 | 变制冷剂流量分体多联式空调机组 | | 商业灵活布置要求 |
| 体育馆 | 电制冷离心式冷水机组<br>螺杆式冷水机组 | 当地热网蒸汽，由汽水热交换器提供空调用热水 | 周边商业及办公区采用变制冷剂流量分体多联式空调机组 |
| 游泳馆 | 冰蓄冷（双工况电力冷水机组）<br>地源热泵 | | 当地热力管网要求夏季需使用 25% 冬季蒸汽用量 |
| 服务楼 | 热回收型螺杆式冷热水机组<br>蒸汽溴化锂冷水机组 | | |

### 2. 高效能空调系统

（1）空调冷热源

项目空调冷热源独立设置（表 13.2-2）。游泳馆和服务楼共用位于中央车库内的冷冻机房和热交换机房。热源采用当地热力管蒸汽经汽水热交换器分别提供酒店、商业服务楼及办公的空调热水，其换热器设于另一单体中央车库地下室。冷源为冰蓄冷系统和地源热泵系统，带热回收型螺杆式冷水机组，热回收可用于加热池水和生活用水补水预热；另外，设有 25% 冬季蒸汽用量采用蒸汽溴化锂冷水机组制冷。冷热源设备性能系数 COP 均高于常规要求。

（2）地源热泵

地源热泵是利用地下浅层地热资源作为冷热源，进行冷热转换的空调系统。它要求夏季土壤吸热量和冬季土壤放热量的冷热平衡，同时要求有足够的土地埋置地埋管。项目建筑密度小，室外场地大，地源热泵有可设置的场地，适宜部分采用，减少冬夏季空调负荷。项目地源热泵设置位置在服务楼和游泳馆之间的场地。项目地源热泵室外地埋管系统采用高密度 HDPE100 型 De32 单 U 形土壤换热器。换热孔数量为 206 个，地埋管理深 100m，地源热泵机载供冷负荷为 879kW。

（3）空调输配系统

空调冷冻水采用大温差，供回水温度 6～12℃，减少水泵输送能耗。电力冷水机组冷却水供回水温度 32～37℃，蒸汽溴化锂冷水机组冷却水供回水温度 32～38.5℃。

项目根据各功能场所特点采用集中式全空气系统或空气 - 水系统送风。游泳馆池厅、观众休息环廊、观众席、商业等大空间功能场所，按功能分区采用集中式低速风道空调系统，由空气处理机组独立处理新回风，便于分区控制，系统风机设变频器，在部分负荷时，变风量节省风机运行能耗。集中空调系统设新回风调节，在过渡季节调节加大新风量节能运行。全空气系统的风机采用变频调速器，新风比可调至 50%。过渡季节采用排风机台数控制或变频调节适应新风量变化。

# 第 14 章　BIM 技术应用

苏州奥体中心项目从设计、施工到后期运营，全过程、全生命周期运用 BIM 技术，以数字化、信息化及可视化的方式提高项目的建设水平，做到精细化管理，降低项目建设成本，实现绿色建造、智慧建造。

体育场 BIM 模型

游泳馆 BIM 模型

## 14.1　设计阶段的 BIM 应用

项目造型独特、功能复杂，采用二维协同设计难以满足工程需求。通过 BIM 技术可视化功能，增加各专业的沟通理解，减少交流障碍。通过碰撞检查设计协调，提前发现和解决"错漏碰缺"问题，提高可建造性。通过 BIM 协作，将各参与方整合到同一平台，让参与方发挥最大优势，提升品质。

### 14.1.1　基于参数化技术的设计深化

基于 BIM 平台的建筑设计借助参数化技术，提供直观的方案对比，供业主、设计各方进行设计方向的决策。以体育场内看台为例，看台肋梁是折梁还是曲梁方案，体现着建筑设计中美学与造价控制这一矛盾体。设计团队借助 BIM 的技术特点，从视觉效果、材料用量、施工难易程度等多个维度进行综合比选。

图 14.1-1 ～图 14.1-3 为参数化技术实现的两种看台方案视觉效果和从施工角度对不同方案的肋梁混凝土保护层最小厚度进行分析，并以颜色分布反应变化规律，通过定量的判断，聚焦最不利位置检查设计，优化设计。最终综合建筑、结构、施工等方面的经验和意见，创新地采用内曲外折的结构布置方案，从而既满足了结构布置的可操作性，又保证了内场观众能得到一个光滑连续的视觉效果。

### 14.1.2　整合结构三维模型的设计推敲

体育场馆类建筑空间的特色之一是结构构件充当着极其重要的角色。如何使结构需求和建筑美学之间有良好的互动一直是设计师关注的重要问题。BIM 的介入将结构专业的设计成果和建筑需求进行更好的整合，从 BIM 的三维空间中校核设计、发现问题、推敲解决方案。

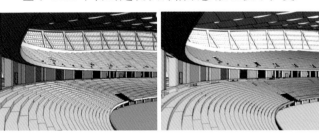

图 14.1-1　折线拟合方案　　　　图 14.1-2　内曲外折方案

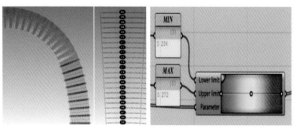

图 14.1-3　肋梁保护层最小厚度进行分析

以体育馆为例，由于建筑空间布置紧凑，疏散楼梯与钢 V 柱的实际位置难以同时满足：① 梯段净高 2200mm；② 距离钢 V 柱 500mm 宽的安装净距。如图 14.1-4 所示（红圈为安装净距控制位置）。在整合建筑要求以及结构定位的基础上，BIM 团队提出三种调整方案（图 14.1-5）。基于此，业主和设计团队经过多次推敲而决定外扩钢 V 柱。在设计进度紧张的条件下，基于 BIM 的多专业整合以及多方案优化比选为施工图设计争取了宝贵时间。

图 14.1-4　疏散楼梯与结构 V 柱的空间关系

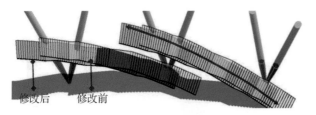

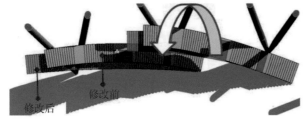

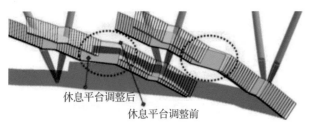

图 14.1-5　BIM 空间调整的不同方案

### 14.1.3　结构方案综合比选及优化

在游泳馆设计过程中，为使公共泳池区域空间感受最佳，泳池上部结构形式在原方案基础上进行方案优化比选。通过 BIM 模型整合土建以及机电专业，使得结构方案在比选过程中结合多工种因素，进而设计决策依据更加完整充分（图 14.1-6 ～图 14.1-7）。

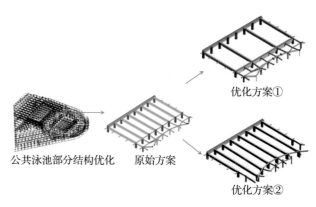

图 14.1-6　方案比选

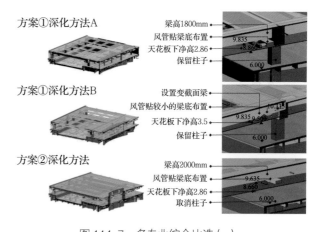

图 14.1-7　多专业综合比选（m）

利用 BIM 设计工具中的 Design Option 功能，允许设计师在同一个设计环境下尝试和保留多套深化方案，由于在推敲过程中整合了对应的结构和机电布置方案，因而无论是建筑师、结构工程师、机电工程师还是业主都能清晰直观地了解每个方案的工况和优缺点，不仅协调过程更为高效透明，也为科学决策提供有力的技术支撑。

## 14.1.4　技术经济指标实时维护与追踪

传统实体商业发展日趋成熟，竞争日趋激烈，同时又面临整体电商时代，网络商业的井喷式发展，实体商业的发展进入实质的转型期。此时商业业态规划的重要性逐渐凸现，合理的业态规划将是商铺成功运营的最重要及最基本的保证。

BIM 在设计全过程中进行商业建筑各部分面积统计、占比计算、功能分析等，对技术经济指标进行实时维护与追踪。配合商业顾问进行合理的商业业态规划，融合商业服务与体育、生态、文化，以体育为主核，发展配套服务业（图 14.1-8）。

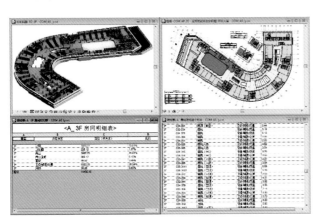

图 14.1-8　模型数据实时同步

如图 14.1-9 所示，通过 BIM 可追溯设计全过程中建筑功能调整，实时更新维护诸如功能面积等技术经济指标，是设计总包为业主提供的一项企业在竞争日益激烈的市场中的增值服务。

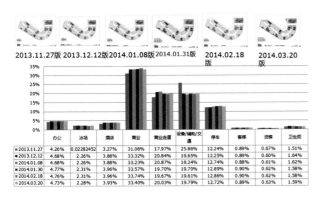

图 14.1-9　数据维护追溯

## 14.1.5　土方工程调配计算及优化

图 14.1-10 展示了 BIM 技术在苏州奥体中心项目基坑施工阶段土方计算与现场土方调配方案优化中的应用过程。在项目设计和施工阶段，场地的土方工程计算、方案优化，室外总体的管线布置等必不可少。从业主的层面上看，精确的场地土方计算数据，高质量的室外管线综合，能够有效地把控项目整体进度。

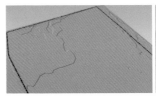
初步整平后场地三维数字地形

基坑开挖的范围与深度分析

分区计算基坑开挖量

开挖后场地内堆土范围和高度分析

分区计算堆土量及场馆地基体积统计

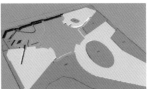
回填土计算分析

图 14.1-10　土方工程调配计算及优化

项目地形较为复杂、地下室开挖较大，利用带有数据库，实施动态联动的三维设计方式处理土方计算以及土方调配方案优化等问题，不仅在生产效率方面大幅度提升，而且解放了设计以及管理人员反复、无用的绘图计算工作。借助 BIM 技术实现精益设计，有效地推进项目精细化的管理。

## 14.1.6　室外总体管线综合

地下工程管线数量多、功能复杂、设计周期短，容易与地下结构的梁板柱、风管和电气桥架的位置发生冲突，常常会引起返工、延期、影响美观，造成不必要的损失。

在设计过程中，基于原始数据（周边市政管网、场地数字地形、设计数字地形）收集录入统一的管理系统平台，大量的管网设计资料由每个设计人员提供，集中进行系统管理，使项目数据的出错率大大缩小，数据的一致性和设计质量得到了保证。另一方面，在各专业协调的过程中，三维可视化的设计成果省去了比较杂乱的二维读图过程，随时可以找出矛盾、需要协调处理的地方，很大程度上缩短了设计周期，节省人力（图14.1-11）。

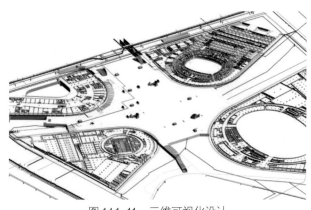

图 14.1-11　三维可视化设计

## 14.2　施工阶段的 BIM 应用

### 14.2.1　基于 BIM 的变更管理

制定模型变更管理制度，制度流程包括接收设计变更单→7 天内按变更内容完成模型修改→填写模型记录单→提交监理审核确认→完成模型变更资料归档五个环节。其中，模型变更修改环节，在 Revit 项目浏览器中添加是否变更及建模依据项目参数，以便后期对模型信息完整性进行查找。对于总包在施工优化后提出的变更，项目将优化前后的模型及工程量变化情况同时提交各参建单位，以便各方快速达成统一意见，保证工程变更工作高效、有序开展（图14.2-1～图14.2-2）。

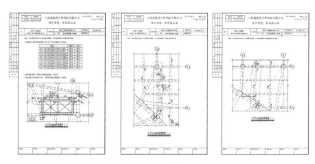

图 14.2-1　变更单

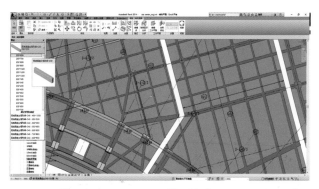

图 14.2-2　模型修改

### 14.2.2　基于 BIM 的平面管理

通过 Revit、Navisworks 建立收集临建族文件，完成临建办公区及生活区规划，达到标准化工地要求。在临建绿化设计中，充分考虑到后期项目园林工程，在办公区及生活区的树木种植采用园林绿化所需植物，后期通过移植达到节约项目成本、实现绿色施工的目的（图 14.2-3～图 14.2-4）。

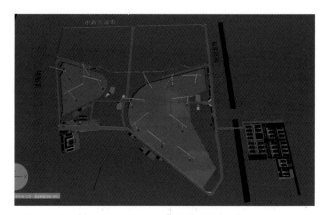

图 14.2-3　临建模型

| | |
|---|---|
| 安全体验区设置 | 前期办公区大门效果图 |
| 现场临边道路水码布置 | 办公区喷泉效果图 |

图 14.2-4　临建模型局部

### 14.2.3　基于 BIM 技术的质量管理—清水混凝土

一场两馆有大量外露构件为清水混凝土，为使清水混凝土成型后外饰面达到预期效果，BIM 中心根据实际情况创建一系列清水模板族。该模板族可自动生成蝉缝、螺杆洞并进行工程量的统计，用于模板下料及指导模板预拼装，使用视频交底的方式表现新型施工工艺（图 14.2-5）。

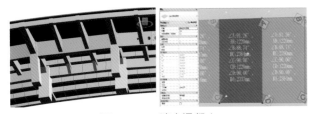

图 14.2-5　清水混凝土

### 14.2.4　基于 BIM 技术的质量管理—机电安装

遵照碰撞检查、管网避让原则，通过 BIM 软件自有功能进行系统与系统、系统与结构的碰撞检测，完成综合管线排布。根据 BIM 模型出具管线净高分析及管综施工图。将建筑、结构和机电模型通过链接的方式进行整合，利用橄榄山插件的自动开洞功能，完成二次砌体结构留洞图深化工作。

对于体育场不同曲率组成的弧形走廊，每一个构件都有不同的弯曲角度，为保证弧形管道后期美观，利用 BIM 对弧形管道进行合理分段，对每段管道进行

BIM 快速出图，指导工厂化预制加工（图 14.2-6 ～图 14.2-8）。

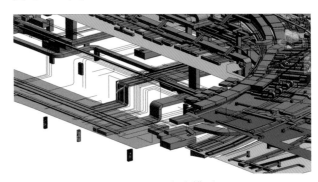

图 14.2-6　机电模型

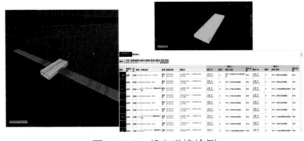

图 14.2-7　机电碰撞检测

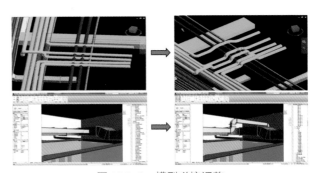

图 14.2-8　模型碰撞调整

### 14.2.5　基于 BIM 技术的质量管理—钢结构方面

利用 Tekla 完成劲性柱、BRB 支撑、钢结构屋面骨架建模，利用 BIM 模型生成劲性柱加工图用于指导工厂预制加工，提取工程量辅助工厂做到备工备料。

部分劲性结构节点处，钢筋过于密集，现场施工难度大，BIM 中心对每一个劲性柱节点处的钢筋进行 BIM 建模。由于原设计钢筋过于密集，召集相关方进行研讨，利用 BIM 模型进行节点优化。钢筋绑扎工序进行视频交底，避免现场因工序不合理造成的质量

缺陷（图14.2-9～图14.2-13）。

图14.2-9
利用Navisworks完成BRB支撑与混凝土结构碰撞检测

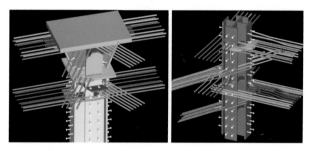

图14.2-10 劲性钢柱梁柱节点

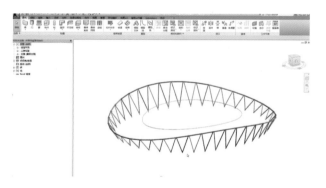

图14.2-11 屋面钢结构骨架模型

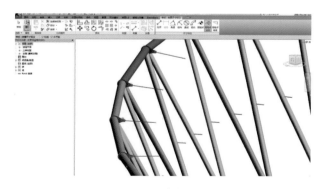

图14.2-12 屋面钢结构三维定位

图14.2-13

### 14.2.6 基于BIM的进度管理

摒弃传统的进度计划编制形式，运用BIM手段，运用Revit、Project、Navisworks进行工程整体进度的编排。比如，游泳馆施工进度将满堂架搭设、模板铺设、钢筋绑扎、混凝土浇筑、土方回填等工序模拟。同时可以将实际进度与计划进度进行对比，实现基于BIM的进度监控和预警（图14.2-14～图14.2-15）。

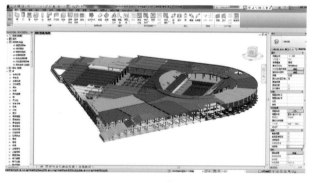

图14.2-14 模型分区

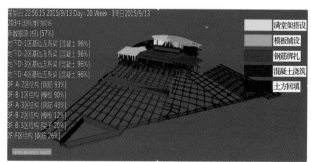

图14.2-15 进度计划模拟

### 14.2.7 基于BIM的物料及商务管理

利用Revit、Tekla软件自动生成工程量清单，该清单包括项目编码、构件分区、建造时间等，材料及施工部门可根据构件分区及建造时间组织生产物料有序进场。商务部门可根据提取的分部分项工程量完成商务预、决算工作，在过程中对商务成本进行控制。为提高工程量计算精确度，项目采用多算对比，在混凝土浇筑之前进行，工程师按照图纸手工计算、商务根据 BIM 提取工程量、BIM 部门根据 Revit 模型提取工程量进行对比。

施工措施工程量计算方面利用幕墙功能建立脚手架模型，通过幕墙嵌板单元建立相应的脚手架单元然后进行替换，从而建立脚手架模型，通过对模型族

进行参数化设置统计出现场钢管、扣件等材料用量。利用软件自动生成的梁、柱截面及数量通过 excel 表格换算完成分区模板工程量统计（图 14.2-16 ～图 14.2-18）。

## 14.2.8　基于 BIM 的安全管理

在 BIM 模型中建立起临边洞口、集水井、后浇带等危险位置的安全防护，用于指导、检查施工过程中现场安全防护的搭设情况。该措施模型可快速提取工程量，方便安全部门进行安全防护材料计划上报（图 14.2-19）。

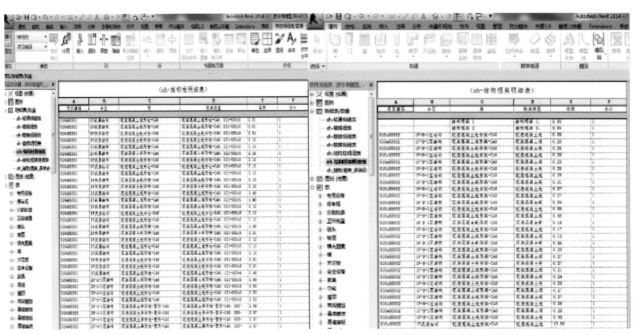

图 14.2-16　BIM 工程量

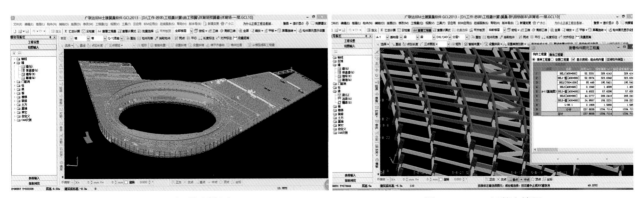

图 14.2-17　广联达模型　　　　　图 14.2-18　广联达算量

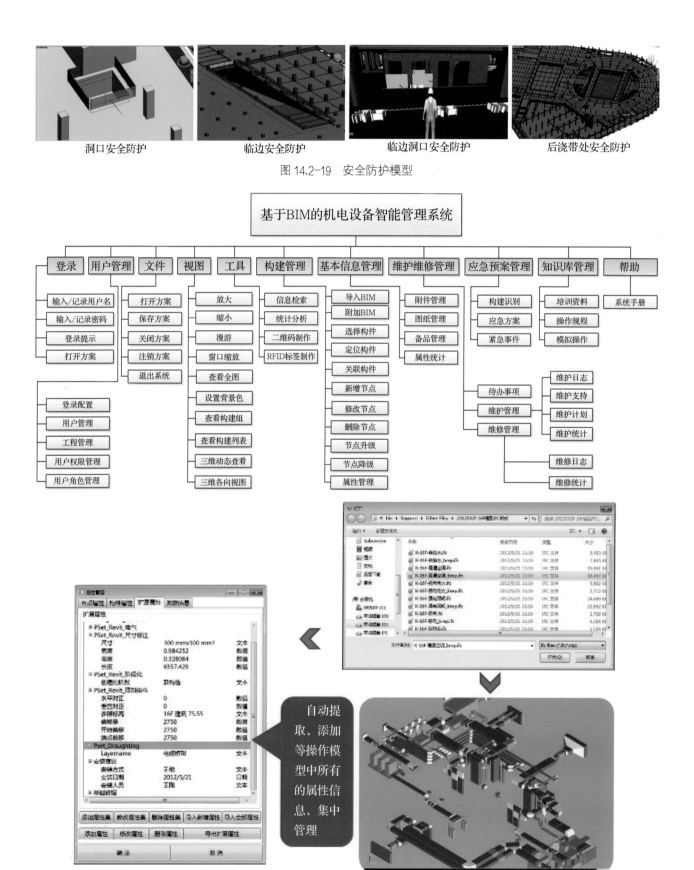

洞口安全防护　　　临边安全防护　　　临边洞口安全防护　　　后浇带处安全防护

图 14.2-19　安全防护模型

图 14.2-20　BIM 移交运维

### 14.2.9　BIM 竣工移交运维

总包单位在移交竣工模型时按照完整的系统功能架构，完成工程基本信息、维护维修信息、应急预案信息、知识库信息管理等，并使以上所有信息同竣工模型关联，竣工模型移交运维单位（图 14.2-20）。

通过开发 IFC 模型转换接口和导入接口，导入 Revit 等软件模型中的几何信息及其所有的属性信息。针对构件的维护维修情况进行详细的记录，通过对维护维修信息的分析，从而提供更好的维护维修方案。

## 结语

通过 BIM 技术运用，实现工程和谐建造；减少浪费，节约社会资源；加快建造进度，获得良好社会效益；为业主后期运营维护提供与施工现场匹配的信息模型。

但在项目 BIM 实施过程中，也存在一些不足：专业的 BIM 软件对电脑硬件配置要求较高；除了 Revit、Tekla 等建模软件，还有许多后期编辑软件需要掌握运用，学习难度大；各 BIM 软件虽然可以通过 IFC 标准格式进行模型互导，但仍会丢失部分模型信息，后期需要进行手动添加；目前比较成熟的 BIM 协同平台较少，项目缺乏选择性；国外 BIM 软件在进入中国市场后，在工程量计算规则方面仍没有和我国建筑行业的计算规则相统一，部分工程量数据仍需进行后期处理。

# 第15章  健康监测技术应用

苏州奥体中心体育场和游泳馆的屋盖结构分别采用"外倾 V 形柱＋马鞍形压环梁＋轮辐式单层索网膜结构"和"外倾 V 形柱＋马鞍形压环梁＋正交单层索网＋直立锁边刚性金属屋面"的结构形式。屋盖钢结构施工首次采用"轮辐式单层索网结构整体牵引提升、高空分批逐步锚固施工技术""双向单层正交索网结构无支架高空溜索施工技术"和柔性索网刚性屋面逐步安装逐步卸载配重施工技术。体育场和游泳馆的屋盖结构形式和施工方法在国内外可借鉴的项目均较少，工程设计和施工难度大，无类似经验可以循证，为了保障施工及运营阶段屋盖结构的安全性、完整性、适用性与耐久性，需对其施工过程和服役阶段进行结构健康监测。通过实时获取施工过程和运营阶段关键构件和节点的应力、变形、支座位移情况，定量把控施工过程中施工技术的合理性和准确性，保证施工安装过程精准可控；经过自主开发的基于 BIM 技术的结构健康监测系统实现服役阶段结构安全水平的自评估和自预警，将结构损伤消灭在萌芽阶段，保障运营期结构安全，同时为结构的运维工作提供数据支撑。

## 15.1  屋盖结构监测系统概述

### 15.1.1  监测系统原则

苏州奥体中心体育场和游泳馆屋盖结构监测系统是一个集结构分析计算、计算机技术、通信技术、传感器技术等高新技术于一体的综合系统工程。为使安全专项监测平台成为有效的、满足结构施工阶段安全监控的需要，同时又具经济效益的监测系统，应遵循如下原则：

（1）遵循简洁、实用、性能可靠、经济合理的指导思想，健康监测用传感器不影响建筑物的使用和美观；如属于不便更换或不能更换的，其耐久性应满足施工全过程的寿命要求，且稳定性好，无信号漂移；传感器的精度、最小分辨率、频响特性、量程等重要特性参数应满足各自特性参量的要求；必要的信号传输线需要做集中隐蔽处理，不能影响观瞻。

（2）系统设置首先需满足结构施工阶段相关需求，立足实用性原则第一。

（3）根据施工安全专项施工方案和结构易损性分析结果确定监测点的布设。

（4）监测与结构安全性密切相关内容，主要监测一些有代表性的参数。

（5）采用实时监测和定期监测相结合的方法，力求用最少的传感器和最小的数据量完成工作。

（6）以结构施工中常见的参数，如应力和温度、整体模态、风环境、位移、索力为主，其他监测为辅。

（7）以有线监测为主。整个监测系统传感器的信号传输、信号调理、信号采集等工作要求抗电磁干扰能力强，对环境干扰不敏感，信号衰减小，从而保证监测到准确信号。

（8）以云平台和 BIM 技术作为实现实时在线和

报警预警的基础。监测系统应具有可靠的数据传输、采集与储存方式，确保紧急情况下监测系统仍可以可靠、稳定地运行；监测系统可以对异常结构状态自动报警。

### 15.1.2　六大模块技术特点

本系统是针对苏州奥体中心体育场和游泳馆屋面监测需求，在北京市建筑工程研究院有限责任公司近年多项大型公建健康监测系统的基础上，结合 BIM 技术、云平台、云计算、安全评估方法等多种新技术开发而成的。图 15.1-1 为该系统的主要技术架构。本系统主要包括传感器、数据采集、数据库、三维可视化、安全预警和安全评估六大模块。其中各模块的技术特点如下：

#### 1. 传感器模块

根据项目的施工特性和结构特点，在施工方案分析和结构易损性分析的基础上，给出应力点参量和位置。经过严格而谨慎的传感器厂家优选，最终选择符合结构健康监测系统精度、耐久性、鲁棒性要求的系列传感器。

#### 2. 数据采集

采集系统与传感器系统相配套。从数据的安全性和连续性要求考虑，本系统设计为本地硬盘和云存储双备份。即在奥体中心体育场和游泳馆内分别布设一套工程机，在工程机内完成系统数据采集和存储后，再经互联网自动转移到云平台内备份。

#### 3. 数据库

系统的数据库选择为云平台存储，这样可以避免系统工程现场因意外事件，如断电、整修、人为失误等问题导致的结构健康监测数据丢失。同时，通过集成一定数据初选的数据库存储策略，实现数据的择优记录，减少数据应用方的无谓工作量，提高系统安全评定效率。

#### 4. 三维可视化

基于现有监测理论和软件技术，针对奥体中心

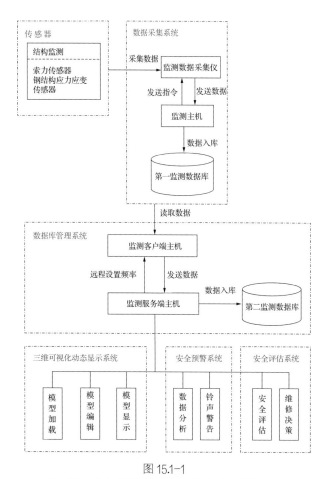

图 15.1-1
三维可视化动态监测与预警服务软件系统的技术架构

屋盖结构长期健康监测的要求，研发了基于 BIM 技术的钢结构施工与运营期间的三维可视化动态显示系统，该技术能直观动态显示结构的运行状态，实时进行结构的安全与健康监测，可为结构的施工和运营提供技术保障。

#### 5. 安全预警系统

系统可实现各监控传感器数据实时采集、接收到数据如果有异常，通过多种手段报警（弹出告警窗口、播放声音、邮件、短信、QQ 消息、自动拨打电话）。

#### 6. 安全评估

结构健康评估系统是结构健康监测系统的核心内容。监控中心对初步分析数据进一步分析，通过监测到的各种反应、结构当前工作状态的数据信息，结合理论分析模型、专家经验及相关规范文件，运用某种

状态评估理论，对构件以及结构整体的施工、运营等工作状态进行评估，将结果提供给业主及相关专家做最终决策使用。

图 15.1-2 和图 15.1-3 分别截取了苏州奥体中心体育场和游泳馆的监测系统软件界面图。由图可知，该系统可实现数据的本地与云平台数据库实时对传、存储和显示，历时数据的查询和初级统计，系统 BIM 信息展示、多测点对比分析、安全性能自主评定和异常事件报警预警等多个功能。

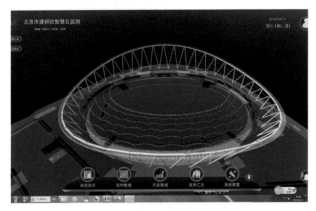

图 15.1-2　体育场监测软件界面

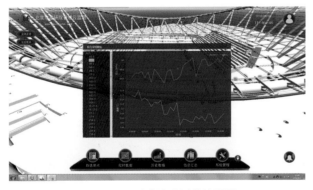

图 15.1-3　游泳馆监测软件界面

### 15.1.3　监测周期

结构健康监测的最佳周期应该是从项目建设期就开始实施，施工期监测一直持续到项目的运营期监测，这样才能获得结构从未受力的状态到工作状态的完整数据链，给出结构实际的受力状态，并做出准确的损伤识别。施工期监测周期一般从结构施工开始到竣工验收结束；运营期监测周期一般为结构竣工验收后三年或五年。苏州奥体中心健康监测总周期为 53 个月，其中施工期 17 个月，运营期 36 个月。

## 15.2　屋盖钢结构监测

### 15.2.1　体育场屋盖钢结构施工期监测

根据体育场屋盖钢结构施工方案的分析和施工模拟计算结果，体育场钢结构施工期的监测内容主要集中为结构位形、应力和索力。考虑施工工地的环境和施工条件，体育场屋盖钢结构施工阶段监测数据采集选用人工记录、系统录入和专家分析的模式进行。

**1. 监测点及仪器**

（1）位形监测：位形监测主要对象为钢环梁和环索。其中钢环梁和环索索夹位置各 12 个测点，共计 24 个测点。测试仪器为高精度徕卡全站仪配反光片，人工采集。图 15.2-1 为体育场施工期位形测点位置和仪器情况。

（2）应力监测：应力监测对象为 V 形柱和环梁。根据结构易损性分析结果，以对称和局部加密的原则，选取了 13 根 V 形柱和 13 根环梁，共计 26 根应力较大的构件。环梁上的测点沿环梁的内圈和外圈布设，每个测点共布设 2 支振弦式应变计传感器。V 形柱上的布点沿内圈、外圈和垂直于内圈外圈的方向分别布置，每根 V 形柱共布设 4 支振弦式应变计传感器。图 15.2-2 为体育场施工阶段应力测点位置和仪器情况。

（3）索力监测：索力作为项目最重要的参数，为了保证监测的准确性，系统采用光纤光栅传感器和磁通量传感器两种方法进行监测。光纤光栅传感器布设于 40 根径向索和 8 根环向索，共计 48 根。磁通量传感器布设于 16 个径向索和 8 根环向索，共计 24 根。图 15.2-3 为体育场索力监测的测点位置及仪器。

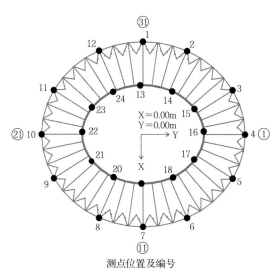

测点位置及编号　　　　　　　　　　　　监测、测量

图 15.2-1　体育场位形测点位置和仪器情况

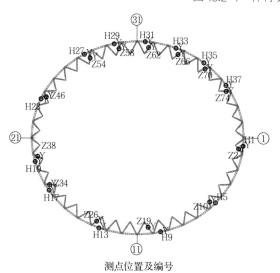
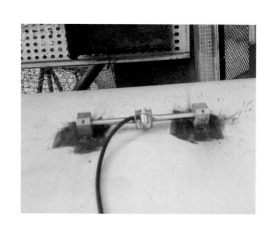

测点位置及编号　　　　　　　　　　　　振弦式应变计

图 15.2-2　体育场应力测点位置和实测仪器

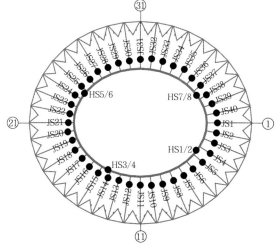

a. 光纤光栅传感器测点位置及编号　　　　　　b. 光纤光栅传感器

图 15.2-3　体育场索力测点位置和实测仪器（一）

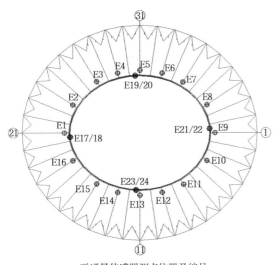

c. 磁通量传感器测点位置及编号　　　　　　　　　d. 磁通量传感器

图 15.2-3　体育场索力测点位置和实测仪器（二）

**2. 监测结果**

（1）位形监测：考虑篇幅限制本文仅给出位形变化最大的一个环梁位置数据和拉索位置数据。如图 15.2-4 所示。由图可知，在索张拉完成到膜施工完成的过程中环梁的位形变化很小，最大值仅为 10mm；环索 x 轴的最大位移变化均值约为 10mm，y 轴的最大位移变化均值为 76mm，拉索 z 轴的最大位移变化均值为 613mm。与数值模拟的计算结果对比，其差值最大仅为 17mm。

（2）应力监测：考虑篇幅限制本文仅给出应力变化最大的一个环梁位置数据和 V 形柱位置数据。

如图 15.2-5 所示。由图可知，在施工的整个过程中环梁和 V 形柱的应力变化很小，其中 V 形柱的最大应力均值约为 30MPa，环梁的应力基本在 30MPa 以内，与数值模拟的计算结果相比，误差最大值为 10MPa。实测值小于构件的材料设计强度值。

（3）索力监测：表 15.2-1 和表 15.2-2 分别为索力施工结束后两种传感器的实测索力值与数值模拟的对比情况。由表可知，索力的两种测试方法，结构在安装完工后实测值与理论值的最大误差为 -6.5%。按照《索结构技术规程》和《预应力钢结构技术规程》的要求，索力的偏差均在设计值的 10% 以内。

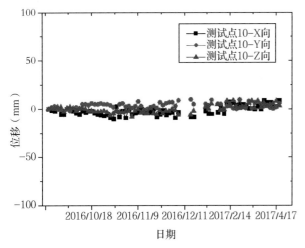

环梁位形典型测点变化图

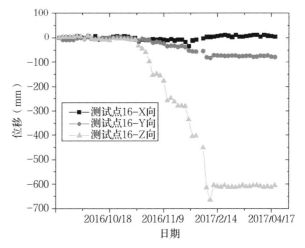

索网位形典型测点变化图

图 15.2-4　体育场施工期位形数据变化图

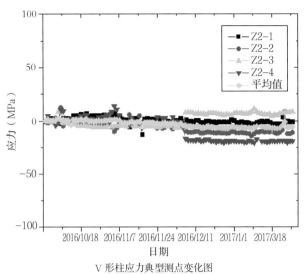

V 形柱应力典型测点变化图

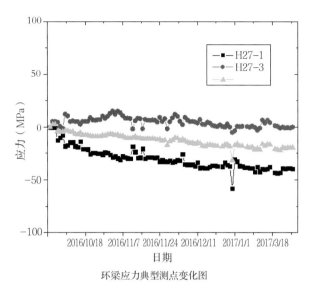

环梁应力典型测点变化图

图 15.2-5　体育场施工阶段应力数据变化图

结构安装完工后光纤光栅传感器实测值与理论值对比表　　　　表 15.2-1

| 索力测点 | 理论值<br>（kN） | 实测值<br>（kN） | 差值<br>% | 索力测点 | 理论值<br>（kN） | 实测值<br>（kN） | 差值<br>% |
|---|---|---|---|---|---|---|---|
| JS1 | 4434 | 4348 | −1.9 | JS25 | 3566 | 3623 | 1.6 |
| JS2 | 4390 | 4317 | −1.7 | JS26 | 3538 | 3547 | 0.3 |
| JS3 | 4225 | 4134 | −2.2 | JS27 | 3446 | 3484 | 1.1 |
| JS4 | 3782 | 3702 | −2.1 | JS28 | 3118 | 3118 | 0.0 |
| JS5 | 3566 | 3539 | −0.8 | JS29 | 2891 | 2915 | 0.8 |
| JS6 | 3538 | 3451 | −2.5 | JS30 | 2899 | 2981 | 2.8 |
| JS7 | 3446 | 3520 | 2.1 | JS31 | 2975 | 2973 | −0.1 |
| JS8 | 3118 | 3146 | 0.9 | JS32 | 2899 | 2832 | −2.3 |
| JS9 | 2891 | 2982 | 3.1 | JS33 | 2891 | 2962 | 2.5 |
| JS10 | 2899 | 2930 | 1.1 | JS34 | 3118 | 3084 | −1.1 |
| JS11 | 2975 | 3060 | 2.9 | JS35 | 3446 | 3539 | 2.7 |
| JS12 | 2899 | 2940 | 1.4 | JS36 | 3538 | 3574 | 1.0 |
| JS13 | 2891 | 2875 | −0.6 | JS37 | 3566 | 3566 | 0.0 |
| JS14 | 3118 | 3186 | 2.2 | JS38 | 3782 | 3802 | 0.5 |
| JS15 | 3446 | 3389 | −1.7 | JS39 | 4225 | 4168 | −1.3 |
| JS16 | 3538 | 3466 | −2.0 | JS40 | 4390 | 4374 | −0.4 |
| JS17 | 3566 | 3645 | 2.2 | HS1 | 2841 | 2863 | 0.8 |
| JS18 | 3782 | 3839 | 1.5 | HS2 | 2817 | 2803 | −0.5 |
| JS19 | 4225 | 4175 | −1.2 | HS3 | 2731 | 2826 | 3.5 |
| JS20 | 4390 | 4321 | −1.6 | HS4 | 2799 | 2775 | −0.9 |
| JS21 | 4434 | 4516 | 1.8 | HS5 | 2816 | 2815 | 0.0 |
| JS22 | 4390 | 4367 | −0.5 | HS6 | 2840 | 2849 | 0.3 |
| JS23 | 4225 | 4262 | 0.9 | HS7 | 2800 | 2740 | −2.1 |
| JS24 | 3782 | 3855 | 1.9 | HS8 | 2732 | 2756 | 0.9 |

结构安装完工后磁通量传感器实测值与理论值对比      表 15.2-2

| 编号 | 理论值 (kN) | 实测值 (kN) | 差值 % | 编号 | 理论值 (kN) | 实测值 (kN) | 差值 % |
|---|---|---|---|---|---|---|---|
| E1 | 4434 | 4460 | 0.6 | E13 | 2975 | 2950 | −0.8 |
| E2 | 3782 | 3852 | 1.9 | E14 | 2891 | 2966 | 2.6 |
| E3 | 3446 | 3301 | −4.2 | E15 | 3446 | 3320 | −3.7 |
| E4 | 2891 | 2771 | −4.2 | E16 | 3782 | 3788 | 0.2 |
| E5 | 2975 | 2877 | −3.3 | E17 | 2786 | 2859 | 2.6 |
| E6 | 2891 | 2709 | −6.3 | E18 | 2691 | 2753 | 2.3 |
| E7 | 3446 | 3531 | 2.5 | E19 | 2868 | 2736 | −4.6 |
| E8 | 3782 | 3655 | −3.4 | E20 | 2867 | 2751 | −4.0 |
| E9 | 4434 | 4325 | −2.5 | E21 | 2687 | 2779 | 3.4 |
| E10 | 3782 | 3671 | −2.9 | E22 | 2782 | 2601 | −6.5 |
| E11 | 3446 | 3319 | −3.7 | E23 | 2870 | 2866 | −0.1 |
| E12 | 2891 | 2867 | −0.8 | E24 | 2870 | 2948 | 2.7 |

### 3. 施工期监测评价

体育场屋盖钢结构施工期按照里程碑时间主要包括钢结构环梁合拢、拉索张拉施工、膜拱杆安装以及膜屋面安装 4 个阶段。在特定阶段完成了分析报告，主要结论如下：

（1）监测工作于 2016 年 2 月开始实施，跟随钢结构环梁和 V 形柱的施工过程进行了传感器布设，截至 2018 年 6 月 26 日圆满完成施工期的数据采集和分析工作，总计包括环梁应力数据、V 形柱应力数据、环梁位形数据、索网位形数据、光纤光栅索力数据和磁通量索力数据共计超 4 万个。

（2）针对体育场里程碑事件——钢结构合拢阶段，此阶段的现场钢结构施工情况主要包括 2016 年 7 月 13 日完成环梁的合拢，7 月 16 日完成最后 V 形柱的焊接，标志着体育场钢结构合拢完成，合拢阶段主要包括如下：

① 安装 11 个位形测试点位的各点三个方向的位移变化很小，最大值为 10mm，环梁合拢过程中位形没有突变情况产生。

② 各点 V 形柱和环梁最大应力均在正负

10MPa，应力值较小。综合环梁和 V 形柱的测试结果可知钢结构临时支撑胎架系统可靠，整个钢结构的合拢过程处于安全状态。

（3）拉索张拉施工阶段从 2016 年 9 月 19 日开始至 2016 年 10 月 3 日完成，共计历时 15 天。与体育场拉索施工阶段结构健康监测相关的事项如下：

① 给出了各位形测点在拉索施工整个过程的环梁位形和索网位形变化规律，以及环梁位形、索网位形的实测值和数值模拟计算值对比情况。索网成型后，实测值和数值模拟计算值的差值多数少于 10mm，最大的为 17mm。

② 给出了体育场 V 形柱和环梁在拉索施工全过程的应力实测值的变化趋势，以及实测值和数值模拟计算结果的对比分析，V 形柱和环梁的应力实测值的变化规律符合理论情况。平均应力实测值和数值模拟计算值基本相近，V 形柱和环梁的实测值和数值模拟计算值对比最大差值分别为 11MPa 和 13MPa，实测值小于材料的设计强度值。

③ 对体育场索网施工过程中的三个主要典型工况的实测索力和数值模拟计算结果进行了详细的对

比，在钢结构张拉的第一工况下实测值和数值模拟计算结果吻合度不高，随着施工的进行，实测索力值和数值模拟计算结果越来越接近，最终成型态时光纤光栅传感器测试实测值和数值模拟计算结果相差在 5% 以内，磁通量传感器测试实测值和数值模拟计算结果相差约 5% 以内。

（4）体育场膜结构安装阶段从 2016 年 10 月 29 日至 2017 年 8 月 15 日膜结构安装结束。在此阶段结构健康监测相关的事项如下：

① 给出了各位形测点在膜安装过程的环梁位形和索网位形变化规律，以及环梁位形、索网位形的实测值和数值模拟计算值的对比情况。膜结构安装完成后，实测值和数值模拟计算值的差值多数少于 10mm，最大的为 13mm。

② 给出了体育场 V 形柱和环梁在钢结构施工全过程的应力实测值的变化趋势，以及实测值和数值模拟计算值的对比分析，V 形柱和环梁的应力实测值的变化规律符合理论情况。平均应力实测值和数值模拟计算值较为接近，V 形柱和环梁的实测值和数值模拟计算值对比最大差值分别为 20MPa 和 19MPa，实测值小于材料的设计强度值。

③ 索力分析：针对拉索施工结束至膜结构安装完成的整个过程索力和数值模拟结果的详细对比，实测索力值和数值模拟计算结果接近，最终膜结构安装成型态时，光纤光栅传感器测试实测值和数值模拟计算结果相差在 5% 以内，磁通量传感器测试实测值和数值模拟计算结果相差约 5% 以内。

（5）从膜结构施工结束至结构施工完成，根据钢结构的施工工艺可知，体育场上荷载工况几乎没有变动，将此过程定义为一个事件。根据数据可知，钢结构位形数据变化都在 10mm 以内，其中多数在 5mm 内，钢结构位移变化不大，应力测试数据变动也不大，这与工程实际受力相吻合。在此阶段苏州当地经过一次降雪过程，测试结果可知大雪中拉索的位形有些许变动，但是应力几乎不变，这与数值模拟计算结果相吻合。大雪过后，拉索的位形恢复到正常水平，从而说明本次雪荷载对于结果的影响轻微，结构处于安全状态。

## 15.2.2　体育场屋盖钢结构运营期监测

根据体育场屋盖钢结构易损性分析和服役阶段敏感荷载情况，体育场钢结构服役阶段的监测内容在施工期的结构位形、应力和索力的基础上，增加了 GPS 位移监测和风环境监测。结构健康监测服役阶段现场条件好，项目配有已装修的控制室，系统采用自动实时采集形式进行。

**1. 监测点及仪器**

（1）结构位移 GPS 监测：在环索索夹的最低点 1 轴和最高点 11 轴处各布设 1 个 GPS 位形测试点，GPS 基点位于 3 层混凝土大平台上，具体如图 15.2-6 所示。

（2）结构风环境的监测：在屋盖外环梁最高点 11 轴线上部搭设桅杆，高度约为 2m，在桅杆上同时安装 1 个二维机械螺旋桨式风速仪和 1 个三维超声风速仪，如图 15.2-7 所示。

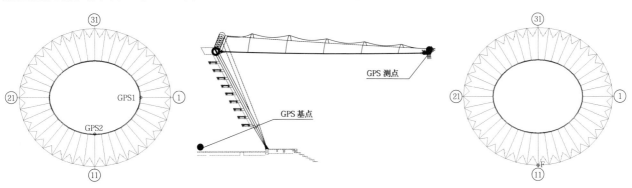

图 15.2-6　GPS 测点图　　　　　　　　　　图 15.2-7　体育场风速仪平面布设位置

**2. 监测结果**

运营期一般结构不存在明显的荷载突变，结构往往在平稳工作阶段，为了更好地表明结构健康监测的作用。本部分仅选取具有代表性意义的 2018 年 8 月 17 日早晨 8 点钟第 18 号台风"温比亚"（热带风暴）

的中心过境时的数据进行服役阶段分析。

（1）体育场 GPS 监测：台风经过当天，体育场水平位移变化值较小，最大仅为 2mm；竖向位移变化较大，最大约为 300mm，小于设计服役期最大动态位移（图 15.2-8）。

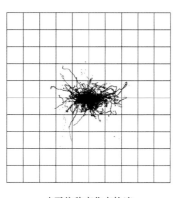

水平位移变化点轨迹

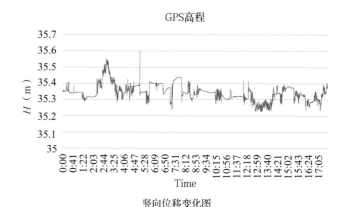

竖向位移变化图

图 15.2-8　体育场台风过境时测点位形变化图

（2）应力监测：台风经过过程中，V 形柱的应力波动幅度均在 ±2MPa 以内；环梁应力波动幅度均在 ±5MPa 以内。实测的数据变化如图 15.2-9 所示。

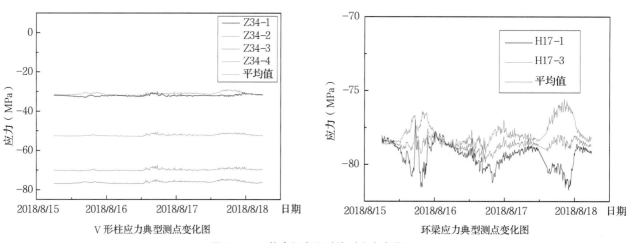

V 形柱应力典型测点变化图　　　　　　　　　　　环梁应力典型测点变化图

图 15.2-9　体育场台风过境时应力变化图

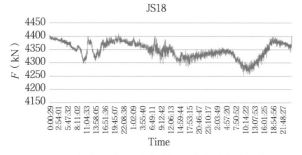

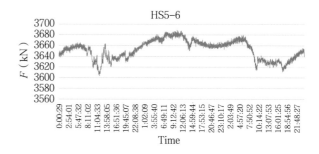

图 15.2-10　体育场台风过境时径向索力测点典型变化图　　　图 15.2-11　体育场台风过境时环向索力典型测点变化图

（3）索力监测：径向索和环向索的索力波动差值均在 100kN 以内，约为索力值的 4% 以内，索力的偏差均在设计值的 10% 以内（图 15.2-10 ～图 15.2-11）。

（4）风环境监测：台风经过当天体育场的最大风速为 10 ～ 12m/s，相当于 6 级大风。与设计给出选择的风荷载值仍有一定的安全储备，与结构响应的位形、应力和索力数据一起综合考察，也能表明结构处于安全状态（图 15.2-12）。

### 15.2.3　游泳馆屋盖钢结构施工期监测

根据游泳馆屋盖钢结构施工方案的分析和施工模拟计算结果，游泳馆钢结构施工期的监测内容主要集中为结构位形、应力和索力。考虑施工工地的环境和施工条件，游泳馆屋盖钢结构施工阶段监测数据采集选用人工记录、系统录入和专家分析的模式进行。具

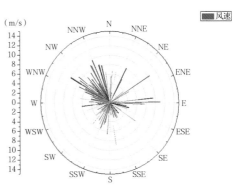

图 15.2-12　体育场台风过境时风力测试图

体介绍如下。

**1. 监测点及仪器**

（1）位形测点：环梁上的位形测点为沿着环梁全周长均匀选取 8 个位置，索网位形的测点共计 9 个，均匀分布在游泳馆双向索网的中部位置，其中最中心 1 个。布设示意图如图 15.2-13 所示。测试仪器和方法同体育场位形监测。

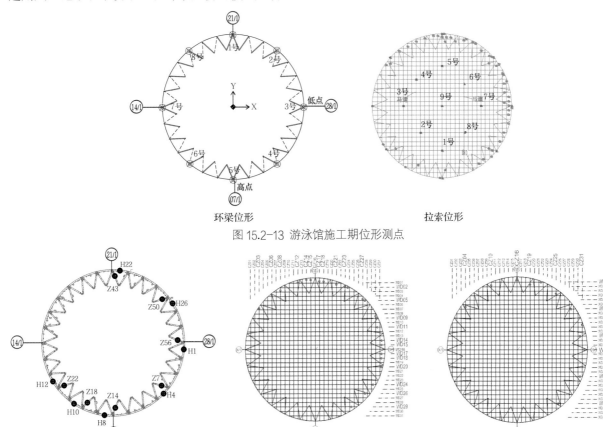

环梁位形　　　　　　　　　拉索位形

图 15.2-13　游泳馆施工期位形测点

图 15.2-14　游泳馆施工期应力测点

光纤光栅传感器　　　　　　磁通量传感器

图 15.2-15　游泳馆施工期索力测点

（2）应力监测：系统选取 7 根 V 形柱和 7 根环梁，共计 14 根构件作为监测对象，如图 15.2-14 所示。其中，V 形柱每个测点共布设 4 支振弦式应变计传感器；环梁每个测点共布设 2 支振弦式应变计传感器。

（3）索力监测：索力监测采用光纤光栅传感器和磁通量传感器两种方法进行。其中，光纤光栅传感器 24 只，磁通量传感器 12 只，稳定索和承重索各布设一半，布设位置示意图如图 15.2-15 所示。

### 2. 监测结果

（1）位形监测：考虑篇幅限制，本文仅给出加载配重过程中位形变化最大的一个环梁位置数据和拉索位置数据，如图 15.2-16 所示。环梁在张拉过程中水平方向最大位移为 43mm，竖向最大位移为 -57mm；加配重后水平方向最大位移为 100mm，竖向最大位

移为 -170mm。索网位形随着配重的施加，Z 向变动较大，均在 -600mm 左右，而 X 向和 Y 向的变动不大。其中 9 号测点的 Z 向变动最大，为 -820mm。但是与数值模拟计算结果相比，几乎所有测点 Z 向的变动均小于理论计算值。同时与拉索的施工仿真计算结果对比，差值最大仅为 17mm，屋盖钢结构施工过程中其位形参数在可控范围内，实测值与理论值相吻合。

（2）应力监测：考虑篇幅限制，本书仅给出应力变化最大的一个环梁位置数据和 V 形柱位置数据，如图 15.2-17 所示。由图可知，在施工的整个过程中 V 形柱最大压应力为 -63.39MPa，最大压应力平均值为 -33.51MPa，环梁在施工过程中最大压应力为 -137.52MPa，最大压应力平均值为 -127.76MPa，监测构件的实测应力值小于材料的强度设计值。

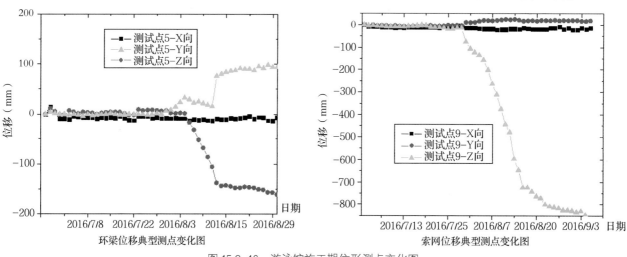

图 15.2-16 游泳馆施工期位形测点变化图

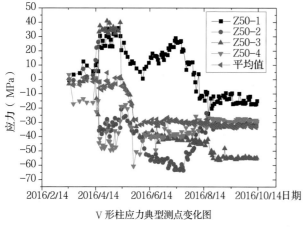

V 形柱应力典型测点变化图

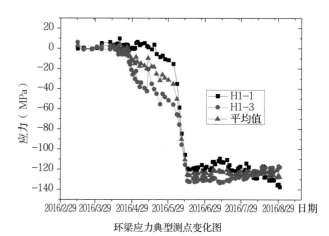

环梁应力典型测点变化图

图 15.2-17 游泳馆施工期应力测点变化图

（3）索力监测：经过数据对比可知，光栅光纤的实测值与设计值偏差超过 10% 的有 3 根，最大的为 13.37%，最小的为 -2.74%；磁通量传感器的实测值与设计索力偏差最大的为 7.61%，最小的为 0.84%。索力超过 10% 的拉索共 3 根，此 3 根拉索均为不主动张拉（被动受力）的承重索，主动张拉的稳定索测点索力均在 10% 以内，满足规范要求。

**3. 施工期监测评价**

游泳馆屋盖钢结构施工期按照里程碑时间主要包括钢结构环梁合拢、拉索施工、屋盖配重以及配重之后 4 个阶段。在特定阶段完成了分析报告，主要结论如下：

（1）监测工作于 2016 年 2 月进场实施，跟随钢结构环梁和 V 形柱的施工过程进行了传感器布设，截至 2018 年 6 月 26 日圆满完成关于施工阶段的数据采集和分析工作，总计包括环梁应力数据、V 形柱应力数据、环梁位形数据、索网位形数据、光纤光栅索力数据和磁通量索力数据共计超 3 万个。

（2）钢结构合拢时间为 2016 年 3 月 15 日开始到 2016 年 3 月 18 日截止，通过监测的 V 形柱和环梁应力实测值都在 10 MPa 以内，与材料的设计值相比甚远；位移基本不变，最大值仅为 2mm，说明支撑体系牢固可靠。

（3）索张拉成型时间为 2016 年 3 月 15 日开始到 2016 年 6 月 15 日截止，在此期间：

① 通过监测 V 形柱的应力可以看出，V 形柱的整体趋势是往受压的，与理论计算相符，V 形柱的最大应力值发生在测点 Z50 处，具体数值为 -63.39MPa，此柱的平均应力值为 -33.51MPa，此柱理论计算值为 -30.67MPa。

② 通过监测环梁的应力可以看出，环梁的整体趋势是往受压的，与理论计算相符，特别在稳定索张拉过程中环梁的受压尤为明显，表现在环梁应力绝对值一直在增大。环梁的最大应力发生在 H1 处，具体数值为 -131.48MPa，此处的平均值为 -122.69MPa，理论计算值为 -119.24MPa。

③ 通过监测的位移值可以得出，测点的实测值小于理论计算值，但结构变形的趋势是一致的，即结构高点的位置往外扩，结构低点的位置往里收。

④ 光纤光栅传感器总共监测了 24 根拉索的索力值。最终成形态实测值与设计索力偏差最大的为 13.37%，最小的为 -2.74%；偏差超过 10% 的有 3 根，占监测总数量的 12.5%、偏差在 5% ~ 10% 的有 14 根，占监测总数量的 58.3%、偏差小于 5% 的有 7 根，占监测总数量的 29.2%，其中超过 10% 的拉索均为被动受力索。

⑤ 磁通量传感器总共监测了 12 根拉索的索力值。最终成形态与设计索力偏差最大的为 7.61%，最小的为 0.84%；偏差在 5% ~ 10% 的有 3 根，占监测总数量的 25%、偏差小于 5% 的有 9 根，占监测总数量的 75%。

（4）游泳馆钢结构屋面配重施加时间为 2016 年 7 月 15 日至 2016 年 8 月 15 日，历时一个月。监测内容包括：V 形柱应力测试、环梁应力测试、环梁位形测试、索网位形测试、光纤光栅索力传感器、磁通量索力传感器。综合考虑布设的 V 形柱应力传感器、环梁应力传感器、环梁位形传感器、索网位形传感器、光纤光栅索力传感器和磁通量索力传感器的测试数据均表明，在配重施加的整个过程中数据没有明显突变。

（5）从屋盖配重施加完成至结构完工，游泳馆屋盖荷载工况几乎没有变动，同样将此过程定义为一个事件。钢结构位形变化都在 10mm 以内，其中多数在 5mm 内，钢结构位移变化不大；与环梁监测数据类似，索网位形无超过常规的大变形。同时，应力测试数据变动也不大，这与工程实际受力相吻合。此阶段苏州当地经过一次降雪过程，大雪中索网位形有些许变动，但是应力几乎不变，这与数值模拟计算结果相吻合。大雪过后，拉索的位形恢复到正常水平，从而说明本次雪荷载对于结果的影响轻微。

### 15.2.4　游泳馆屋盖钢结构运营期监测

游泳馆钢结构运营期的监测内容主要包括应力和索力,其监测点的布置与施工期相同。为了具有代表性,同样选取 2018 年 8 月 17 日第 18 号台风"温比亚"的中心位于苏州吴江境内前后应力和索力监测结果如下:

(1) 应力监测:台风过境过程中,各 V 形柱的平均压应力最大值产生在 V 形柱 22 上,约为 15MPa,应力波动幅度在 2MPa 以内;环梁的平均压应力最大值产生在环梁 H22 上,约为 100MPa,应力变动很动幅度均在 5MPa 以内,其数值均远小于材料设计强度值(图 15.2–18)。

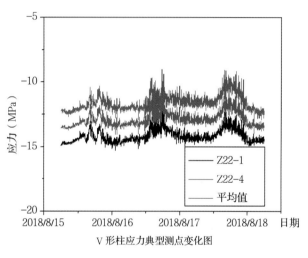

V 形柱应力典型测点变化图

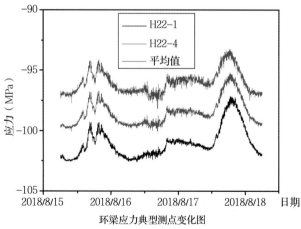

环梁应力典型测点变化图

图 15.2–18　游泳馆台风过境时应力测点变化图

(2) 索力监测:图 15.2–19 为台风过境时游泳馆拉索的变化情况。承重索和稳定索的索力波动差值

均在 10kN 以内。在 8 月 17 日早晨 8 时至中午 12 时,拉索索力有相对较大的波动仍小于 10kN,远小于索力的设计变化幅度,风荷载减小后,索力再次回复到风载来临前的数值并趋于稳定,说明结构在台风过境后弹性恢复到正常的工作状态。

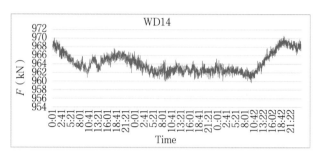

图 15.2–19　游泳馆台风过境时索力测点典型变化图

### 15.2.5　结语

苏州奥体中心体育场和游泳馆钢结构健康监测按照里程碑时间对钢结构环梁合拢、拉索施工过程、屋面覆盖系统安装和项目运营期的极端环境等各个阶段进行了有效的监测,监测点位置和数量的选取满足结构性能判别的要求,取得了阶段性的成果:

(1) 在每一个关键施工工序完工后,都进行了科学有效的评定,保证了下一工序的顺利开始实施;

(2) 各项监测数值均在设计指标范围内,有力地验证了施工期施工过程的合理性以及运营期设计的可靠性;

(3) 监测过程中出现的峰值情况及时地报告了相关单位,起到了警示的作用;

(4) 协助监理、管理公司和业主完成了对于钢结构的施工和运营期的指导工作。

## 15.3　超长混凝土施工监测

苏州奥体中心的一场两馆地上混凝土结构均未设置永久伸缩缝,结构环向贯通、首尾相接,为超长无缝结构。体育场看台内环尺寸为 521m,看台外环尺寸为 695m,结构最大外边线尺寸达 800m;远远超过框架结构不设置伸缩缝的长度要求。温度变化和混凝土收缩将在结构中引起较大的内力和变形，为了研究项目超长混凝土的性能，混凝土浇筑时进行了现场取样并制作了大量试件，对混凝土的强度、弹性模量、收缩徐变等基本材料性能随龄期的变化进行了系统的研究，同时对体育场大平台和下层看台进行了温度和混凝土应变的监测。

### 15.3.1　混凝土材料性能研究

混凝土材料性能是超长混凝土控制的基础性研究，其对于超长混凝土裂缝控制具有至关重要的作用，本部分采用在现场同条件浇筑试件后运回实验室进行观察和数据采集的方式进行。

**1. 混凝土抗压强度**

混凝土抗压强度留置 4 组标准立方体（150mm×150mm×150mm）试块，每组 3 个试块，4 组试块分别进行了 4 天、8 天、16 天、28 天立方体抗压强度试验。实验结果表明，4 天时的抗压强度为 28 天抗压强度平均值 43.04MPa 的 65% 左右，8 天的强度为 28 天的 88%。

**2. 混凝土的弹性模量**

弹性模量留置 5 组标准试块（100mm×100mm×300mm），进行 6 天、8 天、14 天、28 天和 90 天弹性模量试验。每组 6 个试块，其中三个测定轴心抗压强度，其余三个用于测定混凝土弹性模量。试验方法采用 GB/T 50081—2002 中的规定。试验结果表明，混凝土静力受压弹性模量随着养护龄期的增长而增大，前期增长较为迅速，6 天混凝土的弹性模量达到 28 天弹性模量的 36%，8 天的弹性模量达到 28 天弹性模量的 52%，9 天后混凝土的弹性模量达到 31257MPa。

**3. 混凝土的收缩性能**

收缩性能研究试件共 5 组，每组两个，试件配筋率（0、0.5%、1%、2%、3.9%）不同，考虑在不同配筋率下的混凝土的收缩性能。试件截面尺寸为

300mm×300mm×1000mm，在每个试件内埋设钢弦式钢筋应变计、温度探头各一只，获得各时刻的温度和应力。测量自混凝土梁浇筑之日起至 154 天内的收缩应变，浇筑之日至 28 天内每天测量数据 1 次，28 ～ 105 天每周测量一次，105 天以后每 14 天测量一次，收缩应变随龄期的变化曲线如图 15.3-1 所示。

通过观察不同配筋率下的试件的收缩曲线可知：

（1）随着龄期的增长不同配筋率混凝土收缩应变变化规律基本一致，混凝土龄期 27 天前发生膨胀，混凝土中为拉应变，在 27 天后混凝土开始收缩，混凝土内部产生压应变，且随着龄期的增长，压应变逐渐变大，160 天后收缩应变达到 80 ～ 130με 之间。

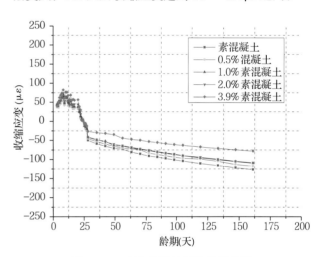

图 15.3-1　不同配筋率试件收缩曲线

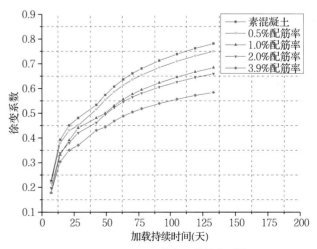

图 15.3-2　不同配筋率下的徐变系数

（2）前期混凝土收缩离散性较大，配筋率对前期收缩徐变影响较小，28天后配筋率对收缩徐变影响较为明显，随着配筋率的增大，收缩应变逐渐变小。

（3）混凝土的养护条件对收缩应变影响较大，初期在施工现场进行的养护，混凝土收缩的离散性较大。

**4. 混凝土的徐变试验**

主要研究不同配筋率对混凝土徐变的影响。在大平台现场浇筑混凝土徐变试件5个，徐变试件的配筋率分别为（0、0.5%、1%、2%、3.9%）至混凝土终凝后拆模，截面尺寸均为300mm×300mm×3000mm。每个试件内埋设钢弦式钢筋应变计、温度探头各一只，获得各时刻的温度和应力。根据设计荷载在试件表面放置等效的重物（配重块），以此模拟实际建筑物的受力情况，在试件运至结构试验中心当天对试件进行加载。混凝土梁28天前未加重物，测得的数据为混凝土收缩应变，28天后进行试验配重加载，每隔一周进行数据测量，测得的数据为收缩徐变总应变。5个徐变试件测得的应变减去相应收缩试件的应变后即为相应龄期下的徐变应变，徐变系数随龄期的变化曲线如图15.3-2示。

通过观察不同配筋率下的试件的徐变系数可知：

（1）随着龄期的增长不同配筋率混凝土徐变系数规律基本一致，加载后28天内混凝土的徐变系数为0.4左右，160天为0.8左右。

（2）配筋率对徐变系数影响较小，60天后配筋率对收缩徐变影响较为明显，随着配筋率的增大，徐变应变逐渐变小。

### 15.3.2　项目实地监测结果分析

**1. 监测位置及仪器**

综合考虑体育场超长混凝土结构特点，以具有代表性为选区测试区域的基本原则，最终选取大平台监测区域F1、平台和看台相交位置B1以及看台位置B4三个区域作为监测位置。其中每个位置布设14个振弦式应变计，每个正交方向布设7只传感器，具体如图15.3-3所示。

**2. 监测频率**

根据项目现场所具备的条件，超长混凝土的采集方式为人工采集，数据系统录入和专家定期分析的方式进行。考虑混凝土收缩前期发展较后期快，监测系统采集频率为混凝土浇筑后28天内每天整点采集一次，28天后每周选取一天整点采集一次，直至浇筑后1年结束。

**3. 监测结果**

三个监测区的超长混凝土应变变化趋势基本一致，本书以B1区超长混凝土应变采集数据进行说明，图15.3-4为B1区超长混凝土应变随着混凝土龄期变化规律。由图可知，无论是径向混凝土应变还是

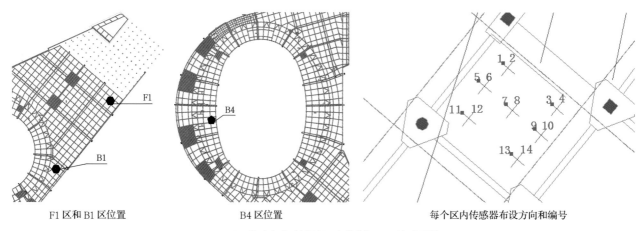

F1区和B1区位置　　　　B4区位置　　　　每个区内传感器布设方向和编号

图15.3-3　体育场超长混凝土测试位置及传感器编号

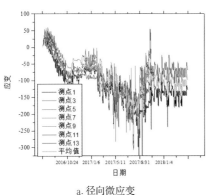

a. 径向微应变

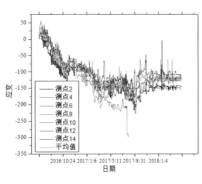

b. 环向微应变

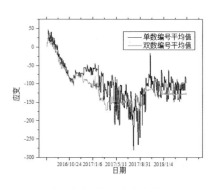

c. 环向和径向混凝土应变均值对比

图 15.3-4　B1 区超长混凝土应变随时间变化图

环向混凝土应变，各自的 7 个传感器测试数据均反映同样的变化规律。混凝土前期应变为正值，最大值为 60με，这主要是由于混凝土水化硬化过程中混凝土膨胀期导致；之后，混凝土的应变由正转负，约一个星期后，混凝土应变转为负值，进入收缩期；约两周后，收缩曲线趋于平缓；最终超长混凝土 B1 区环向最大收缩应变为 224με，平均最大收缩应变为 174με；径向最大收缩应变为 191με，平均最大收缩应变为 128με。由图 15.3-4（c）可知，径向和环向的混凝土应变数值变化有些区别，但是整体区别不大，前期两个方向的混凝土应变变化规律相似。

### 4. 分析

混凝土的收缩徐变机理复杂，影响因素众多，准确预测收缩徐变对超长混凝土结构的影响迄今仍是一个尚未得到很好解决的问题。通过对不同配筋率的混凝土进行收缩徐变试验和现场超长混凝土看台的监测，得到以下结论：

（1）混凝土浇筑完成初期，由于水泥的硬化及早期水化热影响，混凝土的收缩徐变应变离散性较大，浇筑 28 天后，随着龄期的增长，收缩徐变应变逐渐增大。

（2）收缩作用对混凝土产生的应变值较大，160 天后达到 80 ～ 130με，徐变作用产生的应变值较小，徐变系数 0.8 ～ 1.0。

（3）配筋率对混凝土收缩徐变有一定的抑制作用，一定配筋率的混凝土在后期均能减小收缩徐变产生的应变，3.9% 配筋率的混凝土有效降低了混凝土内部收缩徐变产生的应力重分布。

（4）随着时间的增长混凝土的收缩徐变量增加，早期增加量比较大，后期逐渐减小，约在 7 个月时收缩徐变趋于稳定。

（5）现场监测数据与理论分析结果基本相符合，超长混凝土未出现可见裂缝，同时验证了设计的合理性和施工浇筑方案的可行性。

# 03

## 运营管理篇

OPERATION MANAGEMENT

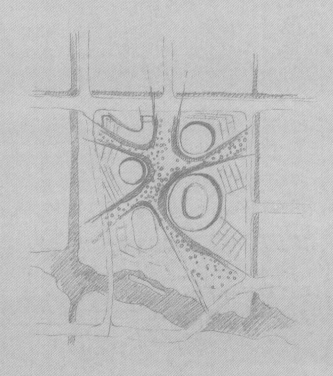

# 第16章 场馆运营管理

在我国体育产业快速发展的大环境下，苏州奥体中心顺应市场发展趋势，明确定位为苏州市体育、文化、娱乐活动的重要场所和引进大型赛事和演艺活动的主要场馆。苏州奥体中心采用委托经营模式，完善了场馆运营管理架构、运营目标将苏州奥体中心建设成为国内一流的标杆性综合服务类体育场馆，将苏州奥体中心管理有限公司打造成为国内一流体育场馆综合运营商、赛事演艺活动及相关产业的综合运营商，推动场馆运营走向市场化、专业化，实现体育产业与城市服务相融合，提升城市文化，塑造城市形象。

## 16.1 体育产业发展背景

### 16.1.1 我国体育产业发展趋势

近年来，随着我国社会经济的发展和人民生活水平的提高，人们参与体育活动的需求不断增长，我国体育产业发展进入快速增长时期，过去10年增加值增长速度持续高于GDP的增长速度，对体育消费较大规模的有效需求开始形成，科技创新提供了有力支撑，更加成熟的制度为体育领域可持续发展构建了强大保障（表16.1-1）。

2010～2018年我国体育产业扶持政策汇总表　　　　表16.1-1

| 时间 | 发布单位 | 政策名称 | 相关内容 |
|---|---|---|---|
| 2010年3月 | 国务院办公厅 | 《关于加快发展体育产业的指导意见》 | 到2020年，培育一批具有国际竞争力的体育骨干企业和企业集团，形成一批中国特色和国际影响力的体育产品品牌，建立以体育服务业为重点、门类齐全、结构合理的体育产业体系和规范有序、繁荣发展的体育市场，包括体育健身市场、体育竞赛和表演市场、体育中介市场、体育用品业等 |
| 2011年3月 | 国家体育总局 | 《体育事业发展"十二五"规划》 | 提高公共体育服务水平、促进群众体育发展、巩固竞技体育的国际竞争力、增强体育产业创新能力等 |
| 2014年10月 | 国务院 | 《关于加快发展体育产业促进体育消费的若干意见》 | 首次将体育产业发展定位为国家战略，明确提出了体育产业的数量目标，即2025年体育产业总规模达到5万亿元，经常性参与体育健身人群超过5亿人，人均体育面积达到2m² |
| 2015年12月 | 财政部、国家税务总局 | 《关于体育场馆房产税和城镇土地使用税政策的通知》 | 对于体育活动的房产土地免征房产税及土地使用税 |
| 2016年5月 | 国家体育总局 | 《体育产业发展"十三五"规划》 | "十三五"期间，实现体育产业总规模超过3万亿元，产业增加值在国内生产总值比重达到1%。体育服务业增加值占比超过30%。竞赛表演业、健身休闲业、场馆服务业、体育中介业、体育培训业、体育传媒业、体育用品业和体育彩票作为发展的重点行业 |

续表

| 时间 | 发布单位 | 政策名称 | 相关内容 |
|---|---|---|---|
| 2016 年 6 月 | 国务院 | 《全民健身计划（2016—2020年）》 | 2020 年，每周参加一次及以上体育锻炼的人数达到 7 亿，经常参加体育锻炼的人数达到 4.35 亿 |
| 2016 年 10 月 | 国务院办公厅 | 《关于加快发展健身休闲产业的指导意见》 | 2025 年，健身休闲产业总规模达到 3 万亿元 |
| 2016 年 10 月 | 中共中央、国务院 | 《"健康中国 2030"规划纲要》 | 广泛开展全民健身运动，推动全民健身生活化 |
| 2016 年 12 月 | 国家旅游局、体育总局 | 《关于大力发展体育旅游的指导意见》 | 加强体育旅游与文化、教育、健康、养老、农业、水利、林业、通用航空等产业的整合发展，培育一批复合型、特色化的体育旅游产品 |
| 2017 年 11 月 | 国家体育总局 | 《体育标准化管理办法》 | 包括赛事、产业、装备、等级等内容，按照标准适用范围分类，分为国家标准、行业标准、地方标准、团体标准和企业标准 |
| 2018 年 12 月 | 国务院办公厅 | 《关于加快发展体育竞赛表演产业的指导意见》 | 到 2025 年，体育竞赛表演产业总规模达到 2 万亿元，基本形成产品丰富、结构合理、基础扎实、发展均衡的体育竞赛表演产业体系。建设若干具有较大影响力的体育赛事城市和体育竞赛表演产业集聚区，推出 100 项具有较大知名度的体育精品赛事，打造 100 个具有自主知识产权的体育竞赛表演品牌，培育一批具有较强市场竞争力的体育竞赛表演企业，体育竞赛表演产业成为推动经济社会持续发展的重要力量 |

根据我国体育场地普查数据统计显示，截至 2015 年，我国体育场地数量在 188 万个左右，全国体育场地面积达到 21.53 亿 m²。我国体育产业总规模与增加值见表 16.1-2。

全国体育产业总规模与增加值数据（亿元）　表 16.1-2

| 类别 | 2015 年 | 2016 年 | 2017 年 |
|---|---|---|---|
| 全国体育产业总规模 | 17107 | 19011.3 | 21987.7 |
| 增长值 | 5494.4 | 6474.8 | 7811.4 |
| 体育健身休闲活动 | 276.9 | 368.6 | 581.3 |
| 增长值 | 129.4 | 172.9 | 254.9 |
| 体育场馆服务 | 856.2 | 1072.1 | 1338.5 |
| 增长值 | 458.1 | 567.6 | 678.2 |
| 体育场地设施建设 | 155.2 | 222.1 | 459.6 |
| 增长值 | 35.3 | 50.3 | 97.8 |

数据来源：国家体育总局、国家统计局官网。

## 16.1.2　江苏省体育产业发展趋势

江苏省是我国经济强省和竞技体育强省。2017 年江苏省体育产业实现总产出 3585.64 亿元，同比 2016 年增长 13.7%；创造增加值 1219.58 亿元，同比 2016 年增长 16.2%，增加值占 GDP（85900.9 亿元）的比重为 1.42%。2017 年江苏省城乡居民体育消费数据显示：城乡居民体育消费支出总额人均 2028 元。其中，体育用品类（人均 595 元）、体育培训类（人均 322 元）、会员费（人均 219 元）和体育场地费用（人均 143 元）排名前四位，围绕日常健身的物品、场地、缴费项目，已经成为体育消费的主导。数据还显示消费升级趋势明显，城乡居民对体育与相关领域融合服务的需求越来越高。马术、帆船等户外休闲运动以及电子竞技等时尚、小众的体育消费产品和服务，正受到相应人群的青睐。

江苏举办或承办全国以上体育赛事的数量和质量已连续多年居全国前列。近年来，江苏省体育竞赛数量规模不断扩大，规格水平持续提升，多元功能日益彰显，为推进体育强省建设作出了重要贡献。

作为体育产业发展的物质基础和重要载体，体育场馆的完善程度对体育产业发展水平影响显著。经过多年投资建设和赛事承办推动，江苏省涌现出了众多著名体育场馆，初步形成了体育场馆服务业聚集发展的状态，呈现出了"承包经营"为主的特点，差额管理、委托经营和自收自支模式涌现。市场化模式已经在江苏省体育场馆服务业中普遍建立。

2018年12月7日，江苏省政府与国家体育总局签署共建新时代体育强省协议，突出推动江苏全民健身加快发展。协议明确要求，实施全民健身"六个身边"工程，建设健身步道、体育公园、社区健身中心、职能健身房、"双改"体育场馆、业余俱乐部、体育运动休闲综合体等设施，推广普及群众冰雪运动，实施智慧体育健身工程，举办全国性全民健身赛事活动等。

### 16.1.3 苏州市及苏州工业园区体育产业发展现状

2015年，苏州被国家发改委、国家体育总局确定为全国首批35个体育产业联系点城市之一，也是江苏唯一一座入选城市。此后，苏州不断夯实基础、优化环境，体育产业乘势而上，成为苏州经济发展日益凸显的一个新增长点。2018年11月23～24日，由国际群体协会、亚太群体协会和中华全国体育总会主办的全球活力城市建设研讨会在江苏苏州召开，会议发布了《苏州宣言》，倡议全球各国政府、各城市及非政府组织重视和加强群众体育工作，积极推动"全球活力城市"的创建，同时宣布启动全球活力城市"亚太标准"的制定。

近年来，苏州市一直将发展体育产业、促进体育消费摆在重要位置，深入贯彻十九大精神和全民健身国家战略，广泛开展全民健身活动，加快推进新时代体育强省和健康苏州建设，充分发挥体育在保障和改善民生、提升文化软实力中的独特功能，不断满足人民群众对美好生活的需求。统计显示：2016年度全市体育及相关产业总规模达737.13亿元，比上年增长5.1%。体育及相关产业完成增加值224.36亿元，增长7.8%，占全市国内生产总值（GDP）的比重达到1.45%。人均消费801元，同比增长3.6%（表16.1-3）。

苏州市人均体育消费支出　　表16.1-3

| 指标 | 2015年 | 2016年 | 增幅(%) |
|---|---|---|---|
| 全市人均体育消费金额(元) | 773 | 801 | 3.6 |
| 体育用品（含运动服饰）消费（元） | 238 | 253 | 6.3 |
| 体育健身休闲消费（元） | 132 | 158 | 19.7 |

数据来源：苏州市体育局体育产业处

苏州工业园区是中国和新加坡两国政府间的重要合作项目，1994年2月经国务院批准设立，行政区划面积278km²，常住人口约80.78万。2018年，全区预计实现地区生产总值2550亿元，同比增长7%以上；公共财政预算收入350亿元，增长10.1%；城镇居民人均可支配收入7.1万元，增长7.8%，在国家级经济开发区综合考评中实现三连冠，并跻身建设世界一流高科技园区行列，入选江苏改革开放40周年先进集体。

近年来，苏州工业园区大力发展体育事业，积极培育品牌体育赛事，体育竞赛表演业得到社会各界的广泛关注，品牌体育赛事进入了加速发展阶段，涌现出了环金鸡湖半程马拉松、金鸡湖端午龙舟赛、金鸡湖帆船赛等一批特色体育赛事；同时，各种社会力量办赛方兴未艾，年均各类赛事活动近百场。苏州奥体中心的加入极大地完善了园区这个国际化"新城"的城市功能。

## 16.2 运营管理模式

### 16.2.1 国内体育场馆运营管理模式

第六次全国体育场馆场地普查数据显示，从投资主体上看，我国体育场馆以政府投资建设为主，商业化程度较低。其中国有经济成分的场馆占总数的30.6%，集体经济成分占总数的25.5%，企业（私营）占23.0%，私人占12.8%，剩余8.1%为外商独资、中外合资和港澳台投资。可以看出，我国超过一半的体育场馆都为政府机构所有。截至2013年底我国拥有的1093座大型体育场馆中，984座为自主运营，占比达90.0%；合作经营的大型体育场馆有42座，占3.8%；委托经营有67座，占6.1%。根据场馆性质的不同，主要有以下几种运营模式：

### 1. 政府运营管理模式

包括事业单位自主经营模式和政府部门法人公司运营模式，区别在于后者由政府成立专门的法人公司对国有资产（体育场馆）进行管理。但政府运营管理模式下，政府拥有对综合体较强的控制权，有利于政府从宏观到微观进行调控，最大限度地保证综合体的公益性。但是，这种模式下体育场馆缺乏经营自主性，缺乏竞争意识和危机意识，难以真正为群众提供优质的场馆服务。

### 2. 民营企业运营管理模式

民营企业管理模式是私人投资建设和运营综合体的模式，以具有独立法人资格的企业来管理综合体。由于民营公司具备专业化的经营手段和渠道，在综合体管理中能提供更加专业和规范的服务，有利于提高综合体管理效率和服务质量，改善场馆的财务状况。民营企业化运作模式的特点是完全由社会或个人投资进行场馆的建设和运营。民营企业的重点是开展多元化经营，项目包括酒吧、商业街、品牌餐饮等主题商业，以及演艺活动、会展经营等。

### 3. 混合经营管理模式

混合经营管理即"政府引导，民资营馆"模式，一方面，政府作为综合体发展的监管者和引路人，把经营场馆的权利交给民间企业，明确政府和民间投资者各自的权、责、利关系；另一方面，"政府引导，民资营馆"的立足点是政府与民间双赢，但在运营过程中，政府与企业所追求的目标函数不一致，政府追求的是场馆社会效益最大化，而企业追求的是场馆经济效益最大化，如何使两者取得均衡，关键是构建相关利益机制，并进行有效监管。政府制定决策在满足公众对体育文化需求的同时若能考虑到综合体的经济利益，则民营资本也愿意与政府达成长期的合作关系，从而实现政府与民营资本的双赢。因此"政府引导，民资营馆"是我国城市体育服务综合体运营模式选择的较适宜模式之一。混合经营具体包括以下几种模式：

（1）委托经营模式

通过依托市、区体育管理部门、体育局直属科研所或区文体局委托的项目单位（街道、社区、辖区内企业等）构建体育服务综合体运营主体，采取公开招标的方式，合同委托第三方组织进行运营。省、市、区文体局委托单位签订合同协议，政府作为服务的提供主体和监管主体，企业作为体育产品与服务生产单位，构建产权清晰，主体明确的责任机制。实行此种机制的目的是希望利用社会资本和社会经营能力，改造体育场馆或经营城市体育服务综合体，以期获得相应的经济回报。

（2）合资（作）经营模式

合资经营是城市体育服务综合体吸引民间资本投资的重要途径，体育服务综合体以自身的场馆等资源与民营机构进行合资或合作，由民营机构投入相应的资金或其他资产，双方共同经营与开发，共担风险，共享收益。该模式实现了产权与经营权的分离、减轻政府运营的负担和财政压力、缩减事业编制、提高运营效率等诸多的优点，也存在风险承担不清、合同双方权责利不明确、监管体系不完善和监管机构不完善等问题。如五台山体育中心与台商合资兴建的集健身、娱乐于一体的综合性保龄球馆。

（3）服务外包运营方式

服务外包是民营机构参与城市体育服务综合体运营的一种重要途径。综合体管理部门通过与外部企业签订合约的方式，将非核心业务进行外包，利用外部专业化管理团队为自身提供所需的服务内容，以达到降低运营成本、提高效率。

（4）承包租赁经营模式

政府拥有体育服务综合体所有权，按照体育服务综合体所有权与经营权完全分离的原则，通过招标、谈判、协商、聘任后，场馆的管理和经营权在一定时间内移交某一公司、社团或个人全权管理，以承包经营合同形式确定综合体所有者与经营者责、权、利关系和承包年限，使承包人能根据综合体的自身条件和市场发展的基本规律，做到自主经营、自负盈亏。

### 16.2.2 苏州奥体中心运营管理的模式

苏州奥体中心属于委托经营模式，苏州奥体中心管理有限公司是从苏州奥体中心建设项目立项后，委托代建管理机构沿革而成为的场馆委托代管的运营管理公司。委托运营模式可以使体育场馆运营走向社会化、市场化、专业化、企业化，发挥综合体的投资效益。作为代管方，可以通过收取相关场馆运营费进行自主经营、自负盈亏，承担委托责任，运营费用可以采用包干的形式。代管方的利益与运营费用挂钩，有利于调动代管方的工作积极性，能有效降低场馆的运营成本，避免人、财、物的浪费。从长远发展来看，委托代管模式有利于维持体育综合体的良性可持续发展，能够充分发挥出体育综合体的社会、经济效益。

为将苏州奥体中心建设成为集体育竞技、健身休闲、商业娱乐、文艺演出于一体的多功能、综合性、生态型的现代服务型体育场馆，通过市场化经营、专业化管理、产业化运作取得良好的经济和社会效益，2018年3月，苏州市工业园区宣传部（文体旅游局）与苏州奥体中心管理有限公司签订委托管理协议，全权负责并做好苏州奥体中心的所有运营管理工作，包括全部日常运营管理、赛事活动组织、场馆商业、宣传推广、无形资产、物业管理以及在上述活动中可能

出现的纠纷处理全程参与等。在委托协议中，明确提出如下原则：

第一，强化国有资产管理，促进保值增值。认真做好场馆日常管理、物业管理、设施维护和环境美化等，保障场馆整体安全、高效、有序运营。

第二，注重社会公益性，充分发挥场馆体育服务功能，做好全民健身日常运营工作。保证合理开放时间，提供一定量的免费、低收费运动场地。

第三，积极承办各项竞技赛事与演艺、会展、团体活动等。广泛开发无形资产，丰富百姓精神生活，并带来一定的经济效益。

第四，引进、扶持品牌体育项目，如各类特色体育培训、健康管理、体育互动体验、体育科研、体育旅游等，搭建体育资源平台，鼓励体育创新企业，带动区域体育产业发展。

第五，主动配合园区宣传部（文体旅游局）的各项工作，全面负责各项工作中可能出现的纠纷化解，诉讼调解等工作，完成交办的其他任务。

根据委托管理协议，委托方拥有对苏州奥体中心运营管理的监管权和大额支出审批权，并向代管方投入用于开业、运营、管理和开展各项活动所需费用。

### 16.2.3 苏州奥体中心运营载体特色分析

苏州奥体中心在委托运营模式下，兼顾社会效益与经济效益，初步形成体育产业生态圈，具有以下特色：

第一，地域特色鲜明。苏州奥体中心总建筑面积为38.6万 $m^2$，是目前苏州规模最大也是唯一的甲级体育中心，是国内首个园林风格的体育建筑群。项目前期设计通过全球方案征集竞赛，最终采用了德国gmp国际建筑设计有限公司的总体方案，以"园林、叠石"为规划理念，用现代建筑设计语言诠释园林意韵，将建筑物巧妙融入自然景观，轻盈优雅，舒缓工巧，力求打造成现代与传统、艺术与实用、科技与人文有机融合的体育建筑群。

第二，综合优势显著。苏州奥体中心是一座集体育竞技、健身休闲、商业娱乐、文艺演出于一体的多功能、综合性、生态型的甲级体育中心。体育场、体育馆、游泳馆等主要场馆设施设备先进，可以举办国际国内单项比赛和国家级综合性运动会等高端体育赛事。与此同时，奥体中心还拥有商业广场、奥体公园和室外健身运动场等场馆设施，这个规划布局使得苏州奥体中心完美地集体育竞技、休闲健身、商业娱乐、文艺演出等功能于一体，场馆综合性极强。它是一个绿色环保的生态型体育中心，更是一座环境优美的敞开式体育公园。运动员和市民朋友们在这里不仅可以享受到丰富多元的运动乐趣，更可以在这里休闲娱乐、商业消费，最大限度地满足市民对美好生活的向往。

第三，人文情怀浓厚。绝大部分体育场馆主要为运动训练和体育竞赛活动而设计建造，以大众体育消费为主旨的场馆所占比例较低。苏州奥体中心的设计建造强化了"全民健身"的概念，遵从功能多样性和因地制宜性建馆原则，为推广全民健身运动，苏州奥体中心在设计阶段已充分考虑大众体育需求多样性的特点，对场馆进行充分的功能设计，并为后期改造的需求留有一定空间，以降低场馆对公众开放的成本，提高场馆的利用率。苏州奥体中心的全民健身区域场地标准高，设施一流，涵盖了市民经常参与的主力体育项目，其中室内项目设施包括：足球、篮球、网球、乒乓球、羽毛球、壁球、台球、滑冰、攀岩等；室外项目设施包括：足球、篮球、网球、门球、棒球、慢跑道、儿童游乐、自行车道、健身路径等。

第四，智能管理先进。苏州奥体中心是一座绿色环保的智慧型体育中心，运营管理方面，通过会员系统等技术手段，有效打通各类前台经营系统、后台管理系统，将建筑运维和业务经营、企业流程管理多种需求整合优化、数据打通，在完成市民消费需求和企业运行管理的同时，尽量简化管理复杂度，提升管理成效。

## 16.3　运营管理策略

### 16.3.1　指导思想

苏州奥体中心是目前苏州市体量最大，环境最优的现代化体育场馆，是苏州工业园区不断完善区域公共体育服务的重大民生工程，作为苏州奥体中心的运营商，苏州奥体中心管理有限公司全面贯彻落实国务院、江苏省和苏州市关于加快发展体育产业的意见，紧紧把握苏州工业园区工委管委会"把握新常态、激发新动力、增创新优势"的工作主线及"勇立改革潮头、深化开放创新，以高质量发展新业绩庆祝园区成立 25 周年"的号召，按照苏州奥体中心总体规划，解放思想、主动担当，以健身休闲和赛事表演双轮驱动，打造以体育为主体，文化、娱乐为两翼，商业为载体，体育、文化、演艺、休闲、娱乐、旅游、餐饮、商贸、住宿等为一体的完整体育经济产业链。

在运营中，苏州奥体中心管理有限公司积极探索场馆运营管理的独特模式，创新创优，坚持场馆公益属性、社会效益为先，在服务好群众的同时，通过市场化经营、专业化管理、产业化运作方式，引入有影响力的优质赛事、演艺活动，组织积聚人气的群团活动，提供有专业特色的文体培训，以及各类全民健身项目的日常经营，努力满足市民对体育健身方面的需求，致力将苏州奥体中心打造成苏州体育赛事、演艺活动和市民日常健身休闲娱乐的主要场所，努力成为国内同行业中的佼佼者。此外，作为新时代集团的全资子公司，苏州奥体中心在发展中还将充分利用新时代文体会展集团综合平台优势，坚持创新驱动、融合发展，积极发展新业务、新模式，推动集团四大板块业务的深度融合，形成"文体展游"的组合效应和综合优势。

### 16.3.2　发展定位

苏州奥体中心是苏州市民体育文化娱乐活动的重要场所，是引进大型赛事和演艺活动的主要场馆。苏州奥体中心管理有限公司定位为场馆运营商和赛事运营商。

## 16.3.3 战略目标

### 1. 总体目标

将苏州奥体中心建设成为国内一流的市场化经营、专业化管理、产业化运作的标杆性综合服务类体育场馆，将苏州奥体中心管理有限公司打造成为国内一流体育场馆综合运营商、一流赛事演艺活动及相关产业的综合运营商。

### 2. 未来规划

第一，建设品牌，大力引进高品质赛事演艺活动。从活动品牌、经济效益、群众关注、媒体传播、长期发展等评估维度，积极引进和举办高级别、高质量的品牌赛事演艺活动，努力打造苏州奥体中心国际知名赛事品牌，树立苏州奥体中心国际赛事服务场馆的形象。

第二，灵活经营，持续提升大众健身服务水准。始终将服务群众、做好大众健身服务作为企业发展的重要使命。提升场馆经营水平，加大公益性开放力度，完善服务细节，不断丰富服务内容和票卡种类，加大苏州奥体中心培训品牌建设，为学员提供更加丰富多彩的交流活动。

第三，深度开发，致力打造体育文化生态圈。充分利用苏州奥体中心集体育竞赛、健身休闲、商业娱乐、文艺演出、会议展览于一体的多功能场地优势，整合商业、文化资源，繁荣苏州奥体商圈。同时，利用新时代集团的平台优势，整合营销，打造体育文化生态圈，扩展体育产业链。

第四，服务城市，努力实现体育产业与城市发展相融合。苏州奥体中心是园区这个国际化"新城"城市功能中的重要一环，在未来发展中将充分利用体育独有的关联性，努力以活动增内涵、聚人气、促消费，推动体育与商贸、旅游、文化、会展等产业相结合，引入城市多种功能，实现体育产业与城市服务互动融合，提升城市文化，塑造城市形象。

### 3. 发展实施计划

第一，抓紧两种形态。坚持建设、运营两种形态一起抓。围绕高标准建设体育场馆设施，进一步落实项目施工进度、安全、质量责任制，严把项目管理和监督关，严把财务管理和审计关，按流程组织验收调试。围绕高品质运营体育场馆设施，深入调研，精心策划运营模式和运行方案，精心策划赛事表演和健身休闲活动项目，统筹协调，实现建设阶段向运营阶段的顺利转换。

第二，培育两个市场。精心培育健身休闲公共服务消费市场和赛事表演商业服务消费市场。以苏州奥体中心周边居民和半小时通达圈中高收入人群为重点培育服务苏州市民的健身、休闲、娱乐、餐饮、购物市场。以届次型国际单项赛事和全国性综合赛事为重点，以专业化体育运营机构为载体，以体带演、以演带商，吸引赛事表演消费群体，培育体育、演艺、会展、休闲娱乐、旅游、餐饮、商贸、住宿市场。

第三，打造三个品牌。倾力打造苏州奥体中心品牌、健身休闲项目品牌、赛事表演项目品牌。通过市场化运作，依托大型赛事，打造苏州奥体中心品牌。打造以羽毛球、篮球、乒乓球、足球等为主的市民普遍喜爱的健身休闲项目品牌。积极引进具有影响力的国际、国内精品赛事，打造具有苏州特色的赛事表演项目品牌。

第四，创造两个效益。积极创造苏州奥体中心的社会效益和经济效益。坚持公益性体育、体育社会化和体育公共服务理念，彰显苏州奥体中心的社会效益价值观，创造健身休闲公共体育服务的社会效益和赛事表演的体育社会效益。坚持市场化经营方向，创造赛事表演、场馆服务、商业运营、宾馆酒店、无形资产等项目的经济效益和健身休闲公益外的商业经营收益。

## 16.3.4 运营管理架构

在运营管理方面，根据公司发展要求，苏州奥体

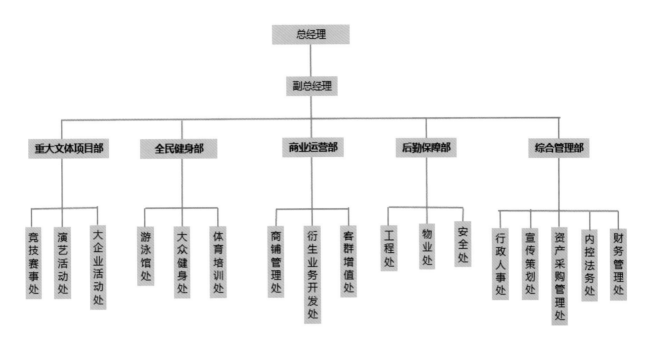

图 16.3　苏州奥体中心管理有限公司管理架构（2019 年 4 月）

中心充分考虑主营业务，按照总经理责任制设立了相关部门：重大文体项目部负责竞技赛事、演艺活动、大企业活动项目的引进、管理、开发等工作，全民健身部负责游泳馆、体育场足篮中心、羽毛球中心和体育公园室外运动项目的日常经营管理工作，开展各类体育培训项目。商业运营部主要负责场馆商业管理、客群增值、衍生业务开发等工作，后勤保障部全面负责工程物业方面的安全管理、服务提供、设施设备运营保障，负责公司安全生产监管。综合管理部主要负责人事行政、宣传策划、内控法务、资产采购、财务管理等方面的工作（图 16.3）。

## 16.4　运营管理制度

大型体育中心是一个高度复杂的有机建筑空间，其在运营管理制度的设置上既要符合法律法规的要求，又要具备其特殊的可操作性。苏州奥体中心管理有限公司根据发展情况，组织专家编制了运营管理标准和规章制度，其中包含人力资源管理、营业收入管理、安全与卫生管理、质量管理标准、日常场地管理制度、设备管理和绩效管理评价指标体系等。

### 16.4.1　人力资源管理

为满足苏州奥体中心人力资源持续发展的需要，规范员工招聘流程，健全人才选用机制，依据相关法律法规制定了健全的人力资源管理制度，其中包括《人员招聘办法》《人员异动管理办法》《二级公司班子成员管理办法》等人事相关制度。在运营管理人才的选择上，苏州奥体中心秉持因事设岗、因岗增员、公开竞聘、择优录取的原则进行录用。由于体育中心的复杂性，苏州奥体中心施行了管、建分离，服务外包的人员组成模式，以最优化的形式发挥各岗位人员的专业优势。

### 16.4.2　营业收入管理

苏州奥体中心根据《中华人民共和国会计法》《企业会计制度》和《企业会计准则》等法律法规以及集团章程制定公司相关财务制度。各项营收制度以《公司财务管理制度》为总则，其他制度、管理办法及实施细则均不得与本制度相抵触。财务经理在公司总经理和集团财务管理部总经理的领导下开展工作，对公司的财务工作及财务人员实施财务指导、监督、检查、培训、评价和激励；负责对外商联工作，加强与上级主管部门、财政、税务、金融和中介机构等的沟通和联系，保持良好关系等工作。公司的财务工作遵循"集中管理、分属办公"的原则进行，由集团财务管理部统一管理，实施全面预算管理制度，公司资金实行集团统一调配。

## 16.4.3　安全与卫生管理

苏州奥体中心管理有限公司依据《安全生产法》和《江苏省安全生产条例》的要求，结合公司实际运营情况制定了《安全生产责任制度》，将各区域模块的安全工作落实到个人，实现大面积区域安全工作的全覆盖。除此之外，作为面向于公众开放的大型场所，必须依据相关法律法规制定完善的应急预案。其中包括：《火灾应急预案》《水浸事件应急预案》《电梯困人应急预案》《治安事件应急预案》《交通事故应急预案》《防台防汛应急预案》《反恐防暴应急预案》《停水停电应急预案》《突发卫生事件应急预案》《大型活动突发卫生事件应急预案》。完善的安全制度和应急预案是大型体育中心稳定运营的基石，必须严格遵守且保证每一条规章的时效性。

苏州奥体中心场馆及公园清洁工作制定了卫生制度，明确了工作标准及检查方法，确保清洁工作质量，这是提升体育场馆服务能力的重要途径。

## 16.4.4　质量管理标准

质量管理是企业管理的基础，是组织管理活动的核心内容，可以规范企业管理和人们的行为，监督和预防质量事故的发生，对提高企业的经济效益具有重要的意义。苏州奥体中心管理有限公司属于国有企业，在组建和发展的过程中严格按照国家规定实施各项质量管理制度并根据自身运营的实际情况不断更新细则，在运营管理的过程中追求安全、高效、可靠。

## 16.4.5　日常场地管理制度

场地管理制度由一线场馆运营人员负责执行，工程物业部门的技术人员负责协助管理。苏州奥体中心针对不同岗位的一线场馆运营人员，制定了非常具体的场地管理制度及操作细则，比如：场馆经营人员负责各场馆环境布置、开放信息发布和实施维护。管理值班现场巡查每天不少于两次。巡查过程中要认真负责，巡毕填写值班日志，发现问题留存照片备查并在交接班时注明。现场管理人员发现设施设备、器材等异常情况，须及时上报，并告知顾客，活动搭台施工前需做好充分保护，无保护措施严禁直接在场地上施工作业。

## 16.4.6　设备管理

由于苏州奥体中心设施设备十分复杂，设备管理类制度主要分为三类：器材管理类制度、水电网使用管理制度、特种设备类管理制度。其设立的目的在于加强公司内部生产、运输、吊装、办公设备的管理，正确、安全地使用和维护设备。当生产准备采用新工艺、新技术时，管理人员应根据设备新的使用、维护要求对原有规程进行修改，以保证规程的有效性。在执行规程中，发现规程内容不完善或有缺陷时，要逐级及时反映。规程管理专业人员应立即到现场核实情况，并对规程内容进行增补或修改。

## 16.4.7　绩效管理评价指标体系

企业绩效评价体系是指由一系列与绩效评价相关的评价制度、评价指标体系、评价方法、评价标准以及评价机构等形成的有机整体。科学性、实用性和可操作性是实现对企业绩效客观、公正评价的前提。苏州奥体中心企业绩效评价体系的设计遵循了"内容全面、方法科学、制度规范、客观公正、操作简便、适应性广"的基本原则，并且随着企业发展、组织架构、业务调整等的不断变化而不断发展调整完善。

# 第17章  综合业务开发

苏州奥体中心的业务分为经营型业务和发展保障型业务，经营型业务以提高综合效益为主要目标，包括大型文体活动的组织开展、面向群众的全民健身场地经营、场馆商业资源规划经营以及无形资产的开发等；发展保障型业务以保障运营安全和提高场馆利用率为主要目标，包括各类场馆和活动的后勤保障、场馆新兴业务拓展和战略规划等。在注重自身综合业务开发的同时，苏州奥体中心也积极履行社会责任，提供体育类公共服务，充分展现其懂经营、会服务的企业文化。

## 17.1  文体活动运营

文体活动根据活动性质可以分为三类：一是竞技赛事：包括各级别的体育职业比赛、热身赛和群众性体育赛事等；二是文娱活动：包括演唱会、魔术、舞台剧、嘉年华、脱口秀等；三是企业活动：主要有企业年会、品牌发布会、展览会等。

随着人民对于文化娱乐需求的不断升级，以上三种类型各自领域均突破了原有传统模式，衍生出了融合性更强的丰富形式。以体育竞赛为例，近年来体育赛事的类型越来越多样化，呈现出一种"去中心化"的发展态势。除传统的赛事外，更有个性的运动类型越来越受欢迎，如电竞、无人机竞速、冰上运动、马术、铁人三项、体操等，原本小众的运动，价值挖掘空间越来越大。

苏州奥体中心在开业首年，成功引进并圆满组织了大型赛事演艺活动十数项，其中包括冰壶世界杯、中印国足热身赛、中国体育彩票 2018 年全国青少年校园铁人三项赛、2018CBDF 国际标准舞全国锦标赛、冰上迪士尼世界巡演、莫文蔚演唱会、张学友演唱会、《惊天魔盗团》大型魔术秀等在内的重量级精品活动，为苏州市民呈现了一场精彩纷呈的文体盛宴。特别是冰壶世界杯、中国足协中国之队国际足球热身赛两项极具影响力的国际 A 类赛事的成功举办，为年轻的苏州奥体中心吸引了来自全世界的目光。

### 17.1.1  市场拓展

文体活动是体育场馆运营重要的活力源泉，也是提升场馆行业知名度的重要力量。客户资源是场馆经营最重要的市场资源之一，苏州奥体中心根据场馆条件，梳理应对接的客户类型，不断扩充客户信息库：一是大型竞技赛事——国家体育总局、省市体育局、各专项协会和各类赛事组织；二是大型文娱活动——演出主办公司、票务公司、经纪公司；三是大型企业活动——4A 公司、活动执行公司和苏州本地企业。

苏州奥体中心以人为本，注重营销队伍梯队建设，配备精英骨干，打造了一支开拓性、创新型的营销团队，和客户保持日常联系，掌握客户业务动向和经营信息，根据客户主营项目进行分类，全面保留客户信息。在沟通中展现良好职业风范，根据项目特质，对场馆资源进行包装，注重资源整合与创新。

## 17.1.2 活动项目评估

自国家放开赛事审批权后，市场上各类赛事活动层出不穷，活动质量和品质参差不齐。出于社会效益和经济效益的各方面考虑，如何筛选优质项目打造苏州奥体中心的品牌成为一个问题，苏州奥体中心基于此问题设计了一套针对各类赛事活动的评估机制，主要包括以下内容：

一是评估维度。包括但不限于：活动的收入、宣传及社会效应、对场地的影响、是否符合场馆承接活动的规格。

二是评估制度，建立完善的项目立项审批制度。由项目引进人整理汇总项目信息，填报活动信息表、活动预算总表，准备主办方介绍、项目介绍等并经评审会小组共同审议。重大活动的项目评估小组可引入活动管理顾问。立项完成后方可进入合同评审流程。

三是不同类型的项目评审应注意不同的价值取向。如租场类活动应以经济收益为主要考核目标，自办类活动应以活动品质、市场影响力等为主要考核目标。

## 17.1.3 招商和票务

根据活动性质，苏州奥体中心场馆举办的活动一般可分为主办活动和租场活动。主办类活动由场地方作为主办单位或协办承办单位，根据项目引进时的约定，一般享有招商和票务权益，这两方面业务是项目的主要收入来源，可以说招商和票务的业绩决定了主办类项目的收入和综合效益。

招商工作主要需要分析具体项目的观众群的特点，观众群也是赞助商的目标客户，匹配度越高招商成功率越大。在单项目吸引力不高，或所在城市招商环境不佳时，及时调整招商策略，以重大活动为主题，整合体育场馆的无形资产资源，推出更具综合性的招商产品，提高市场吸引力。此外，推进场馆战略合作

方向，寻找战略合作伙伴，降低招商风险。

票务销售则有两种方式，一是自有票务平台，包括微信公众号和线下购票点等；二是票务分销，与专业票务平台合作，如大麦、永乐等，合作模式为"扣点"或"保底＋分成"。

截至2019年9月，苏州奥体中心通过举办冰壶世界杯、中印国足热身赛和足协超级杯（图17.1）三场主办类赛事活动，在赛事票务工作方面总结了一些经验和技巧：一是制定合理价格：根据项目具体情况、目标消费人群，结合所在城市消费市场，制定合理票价；二是合理划分座位区域，确定针对特殊群体的区域，确定合适的开票时间，把市场炒热，采取适度的饥饿营销；三是渠道多样化：网络售票通道、线下流动广告、海报宣传单页、报刊媒体宣传、微博转发抽奖、团购票政策、与其他票组合优惠等；四是宣传全程化，根据售票周期，把握宣传重点，以预售、开票、节假日、冲刺期为重点宣传期。

图17.1 2019中国足球协会超级杯

## 17.1.4 活动项目服务

对于在苏州奥体中心举办的文体活动，公司秉承流程清晰，分工明确，责任到人的原则。在合同签订期，公司建立档期管理制度。在制度基础上，对主办方资质、项目规划等进行严格审核，项目引进人员在对接过程中保持积极、职业的态度，法务人员协助谈判，把握合同细节，约定重要事项，加快谈判进度。

在活动搭建期，对搭建方进行资质审查，并进行日常监督，严格进行安全管理。在活动及撤场期，有针对性地制定管控方案（各类人员流线设置），严格进行证件管理（对应到人，证件使用规则等），并协调活动各相关单位，包括上级主管部门、主办方、搭建方、公安、城管、消防、通信、医疗、交通、电力保障等。

### 17.1.5　活动项目后评估

项目后评估作为与项目引进期评估相呼应的环节，是评价项目成效的必要举措。后评估报告应包含活动本身：主办方活动创意、人员素质、硬件设备、现场布置；活动组织：媒介效果、客流量；满意度调查：主办方、协作方、观众、演职人员或运动员（如有）等。

## 17.2　全民健身运营

### 17.2.1　全民健身运营范围

国务院关于印发全民健身计划（2016—2020 年）指出：全民健康是国家综合实力的重要体现，是经济社会发展进步的重要标志。全民健身服务是体育场馆运营的基础性工作，主要包括：各类项目的日常经营、群众性赛事体系的打造、专业体育培训的提供和校园体育的增值服务。目前苏州奥体中心针对大众开放的项目包括：游泳、足球、篮球、网球、乒乓球、羽毛球、桌球、壁球、攀岩等，另外体育公园内设有儿童游乐场两片，在苏州奥体中心内部还铺设有多条慢跑道。在全民健身项目设置上，苏州奥体中心进行了科学的规划，既要服务于周边 30 万居民又要满足苏州工业园区大量外国人的健身需求。苏州奥体中心运动项目包括足、篮、羽等大众化全民健身项目，也设置了壁球、棒球、攀岩等相对小众的运动项目（图 17.2-1）。

图 17.2-1　全民健身

### 17.2.2　全民健身运营难点

全民健身服务面向社会公众，具有人次多和单价低的特点，在保障服务质量的前提下，需不断提高场地利用效率，创造良好的社会效益和经济效益。在苏州奥体中心场馆运营近一年之际，总结有以下难点：

一是量化服务标准。服务标准包括：健身场地设备设施高标准；客服人员管理体系化；服务流程标准化；服务标准星级化。客户满意度是评价全民健身服务成败的关键指标，也是苏州奥体中心不断追求的目标。

二是提高场地利用率。场地利用率是衡量体育场馆运营和人气的重要指标之一。苏州奥体中心全民健身服务打破传统的场租模式，利用多种创新手段提高场地利用率，如紧密对接学校、工会等组织，推出团体票服务。不断升级场馆会员系统，建立 GRM 系统，跟踪客户运动轨迹，根据不同的群体特征推出更加灵活的定制服务。

三是平衡社会效益和经济效益。苏州奥体中心在提供高标准的场地和器材的基础上，全民健身的项目价格与同级别其他场馆价格相当或略低。以游泳为例，苏州奥体中心有两个标准泳池对大众开放，并在夏季搭建了户外戏水池，其中比赛池可举办国际游泳比赛，场地标准高，对游泳爱好者来说十分具有吸引力，而游泳年卡仅需两千余元,获得广大市民的一致好评(图17.2-2)。

图 17.2-2 苏州奥体中心游泳馆实景图

### 17.2.3 体育培训运营拓展

体育培训能够为场馆带来稳定的长期客流,提高整体场地的利用率,同时可以带动其他业态共同发展。苏州奥体中心成立了体育培训处,专门负责奥体自营体育培训业态和学校体育课业务,在培训业务开展过程中,注重突破传统体育培训模式。目前苏州奥体中心的体育培训业务主要分为两方面,一是体育技能培训,包括游泳培训、羽毛球培训、乒乓球培训、壁球培训;二是针对周边学校体育课的业务,如学校自身缺乏相关的设施和教师,可利用苏州奥体中心的场地和师资力量开展校外体育课。与市场中的单体培训机构相比,苏州奥体中心自营培训业务具有以下优势:一是场馆资源丰富,能够打造一体化的培训品牌,为客户提供更多增值服务;二是能够为学校、公司等团体客户提供定制培训产品;三是培训业务可向两端延伸,如申请考级点,为学员提供成长空间;与其他场馆交流考察,提供游学服务;利用场馆大型体育赛事机会,为学员及家长提供近距离接触专业运动员的机会,或邀请运动员开设明星课等。

### 17.2.4 公益开放的趋势与要求

国务院办公厅发布的《加快发展体育产业指导意见》中要求:公共体育设施应当根据其功能、特点向公众开放,并在一定时间和范围内,对学生、老年人和残疾人优惠或者免费开放。为鼓励更多场馆免费或低收费开放,我国出台了《大型体育场馆免费低收费开放补助资金管理办法》,明确已向社会免费、低收费开放的体育部门所属大型体育场馆发放运营补贴。从社会效益上看,大型体育场馆的公益开放也是满足区域内群众健身需求,提高群众满意度的必要举措。

作为苏州市体育服务综合体,苏州奥体中心也在不断加大公益开放力度,丰富公益服务的形式。苏州奥体中心成为了园区新设立的全民健身大讲堂教学点,开展了数十次公益课程,参与市民覆盖园区的各个社区各年龄层人群。户外的场地均有低价和免费的开放时段,在8月8日全民健身日、重要节假日等也将推出更多免费开放、半价优惠等措施,为市民提供更多的体育公益服务。

## 17.3 场馆商业运营

2014年国务院发布的46号文明确提到:"积极拓展业态,丰富体育产业内容,推动体育与教育培训等相关产业的融合,以体育设施为载体,打造城市体育服务综合体,推动体育与住宅、休闲、商业的综合开发。"体育综合体是时代的产物,是以"休闲+体育+娱乐+商业"为特点的体育消费综合体。江苏省人民政府在《关于加快发展体育产业促进体育消费的实施意见》中,提出"打造体育服务综合体,制定体育服务综合体发展计划,加强规划引领和政策扶持,依托现有体育场馆群,打造健康休闲服务、高水平竞技赛事、体育培训、相关商品销售和销售商贸会展等功能多元的体育服务综合体。"

苏州奥体中心的设计规划,秉承城市体育产业与商业服务综合体的理念,将商业业态和体育业态完美融合,区别于传统体育场馆的规划,苏州奥体中心在此基础上规划了 10 万 m² 的商业广场，配套打造了集休闲、娱乐、购物、体验为一体的休闲娱乐体验中心，商业广场和体育场馆的融合发展成为苏州奥体中心的一大特色，体育业态与商业业态相互促进、相辅相成，形成良好的体育氛围和商业模式。

## 17.3.1　商业业态布局

苏州奥体中心的商业业态可分为三个模块，奥体商业广场、美食连廊和场馆商业。

奥体商业广场共有 152 间商铺，另外还配套标准较高的商务酒店。苏州奥体中心商业广场将个性零售、潮流运动、趣味杂货店铺穿插组合，结合亲子娱乐、精致餐厅等业态营造充满健康活力与朝气的休闲场所，不仅满足于周边住宅、学校及儿童医院客群的日常生活补给，还可满足前来奥体观看演唱会、球赛等人群的住宿及娱乐休闲需求。

美食连廊是连接奥体商业广场和体育馆的一条地下走廊，区别于商业广场的餐饮定位，美食连廊的商户以小吃、便餐为主，方便周边居民和前来观演观赛群众的就餐。

场馆商业是指分布于苏州奥体中心体育场、体育馆和游泳馆底层的商铺。场馆商业是对苏州奥体中心功能业态的重要补充，一般经营为奥体全民健身项目以外的体育及相关业态，如健身房、搏击馆等，极大地丰富了体育业态内容，同时满足群众对各类体育服务的需求。

## 17.3.2　场馆商业招商要点

苏州奥体中心致力于打造国内一流的城市体育服务综合体，它不仅是一组各类功能在空间上堆砌而形成的多功能建筑，还是各类功能在物理组合的基础上优化排列，将体育文化、日常消费、休闲娱乐、商务活动等城市功能有机组合，同时合理安排人流、商流、物流等各类动线，从而在各个功能之间形成"化学反应"，最终达成高效工作、幸福生活、快乐消费的"城市活动中心"。在招商过程中，主要把握以下几个要点：

一是场馆商业要以体育业态为主题，并能对场馆的自营业务形成良好的补充和互动。苏州奥体中心的自营业务多为大众健身类项目，一些小众时尚运动则需要招募优秀的合作伙伴进行填充，如击剑、瑜伽、搏击等。

二是能够主办或引进活动，进一步营造奥体的运动氛围，提升场地利用率。苏州奥体中心的场馆商业不仅仅局限于简单的商铺租赁，而是双方能互取所需、互惠互利，形成良好的伙伴关系。

三是其产品可与场馆产品打包形成综合性体育文化消费产品，助力市场营销。如棒球俱乐部和足球，都拥有自己成熟的课程体系和比赛体制，可与场馆或奥体自营培训相结合，推出体育夏令营等体育服务产品。

## 17.4　无形资产开发

随着体育产业经济在市场中地位的不断提高，场馆无形资产已经成为一种重要的体育经济资源，一定程度上体现了体育场馆的开发程度。

### 17.4.1　无形资产分类

一般大型体育场馆的无形资产可分为以下几类（表 17.4-1）：

大型体育场馆无形资产分类表　表 17.4-1

| 类型 | 类别 |
| --- | --- |
| 资源型无形资产 | 豪华包厢使用权 |
| | 俱乐部坐席使用权 |
| | 永久性坐席使用权 |
| | 场馆租赁权 |
| | 场馆使用权和处置权 |
| 知识型无形资产 | 场馆名称、LOGO、标志使用权 |
| | 外观设计 |
| | 场馆冠名权 |

续表

| 类型 | 类别 |
|------|------|
| 知识型无形资产 | 场馆核心经营技术 |
| | 场馆培训能力 |
| 权利型无形资产 | 特许经营权 |
| | 商业赞助开发权 |
| | 广告开发权 |
| | 场馆形象权（图形、录像、照片等） |
| 经营型无形资产 | 营销关系网络 |
| | 经营管理办法 |
| | 公关活动机会 |
| | 会员网络 |
| | 商品销售、展示机会 |
| 观念型无形资产 | 商誉、场馆文化、场馆形象 |

### 17.4.2 无形资产开发模式

无形资产的特点决定了体育场馆在对其进行开发时需要经过一段培育期，需要各类品牌赛事和大型演艺活动的注入为各品牌商和群众印下场馆的烙印。在开发模式上，一般先从市场上比较常见的广告资源、冠名赞助等着手，在适当的时机推广场馆的各类无形资源。

苏州奥体中心的无形资产开发工作主要由商务运营部负责，其职责主要包括：

① 负责广告及招商代理单位的洽谈与确定，签订相关代理合同；

② 负责苏州奥体中心举办的文化、体育和相关展览、年会活动中所涉及的广告资源销售，包括但不限于冠名、广告牌发布、商业赞助、捐赠等；

③ 统筹苏州奥体中心各业务人员及员工自主开展的广告销售和无形资产招商工作。

负责的业务范围包括但不限于：

① 苏州奥体中心战略合作伙伴、赞助商等称号

授予；

② 苏州奥体中心特殊标识（名称、LOGO 等）使用许可；

③ 赛事与活动的冠名、赞助、特别支持等；

④ 场馆的冠名；

⑤ 苏州奥体中心地域范围的户外广告；

⑥ 飞艇、热气球、动力伞等特殊广告的发布；

⑦ 各类印刷品的广告；

⑧ 其他新开发的广告媒体。

### 17.4.3 战略合作伙伴开发

在苏州奥体中心举办的冰壶世界杯、国足热身赛和足协超级杯中，赞助招商虽取得一定成效，但未达到理想的状态。基于此，苏州奥体中心尝试启动战略合作伙伴计划的开发工作，将一揽子无形资产打包开发，寻找能与苏州奥体中心共同成长的品牌赞助商。通过苏州奥体中心的资源平台优势，打造优势品牌及明细产品，共同推广、实现双方互惠互利、双赢的目标。目标为银行金融类、地产类、酒店类、制造类、教育类、商业类等上市公司和精英企业，计划招商 3 ~ 4 家进行苏州奥体中心年度战略合作。从合作维度来看，战略合作伙伴分为两档，分别是创始合作伙伴和优享合作伙伴，其权益分别如表 17.4-2 所示。

苏州奥体中心战略合作伙伴权益表　表 17.4-2

| 基本权益 | |
|------|------|
| 官方荣誉 | 全年享有官方"苏州奥体中心战略合作伙伴"自主宣传权益 |
| | 奥体全场馆企业 LOGO 墙体展示 |
| | 宣传主视觉——奥体主 LOGO 下方结合年度战略合作伙伴 LOGO |
| 赞助权益 | 全年主办类赛事，优先择选一档赞助，享受相关所有权益。 |
| 票务权益 | 全年享有奥体各主办类活动门票 |
| | 享用奥体全民健身礼包（大众健身类游泳票、球类票） |

续表

| 基本权益 | |
|---|---|
| 广告权益 | 全年享有奥体户外 LED 广告 15s 轮播 |
| | 全场馆内部 LED 活动开场播放赞助商广告视频 15s |
| 落地活动权益 | 全年任选时间（档期不冲突）场地（体育馆）活动 |
| | 全年限定时间公共区域路演 |
| | 举办奥体常年战略合作伙伴新闻发布会，战略合作伙伴授牌 |
| 其他权益 | 奥体及活动赛事网站、公众号、小程序等链接战略合作伙伴 |
| | 外含其他权益 |

# 17.5 后勤保障运营

苏州奥体中心的后勤保障工作穿插在运营工作的方方面面，除了常规性的职能外，后勤保障部门也承担了重要的信息传递职能，这种信息传递职能着重体现在日常开放和赛事活动举办的一线，信息的集约化和传递效能对后勤保障工作提出了更高的要求。除对体育场馆的设施设备、场地器材进行检查与管理，安全控制和风险评估也是提升服务水平，保证整体运营效益不可或缺的工作组成部分。

## 17.5.1 设施设备的管理使用与空间规划

对场地和器材的规范管理是后勤保障工作最基本的组成部分，苏州奥体中心作为综合性的体育场馆，其空间设计的高度自由化和前期已开放项目的多样化注定了其在运营中必须面对空间规划与材质规范管理的问题。仅体育场中就有塑胶跑道、室内外足球、篮球、羽毛球、网球等材质不同的场地，而在游泳馆中更是有着壁球、桌球等多类型的小众健身项目。在同一区域中，已针对场地和器材的差异性和具体环境形成不同的检查维修保养制度，并由专业体育工艺人才进行管理。需要注意的是，由于在后期中可能存在器材供应、场地功能等调整，该类制度需要及时更新以免造成不必要的损耗。

除运动项目相关的设施设备外，体育场地设施还包括以下重要组成部分：

（1）媒体设备：因通信与传媒的需要，记者访问室、电视转播室、暗房、电视转播车辆等需要专门的规划空间。

（2）电子显示屏：播放赛事及运营信息，现场重播回放及广告等。

（3）高水准照明设备：场地光照设备强度可由 250lx 训练休闲标准调节至 1400lx 以上的专业电视转播标准。

（4）音响系统：多用途空间音响系统必须由专家根据现场的实际情况进行设置以达到回声可控、噪声消除的效果。

（5）空调系统：除考虑到观众的舒适，同时也为赛事要求做准备，采用经济且弹性的控制系统节省能源并达到良好的效果，同时必须消除通风系统所产生的噪声。

（6）安全系统：确保民众安全的防灾系统包括消防设备、火警监测系统、抗震系统、紧急照明系统、安全保障人员以及中央监控系统。

（7）水、电、网控制模块：在多个综合型系统当中，苏州奥体中心秉着安全、高效、集约的理念，在较小的空间中，实现了高效能运行，为赛事活动和日常运营提供了有力保障。

在设施设备的使用过程中，除了严格按照模块形成的相关制度进行操作，还要考虑到场馆的安全高度原则，苏州奥体中心体育馆场芯有效高度达到23.25m，游泳馆比赛池有效高度达到15.8m，对于大部分室内运动项目，若设施设备的占用空间导致有效可用高度不足10m，则大部分正式比赛将无法举行。

## 17.5.2 交通管理

地理因素是体育中心开发定位的重要影响因素，不同的片区位置拥有着不同的商业资源、消费者群体和交通条件。体育用地的位置直接决定了相关项目的运营效益。苏州奥体中心从表面上来看为单独运营的独立个体，但在城市的总体规划中，它与周边的环境及建筑需要产生整体的联动效应。交通环境也包括道路状况、到达方式和人流量等，能否为核心消费群体提供便利的交通条件是需衡量的重点影响因素。对体育服务本身而言，其能与科技、教育、酒店、医疗等产生紧密的联系，再考虑到实际的交通情况时必须根据周边大环境及项目需求进行综合考量。苏州奥体中心在基地出入通道的设置上综合容受力、交通方式及赛事需求通常制定四个类别的通道：分别为入口、出口、专用和应急所用，在一般的小型活动中可直接向物业处申请物业协助从而做到资源调配的灵活性。

## 17.5.3 安全管控与活动风险评估

苏州奥体中心的安全管控与风险评估的工作主要基于以下目的：

（1）确保参与活动的人员安全。
（2）确保体育场地及设施的安全品质。
（3）提升场馆运营管理水平。
（4）提升体育场馆的建设及维护水平。

苏州奥体中心严格施行"安全生产责任制"，将区域及分工落实到部门，落实到个人。按照管理者必须管安全、管业务必须管安全、管生产经营必须管安全、谁主管谁负责、属地管理的原则，各部门层层落实安全生产责任制，逐级签订明确的安全生产责任书，把安全责任界面厘清，从制度层面开展安全管理工作。所有人员必须把安全生产管理工作纳入全工程过程中，在计划、布置、检查、总结、评比工作时，同时进行安全管理工作（表17.5）。

安全检查表　　表17.5

| 检查类型 | 频次 | 检查内容 |
|---|---|---|
| 综合检查 | 1次／半年 | 公司安全生产管理落实情况 |
| 季度检查 | 1次／季度 | 公司安全生产管理落实情况 |
| 月度检查 | 1次／月 | 公司安全生产管理落实情况 |
| 重大活动检查 | 活动前 | 重要事项安全管理落实情况 |
| 节假日检查 | 重大节假日前 | 节假日安全管理落实情况 |
| 指令检查 | 根据要求进行 | 根据政府相关文件要求确定 |
| 日常巡查 | 不定期 | 公司安全生产管理落实情况 |

风险管理是安全管理的基础和核心。各部门应对管辖范围、管理单位、合作经营单位的生产运营风险进行系统、全面的辨识和评价，制定有效控制措施，确保风险处于可控状态。安全生产办公室应组织专人对各部门的风险评估工作进行抽查和监督，提出意见，监管各部门风险评估与管控工作的开展情况。在风险辨识基础上，可用直接判定法进行风险评价，即借助分析人员的经验、判断能力和有关标准、法规、统计资料进行分析评价。遇有下列情况之一的，可直接评价为重大危险源：不符合法律、法规和其他要求；不符合本地区行政主管部门有关规定，可能导致危险；相关方（含员工）强烈投诉或抱怨的危险源；直接观察到可能导致的重大危险。

在赛事、大型活动举办期间，苏州奥体中心基于容受力的概念并根据法律法规要求进行活动风险评估。容受力是指在某一区域的特定时间内，在不影响环境与生活品质的前提下，所能容纳的最大人口增量。根据这一基本概念，每次活动前都会根据场地设施的实际情况进行严格的风险评估。在"6.30游泳馆启用仪式""9.12世界冰壶联合会冰壶世界杯"和"10.13中印国足热身赛"的举办过程中，游泳馆、体育馆以及体育场相继启用，在这些大型活动的举办过程中均采用了严格的容受力评估，在保证经济效益的同时有效降低活动风险。在现场的安全工作中采取"纵横联动"的方式与公安机关形成安全指挥网络，内部安保管理和外部公安同时响应，做到异常情况及时反馈、及时解决。

# 17.6　智慧场馆发展

"互联网＋"对各产业的全方位介入已经使消费者行为产生了新的特征，挖掘"互联网＋"时代消费的特征对体育场馆的运营有着更加深刻的意义。从供给侧而言，"互联网＋体育场馆"的结构可以使体育场馆的运营变得智能化和信息化，让原本利用率低下的体育资源得到进一步释放。苏州奥体中心所采用的会员服务系统及"三环合一"理念基于软硬件的结合，展现出了打造智慧场馆的高端蓝图。

## 17.6.1　游泳馆的"三环合一"

苏州奥体中心利用时下发展成熟的网络平台——微信、市民卡等实现场地预定和票券购买的智能化，消费者依靠智能手机和网络便可成为苏州奥体中心的会员，实现了时间自由、场地自由的预定方式，而这仅仅是流程简化的第一个步骤。消费者到达消费现场后仅需要出示会员二维码即可进场消费，为了方便更多的人使用，现场及现金购买服务的方式依旧得到了保留。

相较于其他球类项目，游泳馆的运作流程稍显复杂，在夏日高峰期或培训课程开展高峰期容易降低场馆的运行效率，也容易滋生安全隐患，"三环合一"的使用则可有效解决这一问题。在游泳馆的整个服务闭环中，消费者从进场、使用储物柜、沐浴后出场的三个环节中只需用二维码换取一个手环，而相关的消费及实用信息将全部在后台记录。"三环合一"的使用有效地提升了场馆的利用效率；与此同时，消费系统的信息化统一方便于提供运营者一些直观的数据。例如，系统上可直接显示入场的消费者人数，既方便

于手机运营数据，同时为场馆的安全管控提供了可靠依据。

## 17.6.2　可拓展的会员服务系统

苏州奥体中心会员类型从表现形式来分有"线上会员"和"持卡会员"两种；从级别高低来分有白银会员、黄金会员和铂金会员三种。会员初始级别为白银会员，会员原始消费累计积分达一定积分可升级为黄金会员，会员原始消费累计积分更高可升级为铂金会员。一般消费者通过个人微信关注"苏州奥林匹克体育中心"公众号或"苏州奥体广场"公众号，均可直接成为线上会员，并生成"会员身份二维码"，首次关注并成为线上会员即可获赠积分。通过关注公众号成为苏州奥体中心线上会员的均纳入同一会员体系，在日常使用中凭在微信公众平台上获取的"会员身份二维码"进行身份识别。

持实体卡个人，可至苏州奥体中心游泳馆一楼服务大厅或苏州奥体中心商业广场客服台进行注册手续，持卡个人在现场完成姓名登记及人像采集，即完成持卡会员的认证注册。持卡会员至苏州奥体中心或苏州奥体中心商业广场即可正常消费、购买年卡等产品并享受消费累计积分。积分的统一使用拓展了居民的信息获取渠道，在完善体育中心业态的同时提升了整个苏州奥体中心的产品附加值，同时起到了一定的营销作用。

## 17.6.3　智能控制系统

苏州奥体中心在照明、网络等环节全部采用了智能化模块的集成设置。消费者所需要的灯光、音响和计时提醒装置全部实现半自动化，客服人员只需在前台操作一块平板设备即可实现全场操作。而在强、弱电、网络等方面也采取了集成模块的分布方式，出现问题时场馆工作人员可以快速定位解决问题。同时，集成控制的方式在后期升级方便，维护成本相对较低，对场馆的后续运营升级将提供巨大的便利。

科学技术的进步对体育资源本身的发展提供了源动力。大型赛事对举办地的场地设施、现场观赛效果、转播服务等方面的要求较传统赛事更高。因此，在对城市体育服务综合体进行开发时，必须明确开发定位，紧随科技潮流，对功能业态的更新要具备前瞻性。苏州奥体中心在未来的发展中不仅要强化自身的会员系统建设，为市民提供丰富多样的服务，更会着眼于尖端和未来，使得智慧化层级更上一层楼。

## 17.7 余裕空间、时段的利用

作为大型城市体育服务综合体的典型，苏州奥体中心建筑面积达到了 38.6 万 m²，如何有效地利用余裕空间和时段是运营管理过程中需要重点考量的问题。苏州奥体中心为充分利用闲置空间、提升场馆利用效率。一方面，结合大型赛事和活动举办所形成的氛围优势，将建筑的外围空间打造成商铺，为确保体育文化传播的有效性，这类商铺在面向社会资本做选择时不同于商业广场的开放原则，而是有原则地选择与场馆业态互补的体育业态。另一方面，对于内部的余裕空间则可在闲置时，利用自身优势开发周边衍生业态，甚至作为有效利用的功能性区间（如临时仓库）解决其他运营方面的问题。

### 17.7.1 1+X+Y 的业态部署

"1"是指体育本体产业业态，其中包括全民健身服务、国内外大型体育赛事的举办、群众文娱活动等。"X"是指对体育服务项目延伸拓展，根据提供消费内容、发展经济效益的任务而建设的配套体育服务项目。"Y"是指贯彻创新体制环境，开发多元主体的商业模式。苏州奥体中心引入了儿童乐园、健身搏击、瑜伽等多样化的体育培训项目，体现了新兴运营模式的优势，在高效利用建筑空间的同时有效地降低了运营成本（图 17.7）。

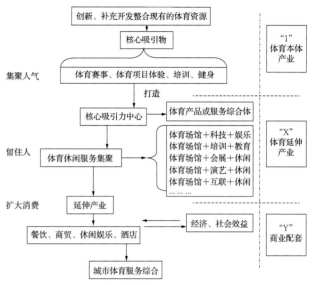

图 17.7 "1＋X＋Y"业态部署示意图

### 17.7.2 自营项目及功能开发

苏州奥体中心场馆内功能房分布表    表 17.7

| 地点 | 功能房 |
| --- | --- |
| 体育馆 | 新闻媒体 9 间、赛事管理 11 间、运动员区 10 间、后台 9 间、训练厅 1625m² |
| 体育场 | 休息室 9 间、新闻媒体 22 间、赛事管理 20 间、后台 14 间 |
| 游泳馆 | 休息室 2 间、新闻媒体 1 间、赛事管理 6 间 |

表 17.7 中的功能区域在非赛事期间实际上处于闲置状态，为了满足大型赛事的开展，它们的数量相当可观。在非赛事期间，苏州奥体中心利用自己的管理经验和场地运用优势打造了学生的夏令营活动和体育产业众创空间，实现了功能区域和场地核心区域利用的有效联动。另外，由于前期对体育设施设备的数量预估不足，为了在赛事筹备前高效调用物资，可选择部分位置合理的功能房用作临时仓库。

## 17.8 社会公共服务

体育运动是全社会每一个人的一项基本权利，也是终身教育的一种必要因素，它作为文化与教育的一个基本部分，通过身体运动以及观赏活动培养每个人在社会活动中具备意志力、适应能力和自律能力。近年来，江苏省各级政府部门本着"便民、亲民、利民、惠民"的原则，修建了大量的健身点、健身苑、城市社区十分钟健身圈等公共体育设施，为广大居民参加体育活动创造了很好的条件，并取得了很大的成效。但在实践中也发现，目前江苏地区的公共体育服务还不能满足城乡居民多样化的体育需要，特别是青少年、农民、白领等阶层的公共体育服务的形式、内容仍存在许多问题，体育公共服务的供给、服务形式、服务内容、平等性与便捷性等方面还存在诸多突出矛盾和制约因素。

苏州奥体中心作为苏州市乃至江苏省最重要的体育建筑设施之一，其在公共体育服务层面必须起到示范性的作用。从区位上来看，苏州奥体中心处于苏州市工业园区湖东板块，在国内处于城市核心 CBD 区域的大型体育中心并不多见，利用区位优势打造大型城市体育服务综合体的公共服务作用绝不仅限于提升居民人均体育场地面积，便利的交通条件和优越的经济环境使其承载着文化推广、信息发布、产业孵化等社会重任，其隐形的作用辐射范围远远超过了体育场地设施本身所辐射的范围。

## 17.8.1　提升人均体育场地面积

仅从平面上来看，苏州奥体中心的占地面积达到了 $60hm^2$，这相当于为周边直接辐射到的 30 万居民提供了 $2m^2/$人的体育场地面积。具体来看，秉承国发〔46〕号文建设"城市体育服务综合体"的指示，苏州奥体中心采取了"一场两馆一中心"的新型建设理念，在丰富业态供给的同时，空间利用全方位立体化。场馆建筑之间为全天候的体育公园，其中包含包括中央健身广场、$3000m^2$ 儿童游乐园、3.5km 慢跑道、2.7km 自行车道等活动设施，这些场地设施的使用全部免费。在实际的场馆运营中，所有体育项目均有着

低价或免费开放的时段，在保证效益的同时凸显了体育服务的公益性。

## 17.8.2　提升城市文化内涵

苏州奥体中心以"园林、叠石"为规划理念，用现代建筑设计语言诠释园林意韵，将建筑物巧妙融入自然景观，既能满足大型国际赛事的要求，又兼顾大众健身需求，同时为各类演艺和商业活动提供一流的舞台演艺空间。这种与城市传统文化兼容的设计理念本身就具备了城市形象推广的基础，也演绎了体育场馆设施的建设与城市化发展的密切联系。

## 17.8.3　完善城市空间布局与环境质量

随着苏州奥体中心的建设成功，苏州市在工业园区金鸡湖轴线端形成一个集体育、文化、会展、休闲于一体的全新城市功能区。在城市建设的进程中，苏州奥体中心对周边的商业环境、交通环境、文化传媒发展产生了重要的推动作用。苏州奥体中心商业广场面积 10 万 $m^2$，打造了集休闲、娱乐、购物、体验为一体的休闲娱乐体验中心。商业中心有品牌酒店，含 267 间客房，为赛事活动和演艺活动提供优质的住宿服务，步行即可到达场馆。商业中心也含有美食连廊和 $3500m^2$ 超市，提供餐饮和生活消费需求。

## 17.8.4　文化宣传推广

大型赛事活动往往宣传效益显著，能够极大提升场馆所在城市的知名度。同时，新闻媒体不仅报道大型文体活动，而且对场馆设施所在城市的经济、社会、历史、文化等进行全方位的报道，使其能够在较短的时间宣传全方位的信息。在国足赛事和冰壶世界杯等高水平赛事的举办过程中，苏州工业园区及苏州市均收获了极高的曝光度。商业广场的 LED 灯带和体育场馆建筑外立面的大屏既可用作于商业推广，又可用于信息发布和城市文化宣传，区域地标的作用全面凸显。

# 第18章 苏州奥体中心开业启用

经过四年多的工程建设，苏州奥体中心于2018年从项目建设平稳过渡到全面运营阶段，成功举办了冰壶世界杯、中印国足热身赛、中国足协超级杯等多项顶级赛事活动，场馆运营工作开展扎实，市场开发工作成果累累，后勤保障工作坚实有力，社会效益尤为突出，开启了快速发展的良好局面。

## 18.1 苏州奥体中心开业启用

苏州奥体中心采用了分步式开业的方法，2018年6月30日，游泳馆及奥体商业广场率先开业，同年9月12日举办冰壶世界杯启用体育馆，10月13日国足热身赛启用体育场，标志着苏州奥体中经历数年筹划、设计、建设后，正式全面营业。在苏州奥体中心的三步开业进程中，均精心安排了相应活动，邀请市民朋友一同见证奥体中心的成长。

### 18.1.1 "6·30"游泳馆及奥体商业广场开业启用

"建成苏州奥林匹克体育中心"被列入2018年市政府工作报告，也被列入2018年苏州市民生项目，是市政府着力推动"健康苏州"建设和社会和谐进步的重要举措之一。2018年6月30日上午，苏州奥体中心游泳馆及商业广场率先盛大开业（图18.1-1）。

苏州奥体中心举办了隆重而简约的启用仪式，并邀请江苏省花样游泳队为到场观礼的市民进行花样游泳表演，苏州交响乐团和苏州芭蕾舞团也在启用仪式

上上演了精彩的节目。在启用仪式结束后，奥体中心游泳馆和商业广场也迎来了第一批客人。商业广场当天客流量高达20万人次，游泳馆也在当天进行7折优惠以回馈市民，现场办卡、买票的顾客几乎排满了大厅，开业第一天，游泳馆收入超过100万元。

图18.1-1 苏州奥体中心游泳馆启用仪式

### 18.1.2 "9·12"冰壶世界杯体育馆启用

2018年9月12日13时，首届冰壶世界杯开幕式在苏州奥体中心隆重举行。苏州市委副书记、市长宣布2018冰壶世界杯苏州站开幕。冰壶世界杯是由世界冰壶联合会发起、各会员国参加的国际重要积分赛事，每年一届，于2018年首度举行，将分别在中国苏州、欧洲、北美、中国北京举行四站赛事，包含男子、女子和混双三项奥运会冰壶项目中的精英比赛，是目前唯一一个包含三个竞赛项目的国际冰壶专项赛事。

冰壶世界杯苏州站比赛共有来自中国、瑞典、挪

威、瑞士、俄罗斯、韩国、日本、美国、加拿大、苏格兰 10 个国家和地区的 24 支冰壶队伍参赛。8 支女子队伍都参加了年初的平昌冬奥会，在女子冰壶界堪称最高水平的对决；男子队伍中，加拿大和瑞典也均派出冬奥会阵容参赛；混双比赛中也有平昌冬奥会亚军、瑞士组合佩雷特和里奥斯的参与。

中国国家体育总局冬季运动管理中心副主任、中国冰壶协会主席在开幕式上表示，冰壶世界杯这一国际顶级赛事首站落户苏州，对中国冰雪运动"北冰南展西扩东进"有着重要意义，同时这也是在中国推广冰壶运动、提升中国冰壶运动水平的难得机会。

图 18.1-2　2018 冰壶世界杯赛场

当天的开幕仪式展现了苏州"中西结合、古今交融"的城市气质。苏州交响乐团奏响世界名曲，美声合唱将气氛推至高潮，昆曲、评弹等最具苏州代表性的艺术节目接连上演，向世界友人淋漓尽致地展现了独特的东方民族元素和深厚的文化底蕴。开幕式后女子冰壶比赛率先打响。参加本届世界杯比赛的中国队由队员自由组合后选拔而出。姜馨迪、董子齐、刘斯佳和姜懿伦新老搭配的中国女队在 12 日的比赛中率先迎战冬奥会冠军组合瑞典队。国际壶联主席评价为"一届与平昌冬奥会媲美的圆满赛事"。

冰壶世界杯的成功举办，不仅是南方地区首次举办国际级的冰壶赛事，更标志着苏州奥体中心体育馆顺利通过压力测试，为今后的成功运营打下了坚实的基础（图 18.1-2 ～图 18.1-3 ）。

图 18.1-3　2018 冰壶世界杯比赛瞬间

### 18.1.3　"10·13"国足热身赛体育场启用

2019 年 10 月 13 日，中国国足对战印度国足的热身赛在苏州奥体中心体育场打响。这是中国与印度国家足球队时隔 21 年的第 18 次交锋，此前的 17 次较量都在印度主场进行，中国队取得了 12 胜 5 平的战绩。据悉，这也是中国队第一次在主场对战印度。印度足球发展历史悠久，经历了跌宕起伏的发展历程，近年来，印度的足球普及率和球迷数量稳步上升。国家队近年来的战绩也有显著提升，从 2016 年下半年保持正式比赛连续 12 场不败的记录。根据 FIFA 的最新排名，印度男足已经升至第 96 位，比两年前飙升了 76 位，在亚洲位列第 14。中国男足的排名是第 74 位。本次热身赛对于中印双方来说，均是切磋技术、磨炼队伍的良好机会。

在紧张的亚洲杯备战过程中，中国足协也不忘给这支球队注入温情。赛前的绿茵场上，郑智、郜林百场纪念仪式隆重举行。郑智在 6 月与泰国队热身赛中完成了"百场纪录"，而他在恒大的队友郜林则在 9 月 10 日客战巴林队的比赛中进入"百场殿堂"。郑智和郜林手牵子女入场，接受全场球迷的祝福。里皮为其赠送 100 号球衣，足协领导颁发了奖杯。

作为苏州奥体中心体育场的开幕大战，本次比赛票价十分亲民，分别为 50 元、100 元和 150 元。赛前 3 天，本场比赛的全部 3 万张门票已经售空，到场

图 18.1-4　国足热身赛赛场

图 18.1-5　国足热身赛比赛瞬间

球迷数量也创造了苏州记录。经过 90 分钟的激战，最终中国队以 0：0 与印度队握手言和。

本次中印国足热身赛是国足时隔 11 年后第二次在苏州的比赛，更是苏州奥体中心体育场建成后迎来的第一场比赛，苏州奥体中心至此进入全场馆运营阶段。

## 18.2　社会效益

苏州奥体中心进入全场馆运营仅约一年时间，也是苏州奥体中心满负荷测试较多的时期，因此经济指标尚不足以为业界体育场馆运营作参考，仅就运营社会效益进行简单评析。

苏州奥体中心作为苏州市政府和苏州工业园区精心建设的重点工程和民生项目，在一年的场馆运营过程中，日常场馆经营工作扎实开展，市场开发工作成果累累，组织架构迅速搭建，后勤保障工作坚实有力，多项国际级、高级别体育赛事的成功举办，也打响了苏州奥体中心在全国的知名度，先后多次登上中央电视台、新华社等重量级媒体的报道，极大地宣传了苏州及园区的城市形象。苏州奥体中心羽毛球中心与足篮中心开放以来，晚间与周末高峰时段场地利用率达 90% 以上。自有培训项目，学员反响良好，社会效益显著，已初步形成苏州奥体中心培训品牌效应。

为支持群众性赛事的发展，提高全民健身热情，2018 年，苏州奥体中心配合苏州市体育局、苏州市体育总会，完成了"奥体杯"运动会、外企运动会、园区网协比赛、苏州环普羽毛球赛、2018 招商银行"开薪杯"羽毛球赛、园区湖东社工委乒乓球比赛等群团

图 18.2-1　苏州奥体中心夜景（一）

图 18.2-2　苏州奥体中心夜景(二)

活动共计 30 余项。

　　由于突出的社会体育服务能力，苏州奥体中心被评为"苏州市体育服务综合体""2018 年苏州市最具人气体育公园"。被设立为"苏州市体育惠民服务定点场馆""苏州工业园区青少年校外教育基地""苏州工业园区新时代文明实践点"，荣获"苏州市第 10 届外商投资企业运动会特别贡献奖"。

　　苏州奥体中心先后接待过国际冰壶联合会、国家体育总局、中国足协、江苏省体育局、苏州市政府、苏州市体育局和各城市党政代表团等单位调研参观一百余次，各级领导和业内人士都对苏州奥体中心的规划设计给予一致好评。全天候开放的体育场馆、坐落在园林中的体育建筑、跨度达 260m 的单层索膜结构体育场都为来访的人员留下深刻的印象。图 18.2-1 和图 18.2-2 为苏州奥体中心夜景。

　　苏州奥体中心的开业运营，也为苏州市民提供了一个高质量、高标准的运动场地，在保证服务的同时，大众健身类项目的价格也十分亲民，开业进行的优惠活动，也让更多居民享受到了实实在在的体育惠民服务。同时，苏州奥体中心持续加大公益开放力度，门球场、儿童游乐场、健身步道、慢跑道、自行车道、训练场塑胶跑道、公园全区域免费开放，室外篮球、网球、足球项目部分时段免费开放，为周边群众提供全天候的体育公园式服务。

# 附录一

## 项目大事记（简表）

| 时　　间 | 事　　件 |
| --- | --- |
| 2012 年 02 月 15 日 | 苏州工业园区体育中心项目立项 |
| 2012 年 02 月 25 日 | 苏州工业园区体育中心的总体规划获批 |
| 2012 年 03 月 30 日 | 项目设计方案竞赛征集，向参赛单位发出邀请函 |
| 2012 年 04 月 12 日 | 总体方案竞赛设计任务书发出，方案竞赛开始 |
| 2012 年 04 月 27 日 | 召开竞赛答疑会并现场踏勘 |
| 2012 年 07 月 05 日 | 项目设计方案竞赛作品提交，进行方案比选 |
| 2013 年 01 月 23 日 | 项目设计方案竞赛单位对方案述标 |
| 2013 年 01 月 30 日 | 确定方案中标单位 |
| 2013 年 09 月 29 日 | 苏州工业园区体育中心项目奠基开工仪式 |
| 2014 年 04 月 11 日 | 项目桩基单位进场施工 |
| 2015 年 03 月 20 日 | 体育场、游泳馆、室外训练场总承包单位进场施工 |
| 2015 年 04 月 17 日 | 体育馆、服务楼、中央车库总承包单位进场施工 |
| 2017 年 05 月 13 日 | 室外训练场看台及 2 号车库总包单位进场施工 |
| 2018 年 01 月 03 日 | 服务楼竣工验收 |
| 2018 年 02 月 23 日 | 苏州工业园区体育中心更名为苏州奥林匹克体育中心 |
| 2018 年 03 月 08 日 | 游泳馆竣工验收 |
| 2018 年 03 月 21 日 | 体育场竣工验收 |
| 2018 年 03 月 26 日 | 中央车库竣工验收 |
| 2018 年 06 月 04 日 | 体育馆竣工验收 |
| 2018 年 06 月 30 日 | 服务楼投入运营 |
| 2018 年 06 月 30 日 | 游泳馆投入运营 |
| 2018 年 08 月 23 日 | 室外训练场看台及 2 号车库竣工验收 |
| 2018 年 09 月 01 日 | 奥体公园全面启用开放 |
| 2018 年 09 月 12 日 | 体育馆投入运营 |
| 2018 年 10 月 13 日 | 体育场投入运营 |

# 附录二

## 项目获奖一览表

| 序号 | 奖项名称 | 颁奖单位 | 获奖时间 |
|---|---|---|---|
| 国际级 | | | |
| 1 | 全球体育场专家组评比第二名<br>NO. 2 of stadium of the year2018 competition | StadiumDB | 2019.3 |
| 2 | 美国 LEED 认证金奖（服务楼、游泳馆）<br>LEED Gold Certification （SZOSC PLAZA、Natatorium） | U.S. GREEN BUILDING COUNCIL, GREEN BUSINESS CERTIFICATION INC. | 2019.7 |
| 3 | 美国 LEED 认证银奖（体育场、体育馆）<br>LEED Silver Certification （Stadium、Gymnasium） | U.S. GREEN BUILDING COUNCIL, GREEN BUSINESS CERTIFICATION INC. | 2019.7 |
| 国家级 | | | |
| 4 | 鲁班奖（体育场、体育馆、游泳馆、中央车库） | 中国建筑业协会 | 2019.12 |
| 5 | 国家优质工程奖（服务楼） | 中国施工企业管理协会 | 2019.12 |
| 6 | 中国建筑工程装饰奖（体育场、体育馆、游泳馆、服务楼） | 中国建筑装饰协会 | 2019.12 |
| 7 | 全国建设工程项目施工安全生产标准化建设工地 | 中国建筑业协会建筑安全分会 | 2017.12 |
| 8 | 中国钢结构金奖（体育场、体育馆、游泳馆） | 中国建筑金属结构协会 | 2017.5 |
| 9 | 第五批全国建筑业绿色施工示范工程 | 中国建筑业协会 | 2016.4 |
| 10 | 三星级绿色建筑设计标识（体育场、体育馆、游泳馆、服务楼） | 中国城市科学研究会 | 2016.1 |
| 11 | 全国建筑业创新技术应用示范工程 | 中国建筑业协会 | 2017.2 |
| 省部级 | | | |
| 12 | 江苏省"扬子杯"优质工程奖 | 江苏省住房和城乡建设厅 | 2019 |
| 13 | 江苏省土木建筑学会土木建筑科技奖一等奖 | 江苏省土木建筑学会 | 2018.11 |
| 14 | 住建部绿色施工科技示范工程 | 中华人民共和国住房和城乡建设部 | 2019.4 |
| 15 | 上海市优秀设计工程奖 | 上海市勘察设计行业协会 | 2018.6 |
| 16 | 江苏省建筑施工标准化文明示范工地 | 江苏省住房和城乡建设厅<br>江苏省建设工会工作委员会 | 2016.1 |
| 17 | 江苏省建筑业新技术应用示范工程 | 江苏省住房和城乡建设厅工程质量安全监管处 | 2019.5 |

# 附录三

## 项目参建单位

苏州新时代文体会展集团有限公司（建设单位）

苏州工业园区体育产业发展有限公司（建设单位）

AECOM 艾奕康咨询（深圳）有限公司

上海瀛东律师事务所

上海建科工程咨询有限公司

浙江江南工程管理股份有限公司

德国 gmp 国际建筑设计有限公司 – gmp International GmbH

德国施莱希工程设计咨询有限公司 – sbp GmbH

WES Landschafts Architektur GmblbH 魏斯景观建筑设计

Mott MacDonald 莫特麦克唐纳咨询（北京）有限公司上海分公司

上海建筑设计研究院有限公司

中国建筑第八工程局有限公司

中建三局集团有限公司

SINCLAIR KNIGHT MERZ 辛克莱工程咨询上海有限公司

UAP 尤艾普（上海）艺术设计咨询有限公司

中智华体（北京）科技股份有限公司

华纳工程咨询（北京）有限公司

苏州合展设计营造有限公司

和桥室内设计（北京）有限公司

喜艾达（上海）建筑规划设计咨询有限公司

上海同济室内设计工程有限公司

启迪设计集团股份有限公司

江苏苏州地质工程勘察院

南京勘察工程有限公司

苏州市天地民防建筑设计研究院有限公司

苏州工业园区乐诚广告传媒有限公司

上海申元工程投资咨询有限公司

中建八局第三建设有限公司

中亿丰建设集团股份有限公司

浙江省地矿建设有限公司

中建钢构有限公司

中建安装工程有限公司

沈阳远大铝业工程有限公司

浙江中南建设集团有限公司

深圳市三鑫科技发展有限公司

中天建设集团有限公司

天津市艺术建筑装饰有限公司

浙江省武林建筑装饰集团有限公司

江苏兴业环境集团有限公司

南京市江宁区城建园林工程有限公司

北京华体体育场馆施工有限责任公司

南京延明体育实业有限公司

迅达（中国）电梯有限公司

苏州朗捷通智能科技有限公司

浙大网新系统工程有限公司

深圳市赛为智能股份有限公司

浙江德方智能科技有限公司

深圳达实智能股份有限公司

苏州兴盛电力安装有限公司

苏州天平安装工程有限公司

苏州工业园区娄建电力建设发展有限公司

同方股份有限公司

北京市建筑工程研究院有限责任公司

太极计算机股份有限公司

苏州工业园区地理信息测绘有限公司

中国建材检验认证集团江苏有限公司

# 参考文献

［1］高显义，柯华编．建设工程合同管理［M］．上海：同济大学出版社，2015．

［2］（美）JIMMIE HINZE（吉米·欣策）．美国建设工程合同与管理［M］．北京：中国水利水电出版社，2015．

［3］上海市建设职工大学·上海市建设工程招标投标管理办公室．建设工程发包代理（施工）［M］．上海：上海社会科学院出版社，1999．

［4］薛素铎，李雄彦．2012伦敦奥运场馆工程及结构体系介绍．北京工业大学空间结构研究中心．

［5］车伍等．海绵城市建设指南之解读城市雨洪调蓄系统的合理构建［J］．中国给水排水，2015，8：13-17．

［6］黄凯，季柳金，杨玥，吴志敏．江苏省公共建筑能耗分布和运行特点分析［J］．建筑节能，2013，2：48-51．

［7］李峥嵘，赵群，展磊．建筑遮阳与节能［M］．北京：中国建筑工业出版社，2009．

# 后 记

　　2018年10月13日苏州奥体中心体育场中印男足热身赛的举办，标志着这座具有苏州园林风情的建筑群全面启用投入运营，热闹的购物中心、孩童嬉戏的游乐场、绿茵足球场上此起彼伏的呐喊和助威声、前来参观学习的络绎不绝的同行、漫步在体育公园里的休闲健身者，苏州奥体中心正在以她的热情和优雅姿态恭迎八方来客，作为建设人员，此情此景内心喜悦油然而生，在喜悦的同时我们也思考着要用文字图书把这取得成就的过程记录下来，不能让这些建设经验湮没，紧接着在2018年冬开始启动本书的编写工作，成立了编纂小组，开始对本书进行构思、选题、写作，过程中几易其稿，历经10个月，编纂完成，全书以苏州奥体中心全过程管理为脉络，把建设过程的管理方法、主要策略以及主要技术创新应用等内容图文并茂的展示出来，还原了建设过程的原色，希望本书能够对业界同行有一点借鉴意义，或者能够让同行们看到一点他原来从另外一个角度没有看到的内容，由于编纂过程也很紧张，难免有些不足之处，敬请谅解。

　　虽然我们想表达的都渗透在本书的行文中，但建设过程中一幅幅场景仍浮现在我们眼前：那酷热夏季烫手的钢结构上，工人们正在进行着电焊作业；寒冷冬季天还未亮，工程人员已开始了施工晨会交底工作；会议室中工程人员正在向专家们进行着方案论证汇报；下班了时常到了深夜，工程人员的办公室仍灯火通明，他们还在进行方案技术讨论。这一幕幕情景、那一张张工程照片都记录着他们的故事，我们内心不由得向这些挥洒汗水的工程建设人员表示致敬。虽然苏州奥体中心建设完成了，但他们对苏州奥体中心的喜悦和感情挥洒不去。

　　遥想整个建设过程，建设管理者提出了很多较新颖的管理理念和指导思想，如在国内第一次提出了"体育商业综合体"的概念，提出了"安全工程是一把手工程"、工程建设的"五个安全"、质量管理样板先行、一体化项目管理团队（IPMT）模式，建设过程还采用了诸多前沿技术创新应用等，特别是在建设过程中，虽然国家还没有全面推广全过程管理，苏州奥体中心已实质性地践行该管理理念，目前国内建设工程也陆续开始实行这些经验，作为先行者，建设管理者的勇气、坚毅、智慧、拼搏的精神以及为老百姓谋福祉的那份朴素的初心一路走来，时刻坚守，从未有丢失。

　　辛勤的汗水和智慧结晶成了苏州奥体中心，我们再一次将奥体中心凝聚成了图书文字，也算是给苏州奥体中心这座恢宏的建筑群锦上添花，使图书与建筑完美融合，相得益彰。

　　感谢所有为本书编写出版付出努力和心血的专家、学者、领导、同事和业界同仁！

　　最后祝苏州奥体中心体育事业蒸蒸日上！